现代仪器分析实验技术（第二版）

下　册

孙东平　纪明中　白华萍　易　兰　主编

科 学 出 版 社

北　京

内 容 简 介

本书主要介绍在化学与材料科学、生命科学、环境科学等研究和应用领域中常用的现代仪器分析方法，包括有机和金属元素分析、色谱分析、质谱分析、光谱分析、磁共振波谱分析、X 射线分析、电子显微分析、热分析等。本书内容有较大的覆盖面，重点介绍各种方法的原理、仪器结构与各部件功能、所能获得的信息及能解决的问题，有较强的可读性与参考价值。

本书可作为各大专院校应用化学、材料科学专业硕士生、本科生的教材，也可作为相关专业教师、科技工作者的实验指导用书。

图书在版编目(CIP)数据

现代仪器分析实验技术. 下册 / 孙东平等主编. —2版. —北京：科学出版社，2021.11

ISBN 978-7-03-070110-7

Ⅰ. ①现… Ⅱ. ①孙… Ⅲ. ①仪器分析-实验-高等学校-教材 Ⅳ. ①O657-33

中国版本图书馆CIP数据核字(2021)第209767号

责任编辑：刘 冉 / 责任校对：杜子昂
责任印制：苏铁锁 / 封面设计：北京图阅盛世

科学出版社 出版
北京东黄城根北街 16 号
邮政编码：100717
http://www.sciencep.com
北京凌奇印刷有限责任公司 印刷
科学出版社发行 各地新华书店经销
*
2015 年 3 月第 一 版 开本：720 × 1000 1/16
2021 年 11 月第 二 版 印张：22
2022 年 1 月第四次印刷 字数：440 000

POD定价： 79.00元
(如有印装质量问题，我社负责调换)

第二版修订说明

第一版教材使用后，在实验课实践中得到广大研究生的一致好评，提高了研究生独立解决问题的能力。随着近几年教学实践的深入、仪器设备更新，在听取授课老师及学生意见的基础上，对第一版进行修订。

在第一版的基础上，主要做了如下的修订工作：对每章的结构进行调整，内容主要包括概述、仪器构成及原理、实验步骤、应用，修改原来各章节中重复的实验步骤等；删除了第一版中原子发射光谱法——电感耦合等离子体发射光谱法、电子顺磁共振、单晶 X 射线分析三章内容；增加了电感耦合等离子体质谱分析、小角散射分析、X 射线荧光光谱分析、低温物理吸附分析、激光粒度分析、纳米粒度及 Zeta 电位分析六章内容；修改了扫描电镜分析中的 X 射线能谱分析系统；根据设备的更新，修改了有机元素分析、离子色谱分析、激光拉曼分析等相关内容。同时感谢 Bruker、Thermo Fisher、Mettler Toledo、Malvern、PHI 等仪器公司提供相关资料。

参与本次修订工作的有：江晓红（第 15、22 章）、夏锡锋（第 2、16、17、19、20、21、23～28 章）、纪明中（第 1、第 4、29～31 章）、唐婉莹（第 8、13～15 章）、易兰（第 18 章）、周吕（第 3、6、11 章）、杨加志（第 7、9、12 章）、张蕾（第 22 章），由夏锡锋统稿。

由于编者水平有限，修订版仍难免会有疏漏，诚挚欢迎广大读者批评指正。

编　者

2021 年 3 月于南京

第一版序

分析化学在其形成一门独立学科的历史发展长河中，有过多次重大的变革。对于所建立的诸多分析化学学科的教程，因其发展阶段和所依据的理论和方法不同，或因其对象与目的而异，甚至依据所用的仪器不同，而有不同的命名，如：定性分析和定量分析，重量分析与容量分析，化学分析与仪器分析，还有质谱分析、色谱分析与波谱分析等。

一门学科的定位和内涵是与时俱进的。我在主编的《10000 个科学难题 化学卷》(“十一五”国家重点图书出版规划项目，科学出版社，2009 年)一书的“分析化学中的若干科学问题”文中，对当代分析化学下了这样的定义：“分析化学是研究物质的组成和结构，确定在不同状态和演变过程中的化学成分、含量和分布的测量科学，是化学科学的分支学科。”它涵盖了对物质在演变过程中的时空动态变化中的量测，表述了分析化学这一学科所涉及的核心内容和根本任务，且具有普遍性。但是，对于所编写教科书的书名，则可不拘一格地命名，体现特色，各显神韵。书名取得好，犹如画龙点睛。

目前，基于物理的光、电、磁、显微光学和电子计算机的发展和应用，现代仪器分析的书不断更新换代，仪器分析新方法、新技术层出不穷。建立在现代分析仪器测试基础上，使分析化学内容和发展方向发生了根本性的改变。各类分析仪器与微型计算机的结合，又使得仪器自动化程度不断提高，分析检测更加准确、高速、便捷，数据处理与结果分析也更为方便，仪器分析的应用范围更为广泛。

编写一本仪器分析实验技术这样的教材，内容纷繁、体系各异，既要向学生阐明基础理论、方法原理，又要讲述实验方法、技术和仪器原理，还要涉及仪器操作和数据处理，以充分发挥现代科学仪器的优越性，甚至还要提出思考题拓宽学生思路；同时，教材要实现适应多个部门，为培养高级专门人才需要的目的。这确是一件繁重的任务。

由孙东平教授等统稿、纪明中等 22 位老师联合编写的《现代仪器分析实验技术》(上、下册)，不落俗套，别具一格，以集体的智慧总结了长期教学实践的经验，撰写成一部适用于化学、材料、食品、生物、制药等学科研究生需要的现代仪器分析实验课教程，旨在提高学生使用现代分析仪器解决各种科研问题的能力。该书按照现代分析仪器检测原理的不同，系统地介绍了各类现代分析仪器(光谱、色谱、质谱、能谱、微区及形貌分析以及热分析等)的基本理论，重点介绍了实验方面的相关技术与技能。针对目前分析仪器的发展现状，选取典型的分析仪器进行了结构剖析与组成方面的扼要介绍，为每种仪器精心设计了若干可用于教学的实验项目，并对样品制备、仪器的具体使用方法进行了详细的介绍。此外，还介绍了使用较为广泛的仪器工作软件。全书内容翔实，图表齐全，阐述深入浅出，是一本便于阅读、通俗易懂、理论与实验相结合的优秀实验教材。该书内容紧跟现代分析仪器新方法、新技术进展步伐，如对红外光谱仪的各种配件、紫外-可见光谱积分球、液质联用仪、固体核磁共振仪等内容亦作了介绍，是一本值得推荐的优秀教材或相应的教学参考书。该书同时入选“十二五”江苏省高等学校重点教材，可供化学、材料、生物等专业高年级本科生、研究生使用及广大仪器分析工作者参考。谨此推荐。

是为序。

陈洪渊

中国科学院院士

2014 年 7 月于南京

第一版前言

在培养化学化工、材料、环境、生物工程等专业性人才的过程中，现代分析仪器与实验技术是必不可少的专业基础课程。因为现代分析仪器课程的重要性以及现代分析仪器技术的迅速发展，南京理工大学组织专门从事化工、材料类科研的专家和从事仪器分析与实验技术教学的教师，为化工学院、环境与生物学院和材料学院的硕士研究生开设了现代分析仪器课程，到目前为止，该课程已连续开设四年，受益学生近 2000 人，使研究生在论文工作期间独立解决问题的能力得到很大提高，受到广大师生的一致好评。在开设该课程的同时，学校多方筹集资金成立现代仪器分析与测试中心，购买了色谱、光谱、质谱、能谱、电镜、核磁等现代大型分析仪器用于实验教学，使得每一名学生能亲手操作现代大型仪器，部分学生经过专门培训后，能独立操作仪器。同时分析测试中心也是研究生创新中心，中心的仪器在为教学服务的同时，也为科研提供检测服务。

在教学过程中，学校组织任课教师和专家编写用于实验教学的讲义，并根据实际情况进行了多次修改。实验讲义尽量避免烦琐的数学推导，重点介绍仪器的原理、基本结构与功能，并根据具体仪器编写仪器的操作规程，设计用于教学的相关实验，为研究生以后从事科学研究打下坚实的实验基础。讲义内容包括色谱分析（气相色谱、液相色谱、离子色谱、凝胶色谱）、色谱-质谱联用（气质联用、液质联用）技术、光谱分析（快速傅里叶红外、遥感红外、紫外-可见、荧光、拉曼、原子吸收、电感耦合等离子体）、磁共振分析（液体核磁、固体核磁）、微区显微技术（扫描电镜、透射电镜、原子力显微镜）、X 射线技术（X 射线粉末衍射、X 射线单晶衍射、X 射线光电子能谱）、热分析（热重、差示扫描）等内容。实验讲义经过认真整理、修改，准备正式出版。本书可作为化学化工、材料、环境工程、生物工程等专业人才培养的教材，也可供相关科研工作者参考。

本书的编者分别是纪明中（第 1、26 章）、吕梅芳（第 2 章）、肖乐勤（第 3 章）、宋东明（第 4 章）、赫五卷（第 5、8 章）、林娟（第 6 章）、杲明菊（第 7 章）、朱春林（第 9、24 章）、胡炳成（第 10、12 章）、王正萍（第 11 章）、唐婉莹（第 13、14 章）、江晓红（第 15 章）、李燕（第 16 章）、郝青丽（第 17 章）、杨绪杰（第 18 章）、武晓东（第 19 章）、陆路德（第 20 章）、白华萍（第 21 章）、卑风利（第 22 章）、韩巧凤（第 23 章）、刘孝恒（第 25 章）、王淑琴（第 27、28 章）。

编　者

2014 年 10 月于南京

目　　录

下　册

第 13 章　紫外-可见光谱分析

13.1　概　　述

紫外-可见光谱法(ultraviolet-visible spectrometry，UV-VIS)是研究在 200～800 nm 波长内的分子吸收光谱的一种方法。它广泛地用于无机和有机质的定性和定量测定，其灵敏度和选择性较好。紫外-可见光谱法使用的仪器设备简单，易于操作。

分子吸收紫外-可见光获得的能量足以使价电子发生跃迁，因此由价电子跃迁产生的分子吸收光谱称为紫外-可见光谱或电子光谱。紫外吸收光谱是由于分子中价电子的跃迁而产生的，所以又称为电子光谱。由于电子跃迁的同时，伴随着振动能级和转动能级的跃迁，所以紫外光谱为带状光谱。紫外吸收光谱的波长范围是 10～400 nm，其中 10～200 nm 为远紫外区(这种波长的光能够被空气中的氮、氧、二氧化碳和水吸收，因此只能在真空中进行研究，所以这个区域的吸收光谱称真空紫外)，200～400 nm 为近紫外区，一般的紫外光谱是指近紫外区。波长在 400～800 nm 范围的称为可见光谱。常用的分光光度计一般包括紫外及可见两部分，波长在 200～800 nm(或 200～1000 nm)。

紫外-可见分光光度法有如下特点：①仪器和操作简单、费用成本低、速度快；②灵敏度高，最低检出浓度可达 10^{-6} g/mL；③精密度和准确度较高，其相对误差可达到 1%～2%，这满足了对微量组分的测定要求；④选择性较好；⑤用途广泛，广泛用于化工、环境等方面。

紫外-可见光谱不仅可以进行定量、定性及结构分析，还能进行配合物的组分及稳定常数、官能团鉴定、分子量测定等。

紫外吸收光谱在生产、科研的众多领域有着十分广泛的应用，主要应用于物质的定性分析、定量分析、纯度检测、化合物结构的推测、氢键强度的测定几个方面。近年来，随着生物科学研究的发展，用波谱技术在分子水平上研究生命过程的分子运动和变化规律成为前沿领域的热门话题，波谱法测定生物分子的技术也得到快速发展。紫外-可见光谱具有光明的应用前景，相信随着紫外-可见光谱的应用技术的加深，必将在众多领域改变我们的生活，带来巨大的利益。

13.2　仪器构成及原理

13.2.1　仪器基本构成

1. 光源

对光源的基本要求是应在仪器操作所需的光谱区域内能够发射连续辐射，有足够的辐射强度和良好的稳定性，而且辐射能量随波长的变化应尽可能小。在紫外-可见分光光度计中有热辐射光源和气体放电光源两类。热辐射光源用于可见光区，如钨丝灯、卤钨灯和汞灯，可用范围在 340～2500 nm。气体放电光源用于紫外光区，如氢灯、氘灯和氙灯，可在 160～375 nm 范围内产生连续光源。氘灯一般是紫外光区应用最广泛的一种光源。

2. 单色器系统

单色器是一个完整的色散系统，并组成仪器的核心部分，决定着仪器的主要光学特性和工作特性。其作用是将光源发出的白光色散成不同波长的单色光，并从出射狭缝中导出照于样品上。仪器除了棱镜或光栅色散元件外，还有入射、出射狭缝及一组反射镜。由工作光谱性能指标如范围、分辨率、色散率等，分别选用不同的单色器如棱镜或光栅分光、双联、滤色片分光等等。

1) 滤光片

在仪器中，滤光片通常是用来消除单色器的杂散光。其特性可以用最大透光波长和谱带半宽度来表征。它是最简单、最廉价的单色装置。但基于单色性不理想，大大限制了测定精度。滤光片分为带通滤光、中性滤光、干涉滤光、截止滤光以及标准滤光片五种。

2) 单色器

从宽波长的光源辐射中分出单一波长的光学装置叫单色器。由色散元件、入射狭缝、出射狭缝和准直镜等部分组成。单色器质量的优劣取决于色散元件的质量。

A. 狭缝

狭缝是由具有锐利刀口的两片金属片精密加工制成的，包括入射和出射狭缝，是单色器的重要组成部分，关系到分辨率的优劣。光源的光进入色散系统前，要先经过一个入射狭缝，使光成为一条细的光束照射到准直镜上，反射后成为平行光投射到棱镜或光栅上进行色散。出口狭缝出来的光并不是某一单波长的光，狭缝越宽所包含的光波越多，狭缝越窄杂散光的影响越小，但是光的亮度也越弱。

B. 棱镜

棱镜是从紫外到中红外区的比较合适的色散元件，其光谱纯度主要取决于棱镜的色散特性和光学设计。紫外范围内通常采用硅。可见范围内常用光学玻璃代替。本生(Bunsen)和利特罗(Littrow)是常用两种形式的棱镜单色器，棱镜的主要缺点是色散波长的非线性分布。

C. 光栅

光栅分透射光栅和反射光栅，是用于紫外、可见、近红外范围内十分重要且应用范围很广的色散元件。透射光栅的母光栅的生产需要很精密的装置，要在一块透明材料或玻璃上刻一系列平行的紧紧相靠的凹槽，较贵。故而用较便宜的复制光栅代替，性能上虽次于母光栅，但能满足应用。反射光栅则是喷涂铝薄膜于复制光栅表面制成。光栅的单位长度刻线越多，分辨率越高，色散也越大。另外在闪耀光栅中，闪耀波长内光栅有最大能量输出。光栅的缺点是有次级光谱干扰，且杂散光的影响比棱镜大，因此常配滤光片以去除。光栅单色器的排列方式尽管有几种，但通常采用的一种是埃伯特于 1889 年发明的。原理是一个球面镜准直和聚焦，对称地放置两个狭缝，让波长的选择通过旋转光栅来实现。因其昂贵，现代仪器常采用采尼(Czerny)和特纳(Turner)改进的，一种结构紧凑的用两个小球面镜来代替大而昂贵的埃伯特球面镜的单色器。

3. 吸收池

吸收池又称比色皿或比色杯，紫外-可见分光光度计常用的吸收池有石英和玻璃两种。石英吸收池可用于紫外光区和可见光区，玻璃吸收池只能用于可见光区。吸收池的种类很多，其光径可在 0.1～10 cm 之间，常用的石英吸收池光程一般为 1 cm，玻璃吸收池有 0.5 cm、1 cm、2 cm、5 cm 等多种。同一台分光光度计上的比色杯，其透光度应一致，在同一波长和相同溶液下，比色杯间的透光度误差应小于 0.5%，使用时应对比色杯进行校准。

4. 检测器

检测器的作用是检测光信号，并将光信号转变为电信号。现今使用的分光光度计常用的检测器是光电接收元件，有光电倍增管(利用外光电效应与多级二次发射体相结合而制成的光电器件，放大倍数可达 10^8 倍，其积分灵敏度远远超过充气光电管，且与真空光电管一样有非常好的线性关系，是目前应用很广的紫外和可见区极灵敏的探测元件)、光敏电阻和光电池作为检测器。

5. 信息处理与显示系统

显示系统是将光电管或光电倍增管放大的电流通过仪表获取信息并显示出来

的装置。常用的信号显示装置有直读检流计、微安表、电位调节指零装置，以及自动记录和数字显示器和计算机等。检流计和微安表可显示透光度(T%)和吸光度(A)。数字显示器可显示 T%、A 和 C(浓度)。通过计算机与分光光度计相联，光谱数据可立即显示，绘制谱图，而且还可进行多种类型的数据处理。

13.2.2 紫外-可见光谱基本原理

紫外-可见吸收光谱遵从朗伯-比尔定律：当一束平行单色光通过含有吸光物质的稀溶液时，溶液的吸光度与吸光物质浓度、液层厚度乘积成正比，即

$$A = kcl \tag{13-1}$$

式中，k 为吸光物质的本性，与入射光波长及温度等因素有关；c 为吸光物质浓度；l 为透光液层厚度。朗伯-比尔定律是紫外-可见分光光度法的理论基础。

1. 理论基础

紫外-可见吸收研究的是分子内原子在平衡位置附近的振动、分子绕其重心的转动和价电子运动。所以分子的能量 E 等于以上三项之和：

$$E = E_e + E_v + E_r \tag{13-2}$$

式中，E_e、E_v、E_r 分别代表电子能、振动能和转动能。

分子从外界吸收能量后，就引起分子能级的跃迁，即从基态能级跃迁到激发态能级。分子吸收能量具有量子化的特征：

$$\Delta E = E_2 - E_1 = h\nu = h\frac{c}{\lambda} \tag{13-3}$$

紫外-可见吸收光谱是由分子中的电子跃迁产生的。按分子轨道理论，在有机化合物分子中这种吸收光谱取决于分子中成键电子的种类、电子分布情况，根据其性质不同可分为三种电子：①形成单键的 σ 电子；②形成不饱和键的 π 电子；③氧、氮、硫、卤素等杂原子上的未成键的 n 电子。如图 13-1 所示。

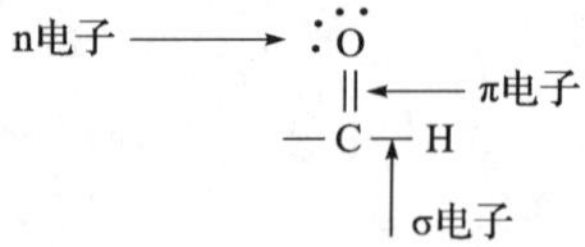

图 13-1 基团中的 σ、π、n 电子

当它们吸收一定能量 ΔE 后，将跃迁到较高的能级，占据反键轨道。分子内部结构与这种特定的跃迁是有密切关系的，使得分子轨道分为成键 σ 轨道、反键

σ^*轨道、成键 π 轨道、反键 π^*轨道和 n 轨道，其能量由低到高的顺序为：$\sigma<\pi<n<\pi^*<\sigma^*$。如图 13-2 所示。

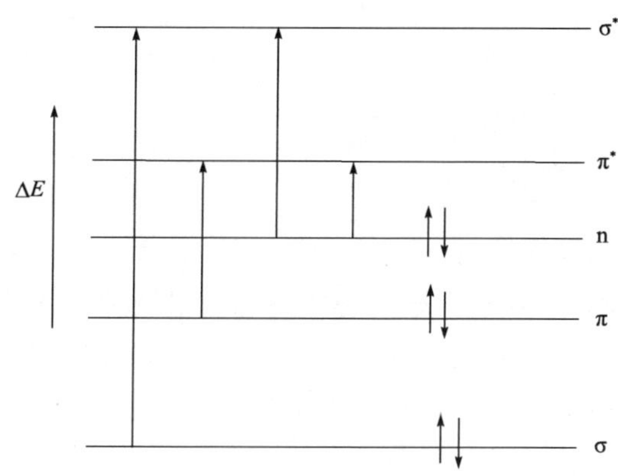

图 13-2　分子轨道中的能量跃迁示意图

这些跃迁分为以下几种：

(1) N→V 跃迁：由基态轨道跃迁到反键轨道(包括 $\sigma\to\sigma^*$跃迁和 $\pi\to\pi^*$跃迁)；

(2) N→Q 跃迁：分子中未成键 n 电子激发跃迁到反键轨道(包括 $n\to\sigma^*$跃迁和 $n\to\pi^*$跃迁)；

(3) N→R 跃迁：σ 键电子逐步激发到各个高能级上，最后脱离分子，使分子成为分子离子的跃迁(光致电离)；

(4) 电荷迁移跃迁：当分子形成配合物或分子内的两个大 π 体系相互接近时，外来辐射照射后，电荷可以由一部分转移到另一部分，而产生电荷转移吸收光谱。

因此，有机化合物价电子可能产生的主要跃迁为 $\sigma\to\sigma^*$、$n\to\sigma^*$、$n\to\pi^*$和 $\pi\to\pi^*$。各种跃迁所需能量大小为：

$$\sigma\to\sigma^* > n\to\sigma^* \geqslant \pi\to\pi^* > n\to\pi^*$$

$n\to\pi^*$跃迁：当不饱和键上连有杂原子(如羰基、硝基)时，杂原子上的 n 电子能跃迁到 π^*轨道。$n\to\pi^*$跃迁是四种跃迁中所需能量最小的，它所对应的吸收带位于 200～400 nm 的近紫外区。如果带杂原子的双键基团与其他双键基团形成共轭体系，其 $n\to\pi^*$跃迁产生的吸收带将红移，例如丙酮的 $n\to\pi^*$跃迁在 276 nm，$\pi\to\pi^*$跃迁在 166 nm，而 4-甲基-3-戊烯酮的两个相应吸收带分别红移至 313 nm 和 235 nm。但是 $n\to\pi^*$跃迁是禁阻跃迁，所以吸收强度很弱。

$\pi\to\pi^*$跃迁：不饱和键中的 π 电子吸收能量跃迁到 π^*反键轨道。$\pi\to\pi^*$跃迁所需能量较 $n\to\pi^*$跃迁的大，吸收峰波长较小。孤立双键的 $\pi\to\pi^*$跃迁产生的吸收带位于 160～180 nm，仍在远紫外区。但在共轭双键体系中，吸收带向长波方向移动(红移)。共轭体系越大，$\pi\to\pi^*$跃迁产生的吸收带波长越长。例如，乙烯的吸收带位于 162 nm，丁二烯为 217 nm，1, 3, 5-己三烯的吸收带红移至 258 nm。这种因共轭体系增大而引起的吸收谱带红移是因为处于共轭状态下的几个 π 轨道会重新组合，使得成键电子从最高占据轨道到最低空轨道之间的跃迁能量大大降低。

$n \to \sigma^*$跃迁：是氧、氮、硫、卤素等杂原子的未成键 n 电子向 σ 反键轨道跃迁，当分子中含有—NH_2、—OH、—SR、—X 等基团时，就能发生这种跃迁。n 电子的 $n \to \sigma^*$跃迁所需能量较大，偏于远紫外区，一般出现在 200 nm 附近，受杂原子性质的影响较大。

$\sigma \to \sigma^*$跃迁：是单键中的 σ 电子在 σ 成键和反键轨道间的跃迁。因 σ 和 σ^*之间的能级差最大，所以 $\sigma \to \sigma^*$跃迁需要较高的能量，相应的激发光波长较短，在 150～160 nm 范围，落在远紫外光区域，超出了一般紫外分光光度计的检测范围。

电荷迁移跃迁：用光照射化合物时，电子从给予体向与接受体相联系的轨道上的跃迁称为电荷迁移跃迁。这种跃迁谱带较宽，吸收强度大。

无机化合物产生的跃迁主要为电荷迁移跃迁和配位场跃迁。紫外-可见光谱一般是指近紫外区(200～400 nm)和可见区(400～800 nm)，只能观察 $n \to \pi^*$和 $\pi \to \pi^*$跃迁，也就是说只适用于分析分子中具有不饱和结构的化合物。如图 13-3 所示。

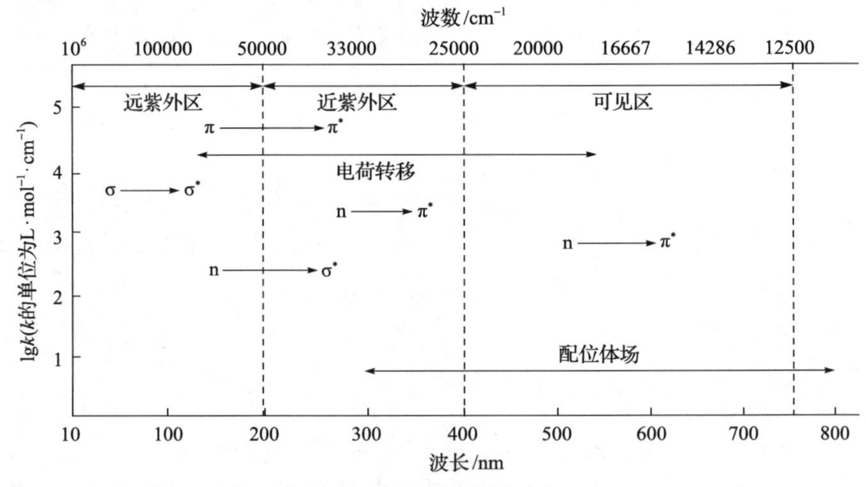

图 13-3 电子跃迁所处的波长范围及强度

2. 紫外-可见光谱中常用的名词术语

发色团(chromophore)：也称生色团，是指在一个分子中产生紫外吸收带的基团，一般为带有 π 电子的基团。有机化合物中常见的生色团有羰基、硝基、双键、三键以及芳环等。发色团的结构不同，电子跃迁类型也不同，通常为 $n \to \pi^*$、$\pi \to \pi^*$跃迁，最大吸收波长大于 210 nm。

助色团(auxochrome)：有些基团本身不是发色团，但当它们与发色团相连时，可以使含有发色团的有机物的颜色加深，这类基团称为助色团。助色团通常是带有孤电子对的原子或原子团，如—OH、—NH_2、—NR_2、—OR、—SH、—SR、—X(卤素)等。在这些助色团中，由于具有孤电子对的原子或原子团与发色团的π键相连，可以发生p-π共轭效应，结果使电子的活动范围增大，容易被激发，使$\pi\to\pi^*$跃迁吸收带向长波方向移动，即红移。

红移(red shift)：也称向长波移动(bathochromic shift)，当有机物的结构发生变化(如取代基的变更)或受到溶剂效应的影响时，其吸收带的最大吸收波长(λ_{max})向长波方向移动的效应。

蓝移(blue shift)：也称向短波移动(hypsochromic shift)，与红移相反的效应，即由于某些因素的影响使得吸收带的最大吸收波长(λ_{max})向短波方向移动的效应。

增色效应(hyperchromic effect)：或称浓色效应，使吸收带的吸收强度增加的效应。

减色效应(hypochromic effect)：或称浅色效应，使吸收带的吸收强度减小的效应。

强带：在紫外光谱中，凡摩尔吸光系数大于 10^4 的吸收带称为强带。产生这种吸收带的电子跃迁往往是允许跃迁。

弱带：凡摩尔吸光系数小于 1000 的吸收带称为弱带。产生这种吸收带的电子跃迁往往是禁阻跃迁。

末端吸收(end absorption)：指吸收曲线随波长变短而强度增大，直至仪器测量的极限(190 nm)，在该极限处测出的吸收为末端吸收。

肩峰：指吸收曲线的峰的吸收稍微增加或降低，或者峰在下降或上升处有停顿，主要是因为化合物不纯。

3. 紫外-可见吸收光谱与分子结构的关系

根据电子跃迁讨论有机化合物中较为重要的一些紫外-可见吸收光谱，由此可以看到紫外-可见吸收光谱与分子结构的关系。

1) 饱和有机化合物

饱和碳氢有机化合物只有 σ 键电子，只产生 $\sigma\to\sigma^*$跃迁，所需能量最大，吸收带在远紫外区。当饱和单键碳氢化合物中的 H 被含孤对电子的 O、N、X、S 等杂原子取代时，产生能量低于 $\sigma\to\sigma^*$跃迁的 $n\to\sigma^*$跃迁，吸收波长向长波方向移动。所以饱和有机化合物中含有—NH_2、—NR_2、—OH、—OR、—SR、—Cl、—Br、—I 等助色团时，有红移现象。当生色团为 p-π 共轭系统时，产生 $n\to\pi^*$跃迁的 R 带吸收。R 带所需能量最小，是禁阻跃迁，因而吸收强度最小，波长最长，甚至进入可见光区。

2) 不饱和脂肪族有机化合物

不饱和碳氢化合物含有 π 键电子，产生 $\pi\rightarrow\pi^*$跃迁，吸收波长在 175～200 nm 范围。当化合物中存在—NH_2、—NR_2、—OR、—SR、—Cl、—CH_3 等助色团时，也有红移现象，并使吸收强度增大。当不饱和脂肪族有机化合物含有共轭双键时，由于形成大 π 键，产生 K 带吸收，红移明显，并且吸收强度很大($\varepsilon\geqslant10^4$)；共轭双键越多，红移越显著，溶液甚至产生颜色，同时吸收强度也越大。

3) 芳香族化合物

苯环结构中有三个乙烯的环状共轭体系，在 185 nm 和 204 nm 产生两个很强的 E 带吸收；在 254 nm 产生中等强度的 B 带吸收的精细结构。若苯环含有取代基，B 带吸收的精细结构消失，但吸收强度增加，并发生红移。助色团使 E 带吸收红移，生色团使 E 带吸收与 K 带吸收合并，并红移。

4. 紫外光谱中的几种吸收带

在紫外光谱中，吸收峰在光谱中的波带位置称为吸收带(absorption band)。根据电子及分子轨道的种类，可将吸收带分为四种类型。

1) K 带

当分子中两个或两个以上双键共轭时，$\pi\rightarrow\pi^*$跃迁能量降低，吸收波长红移，共轭烯烃分子如 1, 3-丁二烯的这类吸收在光谱学上称为 K 带(取自德文：共轭谱带，konjuierte)。K 带出现的区域为 210～250 nm，$\varepsilon_{max}>10^4$($\lg\varepsilon_{max}>4$)，随着共轭链的增长，吸收峰红移，并且吸收强度增加。共轭烯烃的 K 带不受溶剂极性的影响，而不饱和醛酮的 K 带吸收随溶剂极性的增大而红移。

2) B 带和 E 带

芳香族化合物的 $\pi\rightarrow\pi^*$跃迁，在光谱学上称为 B 带(benzenoid band，苯型谱带)和 E 带(ethylenic band，乙烯型谱带)，是芳香族化合物的特征吸收。所谓 E 带指在封闭的共轭的体系中(如芳环)，因 $\pi\rightarrow\pi^*$跃迁所产生的较强或强的吸收谱带，E 带又分为 E1 和 E2 带，两者的强度不同，E1 带的摩尔吸光系数 $\varepsilon>10^4$($\lg\varepsilon>4$)，吸收出现在 184 nm；而 E2 带的摩尔吸光系数 ε 约为 10^3，吸收峰在 204 nm。两种跃迁均为允许跃迁。B 带指在共轭的封闭体系(芳烃)中，由 $\pi\rightarrow\pi^*$跃迁产生的强度较弱的吸收谱带，苯 B 带的摩尔吸光系数 ε 约为 200，吸收峰出现在 230～270 nm 之间，中心在 256 nm，在非极性溶剂中芳烃的 B 带为一具有精细结构的宽峰，但在极性溶剂中精细结构消失。当苯环上有发色基团取代并和苯环共轭时，E 带和 B 带均发生红移，此时的 E2 带又称为 K 带。B 带和 E 带为芳香族化合物的 $\pi\rightarrow\pi^*$跃迁，其中 B 带峰弱，吸收波长长；E 带峰强，吸收波长短。

3) R 带

R 带指连有杂原子的不饱和化合物(如羰基、碳氮双键等)中杂原子上的 n 电子跃迁到 π^*轨道，这种跃迁在光谱学上称为 R 带(取自德文：基团型，radikalartig)，跃迁所需能量比 $n \to \sigma^*$的小，一般在近紫外或可见光区有吸收，其特点是在 270～350 nm 之间，ε 值较小，通常在 100 以内，为弱带，该跃迁为禁阻跃迁。随着溶剂极性的增加，吸收波长向短波方向移动(蓝移)。特点为 $n \to \pi^*$跃迁，吸收波长长，峰弱。

13.2.3　工作原理

分子中的电子跃迁需要的能量在 1.6×10^{-19}～3.2×10^{-18} J 之间，其对应的吸收光的波长范围大部分处于紫外和可见光区域，通常将分子在这一区域的吸收光谱称为电子光谱。不同的分子中的电子跃迁需要的能量不一样，吸收光谱也就不同。为了测量一种物质的吸收光谱，用经过分光后的不同波长的光依次透过该物质，这种物质可以是液体，也可以是固体或气体，但大多数情况都是具有一定浓度的溶液。通过测量物质对不同波长的光的吸收程度，即吸光度，再以吸光度为纵坐标，以波长为横坐标作图，就能得到该物质在该波长范围内的吸收曲线。这种体现了物质对不同波长的光度吸收能力的曲线，称为吸收光谱。

根据物质对光的吸收程度的不同来确定未知液体的物质浓度含量，一般采用标准曲线法，也有采用标准加入法的。即在紫外-可见光区的一个特定的波长，利用朗伯-比尔定律可进行定量分析。紫外-可见分光光度计的光度系统分为单光束系统(图 13-4)和双光束系统两种(图 13-5)。现代的自动分光光度仪多采用双光束法来实现比较测量。用两种不同波长的单色光束交替照射到样品溶液上，不需要使用残壁溶液，测得的是样品在两种波长下的吸光度之差。双光束光度系统大大提高了测定准确度，可完全扣除背景，用于微量组分的测定，也可用于混浊液和多组分混合物的定量测定。

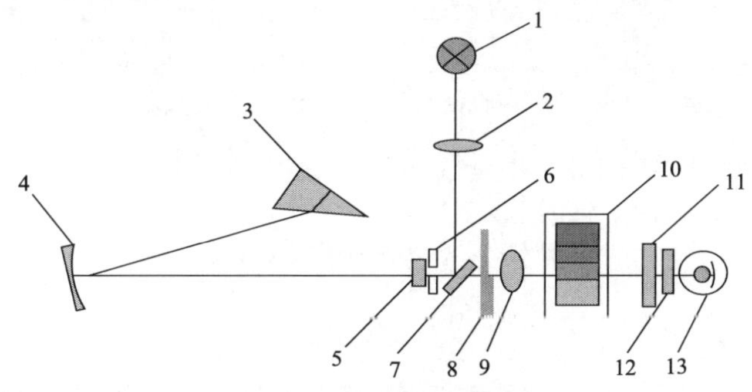

图 13-4　单光束的光路图

(721 型分光光度计光学系统示意图)

1-光源；2，9-聚光透镜；3-色散元件(棱镜)；4-准直镜；5，12-保护玻璃；6-狭缝；7-反射镜；8-光栅；10-吸收池；11-光门；13-光电管

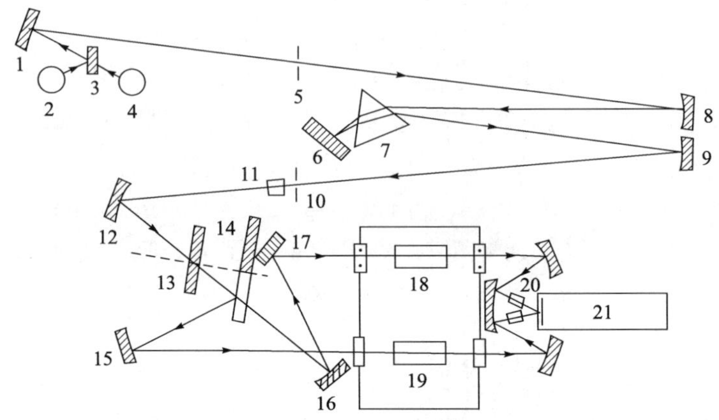

图 13-5　双光束的光路图

1，8，9，12，15，16，20-凹面反射镜；2-钨灯；3-灯交换平面镜；4-氘灯；5-入口狭缝；6，17-平面反射镜色散元件(棱镜)；7-三棱镜；10，11-出口狭缝；13-调制板；14-斩光器；18-参比池；19-样品池；21-光电倍增管

双波长分光光度计具有两个检测器，更适合应用于双波长光谱分析方法。双单色器可明显减少杂散光，提高仪器的分辨能力。

13.3　实 验 技 术

13.3.1　结构分析

被测物质的溶液浓度不宜过高，一般为 mg/L 级。分析时的注意事项如下：

(1)在紫外区测定必须配对使用洁净的石英吸收池，量瓶、移液管均应校正、洗净后使用。

(2)应正确取吸收池，装盛样品以池体的 2/3～3/4 为度，手指应拿毛玻璃面的两侧，透光面要用擦镜纸由上至下擦拭干净，直至无溶剂残留。使用挥发性溶液时应加盖，吸收池放入样品室时应注意方向相同，用后用溶剂或水冲洗干净，晾干防尘保存。

(3)采用 1 cm 石英吸收池，测定时应以配制试品溶液同批溶剂为空白对照(另有规定除外)，在规定的紫外-可见波长范围内进行扫描，绘制波长-吸光度吸收曲线，以便于进一步进行结构分析。

注意：没有颜色的溶液在紫外光谱区没有吸收峰。

13.3.2　定量分析

紫外-可见吸收光谱法进行定量分析是依据是朗伯-比尔定律。该法不仅可以直接测定那些本身在紫外-可见光谱区有吸收的无机物和有机物，还可以通过适当的显色反应使被测物质生成在紫外-可见光谱区有强烈吸收的产物，从而进行定量分析。

1. 测量条件的选择

1) 入射光波长的选择

定量分析时为了获得较高的测量灵敏度，入射波长应该选择被测物质的最大吸收波长。如遇干扰时，可选用灵敏度稍低，但能避免干扰从而进行定量分析的其他波长。如果无法获知被测组分的适宜定量分析的吸收波长，可通过对被测物质在紫外-可见光谱区的波长-吸光度吸收曲线，确定该物质的最大吸收波长，或适宜的定量分析测定波长。

2) 控制适当的吸光度范围

定量分析时其吸收度在 0.3～0.7 之间时测量精度较好，吸光度值最好不要超过 0.2～0.8。可以从两方面提高测量精度：控制溶液浓度；选择不同厚度的吸收池。

3) 选择适当的参比溶液

如果显色剂和所用的其他试剂均无色，而且被测试液中又无其他有色离子存在，可用蒸馏水作参比；如果显色剂无色，而被测试液存在其他有色离子时，应采用不加显色剂的被测试液作参比溶液；如果显色剂和试剂均有颜色，可在一份试液中加入适当掩蔽剂，将被测组分掩蔽起来，使之不与显色剂作用，然后按试液测定加入显色剂及其他试剂，以此作为参比溶液。

2. 显色剂及显色反应

用于分析的显色剂中，无机显色剂不多，主要有硫氰酸盐、钼酸铵和过氧化氢。有机显色剂种类繁多，可与金属离子生成极其稳定的螯合物。常用的有机显色剂包括磺基水杨酸、丁二酮肟、邻二氮菲、二苯硫腙、偶氮胂(铀试剂Ⅲ)、铬天菁 S、结晶紫等。

显色反应的类型有配位反应，氧化还原反应以及增加生色团的衍生化反应等，其中配位反应应用最广。

1) 显色反应应满足的要求

(1) 灵敏度高，反应的产物须在紫外-可见光谱区有强烈的吸光能力，即吸光系数 ε 大。

(2) 选择性好，干扰少，或干扰容易消除。

(3) 产物组成恒定，符合一定的化学反应式。

(4) 产物化学性质足够稳定，至少在测量过程中溶液的吸光度变化很小。

(5) 产物与显色剂直接的颜色差别大。

2) 影响显色反应的因素

(1) 显色剂用量：一般需加入过量显色剂，以保证反应尽可能进行完全。

(2)溶液的酸度：①影响显色剂的浓度和颜色。不少显色剂是有机弱酸，因此溶液的酸度将影响显色剂的离解，并影响显色反应的完全程度；有许多显色剂具有酸碱指示剂的性质，更应注意选择适当的酸度条件。②影响被测离子的存在状态。有些金属离子，随着水溶液酸度的降低，除了以简单的金属离子形式存在外，还可能形成一系列的羟基或多核羟基络离子，可能进一步水解生成沉淀。③影响配合物的组成。某些生成逐级配合物的显色反应，酸度不同，配合物的配合比不同，色调不同。④显色反应的最适宜酸度，可通过实验确定。在不同酸度下测定被测物同一浓度的吸光度，以 pH 为横坐标，吸光度为纵坐标，绘制 A-pH 关系曲线。曲线的平直部分(吸光度恒定)所对应的 pH 区间就是最适宜的酸度范围。

(3)显色时间：根据实验结果选择合适的显色时间。

(4)反应温度：根据反应的具体情况选择合适的反应温度。

(5)溶剂：可根据实际情况加入适当溶剂。一般有机溶剂能降低有色化合物的离解度，提高显色反应的灵敏度。

(6)溶液中共存离子的影响：如果共存离子本身有颜色，或能与显色剂等反应生成有色化合物，会使测定结果偏高。如果共存离子和被测组分或显色剂生成无色配合物，将降低被测组分或显色剂的浓度，从而影响显色剂离子与被测组分的反应，使结果偏低。常用消除干扰离子影响的方法有：控制溶液的酸度；加入合适的掩蔽剂；利用氧化还原反应改变干扰离子的价态；选择适当的波长；利用参比溶液消除显色剂和某些有色共存离子的影响；将被测组分与干扰离子分离。

3. 实验操作技术

定量分析时其吸收度以在 0.3～0.7 之间为宜(除该品种已有注明外)，

(1)在紫外区测定必须配对使用洁净的石英吸收池，量瓶、移液管均应校正、洗净后使用。

(2)应正确取吸收池，装盛样品以池体的 2/3～3/4 为度，手指应拿毛玻璃面的两侧，透光面要用擦镜纸由上至下擦拭干净，直至无溶剂残留。使用挥发性溶液时应加盖，吸收池放入样品室时应注意方向相同，用后用溶剂或水冲洗干净，晾干防尘保存。

(3)规定的吸收峰±2 nm 内，采用 1 cm 石英吸收池，在规定的波长附近自动扫描测定或测几个点的吸收度以核对样品吸收峰位置是否正确，然后以吸收度最大波长作为测定波长(除另有规定外，否则均应在±2 nm 以内)。

(4)样品一般应取 2 份进行平行操作，每份结果对平均值的偏差应在±0.5%以内。

(5)对于大部分被测样品，使用 2 nm 缝宽。仪器狭缝宽度的选用应小于样品吸收带的半宽度，否则测得的数值偏低，选择原则应以减少狭缝宽度时样品的吸收度不再增加为准。

13.3.3 比色皿的使用方法

(1)拿比色皿时，手指捏住比色皿的毛玻璃面，不要碰比色皿的透光面，以免沾污。

(2)装盛样品以池体的 2/3～3/4 为度，使用挥发性溶液时应加盖，透光面要用擦镜纸由上而下擦拭干净，检视透光面应完全干燥透明。吸收池放入样品室时应注意方向相同。

(3)测定有色溶液吸光度时，一定要用有色溶液洗比色皿内壁几次，以免改变有色溶液的浓度。另外，在测定一系列溶液的吸光度时，通常都按由稀到浓的顺序测定，以减小测量误差。

(4)清洗比色皿时，一般先用水冲洗，再用蒸馏水洗净。如比色皿被有机物沾污，可用盐酸-乙醇混合洗涤液(1∶2)浸泡片刻，再用水冲洗。不能用碱溶液或氧化性强的洗涤液洗比色皿，以免损坏。也不能用毛刷清洗比色皿，以免损伤它的透光面。

每次做完实验时，应立即洗净比色皿。

13.3.4 溶剂效应

溶剂对紫外-可见吸收光谱也产生一定影响：一是极性影响吸收波长红移和蓝移，以及吸收强度和精细结构；二是溶剂本身有一定的吸收带。表 13-1 是紫外-可见吸收光谱分析中常用溶剂的最低波长极限，低于此波长时，溶剂吸收不可忽略。

表 13-1　溶剂的使用最低波长极限

溶剂	最低波长极限/nm	溶剂	最低波长极限/nm
乙醚	220	甘油	220
环己烷	210	1,2-二氯乙烷	230
正丁醇	210	二氯甲烷	233
水	210	氯仿	245
异丙烷	210	乙酸正丁酯	260
甲醇	210	乙酸乙酯	260
甲基环已烷	210	甲酸甲酯	260
96%硫酸	210	甲苯	285
乙醇	215	吡啶	305
2,2,4-三甲戊烷	215	丙酮	330
对二氧六环	220	二硫化碳	380
正乙烷	220	苯	280

13.4 实验步骤

13.4.1 紫外-可见分光光度计的使用

每种物质都有其特定吸收光谱曲线，所以根据其特征波长下的吸光度确定该物质的含量，这就是分光光度定性、定量分析以及研究物质的成分、结构和物质间相互作用的有效手段。

图 13-6 为 Thermo Scientific Evolution 220 紫外-可见分光光度计，1.0 nm 的分辨率，双光束(double-beam)配置。在测量的过程中任何时候当样品发生变化，双光束分光光度计都能提供最准确的数据。在每一个数据点都是把样品对比参考光束(reference beam)进行测量，从而降低了因改变样品发生的变化对结果的影响。这对动力学研究、长时间过程的监测以及复杂样品的分析尤为有效。

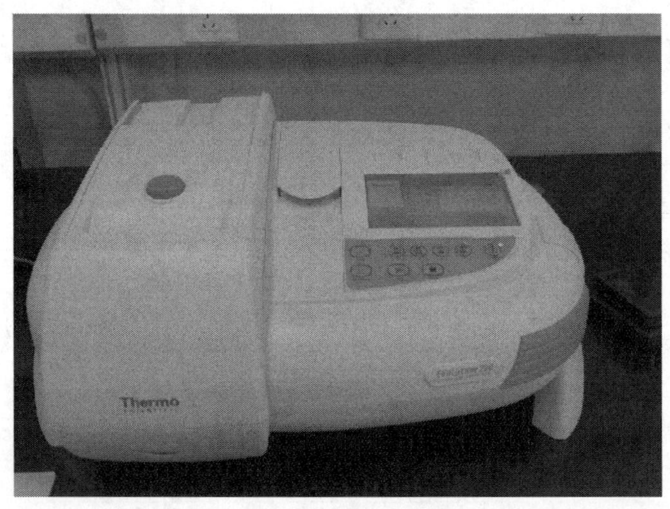

图 13-6　Thermo Scientific Evolution 220 紫外-可见分光光度计

紫外吸收光谱分析方法主要是依据分子内部原子间的相对振动和分子转动等信息进行测定。常用的紫外光谱附件包括石英比色皿、智能恒温单池转换器、智能恒温八联池转换器、镜面反射附件、ISA-220 附件(反射模式的 ISA-220 附件、透射模式的 ISA-220 附件)、积分球固体紫外附件等。

快速开启顶盒：独特的配有开启按钮的滑动样品舱开启门为双手已无空闲的操作员提供了极大的方便。

光学汇聚(application focused beam geometry，AFBG)技术能依照使用要求来优化一些光学特性。Evolution 220 系统的 AFBG 技术适用于固体样品、光纤以及微量池的应用。配合材料研究和光纤应用附件进行优化，可使这些附件发挥到最高的性能。另外，从 Micro AFBG 发出的高度集中的细小光束，能让 80%的光线通过一个 2 mm×2 mm 光径的 40 μL 微量池。

可屏蔽的样品检测器：很多附件是自己提供检测器的，因此可依照分析需要，使用额外独立的检测器。

样品舱：因不受环境光线影响，样品舱能够在测量的过程中打开，从而使分析工作多样化，更便利，并可以使用其他特定附件。

彩色触摸屏：采用触摸屏的本机控制的 Evolution 201 和 220 分光光度计，内置计算机提供了功能强大的操作控制。可用手指进行常规操作，使用手写笔、USB 鼠标和键盘执行更为复杂的操作。

键盘：仪器可由本机控制或计算机控制。集成的按键能够和 INSIGHT 软件之间进行信息传递。按下“Run”和“Zero/Baseline”按键即可进行测量。还可以通过其他四个可编程的按键，启动客户订制环境(CUE)软件及其他应用程序。

触发信号连接：触发信号能够帮助与外界进行互动。不管是需要一个触发信号输出引导步骤中的其他部分，还是等待一个触发信号开始进行测量。

USB 接口：可以通过 USB 接口外接计算机，从而通过 INSIGHT 软件进行仪器控制、数据分析以及存储。也可以通过带有 USB 接口的存储设备备份分析方法和数据，可以连接鼠标和键盘，或者通过这个接口连接打印机输出数据和报告。

单色仪：在保证波长准确前提下，精密的单色器能够实现快速扫描功能。扫描速度从<1 nm/min 到 6000 nm/min，有充分灵活的选择来获取实验数据。

汞灯端口：Evolution 201 和 220 分光光度计是这类仪器中唯一提供汞灯校准附件的仪器。这个附件可提供全波长范围的波长准度和波长再现性的校准。在某些特殊的情况下，如需重做波长校准，即可用此附件测量并存储校正数据。

闪烁氙灯光源：闪烁氙灯仅在进行测量的时候发出强烈的闪光。长效闪烁氙灯能够保证持续工作 3 年，具有使用成本低廉，维修间隔周期长，在可见光区和紫外区都具有很高强度的优点。最重要的是，闪烁氙灯不需要预热，能够适时进行测量。

13.4.2　仪器的操作步骤

1) 开机

顺序开启紫外-可见光谱仪电源(仪器开机后即进入自检)、计算机主机。

2) 启动软件

(1) 开启计算机主机开关后，计算机会根据配置进入 Windows 或 Vista 操作系统。

(2) 双击桌面“thermo insight”快捷键后，进入“thermo insight”工作站。

3) 仪器初始化

Evolution 220 开机后即进入自检，5～10 min 后自检结束，仪器可由本机控制、计算机控制或者把本机控制和计算机控制结合起来。一般选择由计算机控制具体的操作：用触摸笔点击触摸屏界面的“thermo insight”软件的“system setting”→“system”→“instrument control”中的“computer”，完成仪器的控制由仪器本身到计算机的转换。进入计算机的“thermo insight”工作站界面后，仪器即可测试，不需预热。

4) 参数设定

计算机的“thermo insight”工作站界面上的“HOMO”菜单有四种相应的测试方法：Fixed，Scan，Quant，Rated。选择相应的测试方法，然后进入相应的“setting”菜单设置相应的测试参数即可测试。

5) 光谱测定

(1) 空白的紫外光谱：一般紫外测试的样品不论是固体还是液体，都需要空白样的测试，液体用相应的溶剂作空白，固体测试透过或者反射紫外-可见光谱都有相应的空白配件。打开样品室盖，将空白对照放入样品室的样品池，盖上样品室盖。点击“measure scan”菜单界面下的“baseline”，进行背景扫描。

(2) 样品的紫外光谱：被测物质为液体，则溶液浓度不宜过高，一般为 mg/L 级，固体粉末则放入相应的固体粉末池连接积分球测试。打开样品室盖，取出空白对照，将经适当方法制备的样品放入样品室的样品架上，盖上样品室盖。点击“measure scan”菜单界面下的“measure”，弹出对话框“confirm sample list”显示“sample number”，确认后点击“continue”进行样品扫描。数据采集完成后，弹出“数据采集完成”窗口，点击“是”。

(3) 保存样品光谱数据：数据采集完成后，选择“file”菜单栏下“save workbook”，出现“enter workbook file name”窗口，输入保存文件名，点击“保存”。样品的保存设置在“options”菜单下面的“data store”下可以按要求设置。

(4) 测定下一样品的紫外光谱：重复 2)～4) 操作，如果体系相同则采用同一背景，体系不同则重复 1)～4) 操作。

6) 扫谱结束

取下样品池，小心取出盐片。洗去样品(千万不要用水洗)。然后于红外灯下用滑石粉及无水乙醇进行抛光处理。最后，用无水乙醇将表面洗干净，擦干，烘干，按要求将模具、样品架等擦净收好，石英比色皿或者积分球配件晾干收好。

7) 关机

(1) 选择“file” > “exit”，退出程序。

(2) 从计算机桌面的开始菜单中选择关机，出现安全关机提示。

(3)关闭计算机电源。

(4)关闭仪器电源。

13.4.3　样品测试的一般步骤

将待测样品放于样品池中。若样品是液体，则溶解在适当的溶液中放入石英比色皿的智能恒温八联池转换器或者智能恒温单池转换器样品池中；若样品是固体，则更换积分球配件，放在相应位置测量固体的透过或者反射紫外-可见光谱。

1. 积分球的实验原理

反射率定义为从样品表面反射回来的辐射能量大小：

$$R = I/I_0 \times 100\% \tag{13-4}$$

式中，I 为被反射的辐射强度；I_0 为从某些标准表面反射回来的辐射强度。

反射光谱的测定是在紫外-可见分光光度计上加一可进行反射操作的附件。光学积分球，一般将一根内径为 60～150 mm 的铝棒切成两半，技术比较精细复杂，然后将其挖成空心球，在球的内壁上涂上硫酸钡或熏上二氧化镁。这时，在球心放上被测试的样品，则在球内壁的任何地方的漫反射强度都相等，这就是积分球的工作原理，如图 13-7 所示。

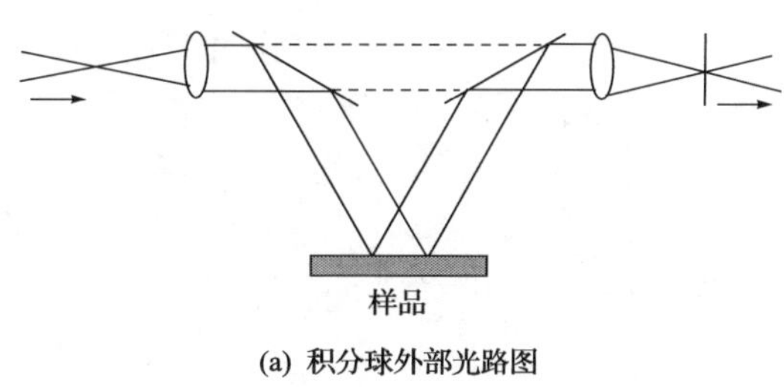

(a) 积分球外部光路图

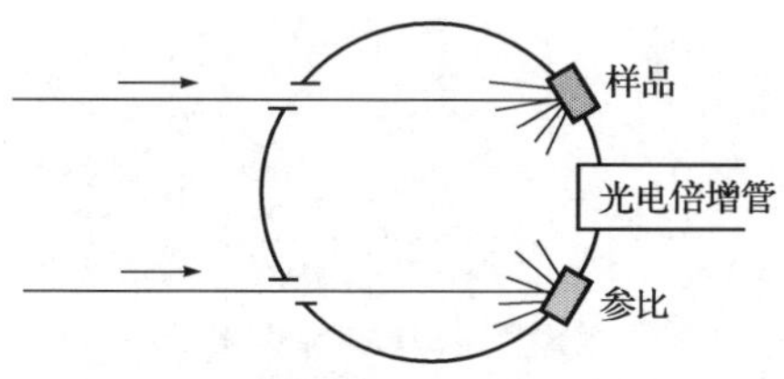

(b) 积分球内部光路图

图 13-7　积分球的工作原理

图 13-7(a)中两个对角镜用于反射从样品反射过来的光线。图 13-7(b)是用于反射光谱测定的积分球附件。从单色器过来的双光束通过两个窗口进入积分球，照射在样品及参比上，反射光进入光电倍增管，后者交互测定样品及参比的漫反射。除去吸收池，样品可以是染色线、膜的涂层等固体样品，此时参比处放置 MgO

标准白板。积分球内表面涂有高漫反射材料的 $BaSO_4$，可以使反射能量均匀化，在球内任一给定点反射光的强度都与空间分布无关，而与样品的漫反射率成正比。

2. 使用积分球附件的注意事项

（1）无论使用透过样品还是反射样品，都要使样品紧密贴紧积分球开口，如有间隙会使测量值产生误差。

（2）如副白板表面被污染，可用细砂纸轻轻磨干净，并将副白板保存在干燥的容器中。

（3）测试粉末样品时，禁止倒置以将粉末或粉尘弄入积分球内。

（4）不能用手触摸镜面。

（5）当积分球不使用时，把积分球和反射筒（reflector）放回附件箱内。

（6）清洁事项：对于镜片，用干燥清洁的压缩空气或氮气清洁；对于涂层表面，先用干燥清洁的压缩空气清洁，接着用蒸馏水洗净，再用压缩空气干燥；对于附上的灰尘，用细度为 220～240 目的砂纸除去，再用蒸馏水洗净，最后用压缩空气干燥。

3. 液体样品的测量

被测物质为液体的话溶液浓度不宜过高，一般为 mg/L 级，在进行定量测试时要精确计算加入的量，作为标准曲线或者判断化合物的一种手段。在进行大量的样品测试时，可以用智能恒温八联池转换器代替智能恒温单池转换器快速地进行紫外光谱的测试。图 13-8 是智能恒温单池转换器和可屏蔽的样品检测器以及石英比色皿。可屏蔽的样品检测器依照分析需要，使用额外独立的检测器。石英比色皿采用 1 cm 石英吸收池，智能恒温单池转换器对于少量的样品测试方便快捷。

图 13-8　石英比色皿及吸收池、智能恒温单池转换器附件示意图

图 13-9 是智能恒温八联池转换器示意图。八联池联动对于大量的样品测试，省时省力。

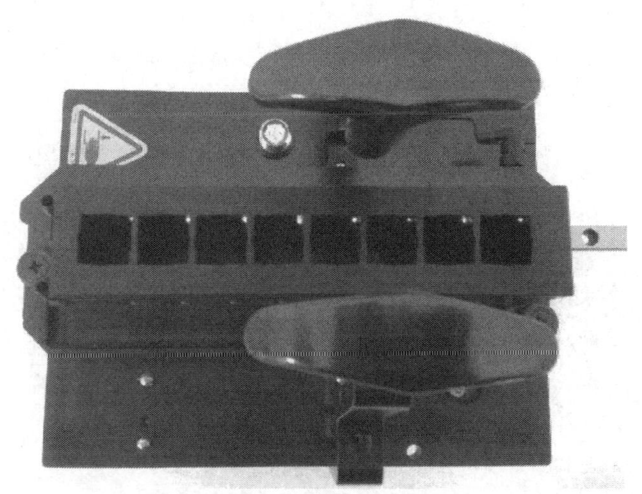

图 13-9　智能恒温八联池转换器

4. 固体样品的测量

固体样品的紫外测试用积分球配件来进行测试。光散射物质存在于各种各样的样品中，比如自然水样以及生物匀浆等。面对传统测量方法很难准确测量的散射物质以及混浊溶液，Evolution 220 系统都能轻松实现。Evolution 220 分光光度计的积分球附件(ISA-220)通过收集并整合散射的光线，能够把这些很难测试的样品准确地测量出来。ISA-220 积分球附件是在同类价格仪器中性能最为突出和优秀的。它是 60 mm 直径的 Spectralon®球和 10 mm 硅光电二极管，以及一个专用的 AFBG 光学系统的组合，能提供连续和准确的数据。在传统实验中，因为溶液中的悬浮微粒而产生的散射光造成人为的高吸收读数。由于采用散射测量，利用 ISA-220 积分球捕获所有的正向散射光，提高数据质量并减少测量误差。

在作为反射附件时，ISA-220 附件安装在样品舱的右侧，从而能让样品位于测量光束的焦点处。还可以调整样品的位置，选择采用或者不用 8°角来测量全反射(SPIN)或者漫反射(SPEX)。采用较小的反射口，能够把单光束带来的误差最小化，选择 INSIGHT 软件中的自动纠偏功能，这种误差则基本上能被消除。ISA-220 附件为科研和常规的反射测量提供了卓越的性能。ISA-220 是为测量反射而设计的，样品正好完全在积分球光束的焦点上，此外，为方便拿取样品采用了弹簧样品夹设计。

固体样品的测试一般分为测试固体样品的透射性能和反射性能，对于固体样品的透射性能的测试，要求样品尽量透明成膜，对于不透明的固体一般做其反射性能。积分球及其配件如图 13-10 所示，右边带有数据接口的是积分球的主体部分，圆柱形的样品池或样品空白放在其左边的带有弹簧夹的槽中进行测试。旁边的三个圆形配件从上往下分别是固体样品的透射性能测试的空白标准，固体样品的反射性能测试的样品池，固体样品的反射性能测试的空白标准。

(a)

(b)

图 13-10　积分球(a)及其配件(b)示意图

在测试固体样品的反射性能时，先测试空白标准，测试完成后，换入固体样品的反射性能测试的样品池，固体样品的反射性能测试的样品的制作：把待测固体在研钵中研磨成粉末，均匀地平铺在样品池表面，然后旋紧待测。固体样品的透射性能测试的样品的制作：不同于固体样品的反射性能测试，透射测试的空白标准是夹在积分球左边的弹簧夹的槽中，待测样则放入积分球前段的光路上并且不取下空白进行测试。

5. Evolution 220 分光光度计的几种测试方法

Evolution 220 分光光度计共有 Fixed、Scan、Quant、Rated 等测试方法：仪器采用模块化设计，在智能恒温八联池转换器、智能恒温单池转换器和积分球之间可以互相更换，根据测试条件的不同，选择不同的部件进行测试，更换的端口如图 13-11 和图 13-12 所示。图 13-11 是分光光度计放置智能恒温八联池转换器、智能恒温单池转换器和积分球的地方，图 13-12 是数据接口接入的位置。

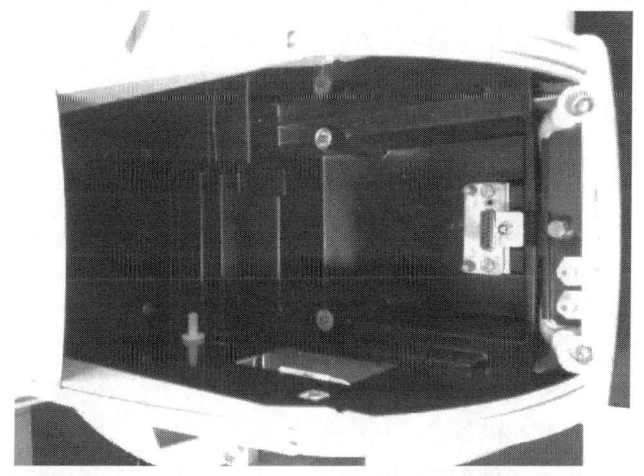

图 13-11　智能恒温八联池转换器、智能恒温单池转换器和积分球更换端口

图 13-12　数据接口接入端口示意图

1) Fixed 法

固定波长测量一般是用来测试液体样品在特定浓度下的吸光度的测试方法。

紫外-可见吸收光谱遵从朗伯-比尔定律：

$$A = \log\left(\frac{I_0}{I}\right) = \varepsilon bc \tag{13-5}$$

式中，A 为吸光度；I_0，I 分别为入射光、透射光的强度；c 为溶液的摩尔浓度；b 为样品池长度；ε 为在 c 用摩尔浓度、b 用厘米为单位表示时的摩尔吸光系数，而当浓度或液层厚度用其他单位表示时就称吸光系数，常用 k 表示。

因此，对于单一溶质溶液，通过测定溶液对一定波长入射光的吸光度，即可求出溶液中物质的浓度和含量。该法不仅可以直接测定本身在紫外-可见光谱区有吸收的无机和有机物，还可以将采用适当的试剂与吸收较小或非吸收物质发生显色反应，生成对紫外-可见有强烈吸收的产物，从而对它们进行定量测定。

当溶液中含有多种对光产生吸收的物质，且各组分之间不存在相互作用时，则该溶液对波长 λ 的吸光度 $A_{总}^{\lambda}$：

$$A_{总}^{\lambda} = A_1^{\lambda} + A_2^{\lambda} + A_3^{\lambda} + \cdots + A_n^{\lambda} = (\varepsilon_1^{\lambda} c_1 + \varepsilon_2^{\lambda} c_2 + \varepsilon_3^{\lambda} c_3 + \cdots + \varepsilon_n^{\lambda} c_n)b \tag{13-6}$$

偏离朗伯-比尔定律的原因有：①非单色光引起的偏离-入射光为非单色光；②散射光引起的偏离，常由溶液的不均性引起，实际样品的混浊，加入的保护胶体，蒸馏水中的微生物，存在散射以及共振发射等，均可使吸光质点的吸光特性变化大；③化学原因引起的偏离；④光程的不一致性。光源不是点光源，比色皿光径长度不一致，光学元件的缺陷引起的多次反射等，均造成光径不一致，从而与定律偏离。

定量分析时一般使用标准曲线法。

标准曲线法就是取已知浓度的样品在一定入射波长的条件下的吸光度的值，平衡地测量几组值，绘制标准曲线。从而在测量该物质的未知浓度的样品时可以通过样品吸光度得到样品浓度。

在定量分析时为了获得较高的测量灵敏度，入射波长应该选择被测物质的最大吸收波长。如遇干扰时，可选用灵敏度稍低，但能避免干扰从而进行定量分析的其他波长。如果无法获知被测组分的适宜定量分析的吸收波长，可通过对被测物质在紫外-可见光谱区的波长-吸光度吸收曲线，确定该物质的最大吸收波长，或适宜的定量分析测定波长。定量分析时其吸收度在 0.3～0.7 之间时测量精度较好，吸光度值最好不要超过 0.2～0.8。可以从两方面提高测量精度：控制溶液浓度；选择不同厚度的吸收池。

在“Fixed”菜单下选择“setting”设置中的“instrument”，其中“date mode”中的数据模式有“absorbance”、“%transmittance”、“%reflectance”、“log(1/R)”、“log(abs)”，可以根据不同的需要选择相应的数据模式。在“sample”中设置相

应的待测样品个数。测试完成后软件会自动形成标准曲线。

2) Scan 法

Scan 扫描测量是测量液体或者固体紫外-可见连续曲线光谱，一般为 200～800 nm。在“Scan”菜单下选择“setting”设置中的“instrument”，有基本的参数设置“date mode”中的数据模式一般选择“absorbance”，其他的参数可以根据待测样品要求进行，一般“bandwith”、“integration time”、“data interval”选择默认值，如图 13-13 所示。

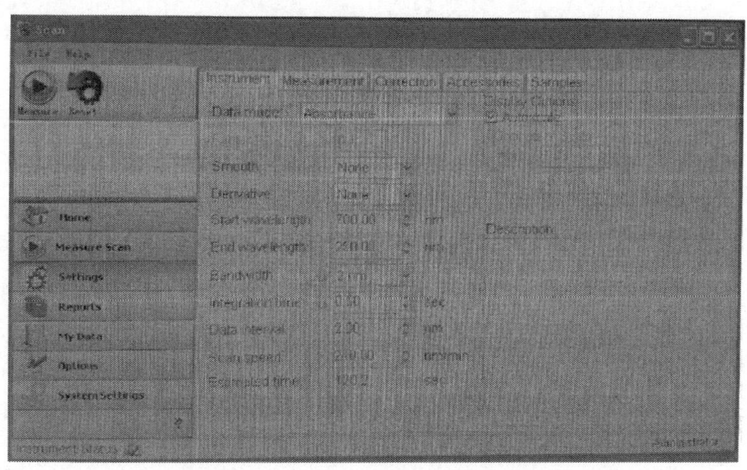

图 13-13　Scan 法扫描测量参数设置

在“correction”菜单中做通过测试时一般选择“100%T baseline”。在参数设置结束后便可以测量。

3) Quant 法

Quant 定量分析主要用来定量测试，紫外-可见吸收光谱遵从朗伯-比尔定律，具体原理参见 fixed 法部分。Evolution 220 分光光度计提供 6 种不同方式进行便捷的定量分析：①手工输入因子；②测量单一标准；③标准曲线；④双波长的标准曲线；⑤高级标准曲线；⑥高级无标准分析。

可以进行多次计算分析，在一种分析方法中选取不同的参数，从而为特定的分析方法提供完整的答案。用定量分析方程计算复杂应用定量分析时一般使用标准曲线法。对于标准曲线的形式在“Quant”菜单下选择“setting”设置中的“type”中一般选择“standard curve”，在“standards”中根据标准曲线的形式可以有不同种选择，在“curve fit type”中有“linear”“linear through zero”“2nd order polynomial”等。选择样品个数便可以测量。

4) Rated 法

Rated 动力学分析一般用得较少。在动力学分析，每个样品池每秒可以采集到 100 个数据点，从而让动力学分析有充分的数据支持，可分段测量，并配合不同的采样密度和采样时间，利用驻留时间(dwell time)特性，在每次测量中采集到更多的数据，并得到快速反应的曲线，适用于零级、一级和二级反应，以及连续反应机理的研究，数据分析亦可采用分段处理，使全部分析更具灵活性。

13.4.4 仪器操作注意事项及维护

(1)无论使用透过样品还是反射样品，都要使样品紧密贴紧积分球开口，如有间隙会使测量值产生误差。

(2)如副白板表面被污染，可用细砂纸轻轻磨干净，并将副白板保存在干燥的容器中。

(3)测试粉末样品时，禁止倒置以将粉末或粉尘弄入积分球内。

(4)不能用手触摸镜面。

(5)当积分球不使用时，把积分球和反射筒(reflector)放回附件箱内。

(6)清洁事项：对于镜片，用干燥清洁的压缩空气或氮气清洁；对于涂层表面，先用干燥清洁的压缩空气清洁，接着用蒸馏水洗净，再用压缩空气干燥；对于附上的灰尘，用细度为 220～240 目的砂纸除去，再用蒸馏水洗净，最后用压缩空气干燥。

13.5 应　　用

目前，紫外-可见吸收光谱分析应用非常广泛，可用于紫外区范围有吸收峰的物质的检定及结构分析。其中主要是有机化合物的分析和检定。物质的紫外吸收光谱基本上是其分子中生色团及助色团的特征，而不是整个分子的特征。如果物质组成的变化不影响生色团和助色团，就不会显著地影响其吸收光谱，如甲苯和乙苯具有相同的紫外吸收光谱。另外，外界因素如溶剂的改变也会影响吸收光谱，在极性溶剂中某些化合物吸收光谱的精细结构会消失，成为一个宽带。

所以，单根据紫外光谱不能完全鉴定物质的分子结构，还必须与红外吸收光谱、核磁共振波谱、质谱以及其他化学的和物理的方法共同配合才能得出可靠的结论。

13.5.1 定性分析

利用吸收光谱图上的化合物的特征吸收尤其是最大吸收波长和摩尔吸光系数，来鉴定有机化合物，如吸收曲线的形状、吸收峰的数目以及各吸收峰波长及摩尔吸收系数。用紫外吸收光谱进行定性鉴定的化合物必须是纯净的，并按正确的操作方法用紫外分光光度计绘出吸收曲线，然后根据该化合物的吸收峰特征作出初步判断。

如果在相同的测定条件下，未知物与已知标准物的紫外光谱图相同，可认为两者有相同的生色团。如果光谱特征(吸收曲线形状、吸收峰数目、位置，λ_{max}和相应的 ε_{max} 等)完全一致，则可初步认为两者是同一化合物。如无标准样品，可与有机化合物的紫外-可见标准谱图对照。

与标准物及标准图谱对照：仪器准确、精密度高的条件下，将相同浓度分析样品和标准样品配制在同一溶剂中，然后将两样品在同一条件下测定紫外-可见吸收光谱。若两者光谱图完全一致，则说明是同一物质。如若没有标样，也可与现成的标准谱图对照。

13.5.2　结构分析

根据有机化合物的紫外-可见吸收光谱可以推测化合物所含的官能团：化合物的紫外-可见吸收光谱基本上是分子中发色基团的特性，而不是整个分子的特性，所以单独从紫外-可见吸收光谱不能完全确定化合物的分子结构，必须与红外光谱、核磁共振、质谱及其他方法配合，才能得出可靠的结论。紫外-可见光谱中研究化合物的结构中的主要作用是推测官能团、结构中的共轭体系以及共轭体系中的取代基的位置、种类和数目等，如 C═C—C═C、C═C—C═O、苯环等。利用紫外光谱鉴定有机化合物远不如利用红外光谱有效，因为很多化合物在紫外-可见没有吸收或者只有微弱的吸收，并且紫外-可见光谱一般比较简单，特征性不强。利用紫外-可见光谱可以用来检验一些具有大的共轭体系或发色官能团的化合物，可以作为其他鉴定方法的补充。

(1)推测化合物的共轭体系和部分骨架，如果一个化合物在紫外区 80～220 nm 范围内是透明的，没有吸收峰，则说明分子中不存在共轭体系（指不存在多个相间双键)。这些化合物可能是脂肪族的烷烃、孤立的烯烃和炔烃、胺、腈、醇、羧酸、氯代烃和氟代烃等不含有共轭双键或环状共轭体系，以及不含有杂原子的生色团，例如羰基、硝基、醛基、酮基或溴和碘等取代基。

(2)如果在 210～250 nm 有强吸收，表示有 K 吸收带，则可能含有两个双键的共轭体系，如共轭二烯或 α，β-不饱和酮等。同样在 260 nm，300 nm，330 nm 处有高强度 K 吸收带，表示有三个、四个和五个共轭体系存在。

(3)如果在 260～300 nm 有中强吸收(ε=200～1000)，则表示有 B 带吸收，体系中可能有苯环存在。如果苯环上有共轭的生色基团存在时，则 ε 可以大于 10 000。

(4)如果在 250～300 nm 有弱吸收带(R 吸收带)，则可能含有简单的非共轭并含有 n 电子的生色基团，如羰基等。

如果在 270～350 nm 仅出现一个弱吸收峰(ε 为 10～200)，这一吸收峰很可能是含有孤对电子的未共轭生色团，例如羰基的 $n\rightarrow\pi^*$跃迁。

如果在 200～300 nm 间有一个强吸收峰(ε 为 10000～20000)，说明至少有 2 个相同或不同的生色团共轭，例如 α,β-不饱和酮或共轭烯烃等。如果在 210～300 nm 间有一个中等强度的吸收峰(ε 为 5000～16000)，这个化合物很可能是含有极性取代基的芳香烃衍生物。

如果紫外吸收光谱出现几个吸收峰，其中长波带已进入可见光区，这可能是含有长共轭链的化合物，或是稠环芳烃。如果化合物有颜色，则至少有 4 或 5 个共轭生色团和助色团。但某些含氮化合物，例如硝基、偶氮基、重氮和亚硝基化合物以及碘仿等化合物除外。

利用紫外-可见光谱可以推导有机化合物的分子骨架中是否含有共轭结构体系。

此外，紫外-可见光谱图还常用于判断物质的顺反异构体，区分化合物的构型和构象以及互变异构体的鉴别等。

13.5.3 定量测定

朗伯-比尔定律是紫外-可见吸收光谱法进行定量分析的理论基础，当一束单色光通过样品射入溶液时，如样品吸收单色光，则存在如下关系：

$$\log\left(\frac{I_0}{I}\right)=\varepsilon bc=A \tag{13-7}$$

该式为光吸收定律，在定量分析中具有重要作用。定量分析时一般使用标准曲线法。

除了以上的有机化合物的结构分析和常规定量分析外，紫外-可见光谱分析还可进行多组分同时测定，示差分光光度法进行高(低)含量组分分析，双波长光谱分析，导数光谱分析，络合物组成和平衡研究、化学反应的动力学分光光度法和某些物理化学数据的测定等等。

13.5.4 氢键强度测定

溶剂分子与溶质分子缔合生成氢键时，对溶质分子的 UV 光谱有较大的影响。对于羰基化合物，根据在极性溶剂和非极性溶剂中 R 带的差别，可以近似测定氢键的强度。溶剂分子与溶质分子缔合生成氢键时，对溶质分子的 UV 光谱有较大的影响。

在实际应用中紫外可见光谱可利用不同的极性溶剂产生氢键的强度不同来测定化合物在不同溶剂中的氢键强度，从而确定溶剂的选择。异丙叉丙酮的 $n\rightarrow\pi^*$

吸收带在环己烷、乙醇、甲醇及水溶液中的 λ_{max} 分别为 335 nm、320 nm、312 nm，假定这种 λ_{max} 的移动完全由溶剂的氢键所引起，可利用一定公式计算每种溶剂中的氢键强度(极性溶剂分子与羰基氧形成了氢键，使 n 轨道能级降低而趋向稳定化，当 n 电子实现 $n\rightarrow\pi^*$ 跃迁时，需要增加一定的能量来克服氢键的能量)。

13.5.5　纯度检查

如果一个化合物只有其杂质在紫外-可见光区有较强的吸收峰，而本身没有，就可检出化合物中所含有的杂质(乙醇/苯，苯 λ_{max}=256 nm)。如果一个化合物在紫外-可见光区有明显的吸收峰，则可利用紫外光谱摩尔吸光系数(吸光度)检验化合物的纯度。紫外吸收光谱能测定化合物中含有微量的具有紫外吸收的杂质。

13.6　思 考 题

(1) 显色剂与待测试样反应是否一定要在可见光区显色？为什么？在可见光区显色有什么优势？

(2) 紫外-可见分光光度法的定性、定量分析的依据是什么？

(3) 紫外-可见分光光度计的主要组成部件有哪些？

(4) 说明紫外-可见分光光度法的特点及适用范围。

(5) 积分球如何安装和使用？

(6) 积分球安装和使用过程中哪些因素可以产生实验误差，如何消除？

(7) 详细推导三波长分光光度法 ΔA 值的计算公式。

(8) 将三波长分光光度法应用于实际样品测定时，如何选择 λ_1、λ_2 和 λ_3 的测定波长？

第14章　红外光谱分析

14.1　概　　述

红外光谱法(infrared spectroscopy)是研究红外光与物质间相互作用的科学，即以连续变化的各种波长的红外光为光源照射样品时，引起分子振动和转动能级之间的跃迁，所测得的吸收光谱为分子的振转光谱，又称红外光谱。傅里叶光谱法就是通过测量干涉图并依据干涉图和光谱图之间的对应关系进行傅里叶积分变换方法来测定和研究光谱图。和传统的色散型光谱仪相比，傅里叶红外光谱仪(Fourier transform infrared spectrometer，FTIR)可以理解为以某种数学方式对光谱信息进行编码的摄谱仪，它的数字化光谱数据，便于数据的计算机处理和演绎，它能同时测量、记录所有谱元信号，并以更高的效率采集来自光源的辐射能量，从而使它具有比传统光谱仪高得多的信噪比和分辨率；正是这些基本优点，使得傅里叶变换光谱方法发展为目前红外和远红外波段中最有力的光谱工具，并向近红外、可见和紫外波段扩展。

红外区可分为以下几个区域，如表14-1所示。

表14-1　红外光谱区域的划分

区域	波长 λ/μm	波数 $\tilde{\nu}$ /cm^{-1}	能级跃迁类型
近红外区	0.78～2.5	12800～4000	NH、OH、CH倍频区
中红外区	2.5～50	4000～200	振动、转动
远红外区	50～1000	200～10	转动
常用区域	2.5～25	4000～400	

化学领域中红外光谱主要用于两方面。一是分子结构的基础研究，根据测得的力常数可以知道化学键的强弱，可以测定分子的键角、键长，推断出分子的立体构型，并由简正频率来计算热力学函数。二是用于物质的化学组成分析，依照特征吸收峰的强度测定混合物中各组分的含量，由于红外光谱反映其分子结构，谱图中的吸收峰与分子中各基团的振动形式相对应，因此根据光谱中吸收峰的位置、峰强及峰形等可以推断化合物中可能存在的官能团，如O—H、N—H、C—H、C═C和C═O等，从而推断出未知物的结构。通常把这种能代表基团存在，且分子的其他部分对其吸收位置影响较小，并有较高强度的吸收谱带称为基团频率，

其所在的位置一般又称为特征吸收峰。另外除光学异构体及长链烷烃同系物外，几乎没有两种化合物具有相同的红外吸收光谱，即所谓红外光谱具有“指纹性”，因此可以把红外谱图分为两个重要区域，官能团区(高频区)：4000～1300 cm^{-1} 光谱与基团的对应关系强，指纹区(低频区)：1300～400 cm^{-1} 光谱与基团不能一一对应，其价值在于表示整个分子的特征。通过红外光谱波数位置、强度及波峰数目便可以确定分子基团及结构；加之红外光谱分析速度快，并可测定样品的各种形态且用量少，样品不被破坏，与色谱等联用(GC-FTIR)具有非常强大的定性、定量功能，因此它已成为有机药物结构测定和鉴定的重要方法之一，也是分析化学、现代结构化学不可缺少的最常用工具。

14.2　仪器构成及原理

14.2.1　仪器基本构成

1) 光源

光源能发射出稳定、高强度连续波长的红外光，通常使用能斯特(Nernst)灯、碳化硅或涂有稀土化合物的镍铬旋状灯丝。

2) 干涉仪

迈克耳孙(Michelson)干涉仪的作用是将复色光变为干涉光。中红外干涉仪中的分束器主要是由溴化钾材料制成的；近红外分束器一般以石英和 CaF_2 为材料；远红外分束器一般由 Mylar 膜和网格固体材料制成。

3) 检测器

检测器一般分为热检测器和光检测器两大类。热检测器是把某些热电材料的晶体放在两块金属板中，当光照射到晶体上时，晶体表面电荷分布变化，由此可以测量红外辐射的功率。热检测器有氘代硫酸三甘肽(DTGS)、钽酸锂($LiTaO_3$)等类型。光检测器是利用材料受光照射后，由于导电性能的变化而产生信号，最常用的光检测器有锑化烟、汞镉碲等类型。

14.2.2　工作原理

1. 理论基础

红外光谱是由于分子振动能级(同时伴随转动能级)跃迁而产生的，红外光谱吸收产生的条件应满足：①辐射光具有的能量应满足物质产生振动跃迁所需的能量；②辐射与物质间具有相互耦合作用。对称分子没有偶极矩，辐射不能引起共振，无红外活性，如 N_2、O_2、Cl_2 等。非对称分子有偶极矩，具备红外活性。

2. 红外吸收与分子结构

红外光谱源于分子振动产生的吸收,其吸收频率对应于分子的振动频率(例如双原子分子的振动)。从经典力学的观点,采用谐振子模型来研究双原子分子的振动,即化学键的振动类似于无质量的弹簧连接两个刚性小球,它们的质量分别等于两个原子的质量,如图 14-1 所示。

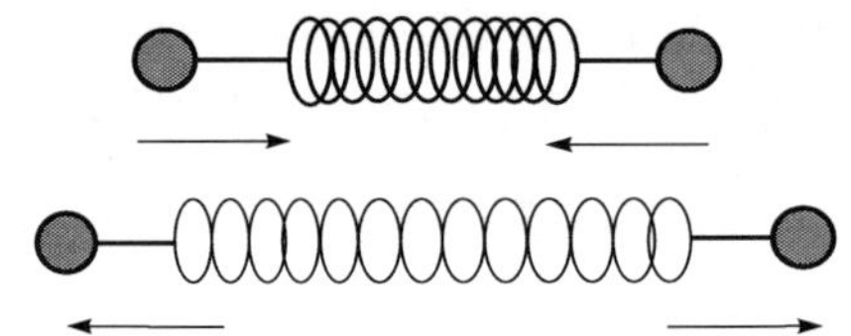

图 14-1 双原子分子谐振子振动模型示意图

根据胡克定律:

$$v = \frac{1}{2\pi c}\sqrt{\frac{k}{\mu}} \tag{14-1}$$

$$\mu = \frac{m_1 \times m_2}{m_1 + m_2} \tag{14-2}$$

式中,v 为光速;k 为键力常数;μ 为折合质量;m_1,m_2 为谐振子质量。

振动频率不仅取决于化学键两端的原子质量和键力常数,还与内部结构和外部因素(化学环境)有关,实际上在一个分子中,基团与基团之间,化学键之间都会相互影响。

鉴于原子种类和化学键的性质不同,以及各化学键所处的环境不同,不同化合物的吸收光谱具有各自的特征。大量实验结果表明,一定的官能团总是对应于一定的特征吸收频率,即有机分子的官能团具有特征红外吸收频率。这对于利用红外谱图进行分子结构鉴定具有重要意义,据此可以对化合物进行定性分析。

3. 工作原理

用一定频率的红外光聚焦照射被分析的样品时,如果分子中某个基团的振动频率与照射红外线频率相同便会产生共振,从而吸收一定频率的红外线,我们把分子吸收红外线的这种情况用仪器记录下来,便能得到全面反映样品成分特征的光谱,进而推测化合物的类型和结构。20 世纪 70 年代出现的傅里叶变换红外光谱仪是一种非色散型的第三代红外吸收光谱仪,其光学系统的主体是迈克耳孙(Michelson)干涉仪,干涉仪的结构如图 14-2 所示。

干涉仪主要由两个互成 90°角的平面镜(动镜和定镜)和一个分束器所组成。固定定镜、可调动镜和分束器组成了傅里叶变换红外光谱仪的核心部件——迈克耳

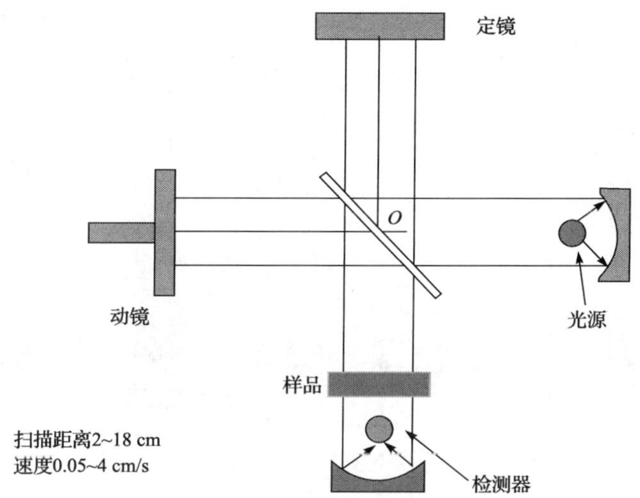

图 14-2　迈克耳孙(Michelson)干涉仪结构图

孙干涉仪。动镜在平稳移动中要时时与定镜保持 90°角。分束器具有半透明性质，位于动镜与定镜之间并和它们呈 45°角放置。由光源射来的一束光到达分束器时即被它分为两束，Ⅰ为反射光，Ⅱ为透射光，其中 50%的光透射到动镜，另外 50%的光反射到定镜。射向探测器的Ⅰ和Ⅱ两束光会合在一起成为具有干涉光特性的相干光。动镜移动至两束光光程差为半波长的偶数倍时，这两束光发生相长干涉，如图 14-3(a)，当Ⅰ和Ⅱ两束光为 1/2 λ 光程差时发生相消干涉，如图 14-3(b)，干涉图由红外检测器获得，单色光的干涉如图 14-3 所示，结果经傅里叶变换处理得到红外光谱图。傅里叶变换红外光谱仪(FTIR)的工作原理如图 14-4 所示。

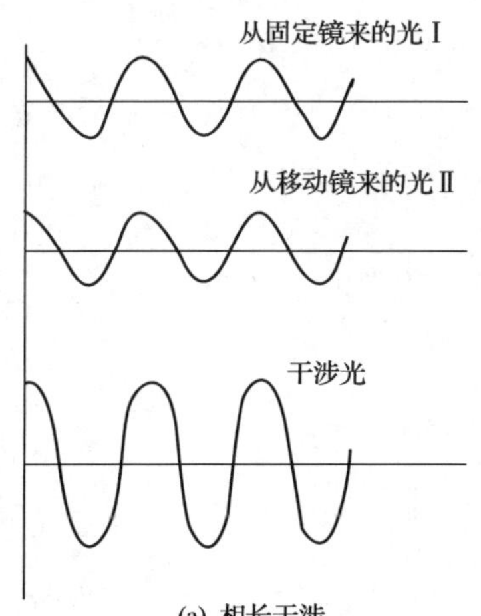

(a) 相长干涉

当定镜和动镜距分束器距离相等时，Ⅰ光和Ⅱ光束到达探测器的光程一样，相位相同，产生相长干涉，亮度最强

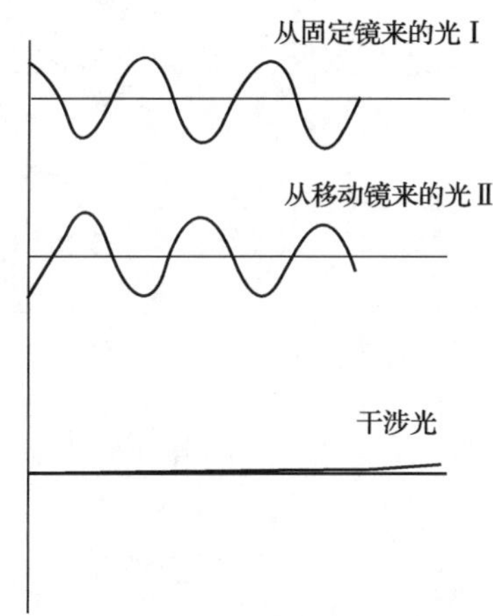

(b) 相消干涉

当Ⅰ和Ⅱ两光有1/2λ的光程差时，相位相反，发生相消干涉，亮度最小

图 14-3　单色光的干涉图

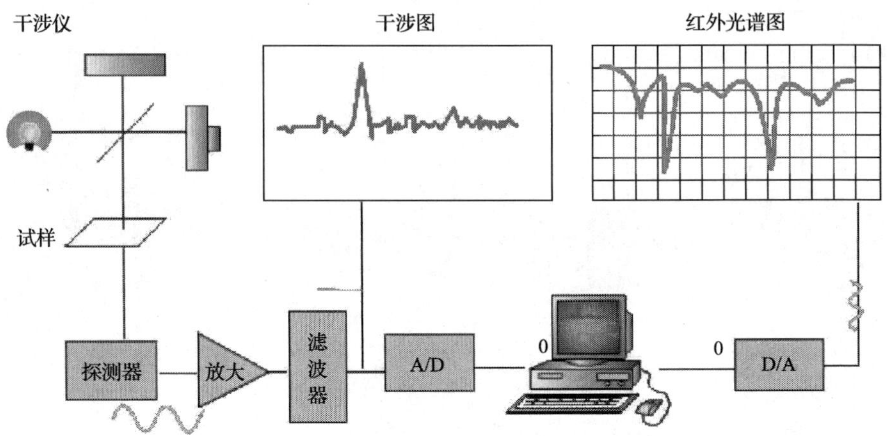

图 14-4 傅里叶变换红外光谱仪工作原理

单色光的干涉图和基本方程如下：Michelson 干涉仪移动时两镜相差任意 δ 时的光强 $I(\delta)$，①当 O 点到动镜和定镜的距离相等时，无光程差。②当 O 点到两镜距离(δ 表示)相差 $\lambda/4$ 的偶数倍时，相长干涉，光强加强；相差 $\lambda/4$ 的奇数倍时，相消干涉，光强减弱；发生在上述两种位移之间，部分为相消干涉。

若令 I 为两光束干涉后的强度，则

$$I(\delta)=0.5I(\tilde{\nu})\cos 2\pi\delta/\lambda$$

或

$$I(\delta)=0.5I(\tilde{\nu})\cos 2\delta\tilde{\nu}\pi$$

光强随波长变化 $I(\tilde{\nu})$，而不是光强随两镜距离差变化 $I(\delta)$。

依此类推，Ⅰ和Ⅱ两相干光光程差变化所产生的干涉有如下规律：光程差为 $\pm n\lambda$(n=0,1,2,…)，发生相长干涉，光程差为 $n\pm 1/2\lambda$(n=0,1,2,…)，发生相消干涉。正号表示动镜从零位向远离分束器方向移动；负号表示动镜从零位向分束器方向移动；零位是动镜距分束器和定镜距分束器相等的部位。此时，探测器上检测到的信号强度为

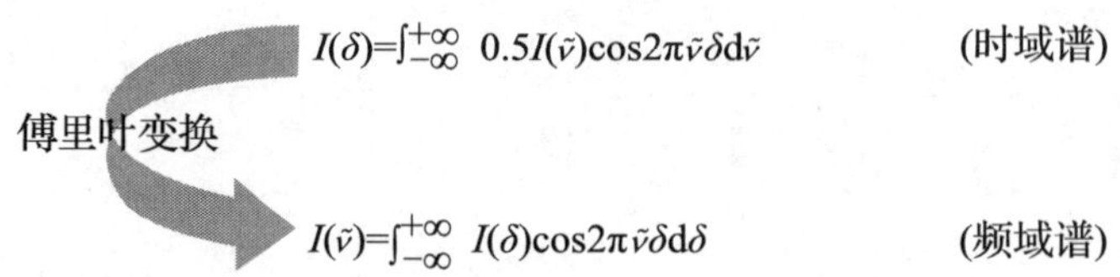

这就是波数为 $\tilde{\nu}$ 的单色光的干涉图方程。

14.3 实验步骤

14.3.1 实验方法的选择

红外吸收光谱分析方法主要是依据分子内部原子间的相对振动和转动等信息进行测定。常用的红外光谱附件有衰减全反射附件、漫反射附件、镜面反射附件、变温红外附件、红外显微镜附件、红外偏振器、红外光纤附件、高压红外光谱附件、样品穿梭器附件、样品振荡器附件、光声光谱附件、色红联用附件、热重红外联用附件、傅里叶变换拉曼附件等。

14.3.2 实验条件的选择

有以下 6 种附件：①KBr 压片透射附件；②衰减全反射附件；③智能漫反射附件；④镜面反射附件；⑤气体检测附件；⑥ESP 透射变温附件。

1. KBr 压片透射附件(Smart Omini Transmission)

在最广泛应用的中红外区(400～4000 cm^{-1})，通常选择的载体光学材料为 KBr(400～4000 cm^{-1})、NaCl(600～4000 cm^{-1})。这种晶体很易吸收水分，故应放在干燥箱内，并尽量保持在恒温恒湿的环境下操作。另外晶体窗片价格较贵，且质地脆，所以使用时要格外小心。含水样品的测试应采用 KRS-5 窗片(250～4000 cm^{-1})，ZnSe(400～650 cm^{-1})和 CaF_2(1000～4000 cm^{-1})等材料。近红外区用石英和玻璃材料，远红外区用聚乙烯材料。KBr 透射附件测试的对象为 14.4.3 样品制备方法得到的所有样品。附件示意图如图 14-5 所示。

图 14-5　KBr 压片透射附件示意图

红外光谱定量分析中一般采用峰高法或峰面积法。一般采用基线法求峰高与峰面积,常用的峰高法采用新基线代替零吸收线进行补偿(即将谱带两侧吸光度最小的 A、B 两点连成直线 AB，作为新的基线求峰高)。如图 14-6 所示。

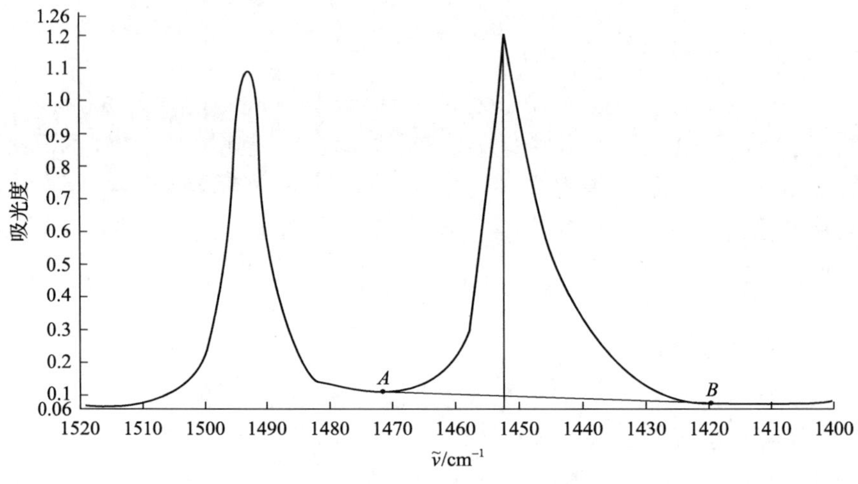

图 14-6　峰高法示意图

求峰面积同样是采用基线法，大基线选择 AB，峰面积从 a 积到 b，如图 14-7 所示。

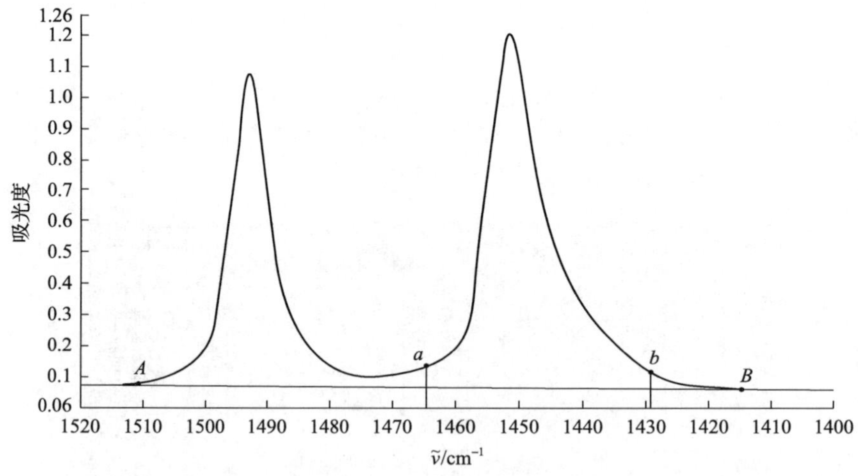

图 14-7　峰面积法示意图

2. 衰减全反射附件(Smart iTR)

衰减全反射光谱技术用于收集材料表面的光谱信息，适合于普通红外光谱无法测定的厚度大于 0.1 mm 的塑料、橡胶和纸张等样品，并可以测试微小样品、表面粗糙不平的样品，当窗口材料选用金刚石时，入射深度约为 2 μm(500 cm^{-1} 处)；

选用 Ge 时入射深度约为 0.6 μm（1000 cm^{-1} 处）。附件示意图如图 14-8 所示。

图 14-8　衰减全反射附件示意图

应用于样品的测量时，各谱带的吸收强度不但与试样的吸收性质有关，还取决于光线的入射深度，其关系如下：

$$d_p = \frac{\lambda_1}{2\pi\left[\sin^2\alpha - \left(\frac{n_2}{n_1}\right)^2\right]^{1/2}} \tag{14-3}$$

式中，d_p 为入射深度；α 为入射角；λ_1 为光在光密介质即多重反射晶体中的波长；n_1 为反射晶体的折射率；n_2 为样品的折射率。式(14-3)表明，贯穿深度是入射光波长 λ_1 的函数，当入射角 α 和反射晶体折射率 n_1 选定后，样品折射率是固定的，那么，d_p 与 λ_1 成正比。长波(低波数)区入射深度大，吸收强，短波区则相反，这样所获得的衰减全反射(ATR)红外谱图就需要经过 MIR 方程校正，如图 14-9 所示。

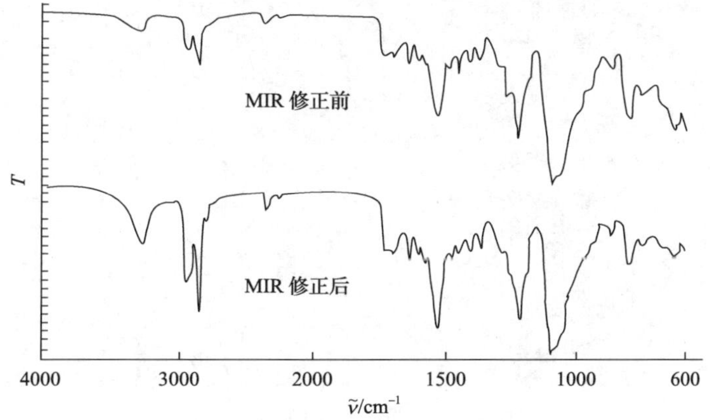

图 14-9　MIR 光谱修正示意图

附件工作原理如图 14-10 所示：光从光密介质(全反射晶体)射到光疏介质(样品)表面上，当入射角大于临界角时，发生光的全反射。

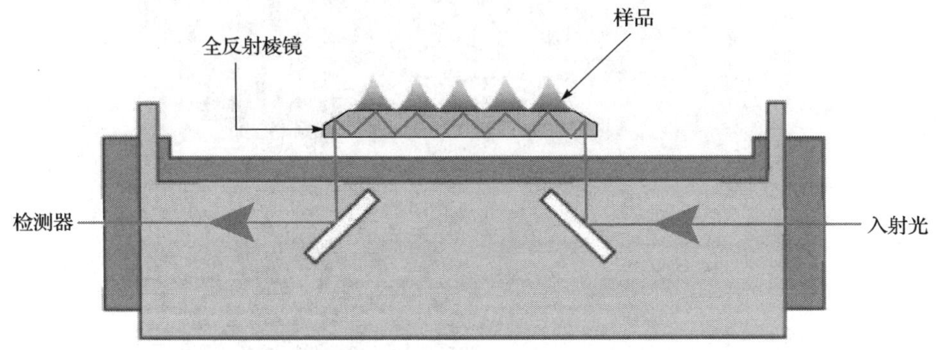

图 14-10 衰减全反射附件工作原理

样品是光疏介质，全反射棱镜是光密介质，有些附件的入射角设计成可调或可选(如 30°、45°、60°可选)方式。

3. 智能漫反射附件(Diffuse Reflectance)

漫反射光谱技术是收集高散射样品的光谱信息，主要用于测量细微粒和粉末状样品。漫反射光与样品内部分子发生了相互作用，负载了样品的结构和组成信息，可以用于光谱分析。漫反射附件的作用就是最大限度地把这些接触样品微粒表面后被漫射或散射出来的光能收聚起来送入检测器，使得到具有良好信噪比的光谱信号。漫反射附件示意图如图 14-11 所示，附件的工作原理如图 14-12 所示。

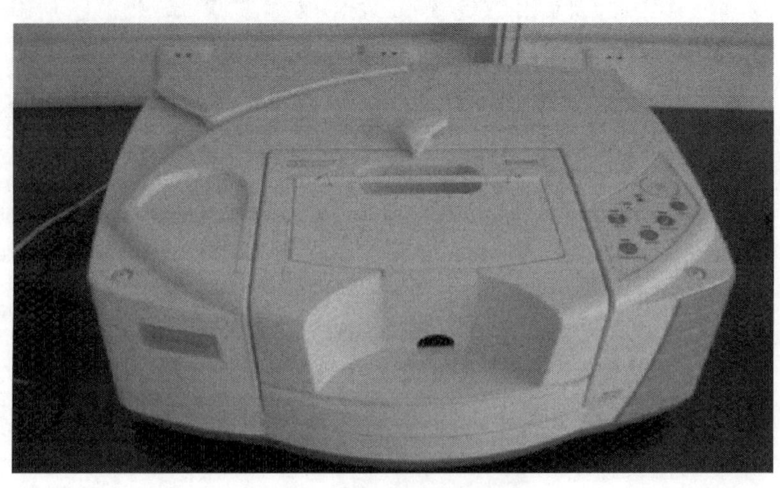

图 14-11 漫反射附件示意图

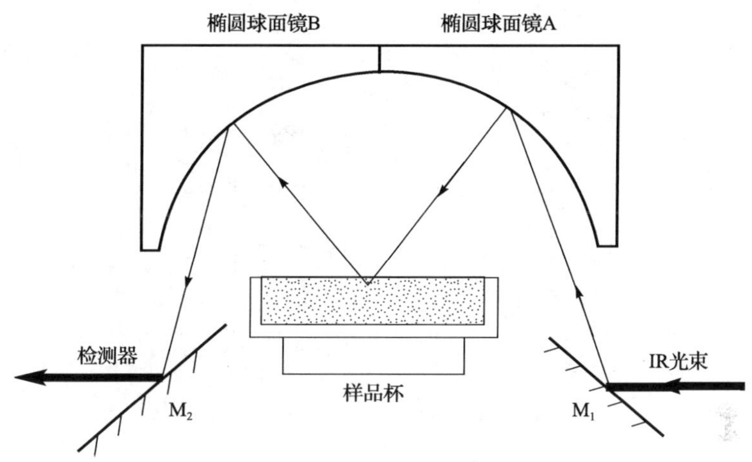

图 14-12　漫反射附件光路示意图

漫反射红外光谱测定法其实是一种半定量技术，将中红外漫反射光谱用于定量分析，应满足下列条件：第一，具有高质量的漫反射光谱；第二，样品应与 KBr 粉末混合研磨；第三，样品的浓度约 1%，即样品与 KBr 质量比为 1∶99；第四，样品厚度至少 3 mm，样品表面应该平整；第五，还应将 DR(漫反射)谱转换为 K-M(Kublka-Mukk)函数 $f(R)$。

DR(漫反射)谱经过 K-M 方程校正如下：

$$f(R_\infty)=\frac{(1-R_\infty)^2}{2R_\infty}=\frac{K}{S} \tag{14-4}$$

式中，$f(R_\infty)$为校正后的光谱信号强度；R_∞为试样在无限深度下(大于 3 cm)与无红外吸收的参照物(如 KBr)漫反射之比；K 为分子吸收系数(常数)；S 为试样散射系数(常数)。

DR 原谱横坐标是波数，纵坐标是漫反射比 R_∞，经 K-M 方程校正后，最终得到的漫反射光谱与红外吸收谱图相类似，如图 14-13 所示。DR 测量无须 KBr 压片，直接将粉末样品放入试样池内，用 KBr 粉末稀释后，测其 DR 谱。用优质的金刚砂纸轻轻磨去表面的方法进行固体制样，可大大简化与金刚石的高散射性，用金刚石的粉末磨料可得到很好的结果。

漫反射的制样要求：①中红外漫反射，通常用 KBr 或 KCl 粉末稀释；②近红外和远红外的漫反射光谱，通常不需要对样品进行稀释，直接将固体样品研成粉末进行测试；③如果需要加稀释剂，近红外用硫酸钡粉或溴化钾粉末，远红外用碘化铯或聚乙烯粉末；④对液体样品，可将样品滴在粉末表面就可进行测试，也可将固体溶于易挥发溶剂中，滴在粉末表面，待溶剂挥发后测试漫反射光谱。

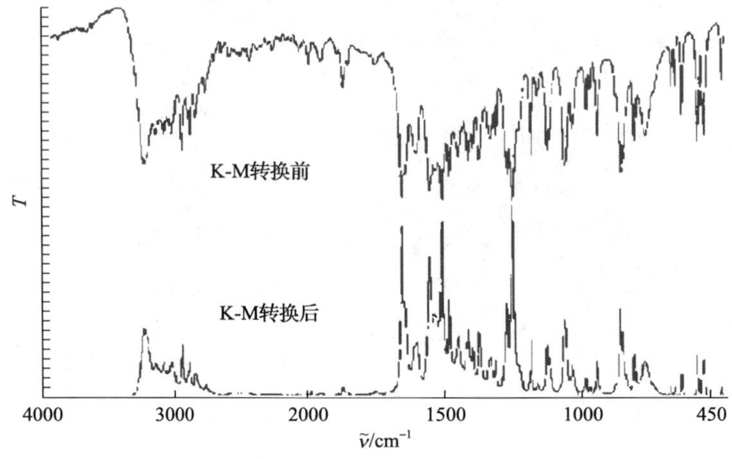

图 14-13　K-M 光谱修正示意图

4. 镜面反射附件(Mirror Reflectance)

镜面反射指的是红外光束以某一入射角照射在样品表面上发生的反射，反射角等于入射角。镜面反射入射角的选择取决于所测样品层的厚度。如果样品层的厚度在微米级以上，入射角通常选 30°；如果样品层的厚度在纳米级，如单分子层，入射角最好选 80°或 85°。镜面反射光谱技术用于收集平整、光洁的固体表面的光谱信息，测试反射表面上的超薄薄膜(单分子层)或金属基体上的薄膜，如金属表面的薄膜、金属表面处理膜、食品包装材料和饮料罐表面涂层、厚的绝缘材料、油层表面、矿物摩擦面、树脂和聚合物涂层、铸模塑料表面等。

在镜面反射测量中，由于不同波长位置下的折射指数有所区别，因而在强吸收谱带范围内，经常会出现类似于导数光谱的特征，这样测得的光谱难以解释。如使用 K-K(Kramers-Kronig)变换为吸收光谱后，可解决解析上的困难，如图 14-14 所示。

注意镜面反射光束没有进入样品颗粒内部，未与样品发生作用，镜面反射光不负载样品的任何信息，会干扰测试，引起光谱畸变，测试时浓度应尽量低，浓度越大，镜面反射越严重，高浓度还会使谱带变宽，还会出现全吸收现象。粒度尽量小，2～5 μm。样品的颗粒越大，越容易产生镜面反射。样品的折射率越高，镜面反射越多，谱带变得越宽。

镜面反射光谱的测量装置有很多种，但基本结构一般有三种：固定角反射附件、可变角反射附件和掠角反射附件。主要用于测试金属表面改性样品、树脂和聚合物薄膜或涂层、油漆、半导体外延等；掠角反射附件适合于测定纳米级薄膜、金属表面亚微米级薄膜、单分子膜、LB 膜等。镜面反射附件则提供了一种非破坏性的 IR 测试方法。

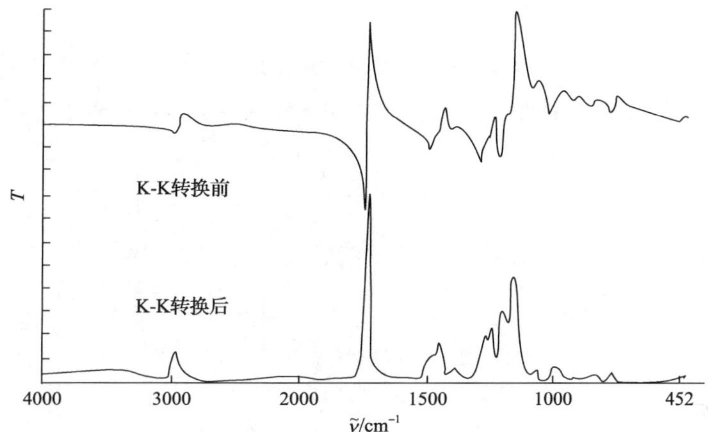

图 14-14　K-K 转换前后示意图

1) 固定角反射附件

入射光的入射角固定不变，通常分为 10°、30°、45°、70°、80°和 85°，入射角为 80°或 85°的固定角反射附件又称为掠角反射附件。图 14-15 为入射角为 30°的固定角反射附件示意图，图 14-16 是其光路图。

图 14-15　入射角为 30°的固定角反射附件示意图

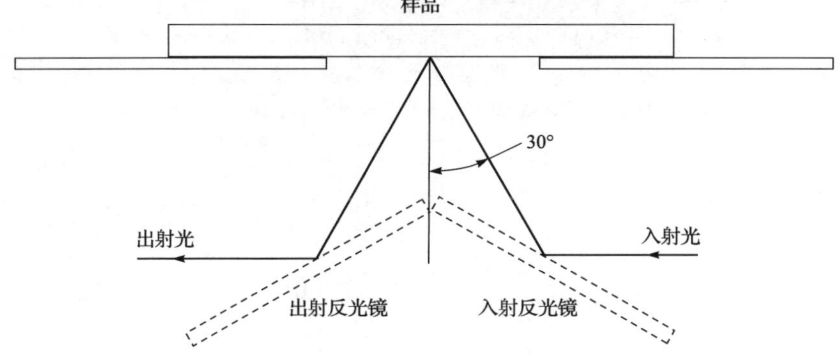

图 14-16　入射角为 30°的固定角反射附件光路

2) 可变角反射附件

入射角变化范围通常为 30°～80°或 20°～85°，如果入射角设定为 80°或 85°，这时的可变角镜面反射附件又成为掠角反射附件。图 14-17 所示为可变角反射附件光路图。

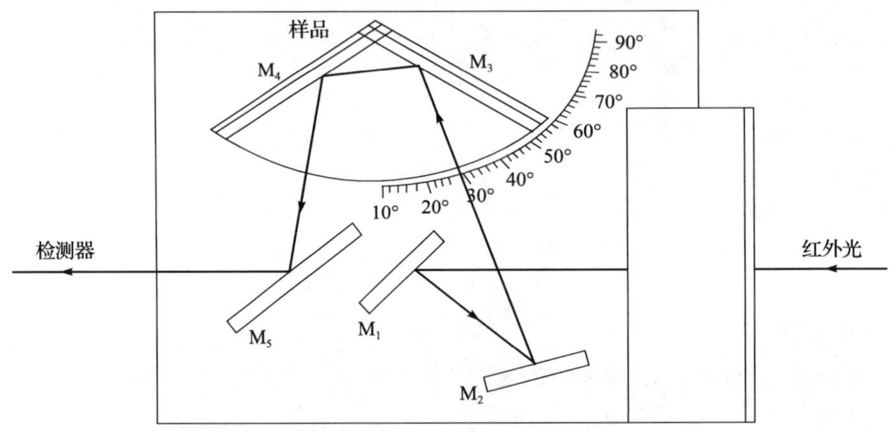

图 14-17　可变角反射附件光路

3) 掠角反射附件

如果入射角设定为 80°或 85°，这时的固定角反射附件和可变角镜面反射附件又成为掠角反射附件。附件示意如图 14-18 所示，图 14-19 是其光路图。

图 14-18　入射角为 80°的掠角反射附件示意图

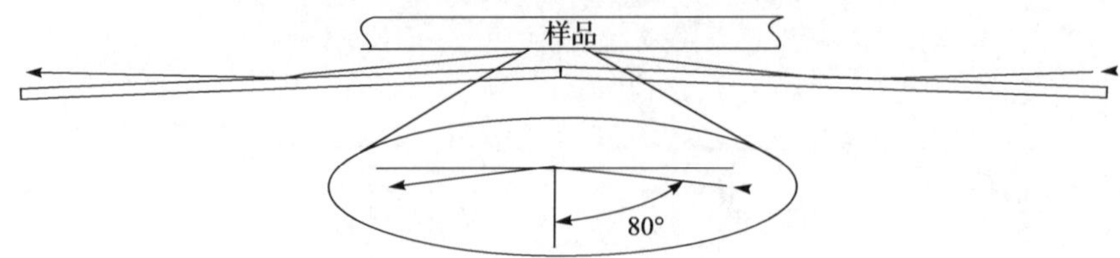

图 14-19　入射角为 80°掠角反射附件光路图

镜面反射光谱的特点：物质的折射系数 n，在无分子共振吸收的透明区，随频率的变化是缓慢的，因而其反射率随频率的变化也是缓慢的；在分子共振吸收频率附近，折射率会发生突变，成为复折射率 $\tilde{n}$，即 $\tilde{n}=n-Ik$，其中 k 为消光系数，镜面反射光与入射光的光强比 R(即反射率)为

$$R=\frac{(n-1)^2+k^2}{(n+1)+k^2} \tag{14-5}$$

n 与 k 在分子共振吸收频率附近都有突变。因此，R 在分子共振吸收频率附近也会产生突变。透射吸收越强的频率位置附近，镜面反射率也越大，但透射吸收峰与镜面反射峰不一定完全重合，反射峰往往会向高波数方向移动。

镜面反射侧重于晶体或半导体材料，有机和无机化合物的定性和定量分析(不常用)，极性晶体光学常数的测量(负介电常数-折射率)，Ⅲ-Ⅴ族化合物半导体电学参数的测量(负介电常数)，半导体外延层厚度的测量，对极性晶体镜面反射谱的数据处理可以获得其透射谱，镜面反射谱进行数学处理可获得常温下材料的辐射谱。

5. 气体检测附件(MC-QTC-0.1)

气态试样可在气体吸收池内进行测定。短光程气体池指的是长度为 10～20 cm 的气体池，10 cm 气体池是长 10 cm 直径 5 cm 的玻璃管，管壁上连一个玻璃活塞，用于通气，它的两端磨平后粘有两块直径相同的红外透光溴化钾、氯化钾等窗片。

长光程气体池指的是红外光路在气体池中经过的路程达到米级以上的气体池，如 10 m、100 m、200 m 或更长，一般用不锈钢材料制成圆柱形，红外光进入气体池后，在气体池内多次反射，达到预定光程后，从另一个窗口射出，到达检测器。

10 m 的气体池可以安在一起的样品舱中，再长的则需要将光路从仪器中引出来。长光程气体池主要用于大气污染气体的测试或局部有害气体的测试。图 14-20 所示为短光程气体池。

6. ESP 透射变温附件

变温红外光谱是研究分子间相互作用、物质相变、化学反应等物理和化学过程的得力工具。样品用热电偶加热，温度从室温到 400℃。用于测试 KBr 压片样品，糊状或薄膜法制备的样品及液体样品。室温下以固态存在的样品，在较高的温度下可能会发生相转变，或变成液态。随着温度的升高，样品的红外谱图谱带的峰形、峰宽、峰位和峰高可能会发生变化。原有的谱带可能会消失，还可能出现新的谱带。样品熔化导致晶格破坏也会引起红外光谱的变化。因此，变温红外

光谱已成为红外光谱学的一个重要组成部分。可以对物质进行以下研究：①温度变化对长链碳氢化合物光谱的影响；②温度变化对环氧树脂固化反应光谱的影响；③温度变化对晶格振动光谱的影响。附件示意图如图 14-21 所示。

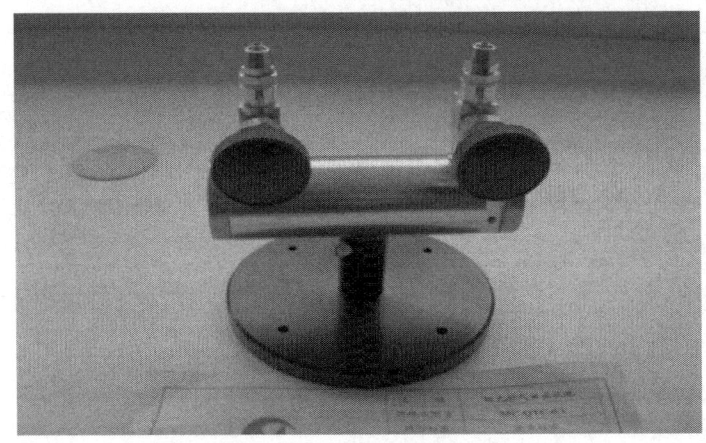

图 14-20 短光程气体池示意图

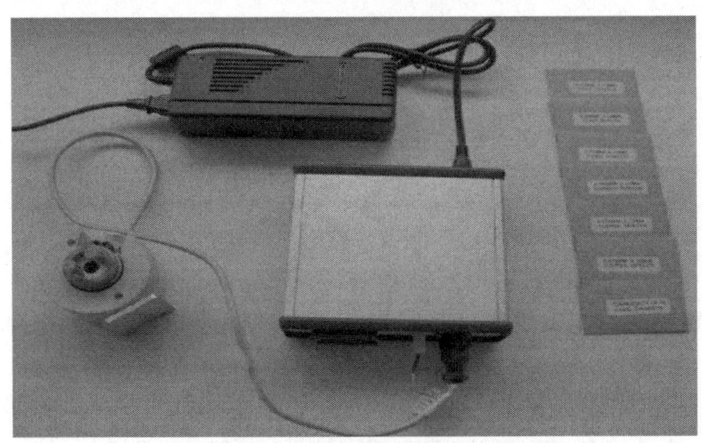

图 14-21 ESP 透射变温附件示意图

14.3.3 红外光谱样品制备方法及一般要求

红外光谱的优点是应用范围非常广泛。测试的对象可以是固体、液体或气体，单一组分或多组分混合物，各种有机物、无机物、聚合物、配位化合物、复合材料、木材、粮食、土壤、岩石等。对不同的样品要采用不同的制样技术，对同一样品，也可以采用不同的制样技术，但可能得到不同的光谱。所以要根据测试目的和要求选择合适的制样方法，才能得到准确可靠的测试数据。

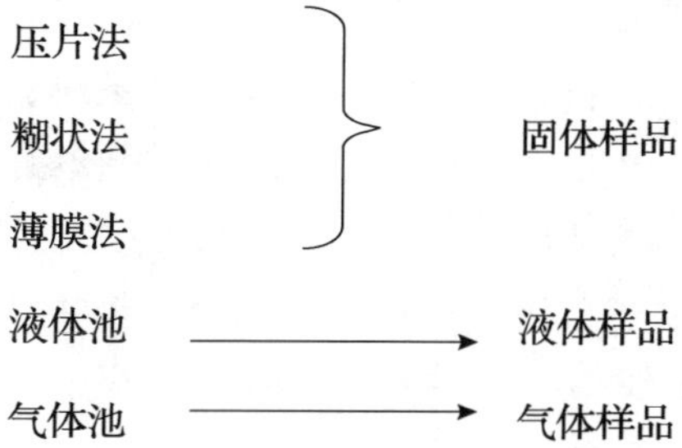

1. 固体样品的制备

1) 压模的构造

压模的构造如图 14-22 所示，它是由压杆和压舌组成。压舌的直径为 13 mm，两个压舌的表面光洁度很高，以保证压出的薄片表面光滑。因此，使用时要注意样品的粒度、湿度和硬度，以免损伤压舌表面的光洁度。

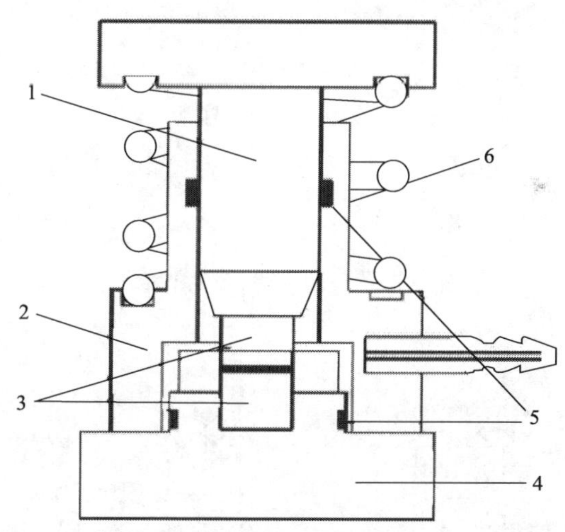

图 14-22　压模的构造示意图

1-压杆；2-套筒套圈；3-压舌；4-底座；5-橡胶圈；6-弹簧

2) 压模的组装

将其中一个压舌放在底座上，光洁面朝上，并装上压片套圈，研磨后的样品放在这一压舌上，将另一压舌光洁面向下轻轻转动以保证样品平面平整，顺序放压片套筒、弹簧和压杆，加压 10^4 kgf (1 kgf=9.8 N)，持续 1 min。

拆模时，将底座换成取样器(形状与底座相似)，将上、下压舌及其中间的样品片和压片套圈一起移到取样器上，再分别装上压片套筒及压杆，稍加压后即可取出压好的薄片。

3) 样品的制备

(1) 压片法：将 1～2 mg 固体试样在玛瑙研钵中充分磨成细粉末后，与 200～400 mg 干燥的纯 KBr(A. R.级)研细混合，研磨至完全混匀，粒度约为 2 μm(200 目)，取出约 100 mg 混合物装于干净的压模模具内(均匀铺洒在压模内)于压片机在 20 MPa 压力下压制 1～2 min，压成透明薄片，即可用于测定。在定性分析中，所制备的样品最好使最强的吸收峰透过率为 10%左右。压片模具及压片机如图 14-23、图 14-24 所示。

图 14-23　压片模具

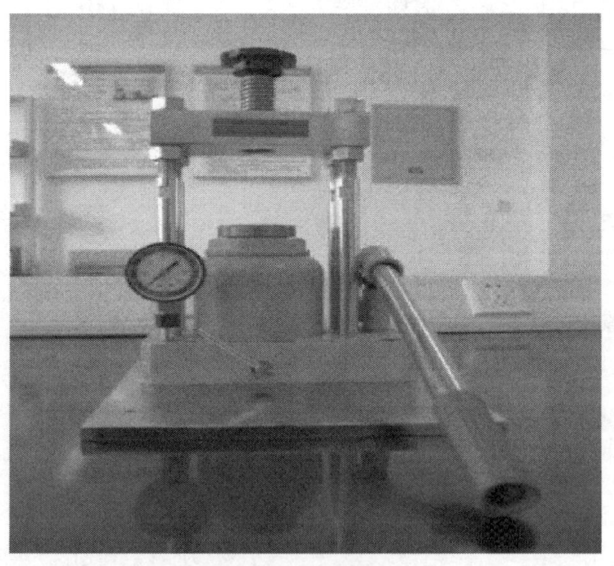

图 14-24　压片机

(2) 糊状法：在玛瑙研钵中，将干燥的样品研磨成细粉末。然后滴入 1～2 滴液体石蜡混研成糊状，涂于 KBr 或 NaCl 窗片上测试。

(3) 薄膜法：将样品溶于适当的溶剂中(挥发性的，极性比较弱，不与样品发生作用)，滴在红外晶片上(溴化钾、氯化钾、氟化钡等)，待溶剂完全挥发后就得到样品的薄膜。滴在溴化钾上是最好的方法，可以直接测定，而且，如果吸光度太低，可以继续滴加溶液，如果吸光度太高，可以加溶剂溶解掉部分样品。主要用于高分子材料的测定。

(4)溶液法：把样品溶解在适当的溶液中，注入液体池内测试。所选择的溶剂应不腐蚀池窗，在分析波数范围内没有吸收，并对溶质不产生溶剂效应。一般使用 0.1 mm 的液体池，溶液浓度在 10%左右为宜。

2. 液体样品的制备

1) 液体池的构造

液体池通常由前框架、前窗片、后框架、后窗片、窗片框架、垫片、聚四氟乙烯隔片 7 个部分组成。前框架和后框架通常由金属材料制成，前窗片和后窗片通常为 KBr、NaCl、ZnSe 或 KRS-5 等晶体薄片，间隔片常由起着固定液体样品作用的铝箔或聚四氟乙烯等材料制成，厚度为 0.01～2 mm，如图 14-25 所示。

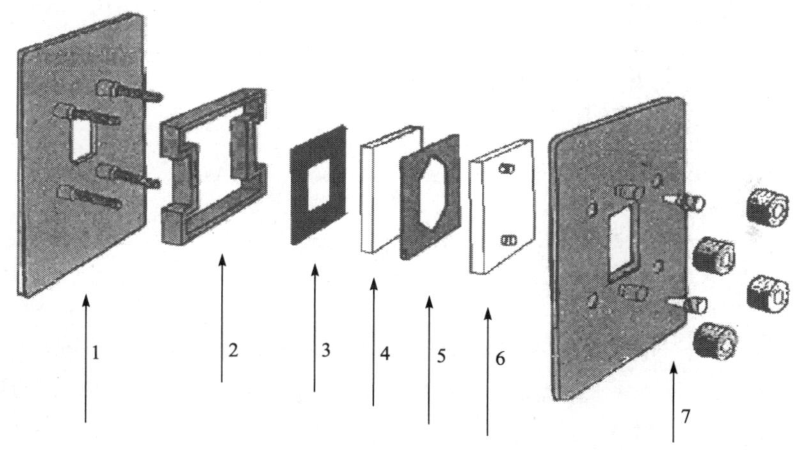

图 14-25　液体池组成示意图

1-后框架；2-窗片框架；3-垫片；4-后窗片；5-聚四氟乙烯隔片；6-前窗片；7-前框架

2) 装样和清洗方法

用不带针头的注射器吸取待测样品后，由下孔注入直到上孔看到样品溢出为止(吸收池应倾斜 30℃)，用聚四氟乙烯塞子塞住上、下注射孔，用纸巾(高质量)擦去溢出的液体，便可测试。测试完毕后，取出塞子，用注射器吸出样品，由下孔注入溶剂，冲洗 2～3 次，然后用吸耳球吸取红外灯附近的干燥空气，将其吹入液池内以除去残留溶剂，再放在红外灯下烘烤至干，存放于干燥箱中。

3) 液体池厚度的测定

根据均匀的干涉条纹数目可测定液体池的厚度，如图 14-26 所示。测定方法是将空的液体池作为样品进行扫描，由于两盐片间的空气对光的折射率不同而产生干涉。一般选定 1500～600 cm^{-1} 的范围较好，计算公式如下：

$$b=\frac{n}{2}\left(\frac{1}{\tilde{\nu}_1-\tilde{\nu}_2}\right) \tag{14-6}$$

式中，b 为液池厚度，cm；n 为两波数间所夹的完整波形个数；$\tilde{\nu}_1$，$\tilde{\nu}_2$ 分别为起始和终止波数，cm^{-1}。

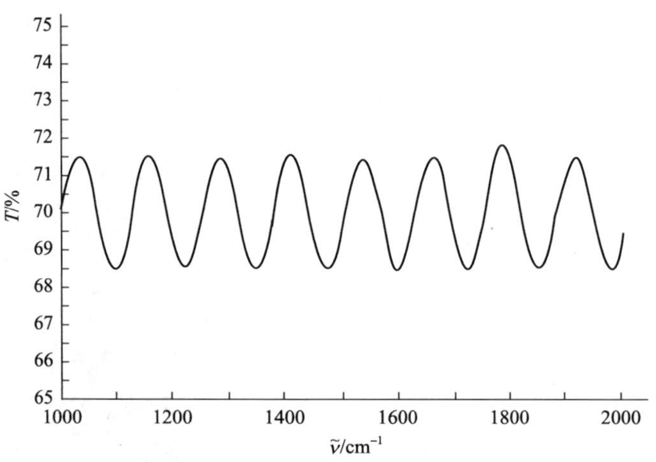

图 14-26　液体池的干涉条纹图

4) 液体样品的制备

(1) 有机液体：最常用的是溴化钾和氯化钠。氯化钠低频端只能到 650 cm^{-1}，溴化钾可到 400 cm^{-1}，所以最适合的是溴化钾。用溴化钾液池，测试完毕后要用无水乙醇清洗，并用镜头纸或纸巾擦干，使用多次后，晶片会有划痕，而且样品中微量的水会溶解晶片，使之下凹，此时需要重新抛光。

(2) 水溶液样品：可用有机溶剂萃取水中的有机物，然后将溶剂挥发干，所留下的液体涂于 KBr 窗片上测试；应特别注意含水的样品不能直接注入 KBr 或 NaCl 液体池内测试。水溶性的液体也可选择其他窗片进行测试，最常用的是氟化钡 (BaF_2)，氟化钙 (CaF_2) 晶片等。

(3) 液膜法：样品的沸点高于 100℃可采用液膜法制样。黏稠的样品也采用液膜法。非水溶性的油状或黏稠液体，直接涂于 KBr 窗片上测试；非水溶性的流动性大，沸点低 (≤100℃) 的液体，可夹在两块溴化钾窗片之间或直接在两个盐片之间滴加 1～2 滴未知样品，使之形成一个薄的液膜，然后在液体池内测试。流动性大的样品，可选择不同厚度的垫片来调节液池的厚度，对强吸收的样品用溶剂稀释后再测定，测试完毕使用相应的溶剂清洗红外窗片。

14.3.4　样品测试的一般步骤

将样品片装于样品架上，放于 FTIR 的样品池处。先粗测透光率是否超过 40%，若达到 40%以上，即可进行扫谱。从 4000 cm^{-1} 到 400 cm^{-1} 为止。若未达 40%，则重新压片。

(1) 开机。顺序开启红外光谱仪稳压电源、显示器、计算机主机及打印机等电源开关。

(2) 启动 OMINIC 软件。①开启计算机主机开关后，计算机会根据配置进入 Windows 或 Vista 操作系统。②双击桌面“OMINIC”快捷键后，进入 OMINIC 工作站。

(3) 仪器初始化。进入 OMINIC 工作站界面后，仪器自动初始化，待其右上角出现“√光学台状态”，仪器预热 10 分钟左右即可进行测量。

(4) 参数设定。点击“采集”菜单栏下“实验设置”，在此窗口中，常规的默认参数设定如下(也可根据实际需要选择适当的参数)：①在“采集”标签栏中设置扫描次数，选择“32 次”；分辨率选择“4.0”。最终格式选择“%透过率”；校正选择“无”；背景处理选择“采集背景在 60 分钟后”。②在“光学台”标签栏中，设置推荐范围，选择“4000-400”。

(5) 光谱测定。①采集背景：首先打开样品室盖子，将空白样品放在样品架上，然后放入样品室并盖上样品室盖，点击“采集”菜单栏下的“采集背景”，在弹出的对话框中点击“确定”，扫描背景。②采集样品：从样品室中取出空白样品，将制备好的样品放在样品架上并放入样品室，盖好样品室。点击“采集”菜单栏下“采集样品”，进行样品扫描。数据采集完成后，弹出“数据采集完成”窗口，点击“是”。③保存样品光谱数据：然后选择“文件”菜单栏下“保存”，出现“另存为…”窗口，下拉选择“保存类型”为“CSV 文本(*.CSV)”，输入保存文件名，点击“保存”。④打印图谱：选择好要使用的打印机，并选择好报告的模版，然后在“文件”菜单下选择“打印”，将谱图打印出来。⑤测试下一个样品：重复②～④的操作，如果测试样品比较多，且采用同一背景，可以在上述“背景处理”设置“采集背景在 60 分钟后”时将时间延长。

(6) 扫谱结束后，取下样品池，松开螺丝，套上指套，小心取出盐片。先用软纸擦净液体，滴上无水乙醇，洗去样品(千万不要用水洗)。然后，再于红外灯下用滑石粉及无水乙醇进行抛光处理。最后，用无水乙醇将表面洗干净，擦干，烘干，按要求将模具、样品架等擦净收好，两盐片收入干燥器中保持。

(7) 关闭计算机。

14.3.5 仪器操作注意事项及维护

(1)保持室内干燥，空调和除湿机必须全天开机(保持环境条件 25℃±10℃，湿度≤7%)；

(2)保持实验室安静和整洁，不得在实验室内进行样品化学处理，实验完毕即取出样品室内的样品；

(3)经常检查干燥剂颜色，如果蓝色变浅，立即更换；

(4)根据样品特性以及状态，制定相应的制样方法并制样；

(5)测试红外光谱图时，扫描空光路背景信号和样品文件信号，经傅里叶变换得到样品红外光谱图，根据需要，打印或者保存红外光谱图；

(6)设备停止使用时，样品室内应放置盛满干燥剂的培养皿；

(7)将压片模具、KBr 晶体、液体池及其窗片放在干燥器内备用。

14.3.6 实验结果解析

红外光谱定性分析，一般采用两种方法：一种是用已知标准物对照，另一种是标准图谱查对法。已知物对照应由标准品和被检物在完全相同的条件下，分别绘出其红外光谱进行对照，图谱相同，则肯定为同一化合物；标准图谱查对法是一个最直接、最可靠的方法，根据待测样品的来源、物理常数、分子式以及谱图中的特征谱带，查对标准谱图来确定化合物。

1. 图谱的一般解析过程

(1)先从特征频率区入手，找出化合物所含主要官能团。

(2)指纹区分析，进一步找出官能团存在的依据。因为一个基团常有多种振动形式，所以，确定该基团就不能只依靠一个特征吸收，必须找出所有的吸收带才行。

(3)对指纹区谱带位置、强度和形状的仔细分析，确定化合物可能的结构。

(4)对照标准图谱，配合其他鉴定手段，进一步验证。

(5)把扫谱得到的谱图与已知标准谱图进行对照比较，并找出主要吸收峰的归属。

解析流程如图 14-27 所示。

2. 红外吸收区域划分

红外吸收区主要划分为：官能团区，1500～4000 cm^{-1}；指纹区，500～1500 cm^{-1}。

1) 2500～4000 cm^{-1}

这个区域可以称为 X—H 伸缩振动区，X 可以是 O，N，C 和 S 等原子，频率较高，受分子其他部分振动的影响较小，分子的伸缩振动峰通常出现的范围如下：O—H，3200～3550 cm^{-1}；N—H，3100～3400 cm^{-1}；C—H，2800～3000 cm^{-1}；S—H，2500～2650 cm^{-1}。

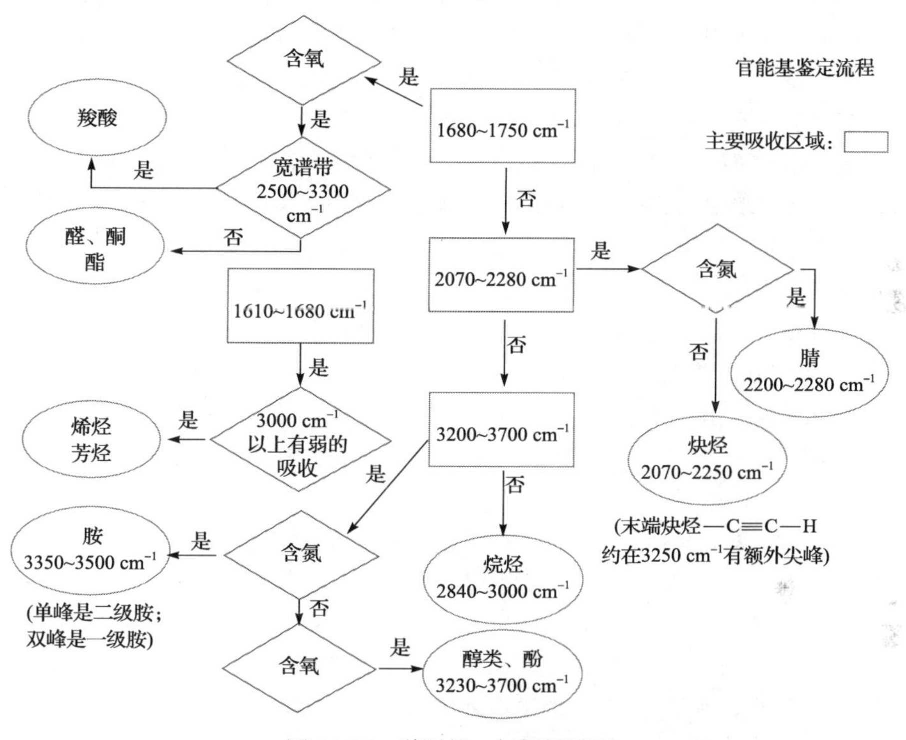

图 14-27　谱图的一般解析流程

2) 2000～2500 cm^{-1}

此区域可以称为三键和累积双键区（CO_2 吸收 2365 cm^{-1}、2335 cm^{-1} 需扣除），其中主要包括—C≡C—，—C≡N—等的伸缩振动和—C=C=C—，—C=C=O，—N=C=O 等的反对称伸缩振动，累积双键的对称伸缩振动通常出现在 1100cm^{-1} 的指纹区。

3) 1500～2000 cm^{-1}

这个区域可以称为双键伸缩振动区，其中主要包括 C=C，C=O，C=N，—NO_2 等的伸缩振动，以及—NH_2 的剪切振动、芳环的骨架振动等。

4) 500～1500 cm^{-1}

此区域的光谱比较复杂，是部分单键振动的指纹区，主要包括 C—H，O—H 的变角振动，C—O，C—N，C—X（卤素），N—O 等的伸缩振动及与 C—C，C—O 有关的骨架振动等。

另外可以借助下面的红外识谱歌帮助解析图谱：

红外识谱歌

1300 来分界，注意横轴划分异，看图要知红外仪，弄清物态液固气。
样品来源制样法，物化性能多联系。识图先学饱和烃，3000 以下看峰形。
2960、2870 是甲基，2930、2850 亚甲峰。1470 碳氢弯，1380 甲基显。
二个甲基同一碳，1380 分两半。面内摇摆 720，长链亚甲亦可辨。
烯氢伸展过 3000，排除倍频和卤烷。末端烯烃此峰强，只有一氢不明显。
化合物，又键偏，～1650 会出现。烯氢面外易变形，1000 以下有强峰。
910 端基氢，再有一氢 990。顺式二氢 690，反式移至 970；
单氢出峰 820，干扰顺式难确定。炔氢伸展 3300，峰强很大峰形尖。
三键伸展 2200，炔氢摇摆 680。芳烃呼吸很特征，1600～1430。
1650～2000，取代方式区分明。900～650，面外弯曲定芳氢。
五氢吸收有两峰，700 和 750；四氢只有 750，二氢相邻 830；
间二取代出三峰 700、780 和 880 处孤立氢，醇酚羟基易缔合，3300 处有强峰。
C—O 伸展吸收大，伯仲叔醇位不同。1050 伯醇显，1100 乃是仲，
1150 叔醇在，1230 才是酚。1110 醚链伸，注意排除酯酸醇。
若与 π 键紧相连，二个吸收要看准，1050 对称峰，1250 反对称。
苯环若有甲氧基，碳氢伸展 2820。次甲基二氧连苯环，930 处有强峰，
环氧乙烷有三峰，1260 环振动，900 上下反对称，800 左右最特征。
缩醛酮，特殊醚，1110 非缩酮。酸酐也有 C—O 键，开链环酐有区别，
开链强宽 1100，环酐移至 1250。羰基伸展 1700，2720 定醛基。
吸电效应波数高，共轭则向低频移。张力促使振动快，环外双键可类比。
2500 到 3300，羧酸氢键峰形宽，920，钝峰显，羧基可定二聚酸、
酸酐 1800 来耦合，双峰 60 严相隔，链状酸酐高频强，环状酸酐高频弱。
羧酸盐，耦合生，羰基伸缩出双峰，1600 反对称，1400 对称峰。
1740 酯羰基，何酸可看碳氧展。1180 甲酸酯，1190 是丙酸，
1220 乙酸酯，1250 芳香酸。1600 兔耳峰，常为邻苯二甲酸。
氮氢伸展 3400，每氢一峰很分明。羰基伸展酰胺Ⅰ，1660 有强峰；
N—H 变形酰胺Ⅱ，1600 分伯仲。伯胺频高易重叠，仲酰固态 1550；
碳氮伸展酰胺Ⅲ，1400 强峰显。胺尖常有干扰见，N—H 伸展 3300，
叔胺无峰仲胺单，伯胺双峰小而尖。1600 碳氢弯，芳香仲胺 1500 偏。
800 左右面内摇，确定最好变成盐。伸展弯曲互靠近，伯胺盐 3000 强峰宽，
仲胺盐、叔胺盐，2700 上下可分辨，亚胺盐，更可怜，2000 左右才可见。

硝基伸缩吸收大，相连基团可弄清。1350、1500，分为对称反对称。

氨基酸，成内盐，3100～2100 峰形宽。1600、1400 酸根展，1630、1510 碳氢弯。

盐酸盐，羧基显，钠盐蛋白 3300。矿物组成杂而乱，振动光谱远红端。

钝盐类，较简单，吸收峰，少而宽。注意羟基水和铵，先记几种普通盐。

1100 是硫酸根，1380 硝酸盐，1450 碳酸根，1000 左右看磷酸。

硅酸盐，一峰宽，1000 真壮观。勤学苦练多实践，红外识谱不算难。

14.4　应　　用

随着傅里叶变换红外光谱技术的发展，各种光谱技术相继出现，这些技术的出现，包括近红外、远红外、高压红外、偏振红外、红外光声光谱、变温红外、红外遥感技术、拉曼光谱、色散等，使红外成为当前鉴定分析物质结构最行之有效的方法之一。现已广泛应用于法庭刑侦科学、农业生物食品学、石油勘探分析、医学、地矿鉴定、气象科学、原子能科学、纺织工业等方面的研究。

14.4.1　物证鉴定

红外光谱在刑侦工作中有以下三个用途：①在侦破各类案件中，用红外光谱技术能鉴定出案发现场罪犯所遗留的微量物证是何种物质，从而提供了侦查方向、线索，为破案缩小了范围。②在侦破案件中，用红外光谱技术可以把案发现场的物证检材与犯罪嫌疑人处提取的比对样品进行比较，对认定或否定犯罪嫌疑人提供法证参考。③为研制刑侦器材、试剂缩短了周期。

样品容易回收。物质样品在仪器样品室中被红外光照射就可以得到红外光谱。这表明，红外光谱是一种不破坏样品的鉴定方法，为一份样品进行多种方法鉴定提供了方便，非常适用于样品来源不易的物证鉴定。

样品用量少。样品用量只需要数微克。物证样品往往是微量的，因此，红外光谱技术适用于微量物证的鉴定。

鉴定结果充分可靠。有机化合物和多元素无机化合物都有其特征的红外光谱图，并且谱图相当复杂，这就像人的指纹一样，故有人把红外光谱称为分子指纹。只要把物证检材的光谱与标准品的光谱图相互比较，结果两张光谱图中相对应的吸收带完全一致，那么物证检材和标准品就是相同成分的一种物质，反之亦然。

用红外光谱技术承办的案件性质有爆炸、杀人抢劫、纵火、中毒、交通肇事逃逸案件等，物证检材有油漆、塑料、纤维、橡胶、沥青、玻璃等多种多样的物质。红外光谱技术是目前侦案工作的主要手段之一。

14.4.2　食品掺假检测

目前市场上的食品掺假形形色色，种类繁多，下面仅以肉类、油脂及蜂蜜产品为例，说明红外光谱在掺假检测中的应用。

1. 肉类掺假的检测

肉类掺假通常是将同种或不同种动物如内脏、水或较便宜的动植物蛋白等低成本的部分掺假到肉类中。国外在肉类工业中已有用中红外光谱检测火鸡、小鸡和猪肉末中多组分样品间组成的差异，根据脂肪和瘦肉组织中蛋白质、脂肪、水分含量的不同对掺有牛肾脏或肝脏的碎牛肉，加以辨别。根据红外区提供的信息，很容易区分出牛肾、肝以及肉这三个不同部位的差异，同样也可以区分出颈、胸、臀肉等不同部位的个体差异图，同时还可测出多组分样品间的组成差异，意味着即使低浓度的组分也能被检测出来，例如肝脏中所含的少量肝糖原，其红外光谱图在 1000～1200 cm^{-1} 处有特征吸收，和其他类型样品如纯牛臀肉、牛肾、牛胸肉及牛颈肉的吸收峰有明显差异，轻而易举便可分出牛肉和内脏，从而对产品进行质量监控。

2. 油脂掺假的检测

橄榄油在市场中大致分为特级纯、纯和精炼三个等级，特级纯橄榄油约是其精炼产品的 2 倍，高品质的橄榄油有其特有的风味，因此价高，所以有人向高品质油中掺杂较便宜的同类低档或不同种类价低的油如葵花油、菜籽油、玉米油等获利。油脂中的 C—H 和 C—O 在中红外光谱区振动方式及频率不同，反映出油型信息的不同，由此可以判断是否掺假。同样原理也可以用衰减全反射对固态脂肪样品在中红外光谱区域分析，检测亚麻酸含量差异分析液态油样，区分橄榄油和花生油与菜籽油。由不饱和脂肪酸含量的不同，便可以区分黄油和菜油等，进而可对其相关掺假产品进行检测。

3. 蜂蜜掺假的检测

蜂蜜中亦可以掺入形形色色的的物质，给统一检测带来了一定难度，而傅里叶转换红外光谱能快速、无损获取样品的生物化学指纹。将蜜样混合均匀，放于50℃恒温水浴中使蔗糖晶体溶化，采用 IS10 型衰减全反射傅里叶转换光谱仪进行扫描，选取 950～1500 cm^{-1} 处谱图，利用其“指纹”特性，可辨别出蜂蜜中是否掺假。

光谱法不仅可以检测出蜂蜜中是否掺假，类似方法还可以应用于咖啡品种的鉴别，可以知道速溶咖啡是否掺假。随着化学计量学的发展，根据红外光谱的“指纹”特性，可在线无损检测、再现性好等优势，对食品质量监控起到重要作用。

14.4.3　胃镜样品的在体临床诊断

胃部疾病在国内的发病率很高，萎缩性胃炎患者发生的异型增生是介于单纯性增生与肿瘤性增生之间的一种癌前病变，应用 FTIR 技术和胃内窥镜技术的结合可以很好地实现胃组织的无创伤、准确、快速和简便的检测。其能从分子水平上揭示生物分子组成和结构上的细微变化，正常组织与异常组织之间存在一系列规律性光谱差别。由于不同类型病变组织会在其分子组成和结构上发生相应改变，浅表性胃炎、萎缩性胃炎和胃癌组织各具有不同的 FTIR 光谱特征，可据此进行胃镜样品疾病类型和病变程度的判别，FTIR 技术有望发展成为一种用于胃镜样品无创、快速、准确的在体临床诊断的新方法。

同样像临床手术中的大块离体组织(厘米级)，如肠、胃、乳腺、胆囊、肺和肝器官的癌变组织和相应的正常组织样品都可以采用红外光谱分别进行检测，反映出正常组织和病变之间从分子水平上不同的光谱特征。因此 FTIR 可以正确快速地实现癌变样品病理的临床诊断，这对于病症的预防、及时合理治疗具有非常重要的意义。

14.4.4　宝玉石检测

随着现代检测技术的发展，红外光谱技术广泛应用于宝玉石鉴定与研究领域。宝玉石检测基本上是采用无损伤方式，宝玉石吸收红外光后，引起分子晶格、离子团和配位基的振动及转动，导致能级跃迁偶极矩发生变化，因此可以从形成特征红外吸收谱带上的微细差异，判断出合成宝玉石与天然宝玉石在物理化学性质方面的不同反应。进而判定钻石类型、天然与合成、宝玉石的种属、仿制品等重要信息。

例如，运用 IR 可以区别出天然祖母绿与助熔剂合成的祖母绿：水热法合成祖母绿在 2745 cm^{-1}、2830 cm^{-1}、2995 cm^{-1}、3490 cm^{-1} 处有吸收，而在天然祖母绿中这些吸收峰是不存在的。

另外 IR 对聚合物充填类饰品也很有优势，如天然翡翠经酸蚀后聚合物充填处理，在 IR 谱图 2827 cm^{-1}、2928 cm^{-1}、2942 cm^{-1}、2969 cm^{-1} 处有吸收，而天然翡翠无这些吸收峰，这是因为高分子材料充填所致；天然绿松石中无 2950 cm^{-1} 吸收峰，而注塑绿松石中却存在此峰；天然欧泊中无 5725 cm^{-1}、5810 cm^{-1}、5780 cm^{-1}、5810 cm^{-1}、5890 cm^{-1}、5925 cm^{-1} 吸收峰，聚合物充填欧泊中却有这些吸收峰。

还有非常多的矿物实例，红外光谱技术广泛应用于研究分析宝玉石的分子结构和化学成分的检测中，可以简单快速准确无损地检测鉴别宝玉石，并对完善补充宝玉石常规检测具有重要意义。

14.4.5 活体癌变细胞鉴别

肿瘤的发生是多阶段、多步骤、多基因调控发展的过程。使用大型分析软件SPSS处理红外测试数据来判断人体组织在细胞中的核酸、蛋白、糖、脂类物质的含量、结构变化这一过程中是否有癌变。傅里叶变换红外光谱仪可在分子水平上检测这些变化早于在光学显微镜下见到的变化进而对其进行定量(相对含量)、定性分析。

宫颈癌在我国女性生殖系统恶性肿瘤中居第二位，一直是一类严重威胁女性生命健康的疾病，医学上利用傅里叶红外光谱(FTIR)高分辨手段，对正常人的细胞和宫颈癌患者的细胞进行比对研究，发现宫颈各类组织相对吸收峰的吸光度不尽相同，主要表现在1080 cm^{-1}，1238 cm^{-1}，1314 cm^{-1}，1339 cm^{-1}，1397 cm^{-1}，1454 cm^{-1}，1541 cm^{-1}，1647 cm^{-1}，2854 cm^{-1}，2873 cm^{-1}，2926 cm^{-1}和2958 cm^{-1}处的比较上有其特征的红外光谱，根据这一差异，傅里叶变换红外光谱仪可以将各类组织区分开来。从而在分子水平上揭示出肿瘤细胞与正常细胞的差别，如宫颈鳞癌、宫颈腺癌及宫颈正常组织的红外光谱的相对吸收峰的差异。通过谱图解析，还可直接阐明引起谱图变化的主要原因、细胞癌变的可能机理，提出了一种测定宫颈细胞发生早期癌变的新方法，从而可对癌变过程进行预测和肿瘤疾病的早期诊断。

FTIR方法具有快速、简便、廉价、样品用量少、信噪比高等优点，我们相信，随着傅里叶变换红外光谱仪技术的改进及方法的完善，将在宫颈癌筛检及临床应用中有着更广阔的应用前景。

14.5 思 考 题

(1)用压片法制样时，为什么要求研磨到颗粒粒度在2 μm左右？研磨时不在红外灯下操作，谱图上会出现什么情况？

(2)液体测试时，为什么低沸点的样品要采用液体池法？

(3)对于小的高聚物材料，很难研磨成细小的颗粒，采用什么制样方法比较好？

(4)区分饱和烃和不饱和烃的主要标志是什么？

(5)羟基化合物谱图的主要特征是什么？

(6)芳香烃的特征吸收在什么位置？

第 15 章　拉曼光谱分析

15.1　概　　述

拉曼散射是印度科学家 Raman 在 1928 年发现的，拉曼光谱因之得名。光和媒质分子相互作用时引起每个分子做受迫振动从而产生散射光，散射光的频率一般和入射光的频率相同，这种散射称为瑞利散射，由英国物理学家瑞利于 1899 年进行了研究。但当拉曼在他的实验室里用一个大透镜将太阳光聚焦到一瓶苯的溶液中，经过滤光的太阳光呈蓝色，但是当光束进入溶液之后，除了入射的蓝光之外，拉曼还观察到了很微弱的绿光。拉曼认为这是光与分子相互作用而产生的一种新频率的光谱带。因为这一重大发现，拉曼于 1930 年获诺贝尔物理学奖。

拉曼光谱得到的是物质中分子振动的频谱，是物质的指纹性信息，即每一种物质都有自己的特征拉曼谱图，因此拉曼光谱是认证物质和分析成分的有力工具。而且拉曼峰的频率对物质结构的微小变化非常敏感，所以也常通过对拉曼峰的微小变化的观察，来研究在一些条件下，比如温度、压力、掺杂等，所引起的物质结构变化，以及间接推出材料不同部分微观上的环境因素的信息，如应力分布等。

拉曼光谱技术的优点：光谱的信息量大，谱图易辨认，特征峰明显；对样品无接触，无损伤；样品无须制备；快速分析，鉴别各种材料的特性与结构；由于激光拉曼光谱仪的显微共焦功能，可做微区微量以及分层材料的分析(1 μm 左右光斑)；高空间分辨率对地质的包裹体尤其有用；能适用黑色和含水样品；高、低温及高压条件下测量；光谱成像快速、简便，分辨率高；仪器稳固，体积适中，维护成本低，使用简单。

激光拉曼光谱是激光光谱学中的一个重要分支，应用十分广泛。如在化学方面应用于有机和无机分析化学、生物化学、石油化工、高分子化学、催化和环境科学、分子鉴定、分子结构等研究；在物理学方面应用于发展新型激光器、产生超短脉冲、分子瞬态寿命研究等，此外在相干时间、固体能谱方面也有广泛的应用。

拉曼光谱已经成为一种重要的分析和研究工具，被广泛应用于药品、刑侦物证、聚合物、薄膜、半导体直到富勒烯结构和碳纳米材料的分析。拉曼光谱是一种光散射技术，可以简单地认为：在拉曼散射过程中，入射光子和样品相互作用产生了与入射光子不同波长的散射光子。拉曼光谱包含的信息特别丰富，可以应用于化学品鉴别、分子结构表征、成键效果以及样品所处环境以及内部应力分布等方面。历史上，尽管远在 1928 年，C. V. Raman 教授已经确认了拉曼散射过程的现象和原理，但是拉曼光谱技术在大学课程中没有得到广泛的讲授，反而傅里叶变换红外光谱、紫外-可见吸收光谱以及核磁共振等更为普及。20 世纪 90 年代中期，新一代的体积更小更加紧凑的拉曼光谱仪开始出现，它们使用了更新型激光器、光学元件和探测器，开始了显微拉曼的革命。

HORIBA Scientific 拉曼部是拉曼光谱仪的世界先行者，具有 40 多年设计和生产各类色散拉曼光谱仪的历史。他们从拉曼光谱仪这项技术刚开始起步时就一直站在相关技术的前沿，随着技术的发展推动了一系列突破性的技术更新，例如，首次将显微镜运用在拉曼光谱仪上进行微区分析；推出了世界上商业远程拉曼探针等。HORIBA JOBIN YVON 配备了先进的应用实验室和技术支持，可以为用户提供完备的服务。此外，HORIBA JOBIN YVON 借助其广泛的专业技术和经验，能够针对不同的应用，为用户在分析、研究和工业测量等领域提供特殊解决方案。分析级仪器应用的范围最为广泛：从半导体到大多数化学药品，从公安证据到制药行业的同分异构体等等。其中 LabRAM Aramis 是一款真正全自动、高性能拉曼光谱仪，操作非常简单，适用于研究、分析和质量控制等应用领域。该系统秉承了系列仪器全球领先的技术，具有高性能和高灵活性，是一款强大的综合分析仪器。LabRAM Aramis 具有真共焦拉曼光谱成像功能，所产生的拉曼图像具有高空间分辨率和光谱分辨率。专业的软件和硬件保证了快速准确地获得拉曼图像。

15.2 仪器构成及原理

15.2.1 仪器基本构成

拉曼光谱仪的基本结构见图 15-1。

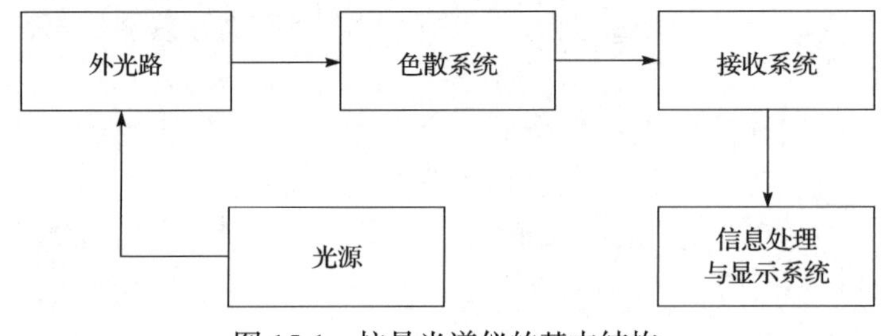

图 15-1 拉曼光谱仪的基本结构

1. 光源

它的功能是提供单色性好、功率大并且最好能多波长工作的入射光。目前拉曼光谱实验的光源已全部用激光器代替历史上使用的汞灯。对常规的拉曼光谱实验，常见的气体激光器基本上可以满足实验的需要。在某些拉曼光谱实验中要求入射光的强度稳定，这就要求激光器的输出功率稳定。

高拉曼测量效率必不可少的是使用高性能的激光光源。HORIBA JOBIN YVON 有一套完整的程序用于检测拉曼用激光器，与世界上顶尖的激光制造厂商合作测试和研发。HORIBA JOBIN YVON 给所有的拉曼系统选配做好的激光器，且都经过检测和评估。只有通过 HORIBA JOBIN YVON 内部测试的激光器才提供给用户。

激发光源是拉曼光谱仪器的关键部件。拉曼光谱仪的激发光源使用激光器。作为激光拉曼光谱的光源要符合以下要求：①单线输出功率一般为 20～1000 mW；②功率的稳定性好，变动不大于 1%；③寿命长，应在 1000 h 以上。传统色散型激光拉曼光谱仪通常使用的激光器有 Kr 离子激光器，Ar 离子激光器，Ar^+/Kr^+激光器，He-Cd 激光器和红宝石脉冲激光器等。目前 FT Raman 光谱仪大都采用 Nd：YAG 激光器。

2. 外光路

外光路系统是从激发光源后面到单色仪前面的一切设备，它包括聚焦透镜、多次反射镜、试样台、退偏器等。其中试样台的设计是最重要的一环，激光束照射在试样上有两种方式，一种是 90°的方式，另一种是 180°的同轴方式，90°方式可以进行极准确的偏振测定，能改进拉曼与瑞利两种散射的比值，使低频振动测量较容易。180°方式可获得最大的激发功率，适于浑浊和微量样品测定。两者相比，90°方式比较有利，一般仪器都采用 90°方式，亦有采用两种方式。外光路部分包括聚光、集光、样品架、滤光和偏振等部件。

(1) 聚光：用一块或两块焦距合适的会聚透镜，使样品处于会聚激光束的腰部，以提高样品光的辐照功率，可使样品在单位面积上辐照功率比不用透镜会聚前增强 10^5 倍。

(2) 集光：常用透镜组或反射凹面镜作散射光的收集镜。通常是由相对孔径数值在 1 左右的透镜组成。为了更多地收集散射光，对某些实验样品可在集光镜对面和照明光传播方向上加反射镜。

(3) 样品架：样品架的设计要保证使照明最有效和杂散光最少，尤其要避免入射激光进入光谱仪的入射狭缝。为此，对于透明样品，最佳的样品布置方案是使样品被照明部分呈光谱仪入射狭缝形状的长圆柱体，并使收集光方向垂直于入射光的传播方向。

(4) 滤光：安置滤光部件的主要目的是抑制杂散光以提高拉曼散射的信噪比。在样品前面，典型的滤光部件是前置单色器或干涉滤光片，它们可以滤去光源中非激光频率的大部分光能。小孔光阑对滤去激光器产生的等离子线有很好的作用。

在样品后面，用合适的干涉滤光片或吸收盒可以滤去不需要的瑞利线的一大部分能量，提高拉曼散射的相对强度。

(5)偏振：做偏振谱测量时，必须在外光路中插入偏振元件。加入偏振旋转器可以改变入射光的偏振方向；在光谱仪入射狭缝前加入检偏器，可以改变进入光谱仪的散射光的偏振；在检偏器后设置偏振扰乱器，可以消除光谱仪的退偏干扰。

3. 色散系统

在色散型激光拉曼光谱仪中要求单色器的杂散光最小和色散性好。为降低瑞利散射及杂散光，通常使用双光栅和三光栅组合的单色器；使用多光栅必然要降低光通量，目前大都使用平面全息光栅，可减少反射镜，提高光的反射效率。在光谱仪中，在散射光到达检测器前，必须用光学过滤器将其中的瑞利散射滤去，至少降低3～7个数量级，否则拉曼散射光将“淹没”在瑞利散射中。光学过滤器的性能是光谱仪检测波数范围，特别是低波数区和性噪比好坏的一个关键因素。

色散系统使拉曼散射光按波长在空间分开，通常使用单色仪。由于拉曼散射强度很弱，因而要求拉曼光谱仪有很好的杂散光水平。各种光学部件的缺陷，尤其是光栅的缺陷，是仪器杂散光的主要来源。当仪器的杂散光本领小于10^{-4}时，只能作气体、透明液体和透明晶体的拉曼光谱。

4. 接收系统

拉曼散射信号的接收类型分单通道和多通道接收两种。光电倍增管接收就是单通道接收。对于落在可见区的拉曼散射光，可用光电倍增管作为检测器，对其要求是：量子效率要高，热离子暗电流小。光电倍增管的输出脉冲数一般有四种方法检出：直流放大，同步检出，噪声电压测定和脉冲计数法，脉冲计数法是最常用的一种。

5. 信息处理与显示系统

为了提取拉曼散射信息，常用的电子学处理方法是直流放大、选频和光子计数，然后用记录仪或计算机接口软件画出图谱。

15.2.2 工作原理

当单色光照射到样品上时，光与样品发生某些形式的相互作用。它可以按照一定方式被反射、吸收或者散射。其中出现的散射光可以通过拉曼光谱提供一些关于样品分子结构的信息。

分析散射光的频率(波长)可以发现，其中不仅存在与入射光波长相同的成分(瑞利散射)，而且还存在少量的波长改变了的散射光(斯托克斯和反斯托克斯拉曼散射)，拉曼散射光强度大约是总散射光强度的 10^{-7}。正是这些波长改变了的拉曼散射光能够给我们提供有关样品的化学成分和结构信息(图 15-2)。

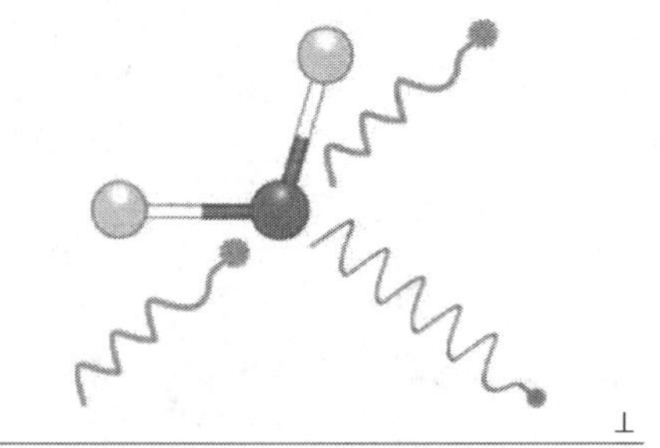

图 15-2　分子的光散射

来自分子的散射光有以下几种：瑞利散射、斯托克斯和反斯托克斯拉曼散射。在分子体系中，这些频率主要是位于分子转动、振动以及电子能级跃迁相关的范围内。散射光沿着所有方向辐射，伴随波长的变化，其偏振方向也有变化。散射光频率不发生改变的散射过程称为瑞利散射，就是 Lord Rayleigh 用来解释天空之所以呈现为蓝色的那种过程。散射光频率(波长)发生改变的散射过程称为拉曼散射，拉曼光子的能量与入射光子能量相比可以增大，也可以变小，取决于分子的振动态。当波束为 ν_0 的单色光入射到介质上时，除了被介质吸收、反射和透射外，总会有一部分被散射。按散射光相对于入射光波数的改变情况，可将散射光分为三类：第一类，其波数基本不变或变化小于 10^{-5} cm^{-1}，这类散射称为瑞利散射。第二类，其波数变化大约为 0.1 cm^{-1}，称为布里渊散射。第三类是波数变化大于 1 cm^{-1} 的散射，称为拉曼散射。从散射光的强度看，瑞利散射最强，拉曼散射最弱。

在经典理论中，拉曼散射可以看作入射光的电磁波使原子或分子电极化以后所产生的，因为原子和分子都是可以极化的，因而产生瑞利散射，因为极化率又随着分子内部的运动(转动、振动等)而变化，所以产生拉曼散射。

在量子理论中，把拉曼散射看作光量子与分子相碰撞时产生的非弹性碰撞过程。当入射的光量子与分子相碰撞时，可以是弹性碰撞的散射也可以是非弹性碰撞的散射。在弹性碰撞过程中，光量子与分子均没有能量交换，于是它的频率保持恒定，这叫瑞利散射，如图 15-3(a)所示。在非弹性碰撞过程中光量子与分子有能量交换，光量子转移一部分能量给散射分子，或者从散射分子中吸收一部分能量，从而使它的频率改变，它取自或给予散射分子的能量只能是分子两定态之间的差值$\Delta E=E_1-E_2$，当光量子把一部分能量交给分子时，光量子则以较小的频率散射出去，称为频率较低的光(斯托克斯线)，散射分子接受的能量转变成为分子的振动或转动能量，从而处于激发态 E_1，如图 15-3(b)所示，这时光量子的频率为 $\nu'=\nu_0-\Delta\nu$；当分子已经处于振动或转动的激发态 E_1 时，光量子则从散射分子中取得了能量 ΔE(振动或转动能量)，以较大的频率散射，称为频率较高的光(反斯托

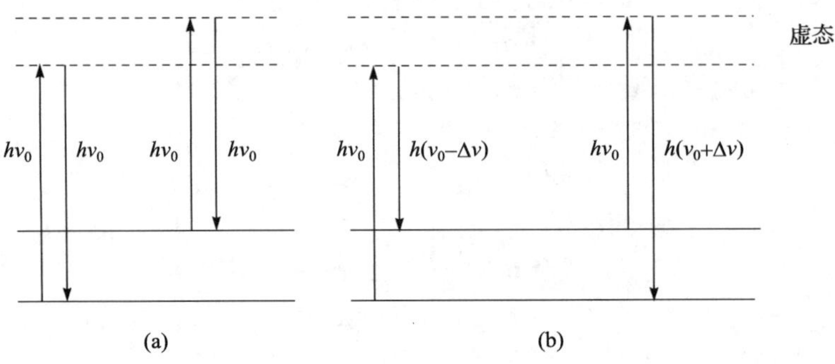

图 15-3　瑞利散射(a)与拉曼散射(b)的能级图

克斯线)，这时光量子的频率为$\nu'=\nu_0+\Delta\nu$。如果考虑到更多的能级上分子的散射，则可产生更多的斯托克斯线和反斯托克斯线。最简单的拉曼光谱如图 15-4 所示。在光谱图中有三种线，中央的是瑞利散射线，频率为ν_0强度最强；低频一侧的是斯托克斯线，与瑞利线的频差为$\Delta\nu$，强度比瑞利线的强度弱很多，约为瑞利线的强度的几百万分之一至上万分之一；高频的一侧是反斯托克斯线，与瑞利线的频差亦为$\Delta\nu$，和斯托克斯线对称的分布在瑞利线两侧，强度比斯托克斯线的强度又要弱很多，因此并不容易观察到反斯托克斯线的出现，但反斯托克斯线的强度随着温度的升高而迅速增大。斯托克斯线和反斯托克斯线通常称为拉曼线，其频率常表示为$\nu_0\pm\Delta\nu$，$\Delta\nu$称为拉曼频移，这种频移和激发线的频率无关，以任何频率激发这种物质，拉曼线均能伴随出现。因此从拉曼频移，我们又可以鉴别拉曼散射池所包含的物质。

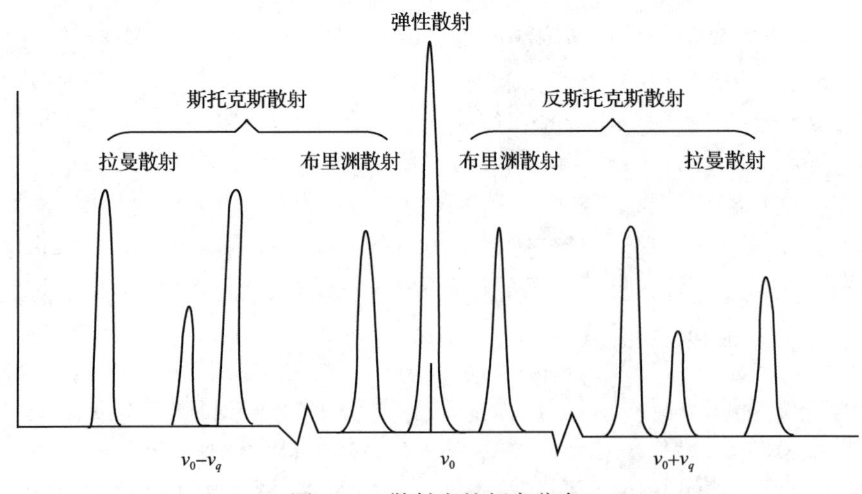

图 15-4　散射光的频率分布

入射光子和样品分子相互作用，光子能量的改变量(得到或者失去能量)取决于每个化学键(振动)的特性。并非所有的振动都能在拉曼光谱上反映出来，这取决于分子的对称性。但是可以获得足够的信息，用来对分子结构进行相当精确的表征。

非线型分子有三个转动态和 3*n*–6 个振动态，线型分子有两个转动态和 3*n*–5 个振动态，此处 *n* 是分子中原子数，分子越大，振动态信息越多。这些就是在大多数单一化合物或混合物中观察到的红外和拉曼指纹光谱。任一分子化学键都以特定频率振动，振动频率不仅与分子价键结构相关，而且还和分子所处化学环境有关。拉曼光谱和红外光谱是研究测定分子化学键振动-转动特征不同的方法，由于它们基于不同的物理现象，因而常用于解决不同问题。

获得拉曼光谱和红外光谱可以采用下述任一物质态：结晶态、无定形、液体、气体或等离子体态。而许多其他测定方法受物质态的限制，例如，X 射线衍射光谱要求单晶态或粉末态测定，质谱必须先将样品气化，一般核磁共振和紫外吸收光谱测定需要在溶液状态完成。因此，振动光谱能起到不同光(波)谱方法之间的桥梁作用。

虽然绝大多数振动包括红外吸收和拉曼散射两种信号，但选择定律常给出非常不同的相对强度和谱线形状。对称振动和非极性基团振动很容易观察到拉曼光谱，不对称振动和极性基团振动常可以观察到强的红外光谱。例如，水的红外吸收光谱很强，而拉曼光谱较弱，故可用拉曼光谱在水介质中研究生物和药物化。

研究极性小的价键如 C═C、C═N、C—S 或 S—S 时，常常选择拉曼光谱。这些价键在红外光谱中常常谱峰强度较弱或是不可见的，但常可产生很强的拉曼谱带。因此，C—H 键对应的能量改变不同于 C—O 对应的能量改变，也不同于金属和氧之间成键的能量改变。通过测量散射光中这些不同波长成分，可以探测到与这些不同波长相对应的不同的键和振动，可获得一系列化学键的拉曼峰位置列表。正确选择激光波长是拉曼光谱实验的一个重要因素。现代仪器通常使用几种不同的激光波长，用来得到最佳的拉曼信号。

例如有很多样品，特别是有机物或者生物样品会有很强的荧光辐射性质，使用 532 nm 波长的绿光激发这些样品可能导致荧光的产生，荧光会湮没潜在的拉曼光谱信号，以致无法探测到拉曼信号。对于这种情况，使用 633 nm 波长的红光或者 785 nm 波长的近红外激光可以解决问题。由于光子能量较低，红光近红外光不会导致电子跃迁，因而也就没有荧光产生，拉曼散射也就很容易被探测到。

与之相反，从绿光到红光直到近红外，随着激光波长增大，散射效率将逐渐减小，因而需要更长的采集时间或者更高的激光功率。因此，最实用的是拥有几种不同激光的波长，来匹配可能遇到的不同性质样品，满足共振增强、穿透深度和抑制荧光的需要。拉曼散射强度正比于入射光的强度，并且在产生拉曼散射的同时，必然存在强度大于拉曼散射至少一千倍的瑞利散射。因此，在设计或组装拉曼光谱仪和进行拉曼光谱实验时，必须同时考虑尽可能增强入射光的光强和最大限度地收集散射光，又要尽量地抑制和消除主要来自瑞利散射的背景杂散光，提高仪器的信噪比。

15.2.3 拉曼光谱法的特点

拉曼光谱技术的应用范围广泛，遍及化学、物理学、生物学、医学和环境科学等等。这些应用的性质各异，从纯定性直到高度定量。与红外光谱相比，拉曼光谱有着一些独特的优势：

第一，拉曼光谱的频率位移不受单色光源频率的限制。单色光源的频率可根据样品的不同特点而有所选择。红外光谱的光源不能任意调换。

第二，激光的方向性强，光束发散角小，可聚集在很小的面积上对极微量的样品进行测定。

第三，拉曼光谱不破坏样品，无须样品制备，一般样品可装于毛细管内直接测定，玻璃即为理想的窗口材料，危险及热敏样品可在密封容器中测试。而红外测试则需要对样品做一定的处理。

第四，用激光器作为光源，激光的单色性好，激光拉曼光谱谱带常常比红外谱带更尖锐，分辨性好。由于拉曼光谱研究的是谱线位移，故用一台普通的拉曼光谱仪就可方便地测量从几十到四千波数范围内的光谱，若用红外光谱则需中红外和远红外的配合才能完成。尽管红外和拉曼光谱均是研究分子的振动能级，但红外光谱是在红外区进行吸收研究，而拉曼光谱则是在可见区研究分子的振动能级，这样激光拉曼光谱较红外光谱大大降低了对样品池、单色仪和检测器等光学元件材料的要求。在操作上也大为方便。

第五，激光拉曼光谱可以方便地用于水溶液体系的测量，这是拉曼光谱与红外光谱相比最显著的优点之一。由于水分子的不对称性，在拉曼光谱上没有伸缩振动频率带，并且它的变形、剪切等振动频率谱带很弱，因而水的拉曼光谱图很简单。而水的红外光谱谱带数很多且强度大，给溶质的谱图分析带来很大干扰。对醇类溶液，拉曼光谱也有同样的优点。

第六，拉曼散射的强度通常与散射物质的浓度呈线性的关系，而在红外光谱中吸收与浓度为对数关系。

第七，拉曼活性的谱带是基团极化率随简正振动改变的关系，而红外活性的谱带是基团偶极矩随简正振动改变的关系，拉曼光谱中包含的倍频及组频谱带比红外光谱中少。所以拉曼光谱往往仅出现基频谱带，谱带清楚，分析起来比红外光谱更简单。

第八，拉曼光谱能对 S—S、C—C、C═C、N═N、C═S、P—S 等红外吸收较弱的官能团给出强的拉曼信号，对易产生偏振的一切重要元素(过渡金属、超铀元素等)的络合键均可出现拉曼强谱带。

第九，拉曼光谱可用于单晶的低频晶格频率及高频分子频率的研究，这是由于晶格内分子的排列一定，偏振参数不像液体那样是空间平均化的。另外，使用高功率脉冲激光器对受激拉曼散射和超拉曼效应等非线性现象的研究可大大增加人们对物质固态和液态结构方面的认识。

15.3　实 验 步 骤

HORIBA JOBIN YVON Aramis 高性能全自动拉曼光谱仪由法国 HORIBA Scientific 公司生产，见图 15-5。主要性能参数：可见光(514 nm)和近红外(785 nm)激光器及光路各一套，低波数到 100 cm^{-1}，采用三点精确机械定位方式，计算机控制不同波长滤光片之间的自动转换。自动 *XYZ* 三维平台，最小步长为 0.1 μm，采用光栅尺反馈控制，确保高重复性，重复精度小于 0.2 μm，可进行分散的多点、线、面的扫描和共焦深度扫描。

图 15-5　HORIBA JOBIN YVON Aramis 高性能全自动拉曼光谱仪

15.3.1　测试操作

1. 开机

(1) 打开总电源开关及稳定器开关；

(2) 一次打开主机，以及其他附件、CCD、计算机；

(3) 打开需要使用的激光器；

(4) 打开 LabSpec 光谱仪软件；

(5) CCD 制冷，打开 Acquisition→Detector，设置 CCD 温度为–70℃；

(6) 待 CCD 温度稳定在–70℃左右后，检测校准光谱仪。

2. 光谱仪检测和标定

参数设置：

(1) Laser：设置为当前所使用的激光器的波长；

(2) Filter：位置选择为空；

(3) Confocal Hole：根据所需要大小设置，如 400 μm；

(4) Grating：确定所选的光栅(2400/1800/600)；

(5) 使用标准 Si 样品。

标定步骤：

(1) 将光栅位置 Spectrometer 移动到 Zero，单位 Unit 设为 nm；

(2) 使用单窗口模式，采集一张谱图，检测谱峰中心位置；

(3) 如谱图中心不在 0 nm 处，进入 Setup→Instrument Calibration，以正负 5 步长调整 Zero 的值，使谱峰中心移动到 0 nm 处；

(4) 将 Spectrometer 到 Zero 处，采谱；

(5) 重复(3)～(4)两步骤，直到所采谱达到所需要求；

(6) 移动 Spectrometer 到 Si 一阶峰 520.7 cm^{-1} 处，单位 Unit 设置为 cm^{-1}，改变 Koeff 值(从末位开始)，直到谱峰移动到 520.7 cm^{-1}。

3. 测试样品

(1) 将样品放置在载玻片上，制样时尽量使样品表面平整。将盛有样品的载玻片固定在 *XY* 平台上。将物镜调整至 10×VIS。

(2) 打开白光，点击软件中的 Video 图标。通过调整 *XY* 平台高度，使样品图像清晰。将物镜调整至 50×LWD。通过调整摇杆使样品图像清晰。

(3) 打开激光安全按钮，通过调节摇杆使激光光斑汇聚。点击 STOP 按钮。点击全谱扫描进行测试。

4. 关机顺序

(1) CCD 升温，打开 Acquisition→Detector，设置 CCD 温度为 20℃；

(2) 待 CCD 回温到 20℃左右，关闭 LabSpec；

(3) 关闭激光器；

(4) 依次关掉计算机、光谱仪主机控制器、自动平台控制系统器等，以及稳定器电源和总电源开关。

15.3.2　仪器操作注意事项及维护

(1) 不得随意打开机盖，触摸反光镜、透镜及光栅表面，仪器及平台上的螺丝不得任意旋动，光谱仪主机和外接激光上不得倚靠或放置重物。

(2)房间温度应保持在 25℃左右，房间湿度保持在 60℃以下。

15.4　实验结果分析

15.4.1　拉曼散射光谱的特征

拉曼散射是由分子振动、固体中的光学声子等元激发与激发光相互作用产生的非弹性散射。由液体或固体的声学声子产生非弹性散射称为布里渊散射。用拉曼光谱可以研究固体中的各种元激发的状态，当改变外部条件，如温度和压力等时，可以研究固体内部状态的变化。拉曼谱的这个特征是拉曼光谱技术的一大优点，它使得有可能在可见光区研究分子的振动和转动等状态，因此在很多情况下它已成为分子谱中红外吸收方法的一个重要补充。

拉曼散射光谱具有以下明显的特征：①拉曼散射谱线的波数虽然随入射光的波数而不同，但对同一样品，同一拉曼谱线的位移与入射光的波长无关，只和样品的振动转动能级有关；②在以波数为变量的拉曼光谱图上，斯托克斯线和反斯托克斯线对称地分布在瑞利散射线两侧，这是由于在上述两种情况下分别相应于得到或失去了一个振动量子的能量；③一般情况下，斯托克斯线比反斯托克斯线的强度大。这是由于 Boltzmann 分布，处于振动基态上的粒子数远大于处于振动激发态上的粒子数。

拉曼光谱的应用范围很广，这里主要介绍应用较多的晶格振动的一级拉曼光谱。图 15-6 是四氯化碳的拉曼谱，图中央瑞利线的上部已截去，两侧为拉曼线。频率差 $\Delta\nu$ 也可以通过波数差 $\Delta\tilde{\nu}$ 来表示，二者之比为光速 c，即 $\Delta\nu = c\Delta\tilde{\nu}$ 。

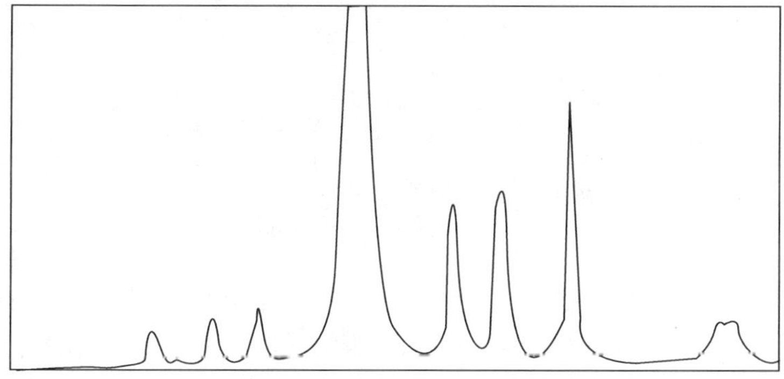

图 15-6　CCl_4 分子的振动拉曼谱

通过对 CCl_4 的分子结构分析解释它的拉曼光谱。CCl_4 分子为四面体结构，由一个碳原子和四个氯原子组成，一个碳原子在中心，四个氯原子在四面体的四个顶点(图 15-7)。当四面体绕其自身的一轴旋转一定角度，或记性反演($r \rightarrow -r$)或旋转加反演之后，分子的几何构型不变的操作称为对称操作，其旋转轴成为对称轴。CCl_4有 13 个对称轴，4 个对称操作。通常 N 个原子构成的分子有($3N-6$)个内部振动自由度。因此，CCl_4分子可以有 9 个($3\times5-6$)自由度，或称为 9 个独立的简正振动，除去简并，可归成四种，图 15-8 就是这 9 个简正振动方式及其分类示意图。这四类振动根据其反演对称性不同还有对称振动和反对称振动之分，其中除第一类是对称振动外，其余三类都是反对称振动。上面所说的“简并”，是指在同一类振动中虽然包含不同的振动方式但具有相同的能量，它们在拉曼光谱中对应同一条谱线。因此，CCl_4分子振动拉曼光谱应有 4 个基本谱线，根据实验中测得各谱线的相对强度依次为：$I(\nu_1)>I(\nu_2)>I(\nu_3)>I(\nu_4)$。所以如果某个分子有 n 类振动，则一般说来，最多只可能有 n 条基本振动拉曼线。当然，如果考虑到振动间耦合引起的微扰，有的谱线分裂成两条，如图 15-8 中最弱的双重线就是由于最强和次强两条谱线所对应的振动的组合造成的微扰，使最弱线分裂成双重线。每类振动所具有的振动方式数目对应于量子力学中能级简并的重数。所以，如果某一类振动有 9 个振动方式，就称该类振动是 9 重简并的。

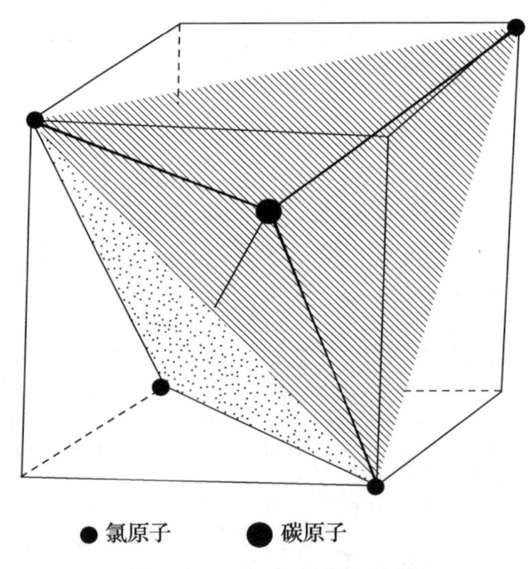

图 15-7　CCl_4分子结构图

在拉曼光谱基本原理讨论中，除了分子结构和振动方式以外，并没有涉及分子的其他属性，因而可以推断出：同一空间结构但原子成分不同的分子，其拉曼光谱的基本面貌应是相同的。人们在实际工作中就利用这一推断，把一个结构未知的分子的拉曼光谱和结构已知的分子的拉曼光谱进行比对，以确定该分子的空间结构及其对称性。当然，不同分子的结构可能相同，但其原子、原子间距相互作用等情况还是有很大差别的，因而不同分子的拉曼光谱在细节上还是不同的。

每一种分子都有其特征的拉曼光谱，因此利用拉曼光谱也可以鉴别和分析样品的化学成分。外界条件的变化对分子结构和运动会产生程度不同的影响，所以拉曼光谱也常被用来研究物质的浓度、温度和压力等效应。

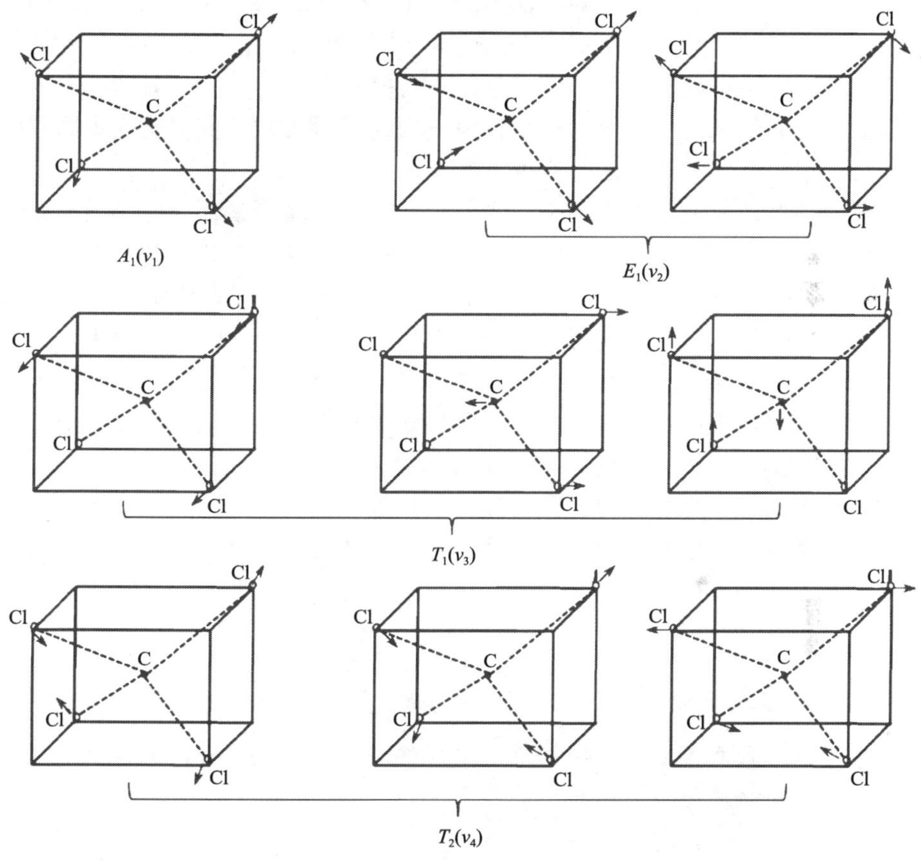

图 15-8 CCl_4 分子的 9 个简正振动

15.4.2 表面增强拉曼光谱

1974 年，英国科学家 Fleischmann 等研究人员首次以吡啶作为银电极上的拉曼活性物质进行了拉曼散射实验。为了增强散射强度，他们将银电极进行了多次氧化-还原处理，以求电极粗糙化的表面可以吸附更多的吡啶分子，结果果然得到了增强的散射信号。但是他们并没有意识到这是一种新的现象，而是简单地将所观察到的现象归因于较大的吸附表面导致的吸附分子数目的增加。直至 1977 年，Jeallmairel 和 Creightont 等分别独立地重复了 Fleischmann 等的实验，并通过计算发现吸附在银电极表面几个分子层的吡啶分子所产生的拉曼散射比正常拉曼光谱要增强 10^5～10^6 倍。这一发现带来了一个问题：纵使银电极表面高度粗糙，表面积增加 10 倍，也不能解释拉曼散射增加 10^5～10^6 倍的实验事实。当年，这一发现公布于众后，引起了科学界的广泛兴趣，并把这一现象命名为表面增强拉曼散射(surface enhanced Raman scattering，SERS)。

到目前为止，人们已观察到了许多分子在各种界面(如固-固、固-气、固-液、固-真空)上的 SERS 效应，这说明 SERS 对分子和界面具有可观的普适性。同时，SERS 给出的是具有分子水平上的信息，不需要超高真空条件，灵敏度高，选择性好，而且以非破坏性的光子为探针，使其成为可以实时、实地研究界面效应的有力工具，这些都是其他表面分析工具所望尘莫及的。

为了找到一个合理解释 SERS 效应的理论模式，多年来，人们不断补充修正已经提出的理论，或者提出新的模型，力图真正彻底弄清 SERS 的机理。总的说来，所有的理论本质上都以金属表面对入射光电场和分子极化率的影响为出发点。拉曼散射强度正比于分子感应偶极矩 P 的平方，其中 $P=\alpha\cdot E$，α 为分子的极化率张量，E 是入射电场强度。根据这个基本关系，可推知拉曼散射强度的增强一定来源于作用于分子上的电场增强或者分子极化率的增加。在具体理论方面，前者对应于物理类模型，其出发点为 SERS 起源于分子表面局域电场的增强。后者对应于化学类模型，以金属与分子间的化学作用导致极化率的改变为共同点。然而很难在某一增强过程中同时严格定量地区分两种增强的贡献，增强过程涉及分子、表面及其相互作用，因素很复杂，一般认为吸附分子是同时受这两种机制的共同作用的。

1. 表面增强拉曼散射增强机制的物理类模型

物理类模型致力于阐释金属表面局域场的增强，它的主要代表包括表面电磁增强模型和镜像场模型。

1) 表面电磁增强模型

表面电磁增强模型(electromagnetic enhancement model，EM)又称表面等离子体共振模型，它认为一个吸附在金属表面的分子的诱发偶极矩是通过外界的入射场和金属椭球的散射场共同产生的。对于椭球比光波波长小的情况，在频率与偶极表面等离子体共振时，散射场比入射场大，这可以看作是椭球外部空间的场密度的影响。因此拉曼散射场会与金属颗粒的强散射场引起的金属颗粒表面的等离子体振荡发生共振，这种共振的结果使振荡分子产生了非常大的能量。

2) 镜像场模型

镜像场模型(image field model)假定金属表面是一面理想的镜子，吸附在金属表面的分子为一振动电偶极子，它在金属内部感应出“镜像”来。偶极子发射拉曼散射光时，它的镜像也同时发射，再加上表面反射场造成的局域场增强，可以引起 16 倍的散射截面的增加。该理论解释了在原子间距范围内表面增强大小的正确数量级，还预示金属表面分子中垂直于金属表面的偶极组分的振动模具有强拉曼散射，而平行于金属表面的偶极组分的振动模没有散射。然而实际上的分子通常是一个多极体，并不是一个简单的偶极子，当分子趋近金属表面达到某一临界距离时，分子的多极性是不能予以忽略的。该理论也仅能解释部分表面增强因子。

3）其他模型

物理类模型的其他代表还有天线共振模型和避雷针模型等。这些物理模型与电磁理论一致地认为，SERS 增强效应与分子离开金属表面距离的关系是长程性的，都只能在很极端条件下才能得到 10^6 的增强因子甚至更高，但无法说明不同吸附分子间的差异。

2. 表面增强拉曼散射增强机制的化学类模型

物理类模型在理论和实验上的不符使人们注意到，表面化学作用在增强效应上也充当着极重要的角色，由此提出来许多种模型。这些模型尽管在具体细节上不同，但都一致认为拉曼增强效应来源于分子与金属表面间的相互作用，导致分子极化率增大，也即增大了拉曼散射截面。

1）增原子模型

增原子模型（adjoins model）是 Otto 等提出来的，认为金属表面存在与金属基底相同的被吸附原子或被吸附原子群，它们是未被结合进入基底晶格的原子，即增原子。增原子作为活性点增强了电子-声子耦合，从而形成一定寿命的电子-空穴对，它与吸附物可以产生强烈的作用，从而增大分子的散射截面。当声子的能量与原子转移能量相等时，增强效应将会达到最大。

增原子模型认为增强效应是短程性的，强调金属表面原子尺寸粗糙度是获得 SERS 的关键，并解释了原子尺寸粗糙度的增强机制，对 SERS 的非弹性散射连续背景给出了合理解释，但它没能给出增强因子的具体大小。

2）电荷转移模型

电荷转移模型认为分子首先吸附在金属表面，分子基态能级可以发生一定频移或拓宽，从而与金属费米面附近的空电子态发生共振跃迁，电荷在吸附分子与金属之间发生交换，这一电荷转移过程被电子能量损失实验证实，电荷转移的结果可以导致分子有效极化率的增加，从而产生拉曼散射的增强。Ucba 等对增强因子作了定量的计算，与实验结果相比，预言的峰位合理，但增强因子太小。电荷转移模型预示了产生拉曼增强的必要条件是吸附分子与金属表面发生化学反应，形成化学键。总之，化学类模型强调分子与金属基底间的吸附是化学吸附，SERS 光谱应与常规拉曼光谱有着明显的差别，从 SERS 光谱上应该可以观察到较大的频移、峰相对强度的改变或新峰的出现。

其他较新的 SERS 理论有热电子模型、量子理论等，但迄今为止没有一个理论能解释所有的实验现象。目前的普遍看法是，在绝大多数 SERS 体系中，电磁增强和化学增强共存，但它们对增强的贡献随体系不同而占有不同的比例，具体的定量分析是很复杂的，因为实验中金属特性、分子个性以及金属-分子间结合情况等等都会影响增强。Furtak 认为，由表面电磁场现象为主的光共振和依赖于表面活性空穴存在电子共振所组成的二元机理能够解释几乎所有 SERS 现象。

3. 表面增强拉曼散射效应的几个主要实验特点

1) SERS 效应具有很大的增强因子

SERS 的最重要的特性是很大的增强因子。根据比较精确的实验测定，吸附在粗糙的银、金或铜表面的分子散射截面要比普通分子增加 10^4～10^7 倍，因此，SERS 信号强度一般比正常拉曼强几个数量级。

2) 衬底材料

SERS 效应与衬底材料有密切的关系，报道有增强效应的衬底材料主要是 Ag、Au、Cu 这三种贵金属。近来在锂、钠、镍、铂、钯、镉、汞上也发现有 SERS 效应。Tc02、Ni0、合金以及高聚物上的 SERS 效应也有了报道，但是有些还存在争议。银是最容易观察到增强效应的材料，且增强因子最大，有人认为这是由于其介电常数的虚部最小(在其等离子共振区域)。

3) 表面粗糙化是产生增强效应的必要条件

衬底材料只有在它的表面被粗糙化后，才能显示出 SERS 效应。而且，表面粗糙度要适当。例如，用电化学方法粗糙化的银表面能产生 10^6 左右的增强因子，用机械打磨法制得的粗糙化的银表面虽然也能显示出 SERS 效应，但其增强因子至少比用电化学法粗糙化的银表面低两个数量级。

表面粗糙度可分为三类。第一类是宏观粗糙度，它的粒子尺寸在 20～500 nm 范围内。第二类是亚微观粗糙度，其粒子尺寸为 5～20 nm。第三类是微观粗糙度。虽然大多数研究者都认为大于激发光波长的粗糙度不产生 SERS 效应，但对最佳粗糙度方面还没有统一的看法。有人用光刻技术将表面制成光栅或半球形状，增强因子可达 10^7。目前比较公认的看法是粗糙度的不同将产生 10^2～10^3 的增强变化。粗糙度的另一问题是：在原子尺度上的粗糙是否必要?以 Otto 为主的一些物理工作者认为这是必要的。但由于原子尺度粗糙度难以直接验证，目前仍然没有明确结论。

4) SERS 强度与被吸附分子离衬底材料表面的距离有关

SERS 强度随被吸附分子离衬底材料表面距离的增加而迅速降低。一般分子较小，如吡啶分子长 0.6 nm，当它们被吸附到衬底材料表面时，所有分子内部振动的拉曼信号都能同样地被增强而观察不到距离效应。生物分子具有较大的尺寸，当它们被吸附到衬底材料表面时，与表面接近的基团显示出强的增强，而远离表面的基团增强效应较小。在实验中要严格确定 SERS 强度与表面距离的关系还很困难。目前一般认为没有直接吸附在表面上的分子(第二层以上)直到距表面几十埃的分子只有弱增强。由于观察增强效应一般需要金属表面有几百埃左右的粗糙度，所以要控制分子距离表面几十到几百埃范围的变化是比较困难的。

5) 激发光频率与增强因子的关系

SERS 存在共振现象，这在 SERS 效应中是一致公认的。在正常拉曼散射中强度一般与激发光频率的四次方成正比，当激发功率接近或等于分子的某个能级差时产生共振拉曼效应，强度要比原来增加 10^4～10^5 倍。在 SERS 现象中，强度随激发光频率的关系并不遵守 ω^4 关系。许多实验证明，SERS 强度随激发光频率降低而增强，一般在黄光或红光区达到最大，然后随激发光频率降低而下降。也就是说共振频率并不等于那些吸附分子在孤立时的共振拉曼频率，甚至差很远。共振频率与金属材料、表面形状、吸附分子的量以及分子种类等都有关系。频率的变化大约可以使增强因子产生 1～2 个量级的变化。目前实验上的共振是属于哪一类共振机制还没有得到统一的看法。SERS 强度最大值相应的激发光频率或波长与衬底材料和被测分子有关。对于 SERS 光谱，能观察到两个极大值，第一个一般是由共振效应产生的，而在较长波长方向的极大值归结于 SERS 的贡献。

6) SERS 光谱与正常拉曼光谱的差异

不同分子的 SERS 光谱与正常拉曼光谱相比变化的大小程度是不一样的。有些分子的两种光谱在频率位移和峰型上都没有显著的变化，表明吸附对分子振动能量的影响是较小的，即被吸附分子与衬底材料之间的键是较弱的；有些则有较多、较大的频率位移变化，光谱上峰的相对强度也不同于原来的正常拉曼光谱了，甚至出现了新的振动模。这些新的振动模在孤立分子时是禁戒的。吸附分子振动频率变化的大小反映了金属与分子相互作用的程度，不同振动模式增强因子的变化给出了增强机制的信息。SERS 光谱的另一特点是垂直偏振信号比平行偏振信号增强多，退偏比也要比正常拉曼散射的退偏比大十几倍。此外，SERS 谱带要宽于正常拉曼谱带，并且拉曼跃迁的选择定则在 SERS 光谱中被放宽了。普通拉曼谱带的形状符合 Lorentizian 峰形函数，而 SERS 谱带的形状却不符合该函数。这可能是由于衬底材料表面粗糙化不均匀而使吸附分子周围微环境不同而引起的。普通拉曼光谱中谱带的出现完全遵守拉曼跃迁的选择定则，即仅为红外活性的振动模式不会出现在普通拉曼光谱中。但对 SERS 光谱，选择性规则并不太严格，有时在 SERS 光谱中能观察到与仅为红外活性的振动模式相应的谱带。目前对两种光谱的分析主要是讨论频率的变化，不同振动模增强因子的不一致及退偏比的变化尚未仔细讨论。

7) 许多分子都能产生 SERS 效应

迄今报道有增强效应的分子已有好几百种，既有无机分子，又有有机分子甚至大分子，其主要的先决条件是分子能吸附到衬底材料表面。研究得最多的是吡啶等杂环化合物，如甲基吡啶、甲基紫、联吡啶、哌啶、吡啶、氰基吡啶，它们一般都有较强的 SERS 效应。一些染料、金属络合物、生物分子和无机分子的 SERS 光谱也被广泛研究。有些化合物，如水、氨和苯等分子在某种条件下也能观察到它们的 SERS 光谱。现在还不能说哪类分子是绝对没有增强效应的，只能说一些分子的 SERS 效应比较明显而另一些难以观察。比较容易观测到增强效应的分子大部分是那些含有 Π 键、孤电子对和环结构的分子。那些具有饱和结构的分子则难以观察至 USERS 效应。例如在高真空有人比较了乙烯、乙炔、乙烷和甲烷。带有 Π 键的乙烯、乙炔观察到有增强，但在同样条件下的甲烷和乙烷则观测不到增强。如果仅存在电磁增强机制，应该对所有分子都能观察到增强效应。

4. 表面增强拉曼光谱分析方法

如前文所述，SERS 光谱技术以其高灵敏度、高选择性以及高荧光猝灭等优点已被人们广泛应用于各领域。但无论其应用范围多广，无论其研究的分子或基底种类多多，所得的各种结果都是由基本的 SERS 光谱分析而来，都是从 SERS 光谱中振动峰的增强和减弱推得吸附分子在基底表面的取向、几何形态以及吸附本质和基底特性的，以下为 SERS 光谱研究中几种常用的分析方法。

1) 推测分子吸附取向

Moskovits 提出的表面选择定则指出，激发光与金属表面等离子体发生相互作用，加强了粗糙表面的局域电场，从而增强了拉曼散射强度。若激发光使得表面局域电场沿表面法线方向达到最大且吸附分子的某种简正振动模式涉及分子极化率垂直于表面分量的变化，则该振动模式在入射光作用下将得到显著增强。根据此规则可以定性地判断和确定分子吸附在金属表面时的吸附取向。例如，对于平面结构的分子而言，它在金属表面的取向情况可以从 C—H 伸缩振动谱线的强弱来推知。当分子躺在金属表面上时，C—H 伸缩振动仅由 axx，aw 和 axv 分量决定，因此强度较弱；当分子站立在金属表面上时，极化率分量 axx，ayv 和 axv 起作用，从而可以得到较高的 C—H 伸缩振动的 SERS 光谱峰。

2) 推测分子在基底表面的吸附基团

通过与常规拉曼光谱对比找出 SERS 光谱中是否有新的与基底有关的振动峰出现，可以确定吸附分子是通过什么样的基团吸附在基底表面。例如，苯甲酸分子在银溶胶颗粒表面上吸附时，在其 SERS 光谱中的 1350 cm^{-1} 附近会出现较宽的羧基对称伸缩振动峰，而苯甲酸的常规拉曼光谱中并没有这一谱线，这表明分子吸附是通过羧基完成的。

3) 推测分子中某个官能团距离基底表面的相对距离

通过观察某些谱峰的峰位和峰强的相对变化，可以推测相关的官能团在金属表面上是物理吸附还是化学吸附。通常认为分子离吸附面较远时主要是物理吸附，同一振动的 SERS 谱线相对于常规拉曼谱线没有频移；而分子离吸附面较近时化学吸附占主要优势，同一振动的 SERS 谱线与拉曼谱线相比会有一定的频移。例如，某一含有苯环结构的分子在金属表面的吸附取向变化时，由于苯环距离金属表面的距离发生变化就会导致苯环伸缩振动的谱线发生频移。

4) 找出分子吸附时可能的结构变化

很多分子吸附在金属表面上时可能会发生结构或构型的变化，通过对照该系统的 SERS 光谱和该分子的常规拉曼光谱，就能推测出分子吸附时可能的结构变化。例如，在苯并三唑的 SERS 光谱中，没有出现常规拉曼光谱中的 N—H 面内弯曲振动(1098 cm^{-1} 处的谱峰)，表明苯并三唑吸附到银表面时失去了两个氢原子。

5) 比较分子吸附能力

SERS 光谱技术还可以用来比较两种分子在同一基底上的吸附能力，是研究分子共吸附的强有力的工具。田中群等从 SERS 研究的角度将共吸附体系分为两大类：一是平行吸附体系，在这类体系中，两种分子在基底上都有较强的吸附能力，两种分子同基底的作用大于它们之间的作用；二是诱导吸附体系，在这类体系中参与共吸附的两种分子之一具有强吸附性质，而另一为弱吸附分子，后者必须在前者共存时才能给出其 SERS 信号。

15.5　应　　用

拉曼光谱技术的应用领域不断扩大，包括：①化学物质的认定和分析、特性测量有机物和无机物，包括溶剂、汽油化工产品、碳物质、薄膜等；②化学过程的跟踪，即高分子配方和聚合过程，实时测量(包括定量测量)混合物，如溶剂混合物及水溶液中各组分的含量，检查有机污染物，跟踪化学反应的中间和末端产物，预测聚合物的形态特征；③高分子聚合物和塑料质量控制，认定生产过程中的污染物质，实时监测聚合反应过程，预测双折射、晶状性、结晶温度等物理特性；④药物认定和分析成分、包括关键性的添加剂、填充剂、毒品对药物的纯度和质量的控制；⑤检测易燃易爆物、毒品药品、生物武器试剂、墨水及文件；

⑥生物和医学中测量血液和血清中总蛋白质及生物溶质含量，决定新陈代谢产物的浓度，测量血液和组织的含氧量，在分子水平上对癌症和心血管疾病进行诊断；⑦食品测量食物油中脂肪酸的不饱和度，检测食品中的污染物如细菌，认定营养品和果品饮料中的添加药物；⑧鉴定和分析真假宝石，如钻石、石英、红宝石、绿宝石等，以及对珍珠、玉石及其他珠宝产品进行分类。

15.5.1　宝石鉴别

天然鸡血石和仿造鸡血石的拉曼光谱有本质的区别(图 15-9 和图 15-10)，前者主要是地开石和辰砂的拉曼光谱，后者主要是有机物的拉曼光谱，利用拉曼光谱可以区别二者。天然鸡血石“地”的主要成分为地开石,天然鸡血石样品“血”既有辰砂又有地开石，实际上是辰砂与地开石的集合体。仿造鸡血石“地”的主要成分是聚苯乙烯-丙烯腈，“血”与一种名为 Permanent Bordo 的红色有机染料的拉曼光谱基本吻合。

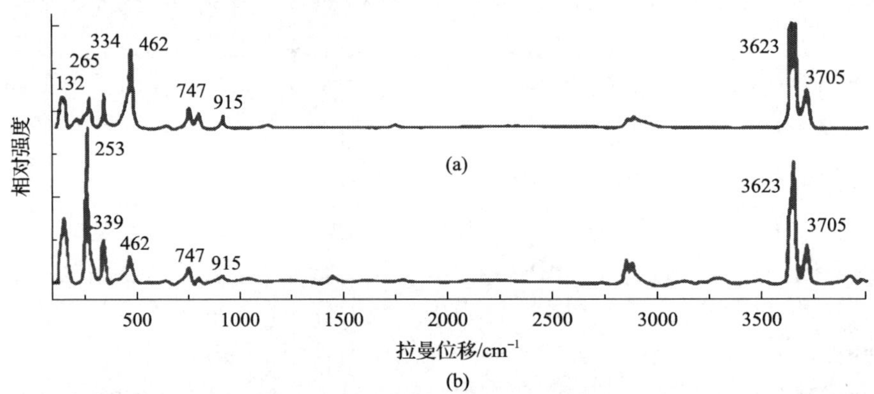

图 15-9　天然鸡血石的拉曼光谱

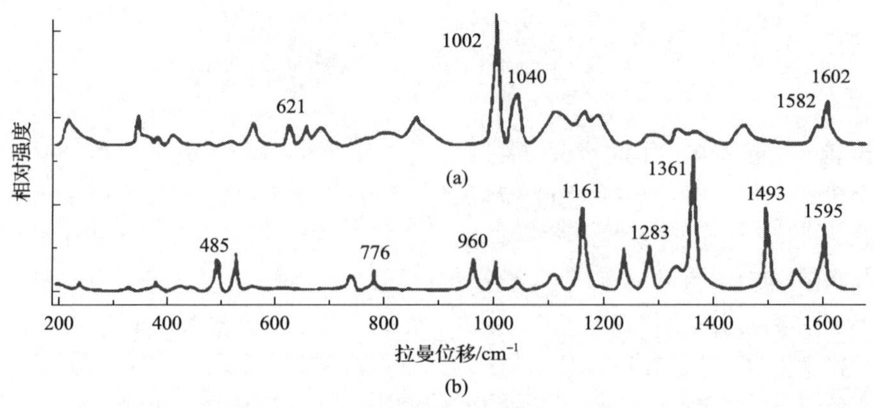

图 15-10　仿造鸡血石的拉曼光谱

15.5.2　毒品鉴别

使用拉曼光谱法对毒品和某些白色粉末进行分析，谱图见图 15-11 和图 15-12。常见毒品均有相当丰富的拉曼特征位移峰，且每个峰的信噪比较高，表明用拉曼光谱法对毒品进行成分分析方法可行，得到的谱图质量较高。由于激光拉曼光谱具有微区分析功能，即使毒品和其他白色粉末状物质混合在一起，也可以通过显微分析技术对其进行识别，得到毒品和其他白色粉末分别的拉曼光谱图。

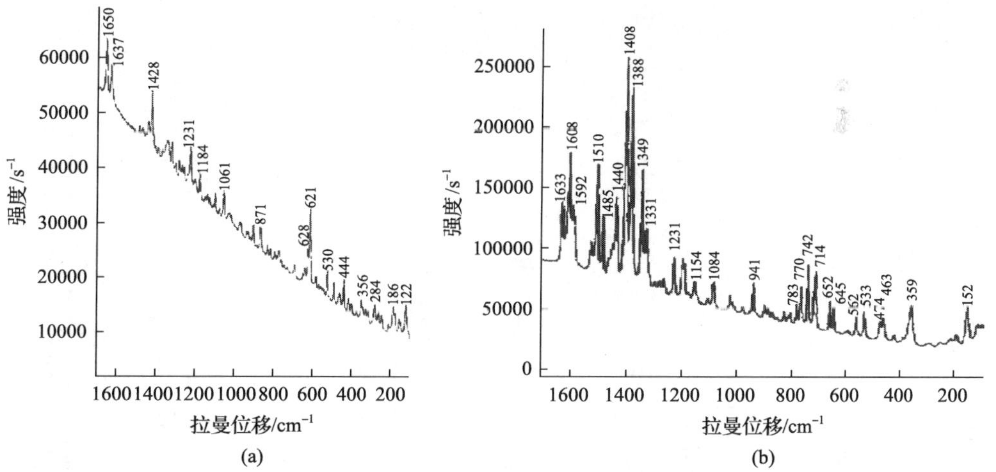

图 15-11　海洛因(a)及罂粟碱(b)的拉曼谱图

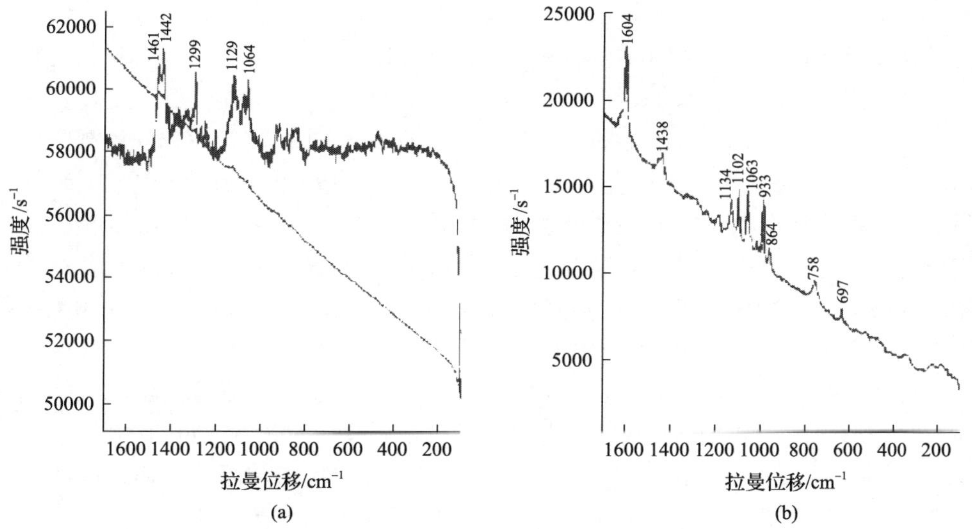

图 15-12　奶粉(a)及洗衣粉(b)的拉曼谱图

15.5.3 石墨烯表征

石墨烯是由高度结晶态石墨单层组成的一种新型材料，如图 15-13 所示，石墨烯的拉曼谱图是由若干谱峰组成的。这些拉曼峰已被准确地表征和理解。以下将具体描述每个谱峰。

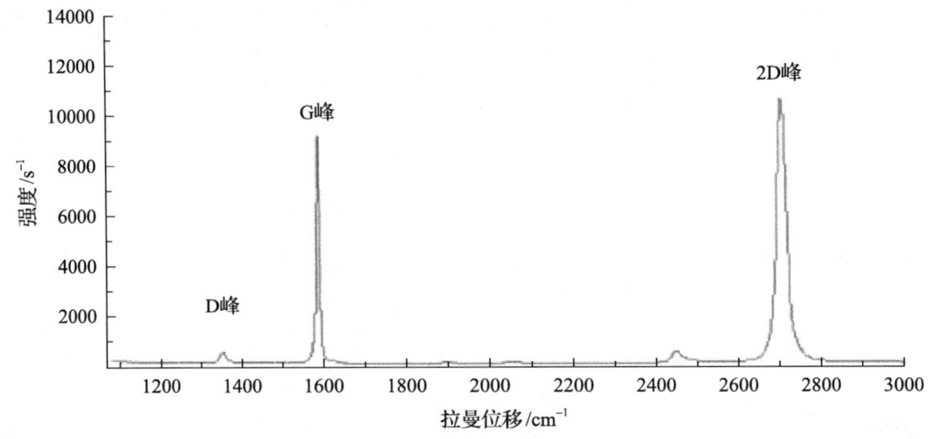

图 15-13 石墨烯的拉曼光谱

石墨烯的主要特征峰，即 G 峰，是由碳原子的面内振动引起的，它出现在 1580 cm^{-1} 附近(图 15-14)。该峰能有效反映石墨烯片层数，极易受应力影响。随着石墨烯片层数 n 的增加，G 峰位置会向低频移动，其位移与 $1/n$ 相关。

G 峰的形状没有显著变化(尽管 G 峰易受石墨烯片的层数影响，用 2D 峰来表征石墨烯更为可取，其原因将在后面解释)。此外，G 峰容易受掺杂影响，其峰频与峰宽可用于检测掺杂水平。

D 峰通常被认为是石墨烯的无序振动峰。该峰出现在 1270～1450 cm^{-1}(见图 15-14，具体位置与激发波长有关)，是由于晶格振动离开布里渊区中心引起的，用于表征石墨烯样品中的缺陷或者边缘。事实上，D 峰形成以及 D 峰依赖于激发波长的最可靠解释来自于双共振理论，该理论是由 Thomsen 最早提出的。双共振理论认为电子的带内声子散射需要动量，这个动量容易从缺陷中获取，从而解释了 D 峰首先从缺陷晶体中发现的原因。

2D 峰，也称 G′ 峰，是双声子共振二阶拉曼峰。连接声子波矢量和电子能带的双共振过程使得 2D 峰频率极易受激发光波长影响。对于 514 nm 的激发波长，2D 峰出现在 2700 cm^{-1} 附近(图 15-13)。2D 峰也可以用作判断石墨烯片层数，但是它比 G 峰频移复杂。图 15-14 显示 2D 峰随石墨烯片层数变化的拉曼谱图。从图中可以看出，单层石墨烯的 2D 峰只显示单个洛伦兹拟合峰，只代表一个可能

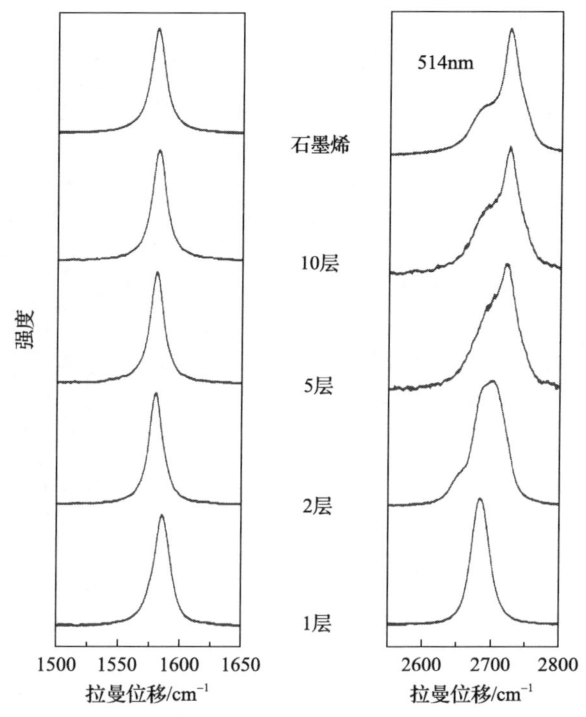

图 15-14　常用于表征石墨烯片层数的 G 峰和 2D 峰

的双共振散色过程，随着石墨烯层数增加，双共振过程也增加，其对应的拉曼谱图峰频和峰宽不同，因此 2D 波段的拉曼光谱已经成为表征样品中 n 层石墨烯数的重要工具。

15.6 思 考 题

(1)分别从量子力学理论和经典电磁场理论来解释拉曼效应。

(2)请对下面一段话进行判断和分析。

红外光谱和拉曼光谱都属于分子振动和转动的吸收光谱①。许多情况下，拉曼光谱的频率位移与红外并不相同，可以作为红外很好的补充②。一般而言，分子的对称性越高，红外与拉曼光谱的差别就越小③。非极性官能团的拉曼散射较为强烈，而极性官能团的红外较为强烈。在拉曼光谱制样时，须将固体样品烘干④。

(3)分别从激光、共焦、显微等方面来说明激光共焦显微拉曼光谱仪的优点。

(4)下图是一张拉曼光谱图，请分别说出横坐标和纵坐标的定义。

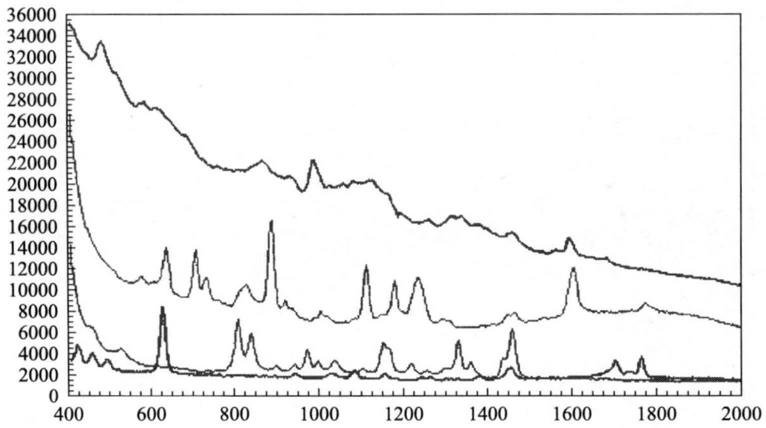
36000
34000
32000
30000
28000
26000
24000
22000
20000
18000
16000
14000
12000
10000
8000
6000
4000
2000
0
400
600
800
1000
1200
1400
1600
1800
2000

第 16 章　遥感傅里叶变换红外光谱分析

16.1　概　　述

遥感是近年来蓬勃发展起来的一门综合性的空间科学技术，其含义从广义上说是泛指从远处探测、感知物体或事物的技术，即不直接接触物体本身，从远处通过仪器（传感器）探测和接收来自目标物体的信息（如电场、磁场、电磁波、地震波等信息），经过信息的传输及其处理分析，识别物体的属性及其分布等特征的技术。由于分类标志的不同，遥感的分类有多种。如按遥感工作平台（即运载工具）的不同，可分为地面遥感（或近地遥感）、航空遥感、航天遥感；按探测电磁波的工作波段分类，可分为可见光遥感、红外遥感、微波遥感等；按遥感应用目的不同，又可分为环境遥感、农业遥感、林业遥感、地质遥感、海洋遥感等；按传感器工作方式的不同，分为主动式遥感或被动式遥感。所谓主动式遥感是指传感器带有能发射信号（电磁波）的辐射源，工作时向目标物发射，同时接收目标物反射或散射回来的电磁波。被动式遥感则是利用传感器直接接收来自目标反射自然辐射源（如太阳）的电磁辐射或自身发出的电磁辐射。

本章讲述的遥感傅里叶变换红外光谱是指用探测器远距离地探测物体发出的红外光或对红外光的吸收的特性。人类通过大量的实践，发现地球上每一个物体都在不停地吸收、发射和反射信息和能量，其中有一种非常重要的形式——红外辐射或吸收。不同物质的红外特性是不同的，遥感 FTIR 就是提取了这些物质的红外信息，完成远距离监测和识辨。傅里叶变换红外光谱仪（Fourier transform infrared spectroscopy，FTIR）是 20 世纪 60 年代开始商品化的仪器，是研究物质对红外光的吸收（透过率）或物质成分比较常用且非常好的设备，而遥感傅里叶变换红外（FTIR）光谱，自 Herget 等创立以来，特别是近十几年来，就以其高光通量、多频率同时测量、波数精度高、扫描速度快，且检测灵敏、信噪比高的优点，已在遥感领域占有重要的地位。由于它的出现，红外光谱分析的范围延伸到了时间和空间方向的原位、实时、远距离遥感空间描述。

遥感傅里叶变换红外发射光谱和吸收光谱在气体组分鉴定和定量测定中，特别是对红外辐射源的物理特性（如红外辐射能量的光谱分布及温度的测定等），化学特性及它们随时间的变化特性的测定，是很有潜力和有价值的研究领域之一。目前在红外遥感领域，已经发展了高光谱、多光谱和超光谱的遥感方法，高光谱遥感是高光谱分辨率遥感（hyperspectral remote sensing）的简称，光谱分辨率在

λ/100，它是在电磁波谱的可见光、近红外、中红外和热红外波段范围内，获取许多非常窄的光谱连续的影像数据的技术。其成像光谱仪可以收集到上百个非常窄的光谱波段信息。高光谱遥感的出现是遥感界的一场革命，它使本来在宽波段遥感中不可探测的物质，在高光谱遥感中能被探测。而多光谱(multispectral)是指光谱分辨率在 λ/10 数量级范围的光谱，这样的遥感器在可见光和近红外光谱区只有几个波段，如美国 Landsat MSS，TM，法国的 SPOT 等。随着遥感光谱分辨率的进一步提高，在达到 λ/1000 时，遥感即进入超高光谱(ultraspectral)阶段。高光谱、多光谱和超高光谱遥感可对电磁波谱不同谱段做高分辨率的同步遥感，可以提供较大的光谱细节，因此有更高的特征性，能有效抑制非探测目标气体的干扰，扩大了遥感的信息量。

16.2 仪器构成及原理

16.2.1 仪器基本构成

遥感红外光谱仪的光学系统主要由光源(内置红外光源和外置红外光源)、望远镜、干涉仪、检测器组成，有的仪器还带有常规红外光谱分析用的样品池。遥感 FTIR 与传统的红外光谱仪不同之处在于它带有光学遥感部件，即外置红外光源和望远镜，有的仪器还带有内置黑体校准装置(图 16-1)。

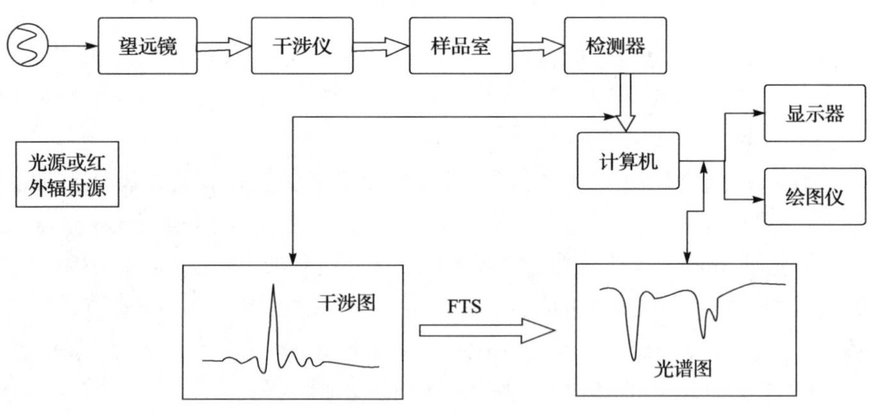

图 16-1 遥感傅里叶变换红外光谱仪的光路系统

1. 光源

遥感傅里叶变换红外光谱仪的光源为外置式红外光源，有的仪器兼有结构分析的功能，因此同时配有内置式红外光源。内置式红外光源的结构和功能与一般红外光谱仪相同。外置式的红外光源将仪器的光路移到了仪器外部，因此是开放式的光路(open path)。一般采用发射中红外光的 Globar 光源或碘钨石英灯，光源带有 Dall-Kirkham 准直光镜，用于与仪器带有的 Dall-Kirkham 准直光镜的接收望远镜对准。

2. 望远镜

用于采集来自于外置红外光源或者红外待测源的光信号，带有光学准直系统，可以准确接收红外源发射的红外信号。

3. 迈克耳孙干涉仪

干涉仪是 FTIR 光谱仪中的核心部件。仪器的最高分辨率和其他性能指标主要由干涉仪决定。多数 FTIR 光谱仪的干涉仪，都使用经典的迈克耳孙干涉仪。它由两个互成 90°角的定镜、动镜，以及一个分束器组成。干涉仪的作用是使来自光源的红外光经过干涉仪后被调制成具有干涉光特性的相干光。

4.分束器

分束器具有半透明性质，位于动镜与定镜之间并和它们呈 45°角放置。假定分束器是一个不吸光的薄膜，它的反射率和透过率各为 50%，即它使入射的光线 50%透过，50%反射，因而从光源射来的一束光到达分束器时即被它分为两束。

测定不同区间的红外光谱需要使用不同的分束器。测定中红外的分束器目前有三种：普通的 KBr/Ge 分束器，CsI/Ge 分束器，宽带 KBr 分束器。

(1) KBr/Ge 分束器。适用范围 375～7000cm^{-1}。不同公司提供的 KBr/Ge 分束器适用范围大体相同。高频端最高的可测到 8000 cm^{-1}，低频端最低的可测到 350 cm^{-1}。这种分束器容易吸潮，因此存放地方要保持干燥。

(2) CsI/Ge 分束器：240～4500 cm^{-1}，不同公司提供的 CsI/Ge 分束器适用范围大体相同。高频端最高的可测到 6500 cm^{-1}，低频端最低的可测到 200 cm^{-1}。

(3) 宽带 KBr 分束器：有些公司可以提供宽带 KBr 分束器。适用范围 370～11000 cm^{-1}。使用这种分束器测定一次，可以得到中红外和近红外区的光谱。

5. 检测器

检测器作用是检测红外干涉光通过红外样品后的能量，因此对使用的检测器有三个要求：具有高的检测灵敏度、快的响应速度和较宽的测量范围。遥感傅里叶变换红外光谱测定中一般采用高分辨率的 MCT 检测器，它是由宽频带的半导体碲化镉和半金属化合物碲化汞混合制成的。目前的 MCT 检测器的检测范围为 700～5200 cm^{-1}。当测量可见到近红外光谱波段 5200～18000 cm^{-1} 时，分束器换成石英的，检测器换成 Si 或 InSb 的。MCT 检测器需要在液氮冷却下工作。

16.2.2 工作原理

1. 红外辐射基本理论

红外辐射能量的大小、频率和波长与直接由辐射源的温度、大小和材料的特性，如材料的发射率来决定。当一个物体放射出的辐射能照射到另一个物体上的时候，辐射能就可能被该物体透射、反射或吸收。假若照射到第二个物体上的总能量用 1 表示的话，根据能量守恒原理，则有下列关系：

$$t + r + a = 1 \tag{16-1}$$

式中，t，r，a 分别为物体的透射率、反射率和吸收率。

基尔霍夫(Kirchhoff)定律是红外辐射的最基本定律。表述如下：在任一给定的温度下，辐射通量密度与吸收率之比，对于任何材料来说，都是一个常数，并等于该温度下，绝对黑体的辐射通量密度。

$$\frac{W}{a} = 常数 = W_{bb} \tag{16-2}$$

式中，W 为辐射源的辐射通量密度，表示每平方厘米面积上，每秒钟所辐射出来的总能量；a 为辐射源的吸收率，指物体吸收的辐射功率与入射的辐射功率之比；W_{bb} 是一个常数，它代表二者之比，是黑体的发射率。

基尔霍夫定律说明了各种物体表面的发射及吸收之间的极普遍的关系。不仅把物体的发射与吸收联系起来，而且还指出：一个好的吸收体必然是一个好的发射体。如果吸收率高，则发射率一定也高，在热平衡条件下，物体辐射的能量一定等于吸收的能量。我们可将 Kirchhoff 定律表示为：$a=\varepsilon$，其中，ε 是比辐射率(发射率)，是 0～1 之间的数，指同一温度下，物体的辐射发射量与黑体的辐射发射量之比。

对于任何材料来说，基尔霍夫定律是一个普遍的规律，也可以把它用到每一个波长的辐射上，即 $a_\lambda = \varepsilon_\lambda$。实际上，不少材料的发射率 ε 不仅与材料的类型、表面温度、表面状态有关，而且与波长有关。因此，按发射率 ε 与波长 λ 的关系把红外辐射体分成三类：

绝对黑体：$\varepsilon_\lambda = \varepsilon = 1$ (所以 α=1)，ε 不随波长变化；

灰体：$\varepsilon_\lambda = \varepsilon = 常数 < 1$ (所以 α<1)，ε 不随波长变化；

选择性辐射体：ε 随波长变化且<1(因而 a 也随波长变化且<1)。

图 16-2 所示为同一条件下，这三种不同辐射体的比辐射率 ε 随波长的变化情况。

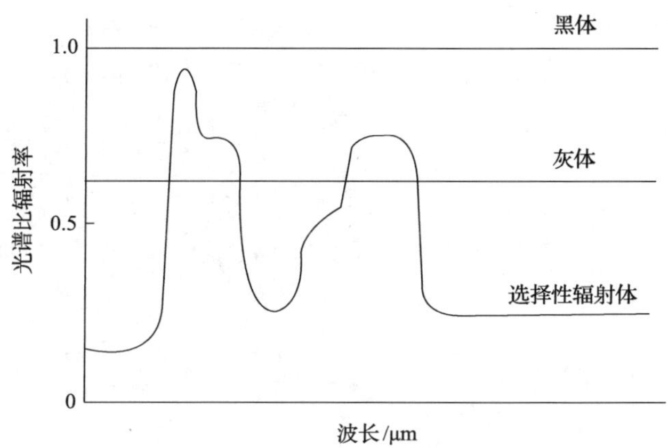

图 16-2　三种类型辐射体的光谱比辐射率

绝对黑体是指能够完全吸收入射辐射，并且有最大发射率的物体。它是一个最有效的辐射体，在任何温度下能够全部吸收任何波长入射辐射的物体，其反射率和透射率为零，吸收率和发射率为 1。黑体是最有效的辐射体，它能表示出总的辐射功率，这个辐射功率的大小只与它的温度有关，这样的性质使黑体在做仪器响应校正时非常有用。黑体是一个理想的概念，在自然界并不实际存在，在辐射测量中用作仪器定标用的人造黑体(黑体炉)，其发射率可达 0.99 以上，由于人造黑体十分接近于绝对黑体，为方便起见，一般不再严格区分，而统称为黑体。

黑体辐射遵循以下三个基本定律：

1) Planck 定律

Planck 定律是 1900 年由 Planck 用量子物理概念导出。Planck 定律给出了黑体辐射的光谱分布，其数学表达式为

$$W_\lambda = \frac{2\pi hc^2}{\lambda^5} \cdot \frac{1}{\mathrm{e}^{ch/\lambda kT} - 1} = C_1 \lambda^{-5} \left[\exp\left(\frac{C_2}{\lambda T} \right) - 1 \right]^{-1} \tag{16-3}$$

式中，W_λ 为光谱辐射通量密度，W/(cm^2·μm)，是特定频率上单位波长间隔内的辐射通量密度；T 为热力学温度，K；λ 为波长，μm；h 为 Planck 常量，6.6256×10^{34}J·s；c 为光速，2.997925×10^{10}cm/s；$C_1=2\pi hc^2$=第一辐射常数= 3.74×10^4W/(cm^2·μm^4)；$C_2=hc/k$=第二辐射常数=1.438×10^4μm·K；k 为 Boltzmann 常数=1.38×10^{23}W·s/K；e =2.71828。

图 16-3 给出了温度在 500～900 K 范围的黑体光谱辐射出射度随波长变化的曲线，虚线表示极大值的位置。由该图可以看出黑体辐射具有以下几个特征：

(1) 光谱辐射出射度随波长连续变化，每条曲线只有一个极大值。

(2) 曲线随黑体温度的升高而整体提高。在任意指定波长处，与较高温度对应

的光谱辐射出射度也较大，反之亦然。因为每条曲线下包围的面积正比于全辐射出射度，所以上述特征表明黑体的全辐射出射度随温度的增加而迅速增大。

(3) 每条曲线彼此不相交，故温度越高，在所有波长上的光谱辐射出射度也越大。

(4) 每条曲线的峰值所对应的波长叫峰值波长。随温度的升高，峰值波长减小，也就是说随温度升高，黑体的辐射中包含的短波成分所占比例增加。

(5) 黑体的辐射只与黑体的热力学温度有关。

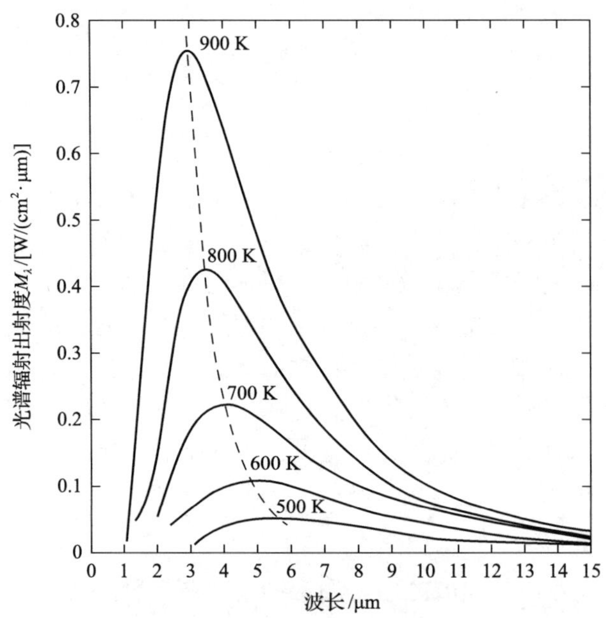

图 16-3　不同温度下黑体光谱辐射出射度随波长的变化曲线

2) Stefan-Boltzmann 定律

Stefan-Boltzmann 定律是在 1879 年 Stefan 用实验测量，在 1884 年，Boltzmann 用热力学方法导出的。该定律表示将 Planck 公式在 0～∞ 的波长范围内积分得到的辐射通量密度。即从 1 cm^2 的黑体，辐射到半球空间里的总辐射通量。

$$W = \frac{2\pi^5 k^4}{15c^2 h^3} T^4 = \sigma T^4 \tag{16-4}$$

式中，W 为辐射通量密度，W/cm^2；σ 为 Stefan-Boltzmann 常数，5.67×10^{12}W/(cm^2·K^4)。

从 Stefan-Boltzmann 定律可知，辐射通量密度与绝对温度的四次方成正比，故相当小的温度变化就会引起辐射通量密度很大的变化。

3) Wien 位移定律

将 Planck 公式对波长微分，就求得黑体温度与光谱辐射通量密度的峰值波长的关系。

$$\lambda_m T = b \tag{16-5}$$

式中，λ_m 为光谱辐射通量密度的峰值波长，μm; b 为 Wien 位移常数，2897.8 μm·K。

Wien 位移定律表明，光谱辐射通量密度的峰值波长与热力学温度成反比。如图 16-3 中的虚线，就是这些峰值的轨迹。将 Wien 位移定律 $\lambda_m T$ 的值代入 Planck 公式，可得到黑体辐射出射度的峰值：

$$W_\lambda = \frac{2\pi hc^2}{\lambda_m^5} \cdot \frac{1}{e^{ch/\lambda_m kT} - 1} = \frac{C_1}{b^5} \cdot \frac{T^5}{e^{C_2/b}} = b_1 T^5 \tag{16-6}$$

式中，$b_1 = 1.2862 \times 10^{-11} \mathrm{W/(m^2 \cdot \mu m \cdot T^5)}$。

上式表明，黑体的光谱辐射出射度峰值与热力学温度的 5 次方成正比，与图中曲线随温度的增加辐射曲线的峰值迅速提高相符。

若增加一个因子，我们就能将上述描述黑体辐射的公式，用于非黑体辐射源上，即发射率 ε，它是非黑体的辐射源的辐射通量密度 W'与具有同一温度的黑体辐射通量密度 W 的比值：

$$\varepsilon = \frac{W'}{W} \tag{16-7}$$

ε 是介于 0 和 1 之间的值，它的一般表达式为

$$\varepsilon = \frac{\int_0^\infty \varepsilon(\lambda) W_\lambda \mathrm{d}\lambda}{\int_0^\infty W_\lambda \mathrm{d}\lambda} = \frac{1}{\sigma T^4} \int_0^\infty \varepsilon(\lambda) W_\lambda \mathrm{d}\lambda \tag{16-8}$$

式中，$\varepsilon(\lambda)$ 为辐射源的光谱发射率。

黑体是最佳热辐射源，因此，在任何温度下，其总的或任意光谱区间的辐射通量，都比任何其他辐射源大。因此，黑体的光谱分布曲线是其他各种辐射源的光谱分布曲线的包络线。灰体的发射率是黑体的一个不变的分数，这是一个特别有用的概念。因为有些辐射源，如喷气式飞机尾喷管、无动力空间飞行器、人、大地及空间背景，都可视为灰体，对选择性辐射体，在有限的光谱区间，有时也可看成灰体，这对红外辐射传递系统工程是非常重要的。

根据 Kirchhoff 定律，在给定温度下，任何材料的发射率在数值上等于该温度的吸收率。

对于气体样品，或者是在金属支持体上，或者是在不吸收基体物(这两种情况的 $\varepsilon(\lambda)=0$)上的凝聚相样品，样品的反射率是很小的，$r\approx 0$，所以很好地存在近似式 $\varepsilon(\lambda)+t(\lambda)=1$，即，$\varepsilon(\lambda)=1-t(\lambda)$。样品的吸光度 A 与吸收系数 K_λ，光程长 l 和浓度 C 之间的关系，由 Lambert-Beer 定律来表示：

$$A=-\lg t(\lambda)=K_\lambda\cdot l\cdot C \tag{16-9}$$

所以样品的发射率与它的浓度之间的关系为

$$C=-\frac{\lg[1-\varepsilon(\lambda)]}{K_\lambda\cdot l} \tag{16-10}$$

或

$$\varepsilon(\lambda)=1-10^{-K_\lambda\cdot l\cdot C}$$

该关系式对于气体和附着于低发射率基片上的很多凝聚相样品，是一个很好的近似关系式。这样，就可根据样品的发射率与频率的关系，对样品进行定性或定量测定。

2. 红外辐射源的能量分布

利用遥感 FTIR 直接测量辐射源的光谱发射率 $\varepsilon(\lambda)$ 在实际上是很困难的，因为仪器测得的待测源的单光束光谱是以下几个部分的和：

$$S_{\mathrm{s}}(\lambda,T)=R(\lambda,T)\left[\varepsilon(\lambda)W_{\mathrm{bb}}(\lambda,T)+I(\lambda)r(\lambda)+B(\lambda)\right] \tag{16-11}$$

式中，$R(\lambda,T)$ 为仪器的响应函数；$\varepsilon(\lambda)$ 为样品的比辐射率；$W_{\mathrm{bb}}(\lambda,T)$ 为同一温度下黑体的光谱辐射通量密度(理论 Planck 函数)；$B(\lambda)$ 为直接射到检测器上的仪器背景辐射值；$r(\lambda)$ 为样品的反射率；$I(\lambda)$ 为射到样品上的背景辐射。

为了提高遥感发射光谱测量的灵敏度，通常使用灵敏度较高的 MCT 检测器。由于该检测器的工作温度在 77 K，这样在测量时各种背景发射的影响就成了不可忽略的因素，因此，在进行系统的实验之前，必须对仪器进行校正，即计算仪器在各个温度下的响应函数。仪器响应函数 $R(\lambda,T)$ 可事先用黑体进行标定，校正步骤如下：

让一个已知温度的黑体发出的光，充满光谱仪视场，记录下它的单光束发射光谱 $W_{黑体}(\lambda)$，用它减去背景单光束光谱 $W_{背景}(\lambda)$，再用计算机去掉大气中水蒸气和二氧化碳的吸收(常温)，得到一条扣除了背景干扰和水蒸气、二氧化碳吸收的黑体的表观发射光谱。用此测得的发射光谱除以同一温度下的理论黑体的发射光谱(Planck 函数)，就可得到该温度下该仪器的响应函数 $R(\lambda,T)$。

$$R(\lambda,T)=\frac{W_{\mathrm{bb}}(\lambda)-W_{\mathrm{b}}(\lambda)}{W_{\mathrm{Planck}}(\lambda)} \tag{16-12}$$

一般情况下，从样品反射的辐射是很小的，因此，$r(\lambda)\ I(\lambda)$ 可以忽略。而背景辐射 $R(\lambda,T)\ B(\lambda)=S_{\mathrm{bb}}(\lambda,T)$ 与样品辐射相比，往往是不能忽略的，因此必须要扣除。

测得了仪器的响应函数，就可以对待测辐射源的光谱能量分布进行测量。在温度为 T 时，测得待测红外辐射源和标准黑体的单光束光谱 $S_{\mathrm{s}}(\lambda, T)$ 和 $S_{\mathrm{bb}}(\lambda, T)$，则可以计算出样品的光谱辐射能量：

$$W_{\mathrm{s}}(\lambda,T)=\varepsilon(\lambda)\cdot W_{\mathrm{bb}}(\lambda,T)=\frac{S_{\mathrm{s}}(\lambda,T)-S_{\mathrm{bb}}(\lambda,T)}{R(\lambda,T)} \tag{16-13}$$

单位是 $\mathrm{W/(cm^2 \cdot sr)}$，其中，$R(\lambda,T)$ 为温度为 T 时所用仪器的响应函数。

待测辐射源的光谱发射率与温度有关，按照此式，即可得到样品的发射率

$$\varepsilon(\lambda)=\frac{W_{\mathrm{s}}(\lambda,T)}{W_{\mathrm{bb}}(\lambda,T)} \tag{16-14}$$

如果样品的发射率与温度无关，为了消除各种背景辐射和仪器函数的影响，样品的发射率 $\varepsilon(\lambda)$ 可通过以下步骤进行测量：

在温度为 T_1 和 T_2 下，测定黑体的光谱辐射通量密度 $W_1(\lambda,T_1)$ 和 $W_2(\lambda,T_2)$，以及样品的光谱辐射通量密度 $W_3(\lambda,T_1)$ 和 $W_4(\lambda,T_2)$。

对于黑体而言，光谱发射率 $\varepsilon(\lambda)$ 恒等于 1，反射率 $r(\lambda)$ 等于 0，则有

$$W_1(\lambda,T_1)=R(\lambda)\left[W_{\mathrm{bb}}(\lambda,T_1)+B(\lambda)\right] \tag{16-15}$$

$$W_2(\lambda,T_2)=R(\lambda)\left[W_{\mathrm{bb}}(\lambda,T_2)+B(\lambda)\right] \tag{16-16}$$

对于样品而言，有

$$W_3(\lambda,T_1)=R(\lambda)\left[\varepsilon(\lambda)W_{\mathrm{bb}}(\lambda,T_1)+r(\lambda)I(\lambda)+B(\lambda)\right] \tag{16-17}$$

$$W_4(\lambda,T_2)=R(\lambda)\left[\varepsilon(\lambda)W_{\mathrm{bb}}(\lambda,T_2)+r(\lambda)I(\lambda)+B(\lambda)\right] \tag{16-18}$$

则

$$\varepsilon(\lambda)=\frac{W_4(\lambda,T_2)-W_3(\lambda,T_1)}{W_2(\lambda,T_2)-W_1(\lambda,T_1)} \tag{16-19}$$

在做光谱辐射能量分布测量时，要用到表 16-1 所列辐射量单位。

表 16-1　常用辐射量定义及单位

名称	定义	单位
辐射能	电磁波所传递的能量	J
辐射能密度	单位体积中的辐射能	J/cm^3
辐射通量	辐射能传递的速率	W
辐射通量密度	辐射源单位面积上发射出的辐射通量	W/cm^2
辐射强度	单位立体角的辐射通量	W/sr
辐射亮度	单位立体角单位面积上的辐射通量	$W/(cm^2 \cdot sr)$
照度	入射到单位面积上的辐射通量	W/cm^2
光谱辐射通量	在特定波数上单位波数间隔内的辐射能量密度	W
光谱辐射通量密度	在特定波数上单位波数间隔内的辐射通量密度	W/cm^2
光谱辐射强度	在特定波数上单位波数间隔内的强度	W/sr
光谱辐射亮度	在特定波数上单位波数间隔内的辐射亮度	$W/(cm^2 \cdot sr)$
光谱辐射照度	在特定波数上单位波数间隔内的照度	W/cm^2
(辐射)发射率	在同一温度下辐射源与黑体二者的通量密度之比	
(光谱)发射率	在特定波数上的发射率	
(辐射)吸收率	吸收与入射二者辐射通量之比	
(光谱)吸收率	在特定波数上的吸收率	
(辐射)反射率	反射与入射的辐射通量之比	
(光谱)反射率	在特定波数上的反射率	
(辐射)透射率	透射与入射的辐射通量之比	
(光谱)透射率	在特定波数上的透射率	

3. 双原子分子的振转光谱

为了测定一些热气体的浓度、研究炸药、推进剂等的燃烧机理，必须对火焰温度进行比较准确的测定。目前很多测温方法是采用热电偶，但热电偶测温有很多问题，如响应速度慢、反应滞后，测温不准确，以致不能准确反应温度的变化，而且损耗大，既不经济，又不便于维护。而采用遥感 FTIR 光谱，在某些情况下，可以在测定红外源的光谱辐射能量分布或组分的同时，进行温度测定，而且快速扫描技术的出现使它能记录快速燃烧的实时温度变化。下面从量子力学的角度简单推导燃烧火焰温度的计算方法。

分子的转动和振动按其所处的状态可以有多种能阶，彼此间的变化是不连续的，如图 16-4 所示为双原子分子的能级跃迁示意图。

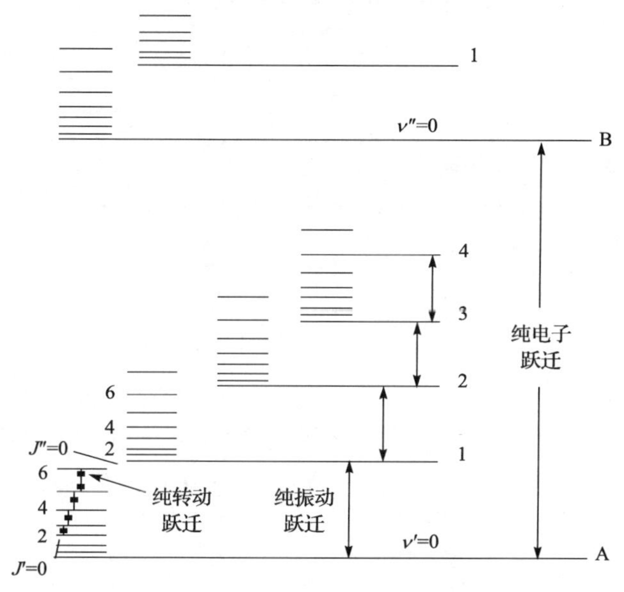

图 16-4　双原子分子的三种能级跃迁示意图

分子在各能级之间按选律发生跃迁，利用薛定谔方程可以计算出各个能阶的能量，由能阶之间的能量差可计算出与之对应的光谱谱线频率。解薛定谔方程，可得分子的振动能量：

$$E_{振} = (v+1/2)h\nu = (v+1/2)h\tilde{\nu}c \tag{16-20}$$

式中，ν 为化学键的振动频率；v 为振动量子数，取 0,1,2,⋯。

任意两个相邻的能级间的能量差为

$$\Delta E = E(v+1) - E(v) = h\nu = \frac{h}{2\pi}\sqrt{\frac{k}{m_{\mathrm{r}}}} \tag{16-21}$$

也就是说，发生振动能级跃迁需要能量的大小取决于键两端原子的折合质量和键的力常数，即取决于分子的结构特征，波数 $\tilde{\nu}$ 为：

$$\tilde{\nu} = \frac{1}{\lambda} = \frac{1}{2\pi c}\sqrt{\frac{k}{m_{\mathrm{r}}}} \tag{16-22}$$

所以，根据化学键的力常数和原子的折合质量，就能计算出吸收频率或波数。

从能级图上可知，转动运动可以直接影响振动光谱。以双原子分子为例，假设双原子分子为刚性哑铃型模型(刚性转子模型)，解薛定谔方程，可得

$$E_{转} = J(J+1)\frac{h^2}{8\pi^2 I} = BhcJ(J+1) \tag{16-23}$$

$$B = \frac{h}{8\pi^2 Ic} \tag{16-24}$$

式中，I 为总转动惯量；J 为转动量子数。

根据选律只有 $\Delta J = \pm 1$ 才是允许的，所以 $\Delta E = 2B(J+1)hc$，波数 $\tilde{\nu} = 2B(J+1)$，并且波数之间的差为

$$\Delta\tilde{\nu} = 2B = \frac{h}{4\pi^2 Ic} = \frac{h}{4\pi^2 m_{\mathrm{r}} r_{\mathrm{e}}^2 c} \tag{16-25}$$

所以转动光谱是一系列等距离的谱线，它们之间的距离为 $2B$。

从能级图上可知，分子受激发产生振动能级跃迁时，往往伴随着转动能级的变化。设振动量子数为 v，转动量子数为 J，则双原子分子在某一能级的能量为振动能量和转动能量之和，

$$E_{振转} = (v + 1/2)h\tilde{\nu}c + BhcJ(J+1) \tag{16-26}$$

当分子受到外界激发 $\Delta v = 1$，J 变为 J' 时，则产生的谱线对应的波数：

$$\tilde{\nu}_{振转} = \frac{\Delta E}{hc} = \tilde{\nu}_{振} + B\left[J'(J'+1) - J(J+1)\right]\tilde{\nu}_{振} \tag{16-27}$$

该式表明，振转光谱的频率是以振动频率 $\tilde{\nu}_{振}$ 为中心向两侧等距离展开的谱线，也就是振转光谱会出现分支。

根据分子的振动特点，可将化合物分为以下两种类型：

(1)振动过程中分子的偶极矩变化平行于分子轴，服从 $\Delta J = \pm 1$ 的选律。

当 $\Delta J = 1$，即 $J'=J+1$

$$\tilde{\nu}_{振转} = \tilde{\nu}_{振} + 2B(J+1) \tag{16-28}$$

取 J=0，1，2，3，…，即可在较振动频率 $\tilde{\nu}_{振}$ 高的波数处出现一系列间距为 $2B$ 的谱线，称为 R 分支。

当 $\Delta J = -1$，即 $J'=J-1$ 时，

$$\tilde{\nu}_{振转} = \tilde{\nu}_{振} - 2BJ \tag{16-29}$$

取 J=1，2，3，…，即可在较振动频率 $\tilde{\nu}_{振}$ 低的波数处出现一系列间距为 $2B$ 的谱线，称为 P 分支。

图 16-5 所示为 HCl 的振转光谱，每一微细谱线再次裂分为两条谱线，这是因为氯原子有两个同位素 ^{35}Cl 和 ^{37}Cl。

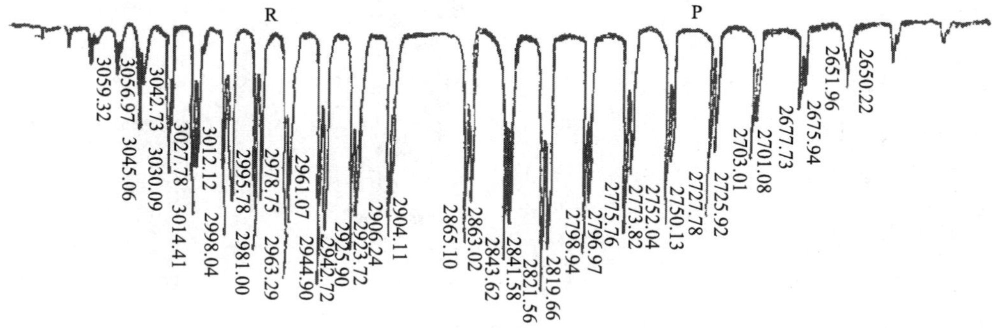

图 16-5　氯化氢的振转光谱

(2) 振动过程中分子的偶极矩变化垂直于分子轴，服从 $\Delta J=0, \pm 1, \cdots$ 的选律。当 $\Delta J=0$，即 $J'=J$ 时，

$$\tilde{\nu}_{振转}=\tilde{\nu}_{振} \tag{16-30}$$

该式给出与 J 值无关的 Q 分支，即振动光谱的真实波数。

在 $\Delta J=\pm 1$ 时同样可得 P 分支和 R 分支。

图 16-6 为甲烷蒸气的振转光谱，可见有三个分支：P、Q、R。

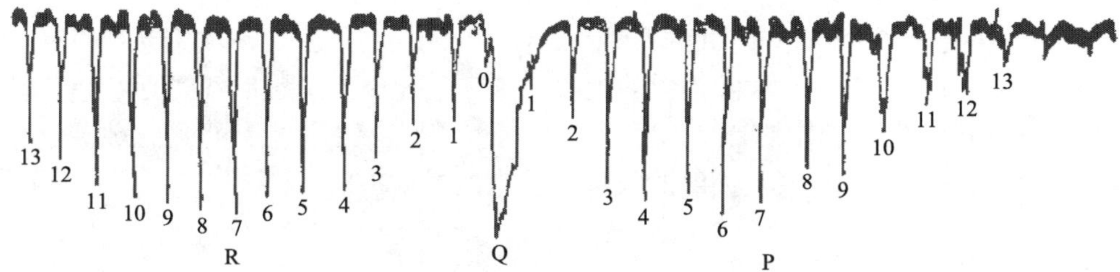

图 16-6　甲烷蒸气的振转光谱

测量燃烧火焰的高分辨率发射光谱图，利用谱图中 H_2O、CO_2、HCl 或 HF 的发射光谱的 P 分支或 R 分支精细结构，即可根据分子转振光谱测温法或最大强度谱线测温法，计算燃烧火焰的温度。分子转振光谱测温法或最大强度谱线测温法的叙述见实验结果解析部分。

在测量固体推进剂的燃烧火焰温度时，有以下注意事项：①待测燃烧源（包括黑体）的红外辐射必须充满仪器的视场；②在校正仪器时，应将黑体温度逐步升高，但不得高于黑体的最高温度；③校正完毕，应让黑体自然冷却至室温，再关闭电源；④对于快速燃烧的对象，可以设置仪器为快速扫描方式；⑤所用固体推进剂要求含有聚氯乙烯或聚四氟乙烯，燃烧后的产物中有 HCl 或者 HF 的谱线，用于计算燃烧火焰的温度。

16.3 实验技术

16.3.1 空气中有机污染物的定性和定量分析

遥感 FTIR 在测量大气污染物时，按污染源的特性，可选择采用吸收光谱法和发射光谱法进行测量。按测量方式又可分为单端法和双端法，单端法以太阳光或月光为光源，不需要外置的中红外光源，双端法则需要外置的中红外光源。

1. 吸收光谱法

与常规固体、液体和气体的红外光谱分析一样，首先测得没有污染气体的背景光谱，背景光谱可以是大气中的背景物体的辐射，也可以是外置的中红外光源的辐射，即可得到污染气体的吸收或透过率谱图，直接利用 Beer 定律对污染物的浓度进行定量分析。

$$\tau(\nu) = \exp(-K_s c_s L_s) \tag{16-31}$$

式中，$\tau(\nu)$ 为频率为 ν 时，物质的透射率；K_s 为待测气体的光谱吸收系数；c_s 为待测气体的浓度；L_s 为吸收光程，即待气体污染云团的厚度。

1) 单端法

当测高空的辐射源，如烟囱的排放时，一般采用单端法。以太阳光或月光为参考光源，测污染气体对太阳辐射的吸收，求其透过率。如图 16-7 所示，首先让接收望远镜对准烟羽附近的无污染天空处，测太阳光辐射，然后再用接收望远镜对准烟羽，测量气体对太阳辐射的吸收，求它的透射率。

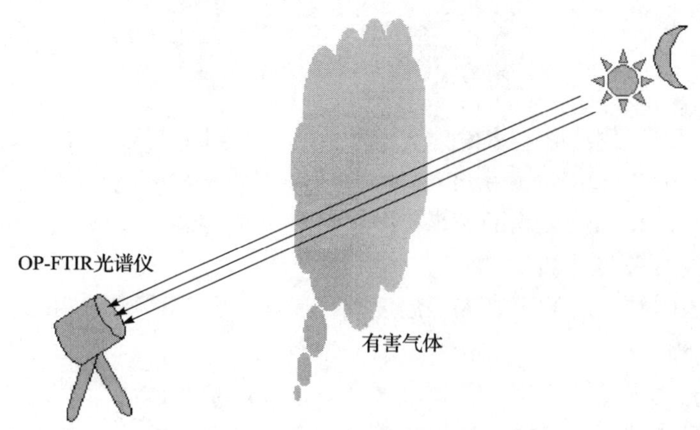

图 16-7 单端法测量污染气体示意图

单端法的特点是：测量时无须点采样，无须进行样品预处理；有对准任意方向收集数据的能力；可以夜间监测。

2）双端法

如图 16-8，让待测辐射污染源位于遥感 FTIR 谱仪和带有 Dall-Kirkham 准直光镜的 Globar 光源之间测量，求污染气体的透射率。

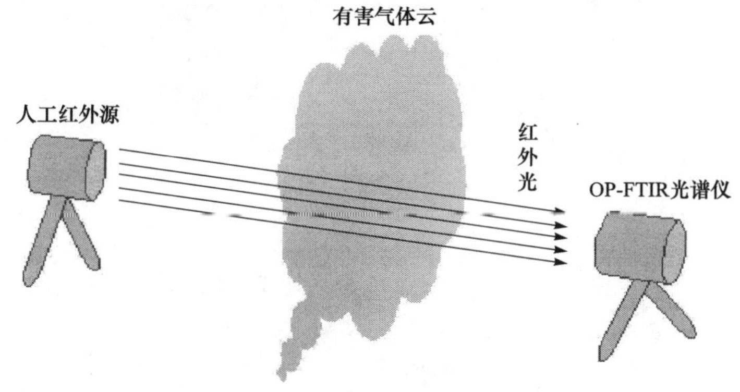

图 16-8　双端法测量污染气体示意图

双端法的特点是：可以远距离、多种污染物实时监测；信噪比高、灵敏度高、检测速度快。

2. 发射光谱法

发射光谱法分为两个步骤，先从测得的红外源（有一定温度的污染辐射源）的光谱辐射亮度，求得气体的透射率，而后根据 Beer 定律计算浓度（图 16-9）。具体步骤如下：

（1）测出污染辐射源附近没有被污染的大气的单光束发射光谱 $S_b(\nu)$ 作为背景；

（2）对准污染辐射源，测定其单光束光谱 $S_s(\nu)$，$S_s(\nu)-S_b(\nu)$ 为扣除背景辐射后的污染辐射源的单光束光谱；

（3）用其除以仪器响应函数，便得到污染辐射源的光谱辐射亮度 $W_s(\nu,T)$；

（4）求得的气体的透射率；

$$\tau(\nu)=1-\varepsilon(\nu)-1-\frac{W_s(\nu,T)}{W_{bb}(\nu,T)}-1-\frac{\left(S_s(\nu,T)-S_b(\nu,T)\right)/R(\nu,T)}{W_{bb}(\nu,T)} \tag{16-32}$$

（5）根据 Beer 定律，求得气体的浓度。

$$\tau(\nu)=\mathrm{e}^{-K_\nu cL} \tag{16-33}$$

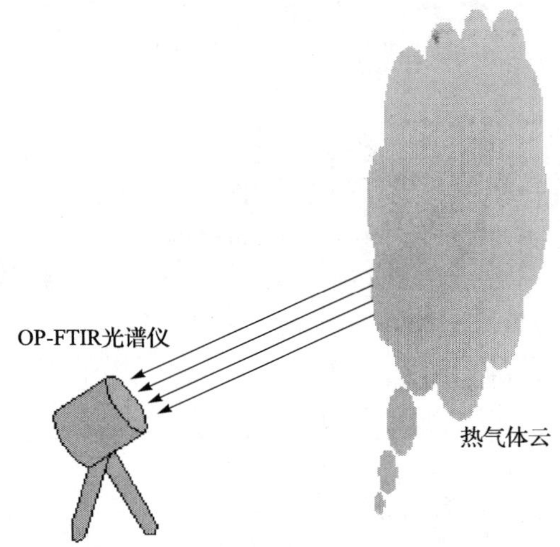

图 16-9　发射光谱法测量污染气体的示意图

16.3.2　测量固体推进剂的燃烧火焰温度

在高光谱分辨率的采集状态下，利用遥感 FTIR 可以获得分子的发射谱线的精细结构。利用谱线精细结构计算火焰温度有两种方法：分子转振光谱测温法及最大强度谱线测温法。

1. 分子转振光谱测温法

含有氟、氯等元素的有机化合物燃烧，将会产生大量的含有 C、H、O、Cl、F 等元素的气体化合物，如 CO_2、HCl、HF、H_2O 等，利用这些分子的热激发产生的分子基带转振光谱，就可以对剧烈的、非稳定的燃烧火焰温度进行直接的测量。根据 Einstein 方程，我们可以推导出利用分子转振光谱精细结构的测温公式[12]：

$$\ln\left\{[J'+(J''+1)]\frac{v_0^4}{I_{\text{relative}}}\right\}=B_v\left(\frac{hc}{kT}\right)J'(J'+1)+b \tag{16-34}$$

式中，b 是一个常数，J' 和 $J''+1$ 分别对应于分子转振光谱精细结构的 R 分支和 P 分支。假定：

$$Y_{\text{R}}=\ln\left[J'\frac{v_0^4}{I_{\text{relative}}}\right],\quad J''=J'=J\text{，R 分支} \tag{16-35}$$

$$Y_{\text{P}}=\ln\left[(J''+1)\frac{v_0^4}{I_{\text{relative}}}\right],\quad J''=J,J'=J-1\text{，P 分支} \tag{16-36}$$

$$X = J'(J'+1) \tag{16-37}$$

$$A = B_v \frac{hc}{kT} \tag{16-38}$$

式中，J 是下态角子数，对于 R 分支，取值为 0, 1, 2, ⋯ ($J= m-1$)，对于 P 分支，取值为 1, 2, 3, ⋯ ($J=-m$)，m 是连续的整数。

式(16-34)可以写为：

$$Y_{\text{R或P}} = AX + b \tag{16-39}$$

式中，b 是一个常数。

因此，只要测得各条谱线的相对光谱强度 I_{relative}，燃烧火焰的温度就可以从方程(16-38)准确地计算出来。如果 Y 和 X 的关系是一条直线，那么燃烧火焰的温度表示为：

$$T = \frac{hc}{kA} B_v \tag{16-40}$$

可见，推导出的求温度的方程式无须测量分子转动光谱带精细结构中的一系列谱线的半宽度，所以只要知道方程(16-39)中的斜率 A 后，便可求得温度 T。

下面以某种高能固体推进剂燃烧火焰的发射光谱为例，说明谱图的解析和燃烧温度的计算方法，图 16-10 所示为某固体推进剂的燃烧火焰在 900～4500 cm^{-1} 波数范围内的单张红外发射光谱图，其中标明了 CO_2，CO，HCl，HF，H_2O 的发射谱线以及空气中的 H_2O 和 CO_2 的吸收峰。

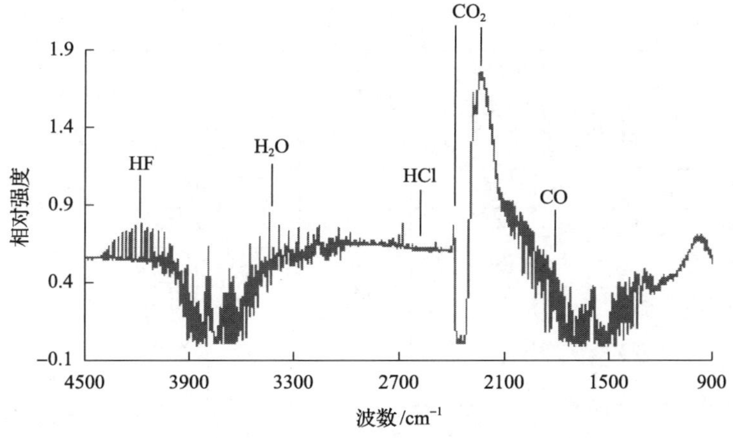

图 16-10　某固体推进剂的燃烧火焰在波段范围 900～4500 cm^{-1} 内的发射光谱图

以利用 HF 分子的基带转振发射光谱谱带的 R 分支精细结构对燃烧火焰的温度进行计算为例，说明计算方法。为了解析的方便，在图 16-11 中给出了此时刻 HF 的发射谱带在 3966 cm^{-1} 处的精细结构。由图 16-11 可以看出，HF 的基带转振发射谱带的 R 分支精细结构包含了一系列近似等间距的线，第一时刻精细结构中的各条谱线所对应的波数，相对谱线强度以及 $\ln\left(J'\dfrac{\nu_{\text{meas.}}^4}{I_{\text{relative}}}\right)$ 和 $J'(J'+1)$ 分别列在表 16-2 中。

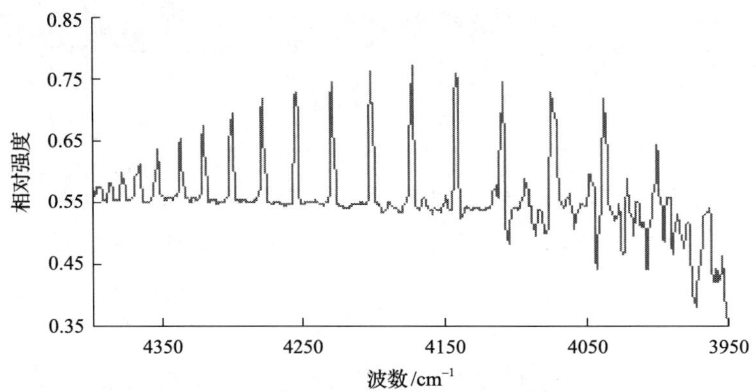

图 16-11 HF 发射谱带在 3966 cm^{-1} 处的精细结构

表 16-2 HF 在 3966 cm^{-1} 处的 R 分支谱线精细结构

$m=J+1$	$J'=J$	$\nu_{\text{meas.}}/cm^{-1}$	I_{relative}	$\ln\left(J'\dfrac{\nu_{\text{meas.}}^4}{I_{\text{relative}}}\right)$	$J'(J'+1)$
1	0	3963.85	32		0
2	1	4000.41	43	29.415	2
3	2	4038.34	57	29.864	6
4	3	4074.64	50	30.437	12
5	4	4109.26	51	30.738	20
6	5	4142.18	55	30.918	30
7	6	4173.28	58	31.077	42
8	7	4202.56	53	31.349	56
9	8	4230.05	49	31.587	72
10	9	4255.59	45	31.815	90
11	10	4279.26	41	32.035	110
12	11	4300.90	35	32.309	132
13	12	4320.57	29	32.602	156
14	13	4338.23	24	32.888	182
15	14	4353.84	20	33.159	210
16	15	4367.39	14	33.597	240

为了从 HF 的 R 分支精细结构计算固体推进剂燃烧火焰的温度，分别画出三

个时刻火焰的温度曲线，即 $\ln\left(J'\dfrac{\nu_{\text{meas.}}^4}{I_{\text{relative}}}\right)$ 和 $J'(J'+1)$ 之间的线性关系，表示在图 16-12 中。

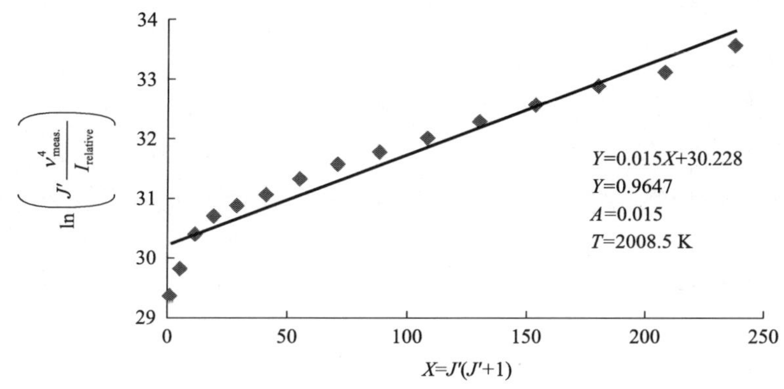

图 16-12　火焰的温度曲线

可见，$\ln\left(J'\dfrac{\nu_{\text{meas.}}^4}{I_{\text{relative}}}\right)$ 和 $J'(J'+1)$ 之间的线性关系式为：

$$\ln\left(J'\frac{\nu_{\text{meas.}}^4}{I_{\text{relative}}}\right)=0.015J'\left(J'+1\right)+30.228$$

式中，线性回归系数 γ 等于 0.9647，此实验的可信度高于 99.5%，直线的斜率 A 是 0.015。因此，火焰的温度由式(16-40)计算得到：

$$T=\frac{hc}{kA}B_\nu=2008.5\text{K}$$

2. 分子发射光谱最大强度谱线测温法

分子转振光谱测温法要测量谱带精细结构中的每一条谱线的相对光谱强度，毕竟比较麻烦，当只需对火焰的燃烧温度做一大致了解时，可以采用分子发射基带光谱最大强度谱线测温法，其原理如下。

双原子分子转振发射基带光谱精细结构中的最大强度光谱线对应的转动量子数 J'，与热气体的温度有密切关系，已知最大强度谱线所对应的 J' 的值，即可按下式求得热气体温度：

$$T=\frac{B_\nu}{a}(2J'+1)^2 \tag{16-41}$$

式中，J' 为上态角量子数；B_ν 为分子转动常数；$a=2k/h$，k 和 h 分别为 Boltzmann 和 Planck 常数；T 为待测温度，K。

16.4 实验步骤

16.4.1 测试操作

1. 实验准备

(1)用专用漏斗给仪器灌注液氮，注意少量多次；

(2)将 KBr 分束器从干燥器中取出，放入仪器分束器的位置，并将其锁住；

(3)将光源置于离仪器约 5 米的位置，并使其对准主机的接收望远镜，打开望远镜和光源上的盖子，光源和仪器的高度大致为 1.4 米；

(4)将未加有机试剂的电加热器置于仪器与光源中间的光路上，三者之间分别相距 2.5 米，水浴锅的高度大致为 0.6 米，将电加热器调为约 50℃。

2. 开机

(1)打开仪器的稳压电源。

(2)开启计算机，显示器，打印机。

(3)开启仪器，仪器开始自检，自检通过后，仪器的状态指示灯变为绿色，仪器开启后，至少要等待 10 分钟，待电子元件和光源稳定后，才能进行测量。

(4)运行 OPUS 软件，进行相关参数的设置。打开 Measure>Setup/Diagnostics>Optic Setup and Service，在 Devices/Options 窗口中设置 Source 为 6=Emission，Beamsplitter 为 KBr，Detector 为 2=MCT，完成后点击 Save Settings 退出。

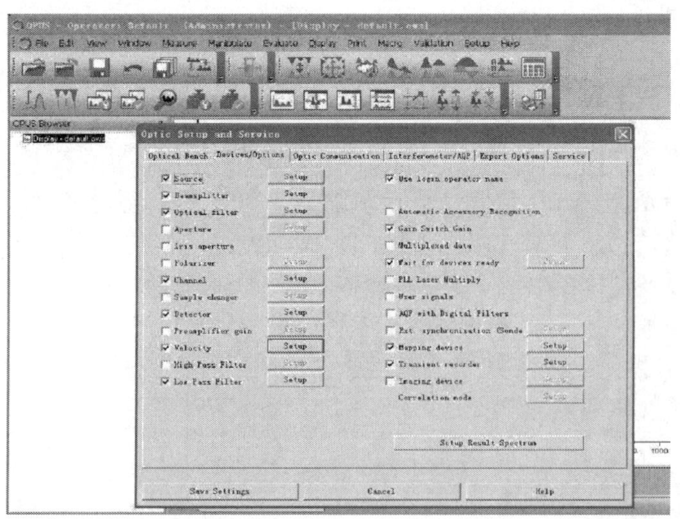

打开 Measure>Advanced Measurement，在 Basic 窗口设置样品描述(Sample description)和样品状态(Sample Form)；在 Advanced 窗口设置样品名(Sample

Name)、存储路径(Path)，设置扫描分辨率(Resolution)为 4 cm^{-1}，样品扫描时间(Sample scan time)为 16 次，背景扫描时间(Background scan)为 16 次，扫描区间(Save data from) 500～4000 cm^{-1}，谱图形式(Result spectrum)为 Transmittance；在 Optics 窗口设置 Source Setting 为 Emission, Beamsplitter 为 KBr, Detector 为 MCT。

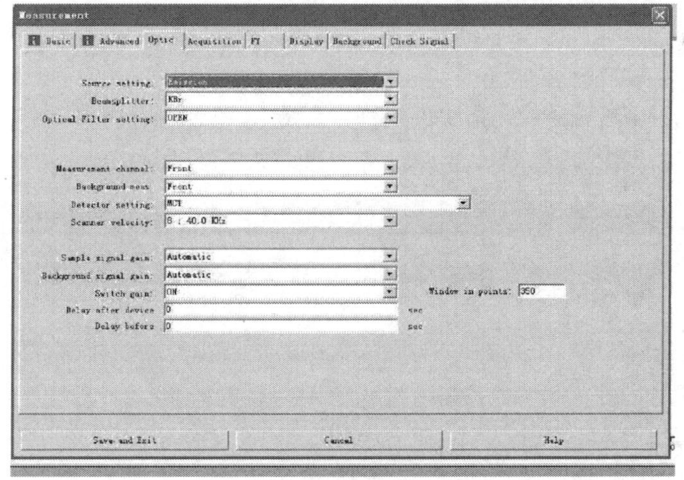

3. 调整光路

(1)在 OPUS 软件中，打开 Measure>Advanced Measurement，在 Check signal 窗口中，选择观察干涉图(Show Interferogram)信号，此时可以看到干涉图的信号强度，干涉图的最大值位置和强度都应相对稳定。

(2)打开光源上方的瞄准激光器，观察红色的激光点打在仪器或其周围物体上的位置(注意眼睛不可直接看激光点)，调整光源的位置，并利用三脚架进行微调，直至信号强度最大。

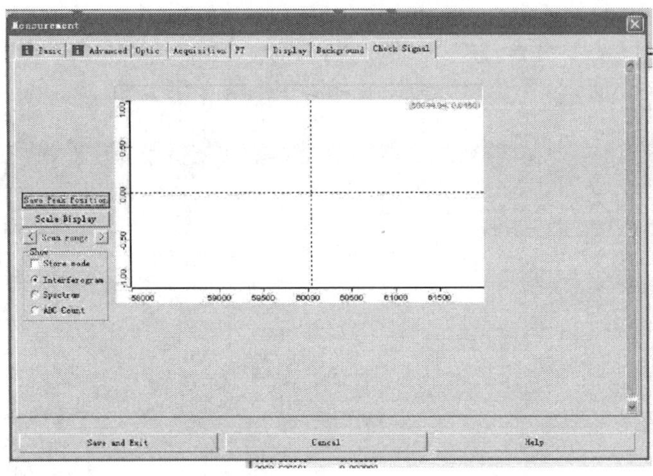

4. 采集红外光谱图

(1)收集背景谱图：在 Measure>Advanced Measurement 的 Basic 窗口中，点击 Background Single Channel。

(2)将 20 mL 有机溶剂放到烧杯中，并将烧杯放到加热到 50℃的电加热器。

(3)收集样品的透过率谱图：在 Measure>Advanced Measurement 的 Basic 窗口中，点击 Sample Single Channel 收集挥发性有机气体的透过率图，从泄漏源开始泄漏收集第一张谱图，每隔 5 分钟收集一次，共采集 10 张谱图，谱图自动保存。

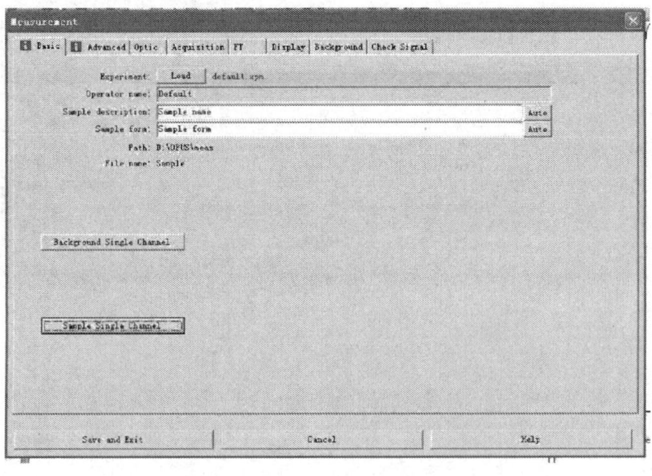

5. 关机

(1)关闭仪器电源；

(2)关闭计算机；

(3)关闭稳压电源；

(4)取出分束器；

(5)将光源和望远镜上的保护盖盖上，仪器归位。

16.4.2　实验数据处理及谱图解析

(1)OPUS 软件中，File>loadFile 打开谱图文件，在 Manipulate>AB<->TR Conversion 中，将透过率谱图转化为吸光度谱图，利用 Manipulate>Baseline correction 和 Manipulate>Smooth 对谱图做基线校正和平滑。

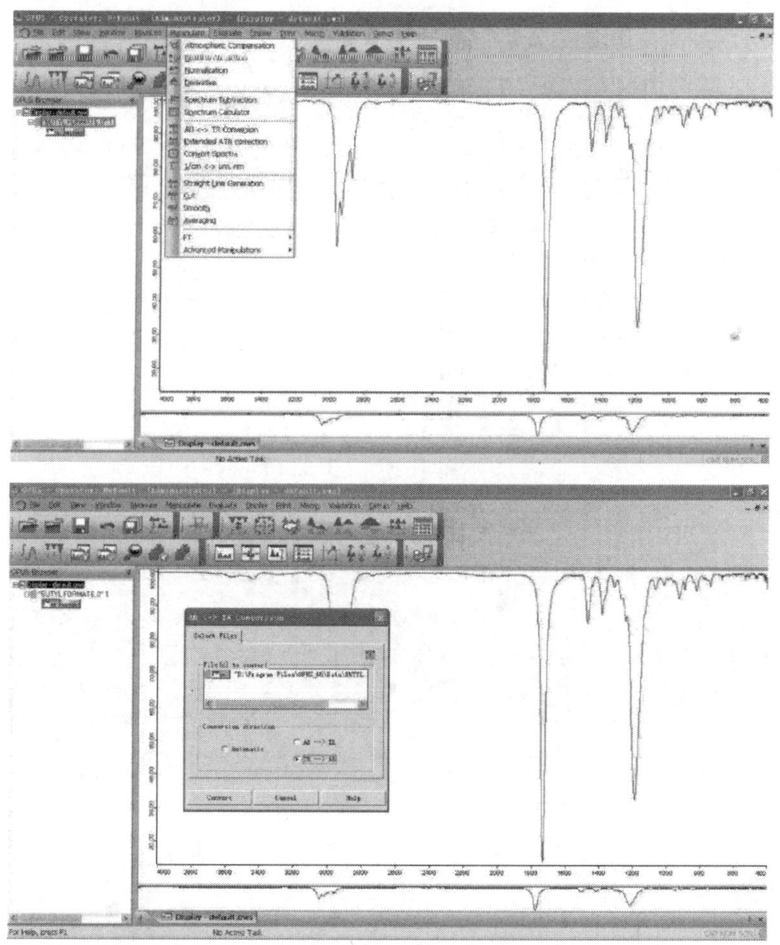

(2)在 Evaluation>Peak Picking 对谱图标出峰位。

(3)在 Evaluation>Search>Spectrum Search 中进行谱库检索，则在 OPUS 界面左侧新开一个窗口(Search Results)，并按照匹配性的高低列出可能的化合物及其在谱库中的序号、CAS 号、分子式和分子量。

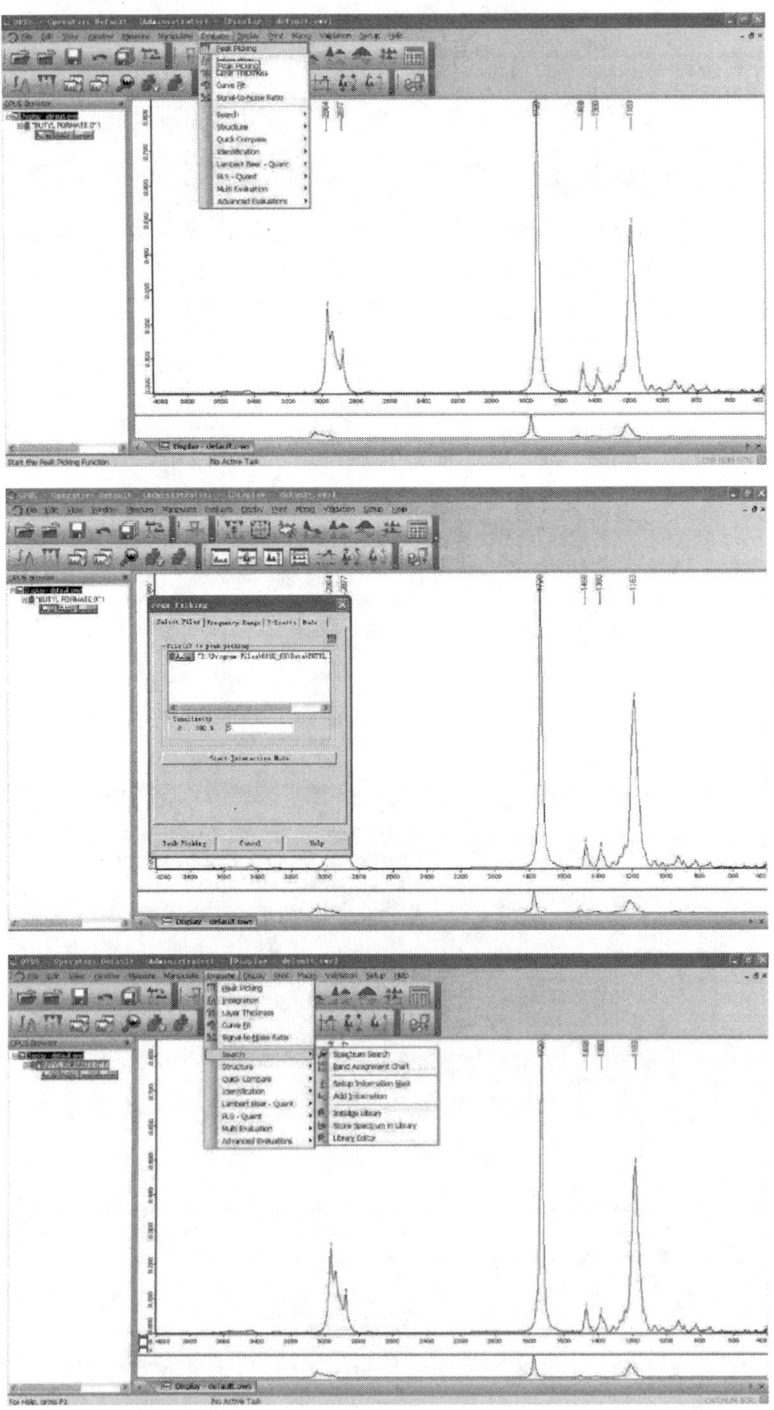

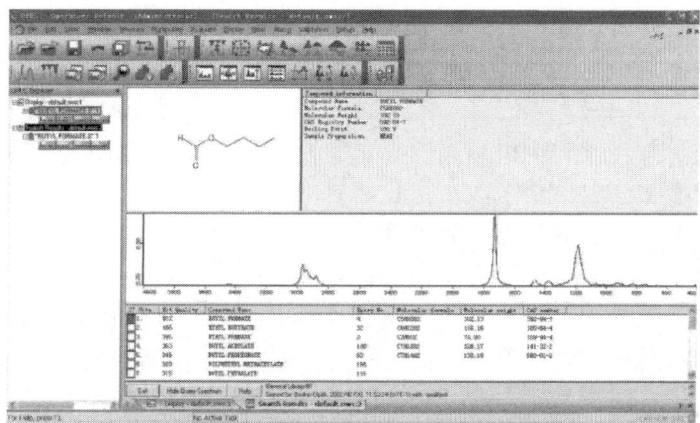

(4) 在文件名上点鼠标右键，选 Show Parameters，在显示的窗口中选 AB，即可得到各个波数处的吸光度数据。

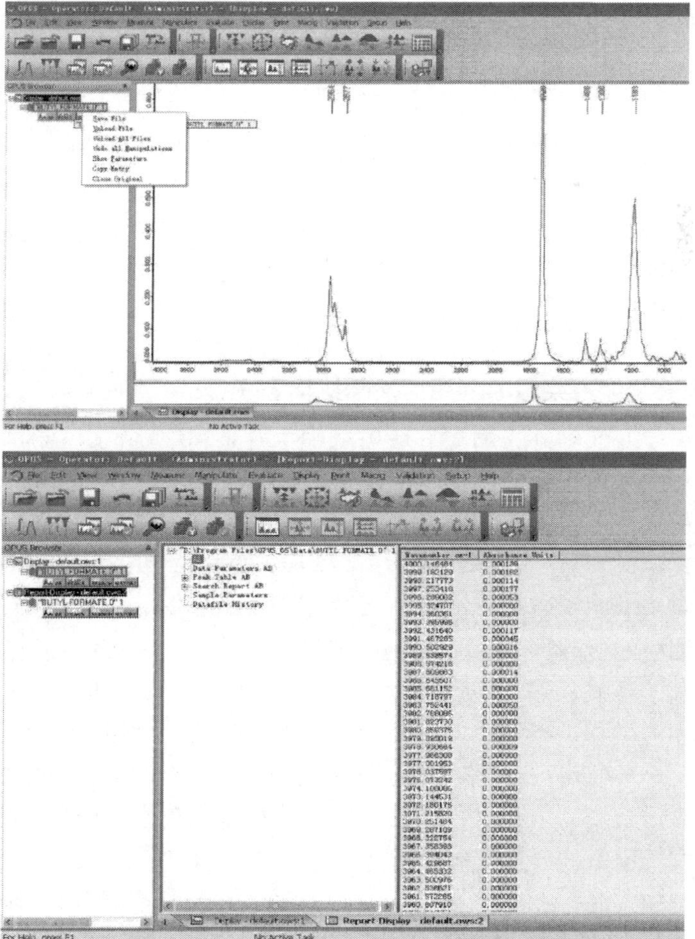

(5)取化合物特征吸收峰处的吸光度数据，按 Beer 定律进行浓度计算。

16.4.3 仪器操作注意事项及维护

(1)仪器镜头打开后不得以人眼直视激光束，避免激光伤害。

(2)灌注液氮注意少量多次，防止液氮冻伤。

(3)不得对着仪器的窗片和分束器呼气，避免损坏。

(4)搬运仪器主机应注意安全，确保仪器稳固地固定在支架上。

(5)更换及保管分束器和检测器应格外小心，不得触摸镜面，不得落上灰尘及唾液，更不得以任何方式擦洗镜面。

(6)当连续长时间使用 MCT 检测器时，注意检查液氮剩余量，及时补充液氮。

(7)实验过程中要仔细观察实验现象，发现异常情况或遇到故障应及时排除，实验者本人不能排除时，应立即报告指导教师。

(8)自觉保持操作环境的卫生。

16.5 应 用

遥感 FTIR 有灵敏度高、高光通量、高分辨率、扫描速度快、信噪比高的优点，在大气中污染气体的定性和定量测定中，特别是对红外辐射源的物理、化学特性及它们随时间的变化特性的测定中应用广泛，常用于大气污染物、火山气体成分、烟囱辐射、飞机发动机尾气等测量。本节将对遥感 FTIR 在多个领域的应用做简要介绍。

16.5.1 对大气气体污染源的远距离无干扰测量

遥感傅里叶变换红外光谱在环境监测中主要是利用遥感提供的瞬间成像的大范围图像，对大气污染、水体污染、土地污染以及海洋污染等进行监测。由于遥感所提供的信息快速及时，现实性好，以及真实客观、形象的特点，可实时地了解和掌握污染源的位置、污染物的性质、污染物的动态变化，以及污染对环境的影响，为及时采取防护或疏导措施，以及环境评价提供了基础。遥感 FTIR 在大气污染物监测中的优越性，在很多文献里都得到了肯定。它既可以在地面上测量，也可以把汽车、飞机、热气球、卫星等作为载体，在任意空间上，连续、直接、迅速地对气体污染物进行遥感实时监测，获取大量常规手段难以得到的大气痕量污染气体信息，不仅可以提供大气污染物浓度在时间上的变化规律，而且可以在空间位置上对污染物的浓度进行描绘，它的分析范围正在不断地扩大。例如，可以遥测高空大气层中的痕量气体[一些重要的气体如 CO、CH_2O、氯氟烃(CFCs)、HCl、HF 和 HNO_3 等]，这些气体对地球温室效应和臭氧空洞会有影响。在高海拔大气污染物测量中，遥感 FTIR 也有重要的应用价值。例如 Evans 等采用被动式遥感 FTIR 测量低对流层的大气污染物，利用大气云层的发射光谱作为背景，不仅得到了 CO_2、甲烷、O_3、N_2O 的发射光谱带，而且用 Modtran 软件模拟云层厚度和黑体辐射的关系，得出云层的厚度和温度和大气污染物的浓度。

除此之外，近年来发展起来的一项新技术——遥感傅里叶变换红外光谱层析技术或称开路傅里叶变换红外光谱层析技术(OP-FTIR-CT)，它采用遥感傅里叶变换红外光谱仪作为光谱遥感测量设备，利用层析技术重构待测参数的空间分布轮廓图，在构造气体浓度峰图形，定量分析工业污染气体总释放量，预警大气污染物的空间浓度范围等，具有广泛的实用价值和应用潜能。目前，遥感 FTIR-CT 技术用于遥测大气污染物的空间浓度分布，以及涉及工业污染源排放的有害气体的扩散，城市地球污染的气体空间分布、扩散和变迁等问题的研究，国外科学家研究得比较多，比如美国华盛顿大学环境健康系的 Yost 和 Hashmonay，北卡罗来纳州立大学环境科学与工程系的 Todd 和 Samanta，英国的 Drescher 等，以及美国环保署等，都已开始了这方面的研究。

16.5.2　自然地物的红外发射率和温度

自然地物的红外特征数据在伪装、遥感等领域有着重要的作用。由于仪器所采集的信号种类繁多，自然地物表面性质复杂，热传导能力较差，难以直接准确获得自然地表物体光谱发射率曲线，需要特殊的算法通过自然地物的辐射亮度曲线间接得到其表面温度和发射率曲线。国防科技大学航天与材料工程学院王珲等采用美国 D&P 公司的 Model 102F 快速傅里叶变换红外光谱分析仪对 3 种典型自然地物(裸露的土壤、草地、树木)进行红外特征数据采集，并根据其辐射亮度曲线并利用特殊算法将辐射亮度、波长以及温度 3 个变量进行分离，得到了准确的地物表面温度，从而对其发射率曲线进行计算。结果表明，自然地物的表面温度随时间变化产生显著的变化，而其发射率水平则近似保持恒定。

16.5.3　国防和军事应用

近年来，随着航天、航空和国防事业的强大，以及分析仪器的发展，各种飞行器(如飞机、火箭、导弹等)和军事目标的隐身和反隐身的要求日益强烈。首先希望火箭、导弹本身具有低特征信号，及其发动机的排气羽焰含有较少的光信号，避免被发现；其次，要发展高效、快捷的目标识辨系统，以尽早发现和拦截敌方导弹。新的要求赋予固体推进剂燃烧火焰研究以新的任务。对于这方面的研究，遥感傅里叶变换红外光谱已经成为越来越重要的一种方法。飞行器的发动机尾气或固体推进剂的燃烧火焰中含有大量的光谱信息，通过研究它的红外光谱特征，可以给出火焰的温度，气体燃烧产物及其含量，这些信息可以帮助进行导弹的识辨。

此外，遥感 FTIR 在化学战剂的实时遥测、可靠识别和定量分析方面也有很重要的应用价值。目前，国内外研究化学战剂探测技术的重点主要集中在提高探测的灵敏度、准确度和速度的遥测技术研究上。化学战剂的红外遥测技术的研究已经有 30 余年，在 20 世纪 70 年代后期美军 Edgewood 生化中心就开始了相关研究。许多化学战剂在 9～11 μm 的波长范围具有的独特的吸收谱和红外辐射是对其进行红外遥测、识别和定量的依据，探测距离已经可达几千米，是在战场条件下化学战剂遥测的有效方法，且能够同时探测多种化学战剂，具有整光谱、多通道、高通光量、高精度、宽光谱范围以及高信噪比等优点，目前已经发展了时间扫描和空间调制即静态两种类型。多光谱、高光谱和超光谱技术的发展，使得遥感 FTIR 可以提供较大的光谱细节，因此有更高的特征性，能有效抑制非探测目标气体的干扰。例如加拿大 Telops 公司的成像辐射光谱仪(FIRST)，加拿大表面光学公司 Mark Dombrowsk 等开发了用于 FTIR 超光谱成像系统的高速相机，这些都为化学战剂的实时检测提供了更强的信息。

16.5.4　森林火灾报警

高分辨率光谱对测量森林大火的局部区域的温度和大火烟羽中的各种气体组分的浓度是非常有用的。森林大火最为明显的、可辨别的特性是大火与飞机之间一氧化碳吸收(仪器分辨率为 1 cm^{-1})。一般说来，森林大火都是贫氧燃烧，大火烟羽中的一氧化碳浓度要高出大气本底的几个数量级。这主要表现在 2000～2222 cm^{-1} 范围内一氧化碳吸收光谱带呈现出一系列等间距的光谱线，该间距为 3.7 cm^{-1}，亦即一氧化碳中心波数为 2176.2 cm^{-1} 的基带精细结构。在森林大火烟羽中，我们除了观察列强的一氧化碳吸收光谱外，还测量到生物物质燃烧产生的微量气体，如二氧化碳、氧化亚氯、二氧化氮和臭氯等的红外发射光谱。Steams 等曾用空载遥感傅里叶变换红外光谱对森林火灾进行了观察和测定。他们用两台光谱仪的视场角分别为 0.5°和 0.2°，它们观察到下面的覆盖地面直径分别约为 70 m 和 280 m。Steams 的实验结果表明，我们可以通过遥感傅里叶变换红外光谱对森林上空某些气体浓度的测定，以达到对森林火灾进行报警的目的，而且可以判断是哪种类型(如草原、丛林或森林)火灾。

16.5.5　火山喷发监测

火山喷发气体及微粒是地球内部运动的晴雨表，它携带了地球深层地壳岩石层的相对运动信息。火山喷发气体包括 H_2O，CO_2，SO_2，HCl，HF，H_2S，S_2，H_2，CO 和 SiF_4 等，火山喷发毒气的测定不仅对研究地球化学很有帮助，而且还对研究岩浆化学成分平衡和毒气对大气环境的影响非常重要，遥感 FTIR 技术的成熟为监测火山喷发提供了一种快速、实时远距离的监测方法。Oppenheimer 等报道了他们于 1994 年和 1997 年分别在 Etna 火山和 Etnaomboli 火山进行的监测实验。他们采用了主动或者被动式监测法给出了火山喷发焰中主要的活性气体吸收带、背景浓度及喷发焰中的浓度。

16.5.6　工业排放气体的测定

工业生产企业，如炼油厂、发电厂、水泥厂、化工厂等，被认为是污染的“扩散源”，烟囱、管道泄漏等释放出来的排放物不是固定的，用常规的监测方法，是非常困难和耗时的，采用遥感 FTIR 则可以远程、连续、实时监测。早期 Low 等利用 Block200 型傅里叶变换红外光谱仪配上一个 8 英寸反射式望远镜，在离发电厂 600 英尺的地方，遥测燃煤发电厂的烟囱排烟污染。Polak 等利用被动式 FTIR 遥感了亚利桑那州的一个燃煤发电厂，获得了烟囱释放烟羽的化学比率和分子质量流量。Heland 等利用被动式 FTIR 发射光谱分析了包括工业和建筑烟囱、飞机引擎、森林大火在内的具有不同燃烧源的热耗气体，成功的测量了气体温度和不同燃烧条件下 CO_2、HO_2、NO、N_2O、CH_4、NO、NO_2、SO_2 和 HCl 的浓度。Knapp 等在地面测量了工业烟囱吸收、透过谱，分析了燃煤发电厂和酸制备厂排出的 SO_2 和 N_2O。Thériault 开发出一种具有扣除背景功能的双光束 FTIR 分光系统，测量了受控烟羽发生器中释放出的氨气和不同位置上烟羽的线积分浓度，并进行了浓度的重构。Koehler 等利用 4 台配置相同的 FTIR 光谱仪，以低角度天空为背景，检测由烟囱释放出的 SO_2，他们优化了数字过滤和重构技术，并提出了一种将背景变化影响最小化的算法。

16.6　思　考　题

(1)遥感 FTIR 与常规 FTIR 在仪器光路方面有何区别?

(2)简述遥感傅里叶变换红外光谱测量热气体浓度的步骤。

(3)利用遥感 FTIR 对开放光路上的待测挥发性有机气体进行定量分析，需要知道哪些参数，如何得到?

(4)据你所知，如果待测挥发性有机气体的谱线出现严重干扰，如何定性定量?

(5)简述主动式和被动式遥感的区别。

第 17 章　荧光光谱分析

17.1　概　　述

在紫外线照射下，某些物质会发射出各种颜色和不同强度的光，而当照射停止时，所发射的光也随之很快地消失，人们称这种光为荧光。1575 年，西班牙的内科医生和植物学家 N. Monardes 第一次记录了荧光现象。随后，17 世纪到 19 世纪，科研人员陆续发现一些发荧光的材料和溶液，到 19 世纪末，人们已经知道了 600 种以上的荧光化合物。期间，科学家逐步认识到荧光的波长比入射光的波长稍长，这种现象是物质在吸收光能后重新发射不同波长的光，荧光是光发射的结果。1867 年，Coppelsroder 进行了历史上首次的荧光分析工作，应用铝-桑色素配合物的荧光进行铝的测定。20 世纪以来，荧光现象得到较为广泛的研究，例如共振荧光和增感荧光的发现，荧光的定量分析、荧光产率的测定，以及荧光寿命的直接测定等。

荧光分析方法的发展与仪器应用的发展密切相关。19 世纪以前，荧光的观察是靠肉眼实现，直到 1928 年第一台光电荧光计的诞生。早期的光电荧光计的灵敏度有限，1939 年 Zworykin 和 Rajchman 发明了光电倍增管，这对增加灵敏度和容许使用分辨率更高的单色器的发展起到了重要的作用。1948 年 Studer 推出了第一台自动光谱校正装置，1952 年才真正出现商品化的校正光谱仪器。

荧光光谱分析法可以用作组分的定性检测和定量测定，此外，还可以作为一种分析技术用于表征所研究体系的物理、化学性质及其变化情况。例如，在生命科学领域，科学家可以利用荧光检测的手段，通过检测某种荧光特定参数(如荧光的波长、强度、偏振和寿命)的变化，来研究生物大分子在性质和构象上的变化。

有些化合物由于具有大的共轭体系和刚性的平面结构，因而具有能发射荧光的内在本质，人们称其为荧光化合物。荧光化合物的研究主要体现在以下几方面：①利用研究体系自身含有荧光团而具有的内源荧光，通过检测其荧光特性参数的变化，对该体系的某些性质加以研究；②如果研究体系本身不含有荧光团，即不具有内源荧光，或者体系的内源性质很弱，此时可以在体系中外加一种荧光化合物(即荧光探针)，进而通过测量探针的荧光特性的变化来对该体系加以研究。例如，可以将对极性敏感的荧光探针加入到待测体系中，通过对荧光探针的荧光性质的检测，或通过其荧光特性的变化来测试体系的极性变化。

荧光分析法的优点之一是灵敏度很高。比色法和分光光度法是微量分析的各种方法中应用较为广泛两种。但荧光分析法的灵敏度一般要比上述两种方法高 2～3 个数量级。随着现代科技的迅速发展，对于微弱光信号检测的灵敏度的要求也大大提高，荧光分析的灵敏度可达亿分之几。荧光分析在与其他技术联用的基础上，如与毛细管电泳分离技术结合或者用激光诱导荧光检测法时，能够接近或达到单分子检测的水平。

对有机化合物的分析而言，荧光分析法还有选择性高的优点。由于吸光物存在内在本质的差别，不一定都有荧光，即便发荧光的物质彼此之间在激发波长和发射波长方面也有所差异，因此，通过选择适当的激发波长和发射波长作为检测波长，便可能达到选择性测定的目的。另外，荧光的特性参数比较多，除激发与发射波长、量子产率之外，还有荧光寿命、荧光偏振等参数。所以，可以通过采用三维光谱、同步扫描、导数光谱、相分辨和时间分辨等荧光测定新技术进一步提高测定的选择性。

此外，荧光分析还具有动态线性范围宽、测试方法简单、样品量少、重现性好、仪器设备操作简单等优点。

随着学科的交叉和各学科的迅速发展，纳米材料和技术、激光等光学、电子学和微电子器件等新技术的引入，荧光分析法在理论和应用方面得到了很大程度上的进展，一些新的荧光测试技术和方法应运而生，例如荧光偏振测定、荧光免疫测定、倒数荧光测定、同步荧光测定、时间分辨荧光测定、相分辨荧光测定、固体表面荧光测定、低温荧光测定、近红外荧光分析法、三维荧光光谱技术、荧光反应速率法、荧光显微与成像技术、空间分辨荧光技术、荧光探针技术、单分子荧光检测技术等。这些新技术和方法的发现也大大加速了各式各样的新型荧光仪器的问世，使荧光检测和分析的方法在痕量、高效、实时、原位和自动化的等方向不断发展，其检测的准确度、灵敏度和选择性也日益提高。荧光光谱测试方法的应用涉及了化工、农业、材料科学、环境科学、生命科学、食品科学和公安情报等诸多领域。当前荧光分析法已经快速发展成为一种重要且有效的光谱化学分析手段。

17.2　仪器构成及原理

17.2.1　仪器基本构成

荧光光谱仪由激发光源、单色器(滤光片或光栅)、狭缝、样品室、信号检测放大系统和信号读出、记录系统组成。激发光源提供入射光的来源，用来激发样品。单色器用来分离出所需要的单色光。信号检测放大系统用来把荧光信号转化为电信号，结合放大系统上的读出装置用来显示或记录荧光信号。

下面以法国 HORIBA JOBIN YVON 生产的 Fluorlog-3 荧光光谱仪为例来介绍各组件(图 17-1)。

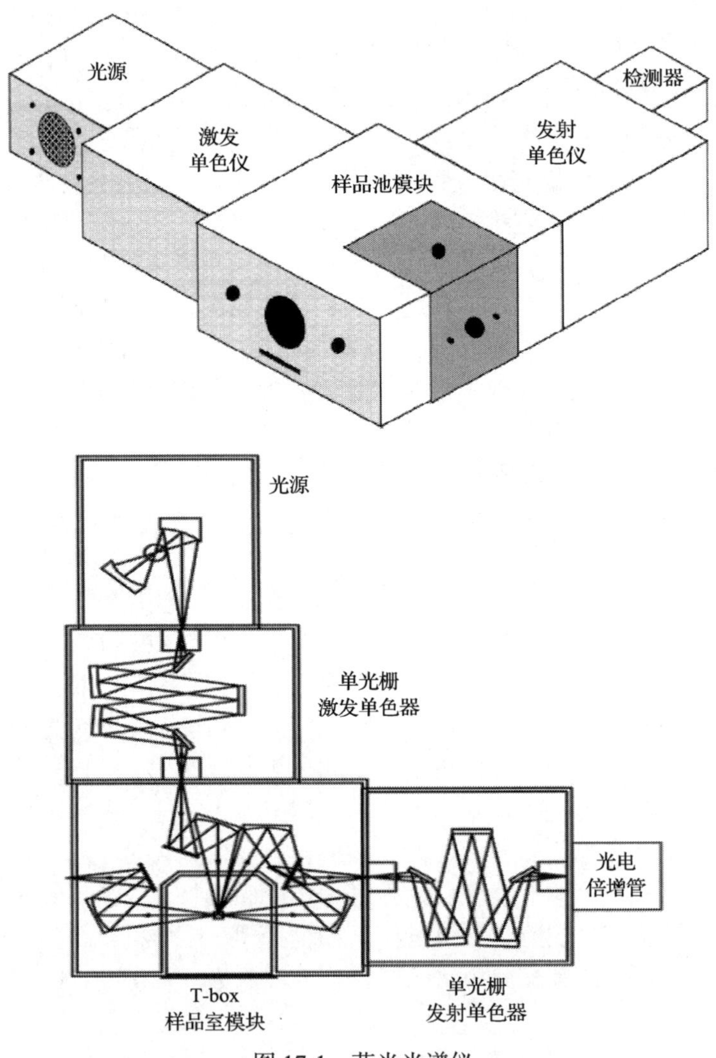

图 17-1　荧光光谱仪

1. 激发光源

由于荧光体的荧光强度与激发光的强度成正比，因此，作为一种理想的激发光源应具备：①光强要稳定；②足够的强度；③在所需光谱范围内有连续的光谱；④其强度与波长无关，即光源的输出应是连续平滑等强度的辐射。

当然，符合这些要求的光源实际上并不存在。通常，荧光仪器主要采用氙灯、汞灯、氙-汞弧灯、激光器以及闪光灯作为激发光源。高压氙弧灯是应用最广泛的一种光源。

本仪器所用的激发光源即为 450 W 氙灯，是一种短弧气体放电灯，该灯外套为石英，里面充氙气，室温时其压力为 5 个大气压，工作时压力约为 20 个大气压。氙灯的激发光谱在 250～800 nm 呈连续光谱，在 450 nm 附近有几条锐线。其工作时，相距约 8 mm 的钨电极间会形成强的电子流(电弧)，其与氙原子相撞后使得氙原子离解为氙正离子，氙正离子与电子结合而发光。氙原子的离解发射连续光谱，而激发态的氙会发射位于 450 nm 附近的线状光谱。有些氙弧灯为无臭氧灯，工作时灯周围不会产生臭氧，这种灯所用的石英外套不发射波长短于 250 nm 的光，但该灯的输出信号强度随着波长缩短而迅速下降。工作的时候，氙灯发射出很强的灯光，其射线会损伤眼睛视网膜，紫外线会损伤肉眼角膜，因此，操作者应避免直视光源。

2. 光栅单色器和滤光片

1) 光栅单色器

光栅单色器有两个性能指标：色散能力和杂散光水平。色散能力通常以 nm/mm 表示，其中 mm 为单色器的狭缝宽度。通常，人们总是选用低杂散光的单色器，用来减少杂散光的干扰，同时选用高效率的单色器来提高检测弱信号的能力。普通单色器都有进光和出光两个狭缝，出射光的强度与狭缝宽度的平方成正比，因此，增大狭缝宽度有利于提高信号强度，但是会降低信号的分辨力；而缩小狭缝宽度有利于提高光谱分辨力，但却牺牲了信号强度。因此，为保证测试的真实性，针对具体的测试体系，狭缝的调节一般从小到大。另外，对于光敏性的荧光体在测量的时候有必要适当减少入射光的强度。

光栅单色器的透射率是波长的函数，定义机刻光栅的最强输出光的波长为闪耀波长。光栅的闪耀波长是由光栅的闪耀角而定，而闪耀角由光栅的线槽角而定。为弥补激发光源(氙灯)紫外区能量弱的缺点，荧光光谱仪多选用闪耀波长在紫外区(例如 300 nm)的单色器为激发单色器。由于荧光化合物的发射波长多分布在 400～600 nm，因而发射单色器常采用闪耀波长为 500 nm 左右的光栅。此外，光栅单色器的透射率与偏振光有关。单色器的杂散光指标是一个极其关键的参数。杂散光是指除去所需要波长的光线以外，通过单色器的所有其他光线的强度。通常激发单色器发出的紫外线用来激发荧光体，而氙灯中的紫外线强度很弱，仅约为可见光的 1%。普通荧光物质的荧光一般都很弱，所以通过激发单色器的长波长的杂散光很容易被当做荧光来检测。有许多生物样品因为浊度较大，其入射的杂散光被样品散射后也会干扰荧光强度的测量。因此，有些荧光光谱仪采用双光栅单色器，这样，杂散光可降至峰强度的 10^{-12}～10^{-8}，但不足之处是，其灵敏度也将降低。

2) 滤光片

因为荧光测量的主要误差来自杂散光和散射光,所以有必要消除这些误差源。消除的方式除了用单色器外还可用滤光片。滤光片价格便宜、构造简单，因此它在荧光光谱仪中得到广泛应用。常用滤光片可分为玻璃滤光片、胶膜滤光片和干涉滤光片三种。本仪器所用的是玻璃滤光片。玻璃滤光片因为含有不同的金属氧化物，因而呈现不同的颜色。它们透过的光线带宽较宽，而且因受金属氧化物种类的限制，品种不多。但它价格便宜，又具有稳定、经得起长期光照等优点。

3. 检测器

检测器的种类很多，主要有光电倍增管(PMT)、光导摄像管、电子微分器和电荷耦合器件阵列检测器(charge-coupled device，CCD)。目前，几乎所有荧光光谱仪都采用 PMT(photomultiplier-tube，光电倍增管)作为检测器。PMT 是一种很好的电流源，在一定的条件下，其电流量与入射光强度成正比。尽管 PMT 对各个光子均起响应，但是平时都是测量众多光子脉冲响应的平均值。PMT 由一个光阴极和多级的二次发射电极所组成。当光照射于光阴极时会引起一次电子发射，这些光电子在 PMT 中被电场加速飞射到第一个二次发射极上时,每个光电子会引起 5～20 个二次电子发射，这些电子又被加速到下一个电极上去，如此重复多次，最后电子被集中到阳极上去。所产生的电流就被放大到可检测的水平。PMT 的光电子产生率与施加于光阴极的高压值的大小有关。一般 PMT 常用–500～–1000 V 的电压，有些 PMT 则用–1000～–2000 V。电压越高，每个二次电极发射的电子越多，因此 PMT 本身的放大作用就越大。另外，PMT 的灵敏度受暗电流的限制，暗电流主要由阴极和二次发射极的热电子发射和电极间的漏电流所形成。电极间电压低时，暗电流主要来自漏电流；电极电压高时，其主要来自热电子发射。

光导摄像管具有检测效率高、动态范围宽、线性响应好、坚固耐用和寿命长等优点，用来作为光学多道分析器的检测器。它与 PMT 相比，其检测灵敏度虽不如 PMT，但却能同时接受荧光体的整个发射光谱，这有利于光敏性荧光体和复杂样品的分析，且检测系统容易实现自动化。电荷耦合器件阵列检测器是一类新型的光学多通道检测器，它具有光谱范围宽、暗电流小、量子效率高、灵敏度高、噪声低、线性范围宽，同时可获取彩色、三维图像等特点。CCD 是一种灵敏的固体成像装置，一般来说其有效成像面积为 1～8 cm^2。

4. 读出装置

以前，荧光仪器的读出装置有数字电压表、记录仪(x-y 型或 x-t 型)和阴极示波器等几种。目前，计算机软硬件技术的发展使得我们可以根据不同的需要选择不同的直观视频读出方式。

法国 HORIBA JOBIN YVON 生产的 Fluorolog-3 荧光光谱仪具有以下特点：①计算机控制，界面显示，仪器能自动记录荧光光谱；②高分辨率、低杂散光单色系统；③高灵敏度、低噪声单光子计数器做接收系统；④采用氙灯作为光源；⑤配有稳定性好、精度高的外光路系统；⑥配有多种附件，适用于液体、固体样品的分析(图 17-2)。

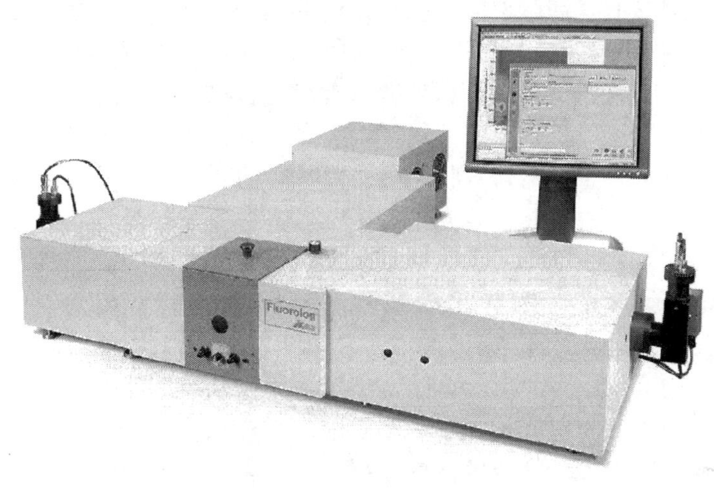

图 17-2　Fluorolog-3

主要参数及性能指标：波长范围 200～850 nm；波长精度≤±0.4 nm；波长重复性≤0.2 nm；狭缝宽度 0～2 mm 连续可调，示值精度 0.01 mm，最大高度 20 mm；接收单元为单光子计数器技术指标；稳态测量信噪比 S/N≥5000∶1(条件：R928P PMT，5 nm 带宽，1 s 响应时间，350 nm 激发，397 nm 水拉曼峰，450 nm 强度，S/N=$(I_{397}-I_{450})/(I_{450})^{1/2}$)，这是 JY 的计算方法，在分母中考虑了全部的噪声。

17.2.2　工作原理

荧光是一种光致发光现象。分子对光的选择性吸收导致不同波长的入射光对于不同的激发频率。荧光分析的两种基本图谱是激发光谱和发射光谱。固定发射波长(即测定波长)而不断改变激发光(即入射光)的波长，同时记录相应的荧光强度，得到的荧光强度对激发波长的图谱被称为荧光的激发光谱(简称激发光谱，Ex)。如果固定激发光的波长和强度不变，而不断改变荧光的测定波长(即发射波长)，同时记录相应的荧光强度，所得到的荧光强度对发射波长的图谱被称为荧光的发射光谱(简称发射光谱，Em)。激发光谱所反映的是在某一固定的发射波长下所测量的荧光强度对激发波长的关系；发射光谱则反映在某一不变的激发波长下所测量的荧光的波长分布情况。发射光谱和激发光谱都可用来鉴别荧光物质，两种光谱还可作为进行荧光测定时选择合适的激发波长和发射波长的直接依据。

通常，因为荧光仪器个体差异和各自的特性(如光源的能量分布、检测器的敏感度和单色器的透射率都会随波长而改变)，故一般情况下测得的激发光谱和发射光谱都是表观光谱。也就是说，同一荧光物质的溶液在不同荧光仪器上所测得的两个表观光谱往往会有一定程度的差异。但是对所用仪器特性波长因素加以适当地校正后，可以获得彼此一致的校正光谱(又称真实光谱)。对于同一种荧光化合物，其激发光谱的形状理论上应与吸收光谱的相同，但是由于上述测试仪器的特性波长因素的存在，其表观激发光谱与吸收光谱的形状大多都有所差异，只有校正激发光谱才与吸收光谱接近。另外，只有当化合物的浓度足够小，其对不同波长的入射光的吸收正比于其吸光系数，而且其荧光量子产率与激发波长无关的条件下，所得的校正激发光谱与吸收光谱的形状才相同。

物质分子的结构决定其吸收光谱的形状。多数分子的吸收光谱可能含有多个吸收谱带，而其发射光谱却通常仅含一个发射带。这是因为，多数情况下，即使被测分子的电子被激发到 S_2 电子态以上的不同振动能级，但是由于分子的电子存在内转化和振动松弛，而且速率非常快，导致激发电子很快就会损失多余的能量，进而衰变到 S_1 态的最低激发振动能级，然后回跳到基态，同时发射出荧光，所以，大多数情况下分子的发射光谱只含一个发射带。样品发射光谱的形状与其激发波长无关，只与基态中振动能级的分布情况，以及各振动能级的跃迁概率有关。当然，也有例外，譬如有些荧光化合物有两个电离态，而每个电离态就会显示不同的吸收和发射光谱。

荧光物质的发光本质是电子的激发跃迁和回跳到基态的过程中能量的变化反映。当入射光照射到物质上，物质就会吸收入射光，在此过程中，光子的能量传递给物质的分子。分子的电子吸收能量后被激发，电子从较低的能级跃迁到较高的振动能级。该跃迁过程的经历时间大约是 10^{-15} s。电子在两个能级间跃迁所涉及的能量差等于所吸收光子的能量。处于激发态的分子称为电子激发态分子。通常用作荧光分析的入射光可以是紫外和可见光，其光子能量较高，足以引起分子中的电子发生电子能级间的跃迁。

电子激发态的多重态可以表示为 $2S+1$，S 是电子自旋角动量量子数的代数和，其数值为 0 或 1。根据电子填充规则，物质分子中同一轨道里所占据的两个电子，必须具有相反的自旋方向，即自选配对。根据电子填充的情况，可以将分子的状态分为单重态和三重态。如果分子的全部电子都是自旋配对，即 S=0，则该分子便处于单重态(或称单线态)，用符号 S 表示。通常大多数有机物分子的基态都是处于单重态。分子吸收能量后电子在跃迁过程中如果不发生自旋方向的变化，此时分子处于激发的单重态；而假如电子在跃迁过程中伴随着自旋方向的改变，这时分子便具有两个自旋不配对的电子，即 S=1，那么我们说分子处于激发的三重态(或称三线态)，用符号 T 表示。通常用符号 S_0、S_1 和 S_2 分别表示分子的基态、第一和第二电子激发单重态，用 T_1 和 T_2 分别表示第一和第二电子激发三重态。对于处于激发态的分子而言，其活跃度极高，很不稳定，因此会通过辐射跃迁和非辐射跃迁的衰变过程而返回基态。另外，处于激发态的分子也可能由于分子间的相互作用而失活。

激发态电子的衰变过程如果是辐射跃迁，则伴随着光子的发射，即产生荧光或磷光；如果是非辐射跃迁的衰变过程，则可以包括内转化(ic)、振动松弛(VR)和系间窜越(isc)，这些衰变过程的结果是导致激发能转化为热能传递给周围的介质。所谓的振动松弛是指分子将多余的振动能量传递给介质而衰变到同一电子态的最低振动能级的过程。内转化是指相同多重态的两个电子态间的非辐射跃迁过程(如 S_1～S_0，T_2～T_1)；系间窜越则是指不同的多重态的两个电子态间的非辐射跃迁过程(例如 S_1～T_1，T_1～S_0)。

图 17-3 为分子内所发生的电子激发过程以及衰变过程(辐射跃迁和非辐射跃迁)的示意图。

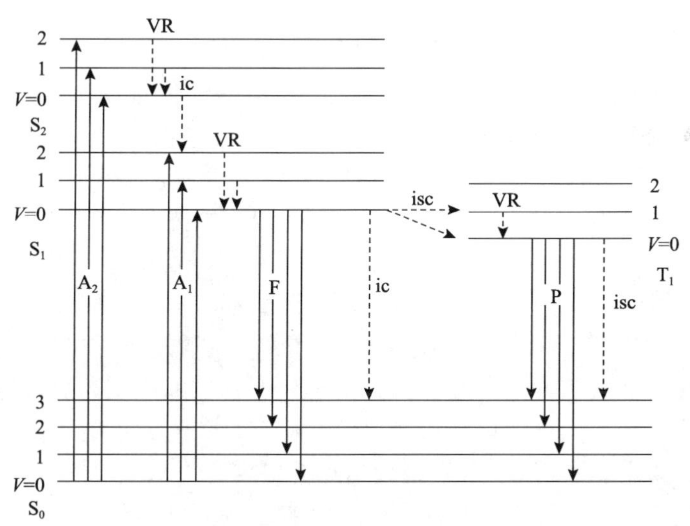

图 17-3　分子内的电子激发和衰变过程

A_1，A_2-吸收；F-荧光；P-磷光；ic-内转化；isc-系间窜越；VR-振动松弛

如图 17-3 所示，分子被激发到 S_2 以上的某个电子激发单重态的不同振动能级上，处于该激发态的分子寿命很短，很快(约 10^{-14}～10^{-12} s)就发生振动松弛而衰变到该电子态的最低振动能级，然后又经振动松弛、内转化而衰变到 S_1 态的最低振动能级。随后，衰变到基态的途径有：①辐射跃迁($S_1 \rightarrow S_0$)过程而发射荧光；②内转化 S_1～S_0；③系间窜越 S_1～T_1。另外，处于 T_1 态的最低振动能级的分子，可能发生 T_1～S_0 的辐射跃迁，该过程发射的光叫磷光，当然也可能同时发生 T_1～

S_0的系间窜越衰变。

根据荧光与激发光的波长的关系，荧光又可分为斯托克斯(Stokes)荧光、反斯托克斯荧光以及共振荧光。荧光的波长比激发光源长的叫斯托克斯荧光，荧光的波长比激发光源短的是反斯托克斯荧光，荧光波长与激发光相等的是共振荧光。在溶液中观察到的通常是斯托克斯荧光。根据荧光在电磁辐射中所处的波段范围，荧光可以分成X射线荧光、紫外荧光、可见荧光和红外荧光等。

1. 实验方法的选择

荧光分析最简单的方法是直接测定法。只要分析物质本身发荧光，便可以通过测量其荧光强度以测定其浓度。例如，有机芳族化合物和生物物质存在内在的发光特性，通常可以直接进行荧光测定。如果有其他干扰物质存在，则应事先采用掩蔽或分离的办法加以消除。

如果有些物质本身不发荧光，或者因其荧光量子产率低而无法进行直接测定，此时可以采用间接测定的办法。间接测定的办法有多种，可按具体情况适当的选择。

首先是荧光衍生化的办法，通过借助某种手段使本身不发光的物质转变为发荧光的化合物，再通过测定该化合物的荧光强度，来间接测定待分析物质。例如，无机金属离子的荧光测定方法，就是通过它们与某些配体反应生成具有荧光的配合物(螯合物)之后加以测定。对于不发光的有机化合物，人们可以通过降解反应、偶联反应、缩合反应、氧化还原反应、酶催化反应或光化学反应等办法，将它们转化为荧光物质。例如，维生素B_1本身不发荧光，可以在碱性溶液中用铁氰化钾等一些氧化剂将它氧化为发荧光的硫胺荧进行测定。

第二种情况是借助荧光猝灭来测试。如果被分析物本身不发荧光，但却具有能使某种荧光物质的荧光猝灭的能力，由于分析物质的浓度与荧光猝灭的程度有着定量的关系，那么，就可以通过测量荧光化合物荧光强度的下降程度，来间接地测定该分析物质。例如大多数过渡金属离子与具有荧光性质的芳族配体配合后，往往会使配位体的荧光猝灭，从而可间接测定这些金属离子。

第三种情况是借助能量受体进行检测。若待分析物质不发荧光，但可通过选择合适的荧光试剂作为能量受体，当被分析物质的电子被激发后，通过能量转移的办法，可以经由单重态-单重态(或三重态-单重态)的能量转移过程，将激发能量传递给能量受体，进而使能量受体分子被激发，测试再通过测定能量受体所发射的发光强度，就可以对分析物进行间接测定。例如，在滤纸上用萘作敏化剂以测定低浓度的蒽时，可使蒽的检测限提高达3个数量级。

每种荧光化合物具有本身的荧光激发光谱和发射光谱，因而在荧光分析测定时可相应的选择这两种波长参数，在混合物的测定方面，这比分光光度法具有更有利的条件。有时也可简单地通过选择合适的激发波长或发射波长，达到选择性测定混合物中某种组分的目的。

除了常规荧光分析法外，还有导数荧光测定、同步荧光测定、相分辨荧光测定、时间分辨荧光测定等方法，以及化学计量学的方法，来达到分别或同时测定的目的。这里只介绍三维荧光光谱和固体荧光。

三维荧光光谱区别于普通的荧光分析，是近几十年发展起来的一种新的荧光分析技术。这种技术的主要特点在于能同时获得激发波长与发射波长变化时的荧光强度信息。描述荧光强度同时随激发波长和发射波长变化的关系图谱，即为三维荧光光谱。常规荧光分析所测得的光谱是二维谱图，包括固定激发波长而扫描发射(即荧光测定)波长所获得的发射光谱，以及固定发射波长而扫描激发波长所获得的激发光谱。但是，实际上荧光强度是激发和发射这两个波长变量的函数。

固体表面荧光测试方法有两种：一种是直接测定固体物质表面的荧光；另一种是将待测组分吸附在固体物质表面，然后进行荧光测定。能够采用的固体物质有硅胶、氧化铝、硅酮橡胶、滤纸、溴化钾、乙酸钠、纤维素、蔗糖等。测定形式也有两种：一为反射式，二为透射式。采用反射式时，激发光源和荧光检测器同在样品的一边，一般互成 45°角。激发光照射在固体样品表面斑点上，样品发射出的荧光经单色器散射后由检测器检测。采用透射式时，一般将样品吸附在透明的薄层色谱板上，检测器和激发光源分处在样品的两边。紫外激发光经滤光片除去可见光，照射在样品斑点上而发可见光荧光，荧光透过基底的薄层板再经单色器散射后由检测器检测。一般，待测物质吸附在固体物质的小颗粒上，当入射光进入固体物质在颗粒边界上发生多重反射，而成为漫反射发生的荧光也在颗粒间发生反射，形成了激发光和荧光两者的散射。在如此复杂的情况下，固体表面发生的荧光强度与很多因素有关，例如与照射面积、荧光物质的数量、散射光强度、固体颗粒的大小、吸附层厚度、样品表面对入射光的吸收、测定的方式和观测发光信号的角度等。

2. 实验条件的选择及选择依据

实验条件的选择直接决定样品测试的结果的准确度。被测样品的荧光强度和谱带的分布与样品的吸光度和测试时样品的几何排列有关。

通常，样品池的排列选择入射光与样品池成直角的方式，保证样品中心发光。还有前表面型和偏离中心型的几何排列法，这些方法通常用于测试大吸光度或者大浊度的样品。所谓的前表面型测试是指入射光与样品成 45°角的排列。但是该排列法有如下的缺点：反射光进入发射单色器的杂散光多，干扰测量。有研究人员建议采用 30°角的前表面法，这样可减少进入发射单色器的反射光，同时增大样品的光照面，这样就可减少样品位置的敏感性，但是同时这种方法也带来了因照射面积大会降低测量的灵敏度。也有人建议如果样品的浓度和厚度不太大最好采用后表面发光型，这样几乎可以完全排除发射光进入发射单色器的可能性。有些时候，当样品的吸光度较大，则其荧光光谱和荧光强度会出现失真现象；用前表面发光测量高浓度的荧光样品室也会有失真现象。但是，前表面型测量的发光强度与样品浓度无关，入射光会被液池的近表面全部吸收。

3. 实验影响因素及其排除办法

任何仪器分析和测试都要考虑其影响因素，荧光分析也不例外。例如，在测试溶液的荧光光谱时，干扰发射谱带的有溶剂的散射光(拉曼散射和瑞利散射)和胶粒的散射光(丁铎尔效应)，同时也要考虑容器表面的散射光的影响。散射光的干扰会限制荧光灵敏度的提高，因而实际操作中一定要注意加以克服。上述几种散射光除了拉曼散射外均具有和样品激发光一致的波长。拉曼散射的波长与通常比激发波长稍长，且会随激发波长的变化而改变，但它与激发波长会维持一定的频率差。因此，为了降低或排除散射光的影响，可以选择适当的激发波长和测定波长。当被测量物质的荧光强度较弱时，可以采用加大狭缝宽度的方法来获得足够的荧光强度测量值。但前面已经提到，狭缝加大后透过的散射光也会增大，对测量的影响也将加大，因此，实际测定时一定要选择合适的狭缝宽度。当然，通过空白测定，也可对散射光的影响进行校正。

下面介绍几种因素对荧光光谱及其强度的影响及其相应的解决办法。

虽然发光体发光的能力主要取决于其分子结构，然而测试的环境因素尤其是溶剂介质对分子荧光会产生很大的影响。只有很好地了解和利用这些因素的影响，才能找到提高分析方法灵敏度和选择性的途径。

1) 溶剂性质的影响

同一荧光化合物在不同的溶剂的荧光光谱和强度可能不同。这是因为溶质与溶剂分子之间有静电作用，同时溶质分子的基态和激发态因电子分布的不同导致其偶极矩和极化率也存在差异，所以溶质分子的基态和激发态与溶剂分子之间的作用程度也不同，这些因素对荧光光谱位置和强度会产生很大影响。那些在芳香环上含有极性取代基的荧光化合物的荧光光谱最易受溶剂的影响。通常，溶剂的影响有一般和特殊的溶剂效应之分，一般溶剂效应是指溶剂的介电常数和折射率的影响，而后者是指被测荧光化合物和溶剂分子之间的特殊相互作用，如键合或者形成氢键的作用。一般溶剂效应普遍存在，而特殊溶剂效应则与溶剂和荧光物质的化学结构有关。特殊溶剂效应所引起的发射光谱的位置的移动通常比一般的溶剂效应引起的大。除了这些溶剂效应外，有些荧光物质因自身化学结构会因溶剂极性的改变而变，如形成了分子内的电荷转移态或者扭转的分子内电荷转移态，等等。因此，在做荧光分析测试时应选择合适的溶剂。

2) 溶液酸碱性的影响

如果荧光体本身是一种有机酸或弱碱，该弱酸或弱碱的分子及其相应的离子，可被看成两种不同的型体，各自具有不同的荧光特性，则溶液的酸碱性的变化将使荧光物质的两种不同型体的比例发生改变，进而对荧光光谱的形状和强度产生较大的影响。实验操作时，可通过调节溶液的 pH 来产生所要求的某种型体，该型体的荧光光谱移动后能够与干扰组分的荧光光谱分离开来，从而达到提高选择性的目的。

3) 测试温度的影响

温度对于溶液的荧光光谱有很大的影响。通常，随着温度的降低，荧光强度和荧光量子产率会增大。而进行荧光测定时，由于光源的温度相当高，极易容易引起被测溶液的温度升高，有时室温也可能发生变化，所以经常会导致荧光强度的变化，因此样品室的温度在测定过程中应尽可能保持恒定。

4) 重原子效应

还有一类溶剂效应与溶剂的极性和溶剂的氢键性质无关，但是也能对溶质的荧光强度和磷光强度产生影响，而几乎不影响其跃迁的频率。这类溶剂效应是由于溶剂分子中含有高原子序的原子造成，被称为“外重原子效应”。芳香族化合物分子中的重原子取代基团，有时也会引起荧光强度减弱、磷光强度增强的现象，这一类重原子效应被称为“内重原子效应”。

5) 有序介质的影响

有些有序介质对发光物质的发光特性也会有显著的影响，例如表面活性剂或环糊精溶液，它们在发光分析中有着广泛的应用。通常，表面活性剂是非光活性物质，使用方便、毒性小，其胶束溶液光学上透明、稳定，对发光物质起着增溶、增敏和增稳的作用。实践证明，利用表面活性剂作为介质是提高荧光分析法灵敏度和选择性的有效途径之一。环糊精类化合物分子结构中存在一个亲水的外缘和疏水的空腔，这个疏水的空腔能和许多有机物分子结合形成主客体包合物，这个结构特点是它们获得广泛应用的基础。某些荧光物质分子与环糊精的疏水空腔有更大的亲和力，如果其分子的尺寸大小合适，便能够与环糊精分子结合形成包合物，从而进入环糊精的腔体，这样的包合物很稳定，能够增强荧光强度。

6) 其他溶质的影响

有机分子的荧光除了会受溶剂效应的影响，有时也会因为其他溶质的作用而受到影响。例如金属离子与芳香族配体配位之后会对配体的荧光光谱和强度产生影响。如果荧光体与溶液中其他溶质发生了能量转移、化学反应、电荷转移或碰撞作用等过程也可能导致荧光体的荧光猝灭现象等。

17.3 实验步骤

17.3.1 样品的制备要求

荧光化合物是指具有大的共轭体系和刚性的平面结构，具有能发射荧光的内在本质的化合物。如果被检测体系自身含有荧光团而具有内源荧光，这样就可以通过检测内源荧光的某种荧光参数的变化来研究该体系的性质，采用直接测定法。而如果所要研究的体系本身不含有荧光团，或者其内源性质很弱，这时就需要在体系中外加一种荧光化合物(即荧光探针)，通过测量探针的荧光特性的变化来研究体系的性质，这种方法是间接测定法。

(1)固体样品：将样品充分干燥并研磨成粉末，用称量纸移至样品槽内，用钥匙压平，使槽内充满粉末即可。

(2)溶液样品：首先配好一定浓度的溶液，将溶液小心转移到比色皿内，然后将比色皿放在支架上，再一起放入样品槽内，即可准备测试。

17.3.2 测试操作

1. 开机步骤

(1)开启电源(Power)开关，风扇开动；

(2)开启 Xe 灯电源(Main Lam)开关；

(3)开启控制器开关，软盘启动，等待至听到一声鸣响(约 30 秒)；

(4)开启计算机开关，运行 FluorEssence 操作软件，点击 M 系统初始化，进入操作界面。

2. 系统转换和操作

(1)由稳态转换到 TCSPC 状态。

(2)关闭 SPECTRACQ 电源。将 PMT 信号输出连接到 TB-02 前置放大器的输入端。拆下稳态样品箱，换上 TCSPC 样品箱。装 NanoLED。开 IBH Hub 和 TB-02 前置放大器的电源。开 SPECTRACQ 电源，等待软盘启动完成。运行 DataStation 软件，系统初始化，选择 TCSPC Lifetime。做未知样品的时间衰减曲线。做荧光散射体(Ludox)的时间衰减曲线。保存数据文件。运行 DAS6 软件，做曲线拟合，得到荧光寿命。

(3)由 TCSPC 状态转换到稳态：关闭 SPECTRACQ 电源。关闭 IBH Hub 电源和 TB-02 前置放大器的电源。将 PMT 信号输出连接到 DM302 的输入端。取下 NanoLED。拆下 TCSPC 样品箱，换上稳态样品箱。开 Xe 灯风扇，电源。开

SPECTRACQ 电源。运行 FluorEssence 软件。

17.3.3　仪器操作注意事项

(1) FL3-TCSPC 为精密光谱仪，不得随意打开机盖，触摸反光镜和光栅表面。

(2) 开 Xe 灯前，必须确定计算机、显示器、打印机、控制器等设备的电源在关闭位置。关 Xe 灯前，必须先关闭所有设备的电源。否则，开、关 Xe 灯时产生的尖峰电脉冲会损坏上述设备。

(3) 关 Xe 灯电源(Main Lamp)后，不能立即关闭 Xe 灯的冷却风扇，15 分钟后关 Xe 灯主电源(Power)。

(4) Xe 灯上的 4 个冷却出入风口必须保持干净，通风良好。每季度的第一个工作日用除尘器将 4 个通风口上的杂物清理干净。

(5) 仪器的工作状态可以通过测试 Xe 灯得激发光谱和纯净水的拉曼光谱检查。

(6) 稳态测试时，信号强度不能大于 10^6，如果信号过强：①可以将激发和发射单色仪的狭缝关小；②降低 PMT 探测器的高压。

(7) 系统状态转换，由稳态转换到 TCSPC 状态或由 TCSPC 状态转换到稳态时，必须关闭系统电源。

17.4　应　　用

直接测定法应用于测定许多有机荧光分子，如芳族化合物和生物物质内在的荧光性质。间接测定法用于测定本身不发荧光或因量子产率低而无法进行直接测定的物质的荧光性质。

荧光分析具有简单、取样量小、快速、灵敏度高、费用少等优点，已广泛应用于生物化学、食品分析、农药分析、医学、临床、环境研究、法庭检测等方面的工作。近年来电子计算机、激光光源、新型检测器的采用使固体表面荧光分析也有更为广阔的用途。

17.4.1　有机污染物的检测

Wang 等提出了用 L-半胱氨酸包裹的 CdS 量子点(L-Cy-CdS QDs)用于检测 2,4,6-硝基苯酚(TNP)。由于 TNP 和 L-Cy-CdS QDs 之间具有良好的电子能量转移、荧光共振能量转移和静电相互作用，所以 TNP 可以使量子点的荧光猝灭。该传感器的线性检测范围是 0.05～5 μg/mL，线性方程为 $\Delta F=0.5123c+90.73$ ($R^2=0.997$)，检出限为 39 ng/mL，ΔF 是荧光猝灭值(图 17-4)。该传感器已应用到实际水样的检测，实验结果令人满意，表明该传感器在环境领域有着广阔的应用前景。

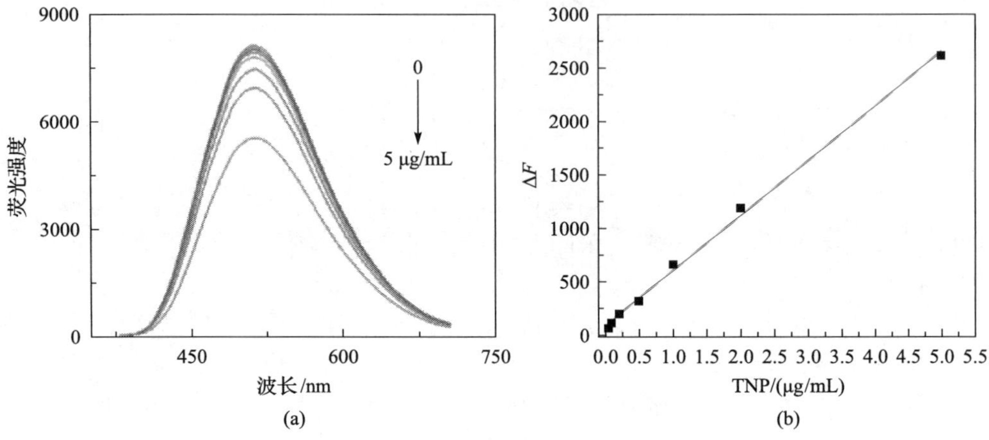

图 17-4　(a)不同浓度的 TNP 对 L-Cy-CdS QDs 荧光猝灭效率的影响；(b)L-Cy-CdS QDs 的荧光猝灭值与 TNP 浓度之间的线性曲线

17.4.2　重金属的检测

Li 等设计了一种新颖的荧光比率探针(铜纳米簇-N 掺杂的碳点复合材料(CuNCs-CNQDs)用于检测 Pb^{2+}。CuNCs-CNQDs 在发射波长 468 nm 和 632 nm 处有双发射峰。CuNCs 发出响应信号，Pb^{2+}与 CuNCs 之间产生的聚集诱导发射增强(AIEE)现象使 CuNCs 的荧光增强。CNQDs 提供自校准信号，与 Pb^{2+}共存时荧光几乎保持不变。在最佳实验条件下，荧光比值 I_{632}/I_{468} 与 Pb^{2+}的浓度成线性关系，I_{468} 和 I_{632} 分别表示发射波长 468 nm、632 nm 处的荧光强度。在 0.01～2.5 mg/L Pb^{2+} 浓度的线性范围内，CuNCs-CNQDs 对 Pb^{2+}有较好的灵敏度，线性方程为 $I_{632}/I_{468}=0.2455c+0.2581$ ($R^2=0.9971$)，计算可得该传感器的检出限为 0.0031 mg/L(图 17-5)。

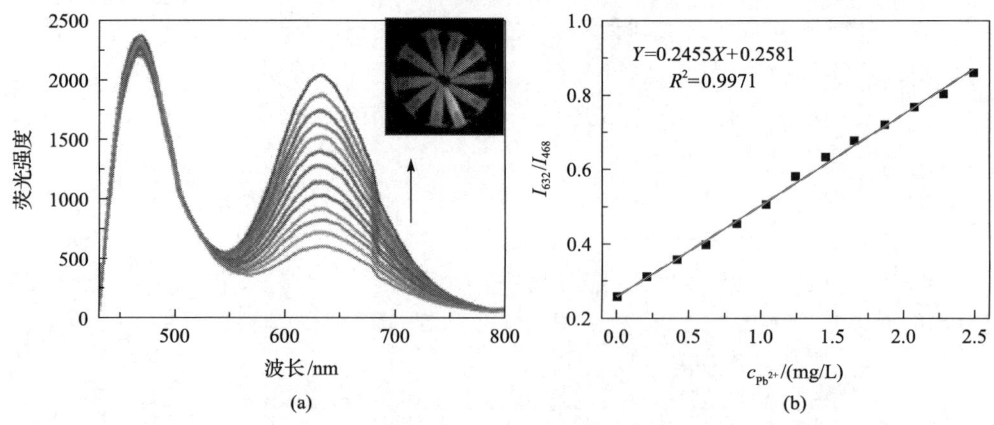

图 17-5　(a)添加不同浓度 Pb^{2+}后 CuNCs-CNQDs 的荧光发射光谱；(b)CuNCs-CNQDs 的响应值(I_{632}/I_{468})与 Pb^{2+}浓度之间的线性关系

17.5 思 考 题

紫外电子吸收光谱、拉曼光谱和荧光光谱的关系。

第 18 章　液体核磁技术

18.1　概　　述

1930 年，物理学家伊西多·拉比发现在磁场中的原子核会沿着磁场方向呈正向或反向有序平行排列，而施加无线电波后，原子核的自旋方向发生翻转。这是人类对原子核与磁场以及外加射频场之间的相互作用的最早认识，由此拉比 1944 年获得了诺贝尔物理学奖。1946 年美国斯坦福大学的 Bloch 和哈佛大学的 Purcell 领导的两个研究小组首次发现了物质的核磁共振现象，当时未引起重视，直到 1949～1951 年，化学位移和自旋耦合的相继发现，NMR 信号才与化学结构联系起来，成为解决化学问题的一种有用工具，在其他领域也有广阔的应用前景。为此 Bloch 和 Purcell 获得了 1952 年诺贝尔物理学奖。

核磁共振现象发现以后，与之相关的领域随即迅速同步发展起来。

1953 年美国 Varian 公司研制成功世界上第一台商用 NMR 谱仪 Varian EM-300 型(频率 30 MHz，磁场强度 0.7 T)。随着超导技术、脉冲傅里叶变换技术、电子计算机技术在 NMR 谱仪研制中的使用，NMR 谱仪得到了重大快速的发展。1964 年美国 Varian 公司研制出世界上第一台超导 NMR 谱仪 Varian HR-200(频率 200 MHz,磁场强度 4.74 T),1969 年生产出世界上第一台脉冲傅里叶变换 NMR 谱仪 VarianXL-100(频率 100 MHz，磁场强度 2.35 T)。1967 年后，由于多重脉冲及魔角旋转技术的应用，才出现了固体核磁谱仪，检测样品从液体扩展到了固体。国际上核磁共振技术发展迅速，各种用途、多功能的高级核磁共振谱仪层出不穷，300～600 MHz 的核磁共振谱仪已在诸多领域得到了广泛的普及应用。20 世纪 80 年代发现的高温超导磁体(HTS)技术，不断地推动 NMR 磁场强度及装置整体性能的提高。2009 年德国布鲁克公司研发出当时世界最高磁场强度性能 1000 MHz 的超高场磁体装置，2015 年日本五家单位联合，研发出 1020 MHz 的超高场磁体装置,2018 年、2019 年布鲁克公司又相继成功研制出 Ascend1.1GHz NMR、1.2GHz NMR 超高场磁体装置，创造了稳定、均匀的核磁共振体的世界新纪录。

国内核磁共振技术及谱仪的研发起步于 1960 年，1974 年北京分析仪器厂研究成功我国第一台 NMR 谱仪 BH-01 型(电磁铁，60 MHz，1.4092T)；1983 年，中国科学院长春应用化学研究所研制成功我国第一台傅里叶变换 NMR 谱仪 CH-100 型(电磁铁，100 MHz)；1987 年，中国科学院武汉物理研究所研制成功我国第一台 360 MHz 超导 NMR 谱仪，多年来积极对核磁共振技术及谱仪的生产进行开发研制。目前，已成功研制出国内首台具有自主知识产权的 500 MHz、600 MHz 核磁共振谱仪样机。但由于国际上磁体技术及生产规模相对比较成熟，国内大量的核磁设备至今主要还是依赖于进口。

核磁共振谱仪一方面朝着大型高磁场方向发展，以支持生命科学、医学、化学等相关领域的深入探索；同时，在普及应用方面，也出现了很多方便快捷维护简单的应用型小型核磁共振谱仪(如无液氦的 60 MHz、90 MHz 小核磁)的开发推广。

核磁共振技术及谱仪研制的快速发展，为相关学科的科学研究提供了强有力的支撑。NMR 技术具有快速、灵敏、精确、分辨率高的优点，可以深入到物质内部而不破坏被检测的对象，因而得到了广泛的应用。核磁共振(nuclear magnetic resonance，NMR)波谱仪作为一种重要的分析仪器，目前已广泛应用于物理学、化学、材料科学、生命科学、环境科学、药学、医学、农业、矿业、石油、食品等学科领域，是进行结构分析表征、动态过程跟踪以及物理特性研究等方面必不可少的、最有效的工具之一。尤其在有化合物和生物大分子的结构鉴定方面，核磁共振技术具有其特殊的地位，被视为相关科研工作的“眼目”。

核磁共振技术的应用有三大分支：液体核磁共振波谱技术、固体核磁共振波谱技术、核磁共振成像(MRI)技术。简单地说液体核磁共振波谱技术主要用于液态样品的 NMR 检测，固体核磁共振波谱技术主要用于固态样品的 NMR 检测；核磁共振成像技术则是一种较新的医学成像技术，国际上从 1982 年才正式应用于临床医学，主要用于人体内部结构成像，是一种革命性的医学诊断工具。

18.2　仪器构成及原理

18.2.1　仪器基本构成

以 Bruker AVANCEIII 500 MHz 全数字化液体核磁共振谱仪为例，核磁共振谱仪是一有机整体，可分为主体设备和辅助设备两大部分，各个部件及辅助设备需要协调一致，方能使谱仪正常顺畅运行。主体设备：包括超导磁体、探头、匀场系统、锁场系统、前置放大器、机柜、操作控制台(图 18-1)。辅助设备主要有空压机、UPS 电源、除湿机等。

1. 超导磁体

作用：NMR 实验是研究原子核在静磁场中的状态变化，因此必须提供一个强的静磁场，这个磁场由超导磁体产生，它是一电磁体，利用电流来产生所需的静磁场。它是整个仪器中最基本的部分，需要足够的温度极低的液氦、液氮来维持其正常的工作。氦气的沸点是 4 K(–269℃)，液氦的温度≤4 K。液氮可保证的低温为 77.35 K(–195.8℃)。

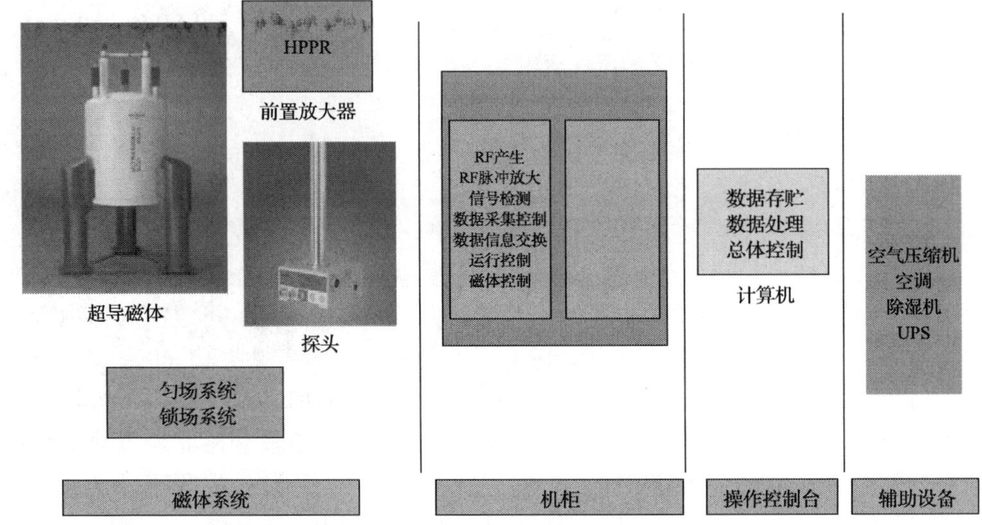

图 18-1　核磁谱仪基本构成

工作原理：超导材料组成的线圈处于极低温度时，处于超导状态，磁体第一次安装时，对线圈施加电流(称为升场)，由于没有电阻，撤去电源后，电流仍在线圈中做恒定的流动，也就产生了一个强、稳、匀的静磁场，电流越大，磁场越强。升场结束后，磁体可以保持现状工作很多年。磁体需要的唯一维护是确保超导线圈始终浸泡在液氦中。

失超：当大量的液氦蒸发掉时，超导线圈的大部分就不再被液氦浸泡，温度将升高，达到一定温度就会失去超导电性。线圈的电阻会导致磁场突然衰减，同时产生的热量又会使液氮和液氦大量蒸发掉，这时房间内会瞬间充满大量的氮气和氦气，这被称为“失超”，是极其严重的安全事故(图 18-2)。

2. 探头

硬件：是整个谱仪的心脏，是最关键的部分，由磁体的底部插入，位于室温匀场线圈的内部，由发射线圈、接收线圈(特别设计的 RF 线圈)和电容组成。

作用：放置测试样品；对样品发射射频脉冲；接收样品的 NMR 信号；发射和接收锁场信号。

探头的规格：10 mm、5 mm、3 mm、1 mm(指能够支撑的样品管规格)(图 18-3)。

3. 前置放大器(HPPR)

硬件：包括控制模块、1H 模块、X-BB 模块、2H 模。HPPR 内装有一接收/发射开关，阻止高压 RF 脉冲进入到敏感的低压信号接收器。

作用：对样品的 NMR 信号进行放大(从微伏到毫伏)；分离高能 RF 脉冲信号与低能 NMR 信号；传送和接收锁场信号(图 18-4)。

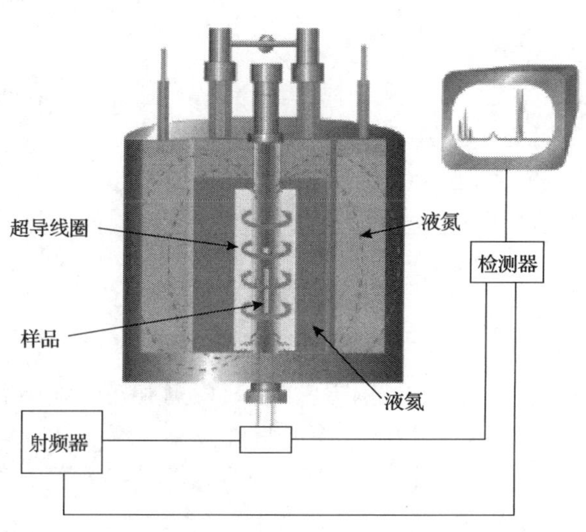

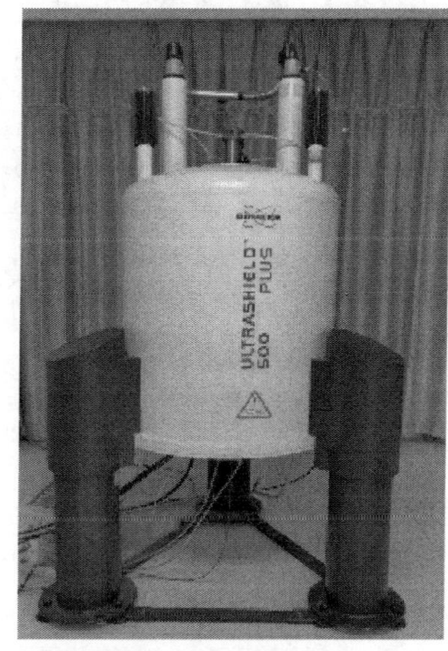

图 18-2　超导磁体

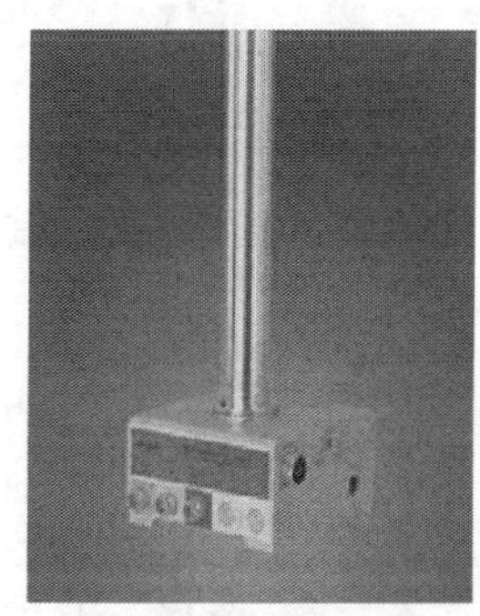
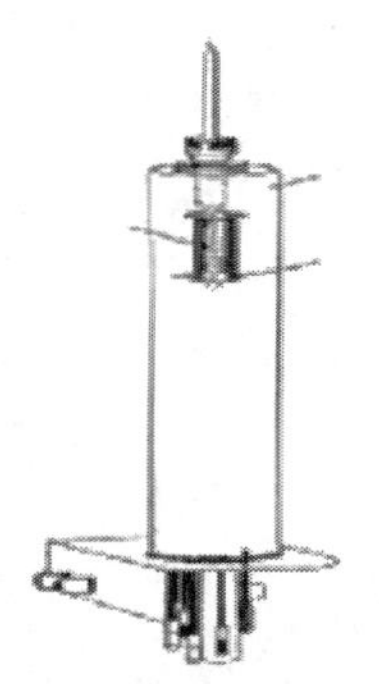

图 18-3　探头

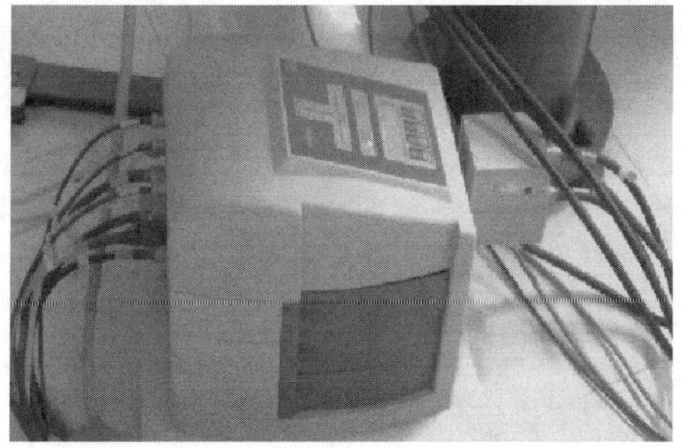

图 18-4　前置放大器(HPPR)

4. 室温匀场系统

硬件：由磁体的下端插入到室温腔管内，是一组截流线圈(匀场线圈)，各组线圈控制着 x、y、z、xy、xz、yz 等各方向的磁场梯度。

作用：改善磁场的均匀性。

工作原理：通过适当调整各线圈中的电流强度，这些小的变化在空间上构成相互正交的梯度磁场，以此来补偿主磁场的不均匀性，而得到一均匀的磁场。

5. 锁场系统

硬件：包括一个在 HPPR 中独立的氘模块，其作用是负责发射和接收锁场信号；还有一个安装在机柜中的接收器，用于监视氘频率并据此调整磁场强度。

作用：控制场漂，并使磁场不受外界信号的干扰而改变，确保样品周围的磁场稳定。分氘锁和氟锁，氘锁的应用范围最广。

工作原理：通过监测溶剂中氘信号的变化来实现锁场。根据 $\omega = \gamma B_0$ 特定磁体中氘信号的频率精确值是已知的，一旦磁体的场强发生改变(漂移)，氘频率就会发生变化。当锁场系统的接收器检测到正确的氘频率时，就不调整磁场；而当它检测到氘频率发生变化时，即表明此时场强发生了变化(场漂)，这时匀场系统中的一个特殊线圈(H_0 线圈)中的电流就会发生改变，以此来矫正偏离的磁场。当系统被锁定后，可以认为实验采样期间的场强是一恒定的常量。

6. 机柜

整合了一台现代数字谱仪的大部分执行命令的电子硬件，包括 AQS、BSMS、IPSO、VTU、功放。负责工作站的指令接收、转化、传输给磁体，并把磁体产生的信号转换后传回工作站。它相当于一支执行特种任务的“部队”，里面有执行不同命令的微处理器。只有能被接收的指令才能执行，错误指令或重复指令会显示出错信息，干扰命令的正常执行。一般的使用者无须知道其中的构造。在实验进行期间，AQS 完全控制谱仪的操作，可看作是另外一台计算机，通常被称为“spect”，无论主机还是 AQS 被关闭，它们的连接都会中断，再开机需要重新进行连接(图 18-5)。

18.2.2 工作原理

1. 核磁共振现象

核磁共振(nuclear magnetic resonance，NMR)简单说是指处于静磁场中的磁性原子核在另一交变磁场作用下发生的物理现象。处于外磁场中的磁性原子核系统

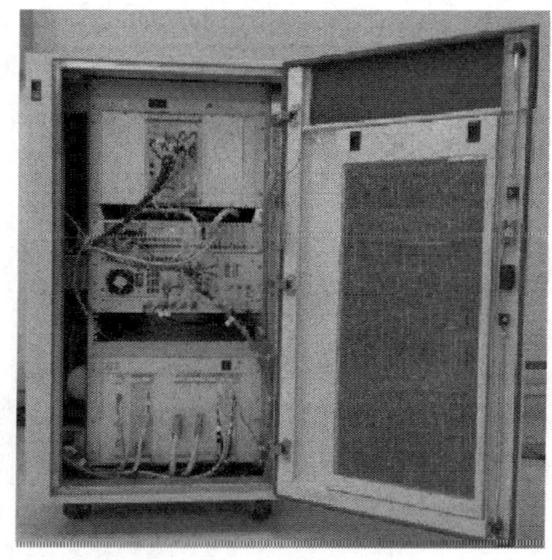

图 18-5　机柜

受到相应频率的电磁波辐射，当辐射的能量恰好等于自旋核两种能级态的能量差时，处于低能级的自旋核吸收该电磁辐射能跃迁到高能级，这种物理现象就称为核磁共振。

要产生核磁共振，必须具备三个条件：磁性原子核、静磁场、相应频率的射频脉冲。下面逐一介绍。

2. *核磁共振研究的对象*

只有自旋量子数 $I \neq 0$ 的原子核才有核磁共振信号，它们是核磁共振研究的对象，根据是否常用及检测的难易，大概划分为以下三类。

(1) $I=1/2$，$Q=0$ 的原子核：^{1}H，^{13}C，^{15}N，^{19}F，^{29}Si，^{31}P，这类原子核自旋过程中核电荷呈均匀分布的球体，由于不受电四极矩的影响，其核磁共振谱线较窄，最适宜核磁共振检测，容易得到高分辨的 NMR 谱，这类原子核是核磁共振研究的主要对象。尤其是对 ^{1}H、^{13}C 原子核，它们是组成有机化合物的基本元素，对其核磁共振的研究也最为成熟，^{1}H 谱、^{13}C 谱以及相关的 2D 谱如 COSY、TOCSY、NOESY、HSQC、HMBC 测试，被广泛用于有机化合物的结构测定。

(2) $I>1/2$，$Q>0$ 的原子核：$I=1$：^{2}H，^{14}N，^{6}Li；$I=2$：^{58}Co；$I=3$：^{10}B；$I=3/2$：^{11}B，^{23}Na，^{33}S，^{35}Cl，^{37}Cl，^{79}Br，^{81}Br，^{39}K，^{63}Cu，^{65}Cu；$I=5/2$：^{17}O，^{25}Mg，^{27}Al，^{55}Mn，^{67}Zn，^{127}I。这类原子核在自旋过程中，核电荷呈非均匀分布的椭圆体或称四极矩核，形成特殊的弛豫，使谱峰加宽，给核磁共振检测增加了难度，其研究应用也较少。

(3) 无机金属元素：还有一些无机金属元素如 ^{59}Co，^{119}Sn，^{195}Pt，^{199}Hg，它们也有核磁共振现象，在适当条件下也被用于测定无机物或络合物的分子结构。

3. 核磁共振基本原理

1) 静磁场的作用(以 I=1/2 为例)

$I\neq0$ 的原子核会自旋，产生磁矩，为一矢量，有方向和大小，每一个原子核都可以看作是一小磁针。在没有磁场存在时(基态)(图 18-6)，这些小磁针的排列是无序的，不存在能量差，即它们的能态是简并的，总的磁化矢量强度为 0，不会有核磁共振现象产生。

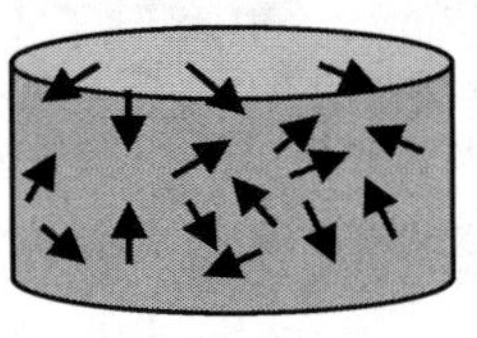

图 18-6　基态

当将磁性原子核置于一静磁场中时(图 18-7)，这些小磁针便会重新排列，简并解除，而产生能级分裂(称为塞曼分裂)，分布在高能态和低能态上的原子核数量遵循 Boltzmann 分布规律，即与外磁场方向平行的处于低能态的原子核数量总是比反向的处于高能态的核稍多，此时原子核的自旋体系处于一平衡态。由于沿磁场方向的原子分布较多一些而造成一个沿 Z 轴的非零宏观磁化强度矢量 M_0(核磁矩的宏观特性)，以 ω_0(共振频率)做 Larmor 进动，其能量状态保持不变。这个时候还不能观察到核磁共振现象。

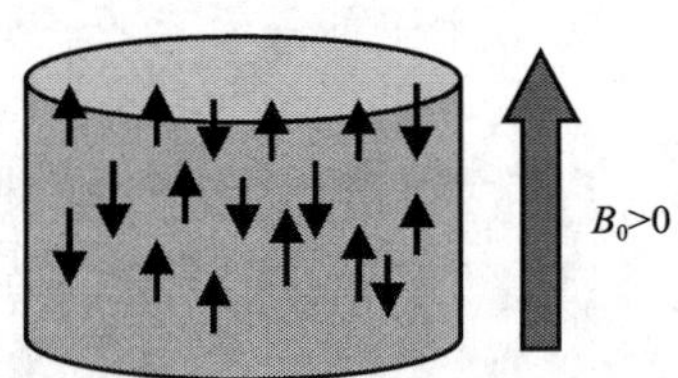

图 18-7　置于静磁场中

核磁矩在磁场中的能级数目取决于自旋量子数 I，能级总数为 $2I$+1。以 ^{1}H 原子核为例，I=1/2，^{1}H 原子核在静磁场中产生能级裂分(图 18-8)，能级总数为 2，或者说 ^{1}H 原子核产生两种自旋取向，与外加静磁场 B_0 方向平行的原子核处于低能态，与 B_0 方向相反的原子核处于高能态。两能级之间产生的能量差为 ΔE。

$$\Delta E=\gamma(h/2\pi)B_0$$

式中，γ 为磁旋比(magnetogyric ration)，又称旋磁比(gyromagnetic ratio)；h 为普朗克常量；B_0 为静磁场强度。

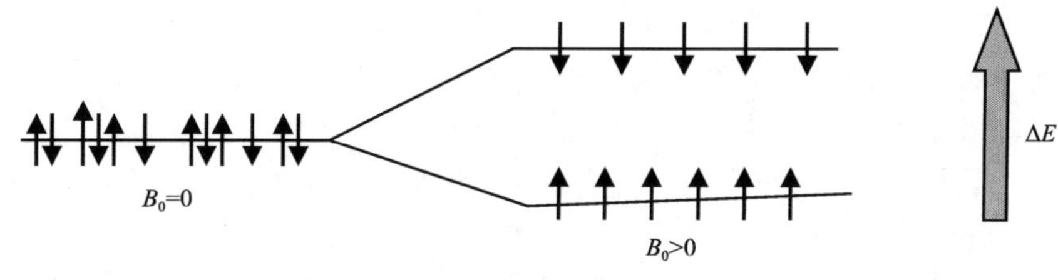

图 18-8　能级裂分

2) 核磁共振激发

NMR 激发需要核自旋体系吸收能量，能量的来源是一个由变化的电场所产生的振荡的射频电磁辐射——RF 射频脉冲，这是频率为 ω_0 的连续波与阶梯函数的组合结果。最常用的脉冲是 90°或 π/2 脉冲，它使磁化矢量完全倾倒到 XY 平面。90°脉冲将给出最大的信号，为一般测试所选用。

不同频率的脉冲意味着不同的能量。当施加一个与静磁场 B_0 方向(Z 轴)垂直、与被观测原子核的 Larmor 进动频率相同的 RF 射频脉冲，脉冲提供的能量需满足 $\Delta E=\gamma hB_0/2\pi$ 的条件时，由于射频脉冲提供的能量与原子核在静磁场中产生的能级差 ΔE 相匹配，原子核就会受到激发，处于低能态的原子核吸收能量跃迁到高能态，产生核磁共振现象，同时围绕 X 轴进行转动。当关闭脉冲后，我们就可以观测到 NMR 信号。所以，处于静磁场中的磁性原子核产生核磁共振的基本条件为：$\Delta E=\gamma hB_0/2\pi$。能量与频率是相关的，我们可以做一些简单的数学变换：

我们将原子核 Larmor 进动频率定义为 ω，$\omega=2\pi\nu\rightarrow\omega_0=\gamma B_0$。式中，$\nu$ 为射频脉冲频率；γ 为一常量，不同的磁性原子核有不同的 γ；B_0 为所用核磁共振谱仪的静磁场强度。从 $\omega_0=\gamma B_0$ 这一公式中，我们可以得到以下几个有用的信息：①在同一磁场中，不同的原子核由于其旋磁比 γ 不同，产生共振的频率也不同，如在 11.744 T 的磁场中，^{1}H、^{13}C、^{31}P、^{19}F 的共振频率分别为 500 MHz、125.72 MHz、202.4 MHz、470.38 MHz；②相同的原子核在不同的磁场中，其共振频率也不同。如 ^{1}H 在 11.74 T、9.395 T、7.046 T 磁场中的共振频率分别为 500 MHz、400 MHz、300 MHz；③磁体的磁场强度 B_0 越大，NMR 谱仪的灵敏度就越高；④具有较大旋磁比的核，吸收或发射的能量就越大，也就越灵敏。灵敏度与 γ^3 成正比：仅仅因为旋磁比的差异，^{1}H 的灵敏度大约是 ^{13}C 的 64 倍；如果再考虑同位素的天然丰度，^{1}H 的灵敏度大约是 ^{13}C 的 6400 倍。

3) 原子核的弛豫

简单地说，当宏观磁化矢量 M_0 受到所发射的相应频率的 90°RF 射频脉冲照射，倾倒到 XY 平面上，并绕 Z 轴旋转。此时，原子核体系吸收能量，由平衡态变为非平衡态。一旦取消脉冲，原子核自旋体系就会逐渐恢复到平衡态，释放出能量。在这个过程中，M_0 在 XY 平面上的投影 M_{xy} 由大变小直至消失，在 Z 轴上的投影 M_z 则由小逐渐回复至 M_0。宏观磁化强度矢量 M_0 由激发态恢复到平衡态的过程就称为原子核的弛豫。

弛豫过程是一个能量转变的过程，需要一定的时间。M_0 的能量状态随着时间的延长而改变，整个恢复过程比较复杂。弛豫分为以下两种类型，它们都与时间成指数衰减关系：

A. 纵向弛豫(自旋-晶格弛豫)

描述的是原子核自旋体系向外界释放能量，从高能态恢复到平衡态的过程，所需要的时间为纵向弛豫时间 T_1。T_1 越小，表明弛豫过程的效率越高，T_1 越大则效率越低，容易达到饱和。T_1 的大小与磁性原子核的种类、样品状态、温度等有关。脉冲重复时间的设定与 T_1 有关。

B. 横向弛豫(自旋-自旋弛豫)

描述的是在 XY 平面，由于自旋-自旋相互作用，使得 M_{xy} 逐渐趋于 0 的过程，需要的时间为横向弛豫时间 T_2。这个过程比纵向弛豫过程快。采样时间的设定与 T_2 有关。T_1、T_2 与原子核的种类、样品的特性及状态、温度以及外加磁场的大小有关。

整个弛豫过程可以简单描述为：取消脉冲后，弛豫过程开始，经一时间间隔，出现明显的横向弛豫，到某一时刻，横向弛豫过程结束，纵向弛豫过程还在进行；纵向弛豫过程也结束，核磁矩恢复到平衡态，弛豫过程结束。

4) FID 信号和傅里叶变换

在弛豫过程中，横向磁矩 M_{xy} 垂直并围绕磁场 B_0 轴以 Lamor 频率进动，此转动切割了接收器线圈，并在接收器线圈中产生感应电流，其频率就是 Larmor 进动频率 ω_0。由于 M_{xy} 受到 T_1、T_2 的影响，这一感应电流信号以指数方式衰减，接收线圈可检测到这一微弱的信号(毫伏)。此信号并不能像 COS 函数一样保持同样的振幅持续下去，而是以指数方式衰减为 0 的函数，因为它是自由进动感应产生，所以称为自由感应衰减(free induction decay，FID)信号(图 18-9)，此一现象是由横向弛豫(自旋-自旋弛豫)造成的。这便是 NMR 信号。

在核磁共振实验中，由于样品中各个原子核所处的化学环境不同，具有不同的共振频率。这些原子核同时受到激发，接收线圈会同时检测到所有频率的信号，因此，我们所得到的 NMR 信号是包含了许多共振频率的复合信号，要分析研究这样的信号是很困难的。但通过软件，进行傅里叶变换(FT)就可解决这个问题，得到想要的 NMR 谱图(图 18-10)。

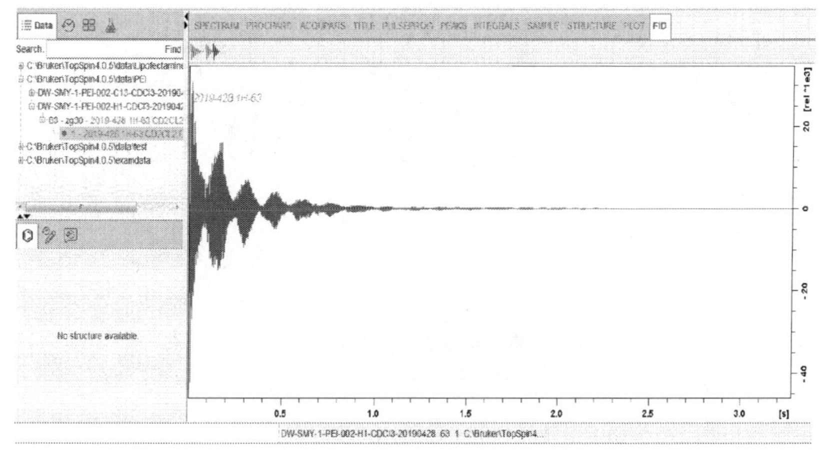

图 18-9　FID 信号

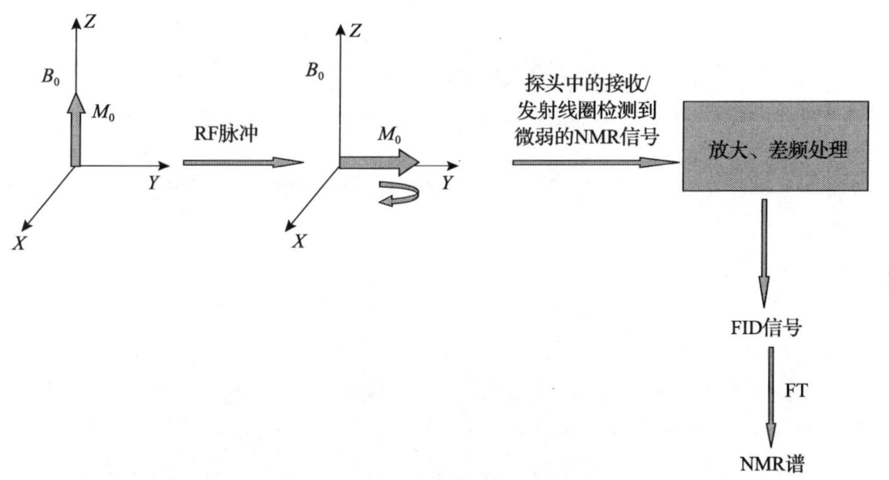

图 18-10　核磁共振原理简图

5) 电子屏蔽效应和化学位移

A. 化学位移的产生

分子中的原子核外包围着电子云，在磁场中，由于自旋磁性原子核外电子的运动而产生一个小的感应磁场 B_e，此小磁场与外加的静磁场 B_0 方向相反，强度与静磁场 B_0 的强度成正比，此感应磁场在一定程度上减弱了 B_0 对磁核的作用。这一感应磁场对外磁场的屏蔽作用称为电子屏蔽效应(图 18-11)，其大小以屏蔽常数 σ 表示。屏蔽效应的大小完全取决于原子核核外电子云密度的大小，而原子核外电子云的密度又随着其所处的化学环境不同而变化，电子云密度大，则屏蔽效应强，反之，则屏蔽效应弱。那么，磁性原子核实际感受到的磁场强度则为：$B_{核}=(1-\sigma)B_0$(式中 σ 为屏蔽常数)。

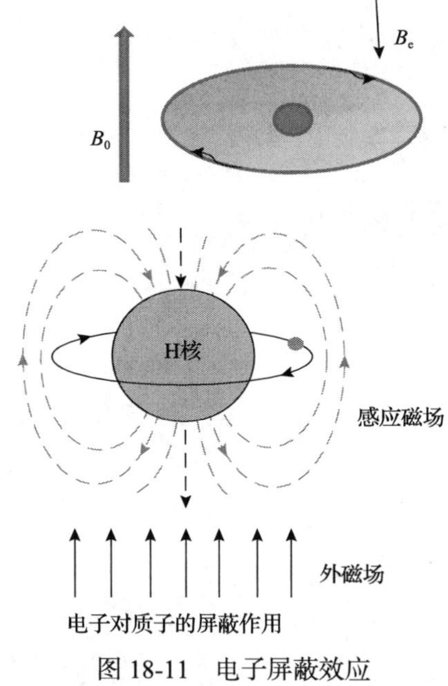

图 18-11　电子屏蔽效应

由于屏蔽效应的存在，产生核磁共振的基本条件需进行修正，$\nu=\gamma B_{核}/2\pi$，进行公式换算：

$$B_0 = \frac{2\pi\nu}{\gamma(1-\sigma)}$$

式中，ν 为射频脉冲频率；γ 为原子核的旋磁比，为一常量；σ 为屏蔽常数。

化合物中相同的原子核(γ 相同)因所处的化学环境不同，其核外电子云密度不同，屏蔽效应不同，即 σ 值不同。当用固定频率(ν 相同)的 RF 脉冲照射样品时，处于不同化学环境的这些原子核发生核磁共振所需的磁场强度不同，共振吸收峰会出现在不同磁场强度的位置。如果以扫场方式进行测定，若原子核外电子云密度大，其屏蔽效应强，σ 值大，产生的共振峰将出现在高场。反之，若原子核外电子云密度小，则其屏蔽效应弱，σ 值小，产生的共振峰将出现在低场。所以，同一化合物中相同的原子核因所处化学环境不同而有不同的化学位移，从而使结构鉴定成为可能。因此，可理解化学位移为：在同一射频的照射下，同种磁性原子核因在分子中所处的化学环境不同，或者说因核外电子云密度不同，产生的屏蔽效应不同，而导致在不同共振磁场强度下显示共振吸收峰，这种共振峰位置的差异称为化学位移(chemical shift)。

B. 化学位移的表示

通常采用相对值来表示化学位移，以 δ 表示，国际上采用的单位是 ppm。相对化学位移值可以准确测定，以某一基准物质(如四甲基硅烷，TMS)的共振峰为原点，令其化学位移为零，其他原子核的化学位移就是相对于该基准物质的一个相对值。相对化学位移值与测定时所使用仪器的磁场强度无关，即同一分子中的各原子核的 δ 在不同磁场强度的仪器中所测值都是相同的，但是，其分辨率不同。磁场强度高的谱仪分辨率高，能将吸收峰的位置拉开，有助于信号的解析。比如，相同的样品测试 ^{1}H 谱，在 500 MHz 谱仪和 300 MHz 谱仪中，其化学位移值是一样的，但是，因分辨率不同，得到的谱形有差异。

一般氘代试剂中都已加入常用的基准物质 TMS，在 TMS 左边的吸收峰 δ 为正值，右边的吸收峰为负值。除 TMS 外，还有 DSS $(CH_3)_3Si—CH_2—CH_2—CH_2SO_3Na$)也可以作为化学位移的基准物质，应注意的是，DSS 的三个 CH_2 峰在 0.5～3.0 ppm 范围内，需要考虑是否会对样品峰产生干扰，若有重叠，需谨慎。

6) 耦合作用和耦合常数

自旋磁性原子核之间会产生微妙的相互作用——自旋-自旋耦合，使核磁共振谱峰产生裂分，由分裂所产生的裂距反映了相互耦合作用的强弱，称为耦合常数 J(单位为 Hz)。

耦合作用通过化学键传递，通过的化学键数目越少，耦合作用就越强。从理论上来讲，耦合通过的化学键数目可以不限，但实际上，耦合超过 5 个化学键就很少产生效果，随着距离的增加，耦合常数很快变小。能够产生耦合裂分的磁性核主要有 ^{1}H、^{31}P、^{19}F。

耦合常数是核磁共振谱的重要参数之一，可用它研究核间关系、构型、构象及取代位置等。一般用 $nJsAB$ 方式来表示两个磁性原子核之间的耦合常数，A、B 为彼此相互耦合的磁性原子核，n 为 A 与 B 之间相隔化学键的数目，s 为结构关系。对简单耦合而言，峰裂距即耦合常数。对于高级耦合，n+1 律不再适用，其耦合常数需通过计算才能求出。耦合常数=化学位移差×仪器的赫兹数。

A. 影响耦合常数的因数

影响耦合常数的因素主要有三个方面：耦合核间隔距离、角度及电子云密度等。峰裂距只取决于耦合核的局部磁场强度，因此，耦合常数与外磁场强度无关。

(1) 间隔的键数：相互耦合核间隔键数增多，耦合常数的绝对值减小。

偕耦(geminal coupling)：在氢谱中称为同碳耦合，是同碳两个氢的耦合。耦合常数用 $2J$ 表示。一般为负值，但变化范围较大，与结构有密切关系。一般来说，大多数 sp^3 杂化基团上的氢的 $2J$ 为−10～−15 Hz。在饱和溶液中，同碳耦合引起的分裂经常在 NMR 谱上看不到，如甲基上的三个氢因甲基的自由旋转，化学位移相同，因此甲基峰为单峰。烯氢的 $2J$=0～5 Hz，在 NMR 上可以看到同碳耦合引起的分裂。

邻耦(vicinal coupling)：在氢谱中称为邻碳耦合，这是氢谱中最经常遇见的情况。是相邻碳原子上的氢核间的耦合，即相隔三个键的氢核间的耦合，耦合常数用 3J 表示，一般 3J=6～8 Hz。

远程耦合(long range coupling)：是相隔四个或四个以上键的氢核耦合。例如，苯环的间位氢的耦合，J_m=1～4 Hz；对位氧的耦合，J_p=0～2 Hz。除了具有大 π 键或 π 键的系统外，远程耦合常数一般都很小。

(2)角度：角度对耦合常数的影响很敏感。以饱和烃的邻耦为例，耦合常数与双面夹角 α 有关。α=90°时，J 最小；在 α<90°时，随 α 的减小，J 增大；在 α>90°时，随 α 的增大，J 增大。这是因为耦合核的核磁矩在相互垂直时，干扰最小。

(3)电负性：因为耦合作用是靠价电子传递的，因而取代基的电负性越大，耦合常数越小。

B. 耦合裂分的一般规则

由于邻近磁核的耦合作用使谱线发生裂分，谱线裂分的数目 N 与邻近核的自旋量子数 I 以及核的数目有如下关系：N=2nI+1。对于氢原子核，$I=\frac{1}{2}$，N=n+1，称为“n+1 规律”，一级谱可以适用此规律来分析其耦合裂分情况，这是解析氢谱的一个重要规则。同时，此规律适合其他 $I=\frac{1}{2}$ 的磁核。

如某组核既与一组 n 个磁等价的核耦合，又与另一组 m 个磁等价的核耦合，且两种耦合常数不同，则裂分峰数目为(n+1)(m+1)。因耦合而产生的多重峰相对强度可用二项式$(a+b)^n$展开的系数表示，n 为磁等价核的个数；裂分峰组的中心位置是该组磁核的化学位移值。裂分峰之间的裂距反映耦合常数 J 的大小；磁等价的核相互之间有耦合作用，但没有谱峰裂分的现象。由自旋磁核之间的耦合作用而产生的谱线增多的精细裂分，为我们分析分子结构提供了非常重要的线索。为方便描述耦合裂分产生的峰型，一般以 s、d、t、q 分别表示单峰、双峰、三重峰和四重峰，多重峰以 m 表示。

4. 谱仪工作原理

将准备好的样品放入磁体，磁性原子核在外加静磁场的作用下，产生能级分裂(称为塞曼分裂)，能级之间产生一能量差 ΔE。分布在高能态和低能态上的原子核数量遵循 Boltzmann 分布规律，即与外磁场方向平行处于低能态的原子核数量总是比反向的处于高能态的核稍多，此时原子核的自旋体系处于一平衡态。由于沿磁场方向的原子分布较多一些而造成一个沿 Z 轴的非零宏观磁化强度矢量 M_0(核磁矩的宏观特性)，以 ω_0(共振频率)做 Larmor 进动，其能量状态保持不变。这个时候还不能观察到核磁共振现象。

由机柜产生一相应频率的 RF 射频脉冲，经过前置放大器放大，强大的 RF 脉冲由探头发射线圈发射，因提供的能量与原子核在静磁场中产生的能级差 ΔE 相匹配，原子核就会受到激发，处于低能态的原子核吸收能量跃迁到高能态，产生核磁共振现象，同时围绕 X 轴进行转动。当关闭脉冲后，弛豫过程开始，在弛豫过程中，横向磁矩 M_{xy} 垂直并围绕磁场 B_1 轴以 Larmor 频率进动，此转动切割了接收器线圈，在探头的接收器线圈中产生感应电流，这一感应电流信号以指数方式衰减，称为 FID 信号，接收线圈检测到这一微弱的 FID 信号(mV)并输出，经过前置放大器进行放大，放大后的信号经过机柜中进行一系列处理，处理后的 NMR 信号回到操作控制台，通过 Topspin 软件进行数据分析处理，便可得到 NMR 谱图(图 18-12)。

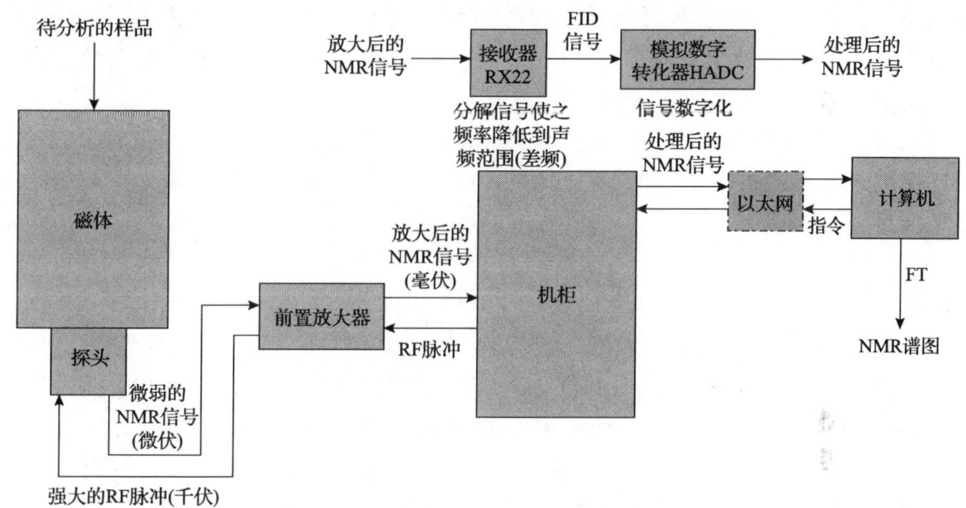

图 18-12 核磁共振谱仪工作原理示意图

18.3 ^{1}H 及 ^{13}C NMR

18.3.1 样品制备

1. 样品要求

(1) 待测样品须是单一组分、纯净无杂质(固体样品中原有的溶剂也应除掉)，因为杂质的信号会使谱图杂乱，甚至掩盖有用的信号；

(2) 具有适当溶解性且不与溶剂发生化学反应(专做反应时除外)；

(3) 样品应充分干燥。

2. 溶剂选择

(1) 选购规范的氘代溶剂，如果氘含量不符合标准，则会造成锁场与匀场的困难；

(2) 样品溶解度通常越大越好；溶剂残留峰不能与样品信号峰有重叠；当做低

温或高温实验时，还要考虑溶剂的冰点或沸点以及测试温度下样品的溶解度；

(3)几乎所有的氘代溶剂都含有水的痕迹，而且许多溶剂都有吸湿性，储存时间越长，水含量越高，水峰的存在会极大地降低NMR谱图的质量。降低含水量有两种有效的方法，使用干燥剂进行过滤，使用分子筛储存溶剂；具有较强吸水性的溶剂(如DMSO、吡啶等)配成样品溶液后，应保持干燥或尽量与空气中的水分隔绝。

3. 核磁管的要求

(1)选用规格为$\phi 5$ mm的规范核磁管。避免使用以下不规范的核磁管，以免造成断管碎管，损伤污染探头：①外径过粗或过细；②核磁管有刮痕或有裂缝；③核磁管弯曲变形及上下粗细不均匀；④核磁帽有裂缝或与核磁管不吻合；⑤经超声波清洗或多次使用已出现磨损。

(2)核磁管必须保持清洁，避免沾染灰尘。注意新的核磁管不一定是干净的，可先用蒸馏水洗净烘干，温度不能超过 100℃，否则核磁管会变形无法使用，烘干时注意管口朝上。

4. 样品配制

(1)要保证样品的浓度(溶解于0.5 mL氘代溶剂中的样品量)：①测氢谱一般需5～10 mg，对于分子量较大的样品，有时需要更大的浓度，但可能会因浓度太大出现饱和或黏度增加而降低分辨率；②测碳谱一般需50～100 mg左右，如果获取的样品量不多，尽量保证在25 mg左右，否则浓度太低需占用大量机时。

(2)样品溶液要有足够的高度。磁场的均匀与核磁管内样品溶液的高度有着密切的联系，为了比较容易得到理想的匀场效果，一般要求样品溶液的高度至少在3.5～4.0 cm以上。

(3)样品需要均匀地溶解于整个溶液、无悬浮颗粒(最好用过滤的方法去除悬浮的固体颗粒)、保证溶液中不能含有Fe、Cu等顺磁性离子，否则会影响匀场。

18.3.2 测试操作

1. 进样(Load)

打开空压机，取下防尘盖。将样品管擦拭干净，插入转子，将转子放入定深量筒，设置好样品深度。输入命令“ej”，听到气流声后，取掉量筒，拿着样品管的上部，将样品管放到气流上，再输入命令“ij”，关闭气流，样品管缓慢落入磁体，听到“喀哒”一声响后即可继续进行下一步操作。

2. 建立新的实验数据集(New)

每开始一个样品测试，都需要建立相应的实验数据集。输入“New”建立一相应的实验数据集。一个完整的数据集包括：DIR(存盘目录)、USER(用户名)、NAME(实验名称)、EXPNO(实验号)、PROCNO(处理号)。选择标准实验(可以当前实验为标准实验)、选择“Execute getprosol”，准确填写 DIR 路径，编写好 Title。

3. 探头调谐和匹配(ATM)

探头由发射/接收线圈和电容组成，当样品放入探头后，与它们组成一个谐振回路，每个回路都有一个最灵敏的谐振频率。

调谐(Tuning)：就是指调整以上回路中的可调电容使该回路的谐振频率与探头发射的射频脉冲频率完全一致，以获得最大的灵敏度，原理与收音机调台类似。一般只有在发射的射频脉冲频率变化超过 100 kHz 时才需要重新调谐。但对于宽带探头，由于不同的原子核之间发射频率变化很大，因此，每次更换原子核后都需要调谐。

匹配(Matching)：就是使射频脉冲的能量尽可能多地从探头基座传递到上部的线圈中，同时减少从探头基座反射回前放的能量，以免烧毁前放。所有 Bruker-Biospin 前放的输出阻抗通常为 50 Ω，最优化的匹配就是使探头谐振回路的输入阻抗也为 50 Ω，这样就可以使探头接收所有的脉冲能量而不浪费。

输入命令“atma”，系统便自动开始调谐。每次变更原子核后都需要重新调谐。对于杂核谱实验，调谐是关键，需要手动调谐，一定要仔细操作。

Wobble 曲线(图 18-13)：呈“V”字形，Tuning 就是改变曲线的水平位置，Matching 就是改变曲线的竖直位置，Tuning 与 Matching 是相互关联的，必须交互进行，当曲线的最低点移至整个窗口底部的中间位置时，就完成了调谐与匹配。

WBSW 值：Wobble 扫频宽度。当探头的调谐与匹配不好或观察不到典型的 Wobble 曲线时，可以增加 WBSW 值。

4. 锁场(Lock)

输入“Lock”命令，选择相应的溶剂，系统将自动调整锁场参数(锁场功

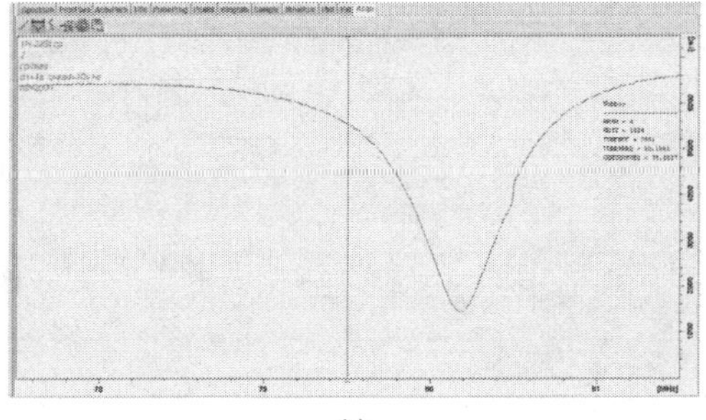
(a)

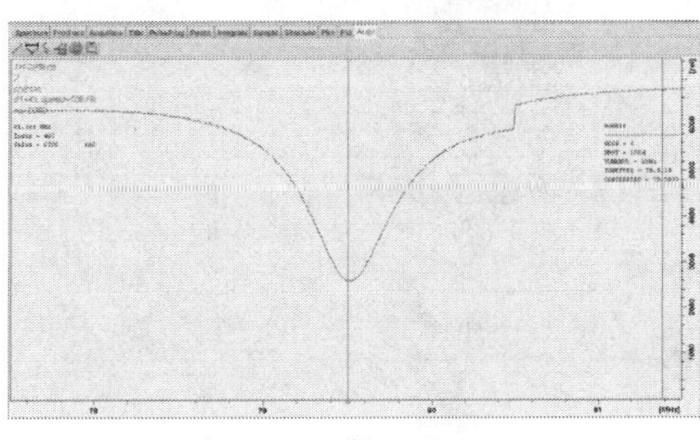
(b)

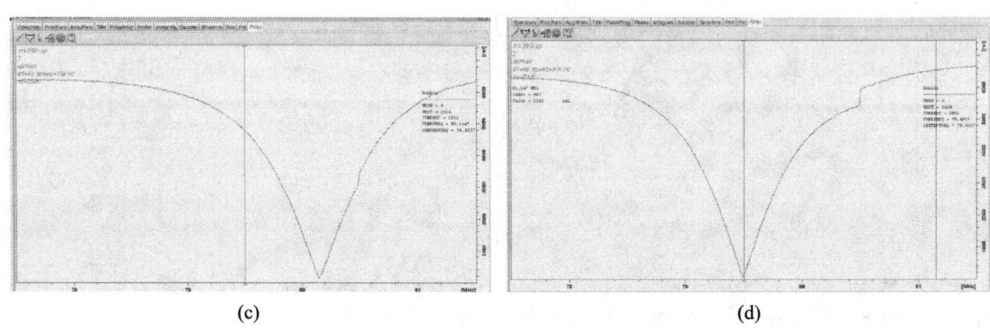

(c)　　(d)

图 18-13　Wobble 曲线

(a)匹配和调谐均不佳；(b)匹配不佳，调谐良好；(c)匹配良好，调谐不佳；(d)匹配和调谐均良好

率、增益和频率)使其接近溶剂的实际值，来优化锁场。锁场成功后系统将显示“lock:finished”。

5. 匀场(Shim)

包括初始匀场和常规匀场。匀场的好坏直接影响到信号的分辨率和灵敏度。仪器在安装调试的时候就已经做好了初始匀场，因此，正常的测试只需做常规匀场即可。仪器管理者会定期做 3D 匀场，并保存最新的匀场参数供直接读取。输入“Topshim”命令，系统便自动开始匀场。匀场结束后，系统显示“topshim compeleted”。每次更换样品或探头后都需要重新匀场。

6. 设置采样参数(Acquisition Pars)

点击“AcquPars”，或输入命令“eda”，调出参数表，设置好如表 18-1 所示基本采样参数。

表 18-1　常用 ^{1}H NMR 谱、^{13}C NMR 谱基本参数表

采样参数	^{1}H NMR 谱	^{13}C NMR 谱
PULPROG：脉冲序列	zg30	zgpg30
TD：时域数据点数	65536	65536
NS：扫描(采样)次数	8～32	根据样品浓度具体设置
DS：空扫次数	0～2	0～2
SW(ppm)：谱宽	0～20 ppm	0～230 ppm
NUC1：观察核名称	^{1}H	^{13}C
O1(ppm)	根据需要调整到合适的位置，大小为 sw/2	

注：①除特殊要求外，谱宽 SW 的选择应能容纳样品的全部信号峰；

②若需显示零点右边的信号峰，需要调整 O1 值来调整谱峰显示范围。

7. 开始采样(Acq)

输入“rga;zg”命令，自动获取 RG 值，开始采样。

8. 结束(End)

数据采集完毕后，输入命令“ej”，取出样品，输入命令“ij”，关闭气流，结束实验。

9. 数据处理(Processing)

应用 Topspin 软件(图 18-14)对 FID 信号进行以下一系列的数据处理。

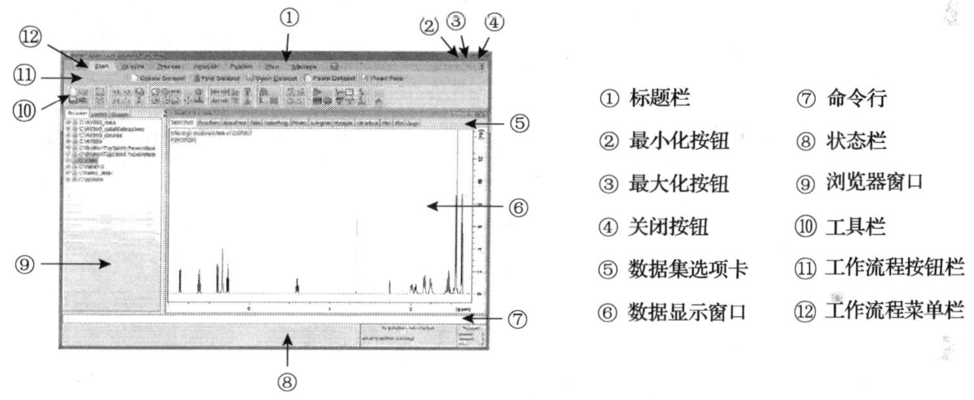

图 18-14　Topspin 软件界面

(1)傅里叶变换、相位自动校正：输入命令“efp;apk”。

(2)手动相位调节:将谱图置于全图范围,点击“Process”,选择“Adjust Phase”,分别手动进行 0 级相位、1 级相位的调节，完成，保存。

(3)定标：标峰前，一定要先进行定标。选择“Calib.Axis”，将基准物质如 TMS 峰放大，红线置于峰中央，点击鼠标左键，在 Calibrate 对话框中输入 0，点击 OK。

(4)标峰：选择“Pick Peaks”，将谱图置于全图范围，点击“Pick Peaks”图标，出现红线，即可进行标峰，注意需要包住谱峰峰尖。若谱图干净无杂峰，可一次性全标，输入命令“ppf”；若有杂峰，则可进行选择性标峰，只对样品信号进行标峰，完成，保存。

(5)积分：^{1}H 谱需要积分，选择“Integrate”，点击“Integrate”图标，出现红线即可进行积分。放大谱图，从左至右依次按峰组进行积分，完成，保存。注意：水峰、溶剂峰、杂质峰不积分；^{13}C 谱不需积分。

(6)谱图编辑打印：输入命令“plot”，进入编辑打印页面，进行谱图编辑，化

学位移 δ 用 ppm 表示，耦合常数 J 以 Hz 为单位表示；对复杂峰组可在空白处进行局部放大，每张谱图附有测试日期(Date)、测试具体时间(Time)、氘代溶剂、脉冲程序、温度)、共振频率、谱宽、采样点数、累加次数、延迟时间等重要采样参数。得到一张标准的 NMR 谱图。

18.3.3 仪器操作注意事项及维护

(1)严格按照样品配制要求制备好液体样品。

(2)进入核磁室，请取下身上所有铁磁性物品，如机械手表、手机、银行卡等各种金融卡及其他磁卡、钥匙、剪刀等，放在 5 高斯范围以外的安全处；严禁镊子、扳手、曲别针、订书针等磁性物品靠近磁体；禁止装有心脏起搏器、金属假肢、人工关节，以及含有金属医疗装置的人员进入核磁室，以免发生危险。

(3)核磁室应保持干净、整洁、通风良好。

(4)测试结束后请带走样品管，不允许将装有样品的核磁管留在实验室，以免有毒物质的挥发给操作人员带来危害。

(5)核磁谱仪除维修、停电、故障检修外，一直处于开机状态，一般测试人员不需要进行开关机操作，严禁随意开关机柜。

18.4 思考题

(1) ^{1}H 谱、^{13}C 谱样品配制要点是什么？DMSO 做溶剂雨季如何避免水峰干扰？

(2)简述应用 Topspin 软件进行 ^{1}H 谱谱图处理的步骤。

(3)如何避免造成探头的污染损伤？

(4)只溶于重水的样品测试碳谱怎么定标？

附表 1　常用溶剂峰表

序号	溶剂	英文名称	分子式	^{1}H/ppm	溶剂中 HOD/ppm	^{13}C/ppm
1	氯仿-d_1	Chloroform-d_1	$CDCL_3$	7.26/7.27/7.28	1.55	77.23(3)
2	二甲基亚砜-d_6	Dimethylsulfoxide-d_6	DMSO $(CD_3)_2SO$	2.5(5)	3.3	39.51(7)
3	重水	Deuteroxide	D_2O	4.8(DSS) 4.81(TSP)	4.8	
4	甲醇-d_4	Methanol-d_4	CD_3OD(MeOD)	3.31(5) 4.87(1)	4.9	49.15(5)
5	乙醇-d_6	Ethanol-d_6	ETOD	5.29(1) 3.56(1) 1.11(m)	5.3	56.96(5) 17.31(7)
6	丙酮-d_6	Acetone-d_6	$(CD_3)_2CO$	2.05(5)	2.84/2.81	206.68(1) 29.92(7)

续表

序号	溶剂	英文名称	分子式	^{1}H/ppm	溶剂中 HOD/ppm	^{13}C/ppm
7	乙酸-d_4	Acetic acid-d_4	CD_3CO_2D	11.65(1) 2.04(5)	11.5	178.99(s) 20.0(7)
8	乙腈-d_3	Acetonitrile-d_3	CD_3CN	1.94(5)	2.13	1.39(7) 118.26(1)
9	苯-d_6	Benzene-d_6	C_6D_6	7.16(1)	0.4	128.39(3)
10	二氯甲烷-d_2	Dichloromethane-d_2	CD_2Cl_2	5.32(3)	1.5	54.00(5)
11	四氢呋喃-d_8	Tetrahydrofuran-d_8	THF(C_4D_8O)	3.58(1) 1.73(1)	2.4～2.5	67.57(5) 25.37(5)
12	三氟乙酸-d_1 (TFA)	Trifluoroacetic acid-d_1	TFA(CF_3CO_2D)	11.5	11.5	164.2(4) 116.6(4)

第 19 章　固体核磁技术

19.1　概　　述

核磁共振现象源于核自旋和磁场的相互作用，1945 年由 Edward Mills Purcell 和 Felix Bloch 分别发现。核磁共振谱学从此日渐成为探索物质物理、化学、电子等性质和分子结构的重要工具。在核磁共振中，有许多核自旋的相互作用，每一种都可能包含着丰富的结构和动力学信息，加上能够定量分析、对样品无损伤以及可针对特定的原子(核)等特点，使核磁共振成为一种十分理想的强大的分析手段。

在核磁共振的这些相互作用中，有一些是各向同性的相互作用，另一些则是各向异性的相互作用。它们的区别在于，前者对核磁共振信号频率的影响与分子的空间取向无关，而后者则有关，故后者可能因为被测分子空间取向的不同而造成谱线的宽化，导致分辨率和灵敏度的降低。在液体中，由于分子的快速翻滚运动，消除了各种可能使谱线宽化的各向异性的核磁共振相互作用。因此，液体核磁共振谱图中的共振信号十分尖锐，有很高的分辨率，这是液体核磁共振成为测定溶液中化合物结构的最强大的方法的原因之一。但在固体中，由于上述分子运动的缺失导致核磁共振信号受到各向异性的相互作用影响而被展宽，分辨率和灵敏度低。如果希望得到类似液体核磁共振所给出的信息，必须通过高分辨率固体核磁共振技术才能实现。

该仪器可用于无机材料(玻璃、沸石分子筛等)，有机高分子材料(高分子固体)，生物体系(膜蛋白)，液晶材料等测试，可以用来研究有机小分子、高分子、无机化合物的粉末状、多晶、单晶样品及膜试样的化学结构、空间结构的表征与分析；固相反应的反应动力学，反应机理、特定物种的结构变化。

19.2　仪器构成及原理

19.2.1　仪器基本构成

固体核磁共振仪主要由以下几部分组成：磁体部分，射频发生器，接收器/发射器转换开关，探头，接收器，进样与载气及计算机控制单元。

1. 磁体部分

磁体部分通常要求在不同部位磁体的变化量不超过 10^{-9}，只有这样所测定的实验结果才有完全可信度，否则由于磁场的不稳定性轻则导致谱线的展宽(直接影响对拉莫尔频率差别非常小的体系的分辨率)，重则直接导致测试结果的可信度降低。目前主要采用的是超导磁体，这是由于超导体能够在无外加能量的情况下支持大电流，一旦充电后，超导磁体能够在为外加干扰的情况下提供极其稳定的磁场。射频发生器单元式核磁共振仪中产生射频辐射的部分。

2. 射频发生器

通常情况下，核磁共振仪中根据所测核的拉莫尔频率的不同配备多个射频单元。在射频单元中包括射频合成器、脉冲门、脉冲程序单元和放大器。射频合成器会产生一频率固定的电磁振荡信号，其振荡频率位于仪器的参考频率，记为 ω_{ref}。对于 400 MHz 的核磁共振仪其频率合成器产生的振荡频率为 400 MHz，相应的该射频合成器的输出信号的波形为：$S_{synth} \sim \cos(\omega_{ref} t+\varphi)$，其中 φ 为相应射频的相位，t 为时间。在许多 NMR 实验中射频脉冲的相位可以快速变换，而这种变换是通过脉冲程序单元控制的。脉冲门能够截取所产生的连续波脉冲使之变为部连续状态，但脉冲门打开时，由射频合成器产生的脉冲得以进入后续系统，但当脉冲门关闭时，射频合成器产生的连续波将无法进入后续系统。脉冲门打开的时间称为脉宽。脉冲门的开放与否及相关时间亦由脉冲程序单元控制。射频放大器是将所产生的门控调制的信号放大到一定程度进而输入到探头。通常情况下，放大器信号的输出功率在几瓦到一千瓦范围。放大的射频信号通过双轴导线传入到接收器/发射器转换开关。

3. 接收器/发射器转换开关

该部件存在合并的两组导线：一组通向固定与静磁场中的探头，另一组通向可检测由核自旋产生的微弱的射频信号的接收器单元。因此此部分的功能就是当正向的由放大器发出的强射频信号传入接收器/发射器转换开关时，它会将此信号输入探头而不是检测器，反之，当反向的有关核磁共振响应的弱信号进来时，它会导向检测器而非放大器。

4. 探头

探头是核磁共振仪中最复杂的部分，它具有以下方面的功能：①由于它的存在，样品才能进入均匀的静磁场中；②在探头中存在产生射频波以照射样品以及检测相应从样品中产生的射频辐射的射频电子线路；③为保证固体核磁图谱能得到更精细的结构信息，就必须将样品在魔角方向进行高速旋转，因此在固体核磁中探头中存在将样品管倾斜至魔角方向并使其沿此方向进行高速旋转的装置；④探头中存在使样品温度恒定的装置；⑤在特定的场合，探头中还存在一些特殊线圈(梯度场线圈)能产生空间上分布不均匀的磁场，这些线圈的存在对减短样品的检测时间，选择性收集所需要的磁化矢量，抑制不需要的磁化矢量等方面具有极其重要的作用。另外探头中尚存在一对容抗电路，通过这对容抗电路可调谐探头的感应频率与外来的射频发生器完全匹配，有利于产生共振，从而使之能够完全吸收来自前者的能量，同时经过调谐后探头所接受的 NMR 信号会远强于未经调谐的探头，有利于提高 NMR 实验的灵敏度。

5. 接收器

仪器的接收器单元的电子线路与设计往往都比较复杂，其基本组成主要有以下几部分：信号预放大器、四相位接收器、数模转换器、信号相移单元(signal phase shifting)。

NMR 信号经过接收器/射频发生器转换开关后进入信号预放大器，信号预放大器是一种低噪声射频放大器，通过它能够将微弱的 NMR 信号放大到伏特级。因此为了使微弱的 NMR 信号得以及时放大，信号预放大器往往被置于最靠近磁场的部位，从而使信号在传递过程中的损失达到最小。

信号必须传入计算机才能进行分析，因此就必须将振荡变化的 NMR 电流信号数字化。将连续电流或电压变为数字化形式的器件就是数模转换器(analogue-to-digital converters，ADC)。在核磁共振实验中所测定的频率位于 MHz 范围，对于如此快的频率变化数模转换器是很难将其数字化的。但是对于我们关心的核磁共振信号而言，其真正的变化区间是在 kHz 范围内，为此我们采用四相位接收器的方法将所观察到的初始 NMR 信号与射频发生器的参考信号加以比对，减去参考信号从而产生一相对的拉莫尔频率($\Omega^0=\omega_0-\omega_{\rm ref}$，其中 ω_0 是初始 NMR 信号的频率，其范围落在 MHz 范围内；$\omega_{\rm ref}$ 是射频发生器产生的参考射频脉冲，其范围也落在 MHz 范围内；Ω^0 是经过四相位接收器处理后的得到的相对拉莫尔频率，其范围往往小于 1 MHz)。经过这种处理后，后续的数模转活就可以精确进行。另外在核磁共振实验中所产生的频率会大于(例如 500.001000 MHz)或小于参考频率(例如 499.999000 MHz)，但是经过上述转变过程后分别变为+1.000 kHz 与–1.000 kHz。如果单纯只依靠频率的变化是无法区分出这两种情况的，为此接收器提供两个输出信号：$S_{\rm A}(t)\sim\cos(\Omega^0 t)\exp(-\lambda t)$，$S_{\rm B}(t)\sim\sin(\Omega^0 t)\exp(-\lambda t)$。

这两个信号可分别视为单一复数信号的实部与虚部。由于复数信号的采用可以从相位角度轻松地区分出共振信号的频率是较参比信号快还是慢。

由于四相位接收器的采用所以产生两个输出信号，这两个信号输出单元分别接于各自的数模转换器上。数模转换器是一套每隔特定的时间快速测量输入信号电压大小的电子线路，并且将所测的相关数据转换成一串“1”与“0”的表示的信息。核磁共振的信号是通过在一整套不同的时间点连续测定并转化成相应的数字化信息而实现的。转换后的数字化信息就可存入计算机加以处理。在数字化过程中所取点的间隔时间称为取样间隔(sampling interval)，取样间隔的倒数就是取样带宽(sampling bandwidth)或谱宽(spectral width)。对固体与溶液核磁共振实验而言，谱宽通常分别是 4 MHz 与 250 kHz，相对应的取样间隔为 250 ns 与 4 μs。

在许多核磁共振实验中，射频脉冲的相位与 NMR 信号的相位会随实验的进行而动态变化。这种动态变化有利于消除核磁共振实验中的伪峰，并且有助于区分不同类型的核磁共振信号。射频脉冲的相位可通过脉冲门加以调控，而信号相位单元的调控可通过信号离开探头进入接收器/数字化进程后加以调控。目前有两种常见的对信号相位进行调控的方法：

(1)接收器参考相位法：四相位接收器可以比较所测定的 NMR 信号与来自射频发生器的参比波的相位。如果在整个信号检测阶段，射频发生器的参比波相位变化为另一值，例如 φ_{rec}，那么信号的相位亦将改变同样的数值。

(2)数字化器相位调整：经数字化后的复数信号通过一个叫做后数字化相位移动器(post-digitization phase shifter)后首先乘以特定的复数因子 $\exp(-i\varphi_{dig})$，然后再传入计算机，就得到相位改变的信号。经数字化处理后的信号在经过计算机进行傅里叶变换、相位校正等处理据可得到一张核磁共振图谱。

6. 进样与载气及计算机控制单元

对于固体核磁共振仪而言，为了得到高精细结构的固体核磁共振图谱，首先必须采用魔角旋转技术压制强偶极作用导致的谱线展宽，为此固体核磁共振仪尚配有一整套设备以满足以上要求。例如能够使样品管在竖直位置与魔角位置自如转换的装置，能够将样品安全地进入及弹出探头系统并能保证推动样品管沿魔角方向进行高速旋转的载气系统等附属设备。

因此通常的核磁共振仪的结构图可展示于图 19-1。

19.2.2　工作原理

如果将样品分子视为一个整体，则可将固体核磁中探测到的相互作用分为两大类：样品内部的相互作用及由外加环境施加与样品的作用。前者主要是样品内在的电磁场在与外加电磁场相互作用时产生的多种相互作用力，这主要包括：化学环境的信息(分子中由于内在电磁场屏蔽外磁场的强度、方向等)，分子内与分子间偶极自旋耦合相互作用，对于自旋量子数为＞1/2 的四极核尚存在四极作用。

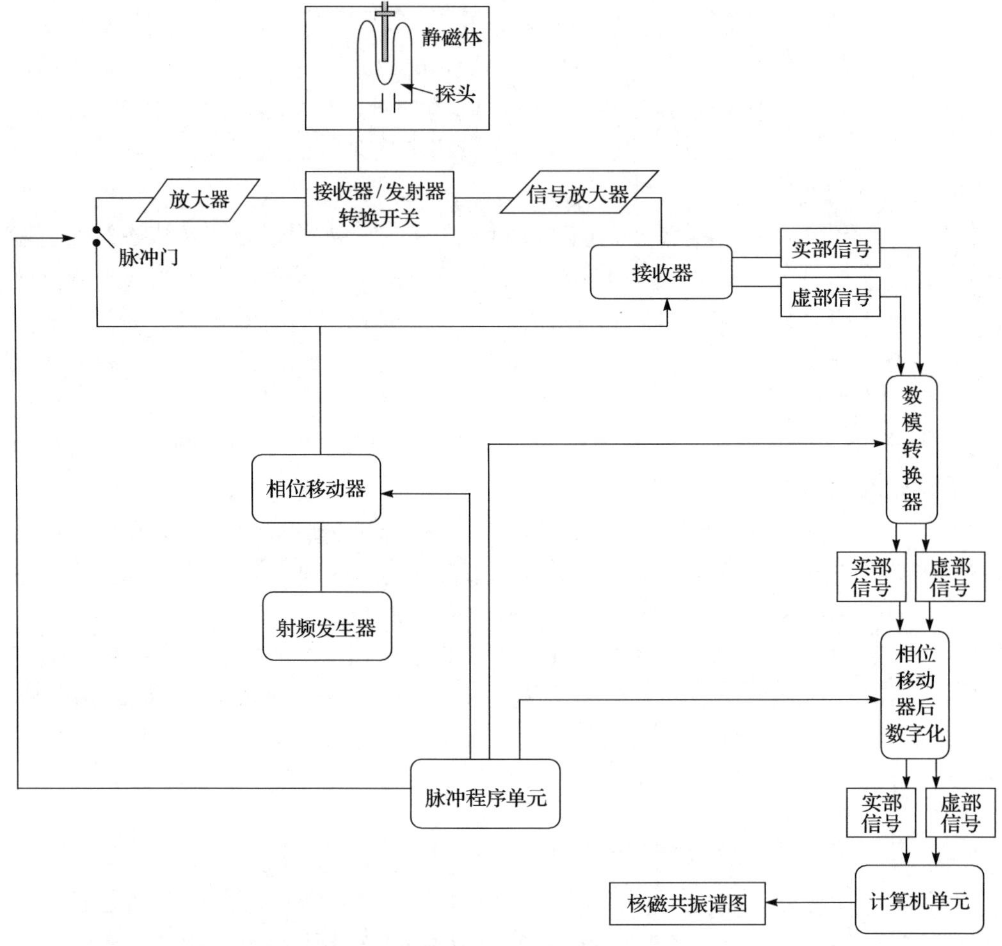

图 19-1　固体核磁共振仪的基本结构框图

外部环境施加于样品的主要作用有：

(1)塞曼作用：由处于纵向竖直方向的外加静磁场作用于特定的核磁活性的核上产生的塞曼相互作用(Zeeman interaction)，核子相对应的频率为拉莫尔频率(Larmor frequency)。

(2)射频作用：由处于 *x-y* 平面的振荡射频场产生的作用与待测样品的扰动磁场。

样品内部的相互作用主要有：

(1)原子核周围有电子，在外加磁场中，这些电子围绕磁场运动，在绕行中心产生一个方向与外加磁场相反的感应磁场。所以，核实际受到的磁场强度小于外加磁场，或者说，局部的感应磁场部分屏蔽了核。因为核周围的电子反映了核所处的化学环境，所以核自旋和这个局部磁场的作用叫做“化学屏蔽作用”。由于化学屏蔽作用与晶体空间取向相关，对于多晶的粉末固体，会带来核磁共振信号的展宽。化学位移屏蔽包含核周围的局部结构的信息，很多情况下，这一相互作用过大使得信号宽化，谱图的分辨率很低甚至信号难以检测。此时就需要使用诸如魔角旋转(magic angle spinning，MAS)等技术，提高分辨率和性噪比。

(2)直接偶极作用：核自旋还与附近其他核产生的磁场相互作用。这种作用的大小与核间距离以及连接两核的矢量和外加磁场的夹角有关。直接偶极作用会使得共振频率产生一个分布，从而导致信号的展宽。这一宽化往往使观察化学位移变得比较困难。所以，通常会用魔角旋转的方法消除这一各向异性作用，得到高分辨率的谱图。不过，因为直接偶极作用和重要的化学信息，如核间距离直接相关，因此，又有许多双共振(double resonance)的方法，在魔角旋转下重新引入被消除的直接偶极作用(重耦)。

(3)四极核作用：四极作用是电四极矩与原子核位置上的电场梯度之间的相互作用。一般说来，四极作用是固体核磁共振各种各向异性作用中对谱线宽化贡献最大的作用。过去几十年间，发展了许多消除二阶四极宽化作用的方法。目前，最流行的是多量子魔角旋转(multiple-quantum magic angle spinning，MQMAS)。另外，卫星跃迁魔角旋转(satellite transition magic angle spinning，STMAS)也是一种效果很好的方法。

与溶液核磁共振技术测定化学结构的基本思路相同，在固体核磁共振实验中也是首先利用强的静磁场使样品中核子的能级发生分裂，例如对于自旋量子数 I=1/2 的核会产生两个能级，一个顺着静磁场方向从而导致体系的能量较低；另一个则逆着静磁场排列的方向使得体系相对能量较高。经能级分裂后，处于高能级与低能级的核子数目分布发生改变，并且符合玻尔兹曼分布原理：即处于低能级的核子数目较多而高能级的数目较少，最终产生一个沿竖直向上的净磁化矢量。此磁化矢量在受到沿 x-y 平面的振荡射频磁场作用后产生一扭矩最终将沿竖直方向的磁化矢量转动一特定的角度。由于这种射频脉冲施加的时间只是微秒量级，施加完射频脉冲后，体系中剩下的主要相互作用将会使这种处于热力学不稳定状态的体系恢复到热力学稳定的初始状态。在磁化矢量的恢复过程中，溶液核磁中主要存在的相互作用有：化学位移，J 耦合等相对较弱的相互作用，而相对较强的分子间偶极自旋耦合相互作用在大多数体系中由于分子的热运动而被平均化。但是在固体核磁共振实验中，由于分子处于固体状态从而难以使体系中的偶极自旋耦合作用通过分子热运动而平均化。另外值得指出的是与化学位移，J 耦合等相互作用的强度相比，分子间偶极自旋耦合作用是一种远强于前两者的一种相互作用。通常情况下，化学位移与 J 耦合一般都处于 Hz 量级，但是偶极自旋耦合作用强度却处于 kHz 量级，所以如果不采用特殊手段压制偶极自旋耦合作用带来的谱线展宽，通常静态条件下观察到的核磁共振谱往往是信息被偶极自旋耦合作用掩盖下的宽线谱。图 19-2 所示为乙酸胆固醇酯在静态下以通常的去偶方式所得到的图谱与溶于 $CDCl_3$ 后所测得的溶液核磁图谱的对比，从中可看出固体核磁图谱在没有特殊技术处理下呈现的是毫无精细结构的宽包峰。因此，在固体核磁中只有采用特殊技术首先压制来自强偶极自旋耦合作用导致谱线宽化的影响，才有可能观察到可用于解析物质化学结构的高分辨固体核磁共振谱。

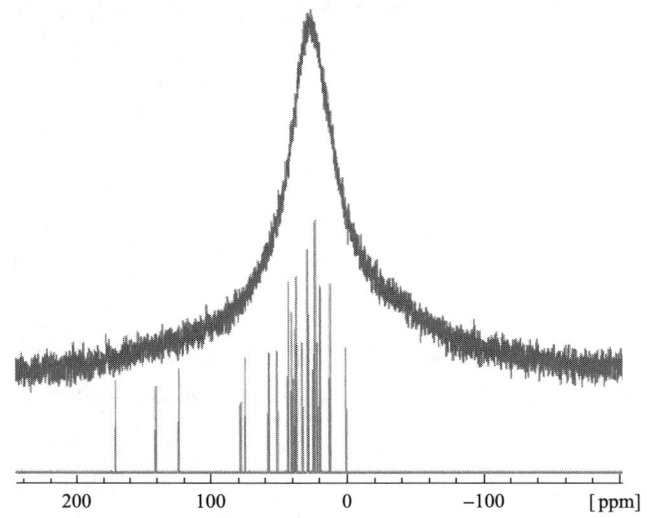

图 19-2　上面的线为乙酸胆固醇酯的固体 ^{13}C NMR(静态，未进行强功率去偶)，而下面的线记录的是将其溶于 $CDCl_3$ 后的溶液状态的核磁共振谱。由此可见在固体状态由于化学位移各向异性及强偶极相互作用等因素的存在使谱线展宽为毫无精细结构的图谱

在固体核磁测试中，虽然质子的自然丰度与旋磁比都比较高，但是由于体系中质子数目多，相互偶极自旋耦合强度远高于稀核，例如 ^{13}C 和 ^{15}N 等，因此在大多数情况下固体核磁采用魔角旋转技术(magic angle spinning，MAS)与交叉极化技术(cross polarization，CP)可得到高分辨的杂核固体核磁谱。对于 ^{1}H 必须采用魔角旋转与多脉冲结合方式(combined rotation and multipulse spinning，CRAMPS)将质子的磁化矢量转至魔角方向方能得到高分辨质子谱。

19.2.3　魔角旋转技术

在静态固体 NMR 谱中主要展现的是化学位移各向异性、偶极自旋耦合和四极相互作用的信息，这些物理作用往往展现出的是宽线谱。如果在研究中对这些信息不感兴趣，而更多关注于化学位移与 J 耦合时，可通过将样品填充入转子，并使转子沿魔角方向高速旋转，即可实现谱线窄化的目的。这是因为上述作用按时间平均的哈密顿量均含有因子$(1–3\cos^2\theta)$，因此如果将样品沿 θ=54.7°(即正方体的体对角线方向)旋转时，上述强的化学位移各向异性、偶极自旋耦合和四极相互作用被平均化，而其他相对较弱的相互作用便成为主要因素，因此有利于得到高分辨固体核磁共振谱。值得指出的是由于 ^{1}H 核的自然丰度非常高，因此 ^{1}H-^{1}H 核之间的偶极作用远强于 ^{13}C-^{13}C 之间的相互作用，因此在不是太高的旋转速度下就可以实现压制 ^{13}C-^{13}C 之间的偶极相互作用，但要实现完全压制 ^{1}H-^{1}H 核之间的偶极作用在许多固体核磁共振谱仪上还是难以实现的。实验中一般采用两种气流：bearing gas 和 driving gas（图 19-3），前者使样品管能够浮起并且在样品管旋转过程中具有使其处于平衡状态的功能，后者通过吹动样品管的锯齿帽而使之沿魔角所在方向进行高速旋转。

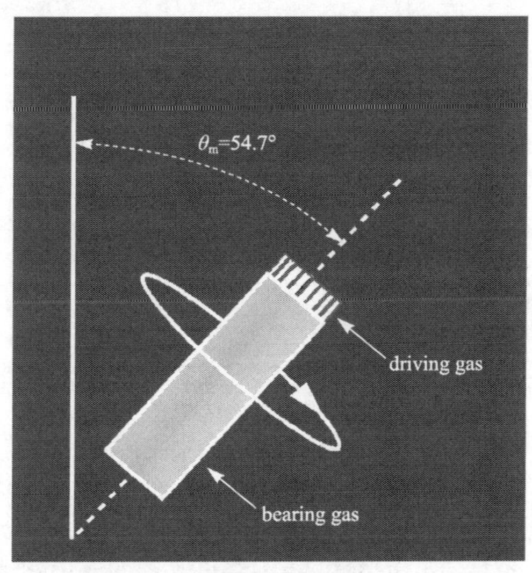

图 19-3　魔角旋转实验的示意图，其中白色部分代表样品管，样品管头部的条纹代表样品管的锯齿状 Kel-F 或 BN 制成的用于高速旋转的帽。为使样品管稳定高速旋转必须采用两种气流：bearing gas 和 driving gas

当魔角旋转速度非常高的情况下可将粉末状样品在静态图谱中所呈现的各向异性粉末状图案（powder pattern）简化为各向同性的化学位移峰逐渐显现，但是当沿魔角旋转速度不够快时，经魔角旋转后所得到的图谱除得到各向同性的表示化学位移的单峰外，尚存在一系列称为旋转边带（spinning sideband）的卫星峰。各旋转边带之间的间距（用 Hz 表示）正好是样品管的旋转速度，并且均匀分布在各向同性的化学位移所在的主峰的两侧。当旋转速度加快时，旋转边带的间距也加大，具体实例见图 19-4，最终呈现为各向同性的化学位移。

目前样品管的旋转速度随样品管的尺寸不同可在 1～35 kHz 范围内调解，这对于自然丰度比较低的核，例如 ^{13}C，^{15}N 可以有效抑制体系中的同核偶极相互作用，但对于自然丰度很高的核，例如 ^{1}H，^{19}F 等，由于体系中的偶极作用强度往往大于 100 kHz，因此如果单纯依靠魔角旋转技术是难以获得高分辨图谱的。

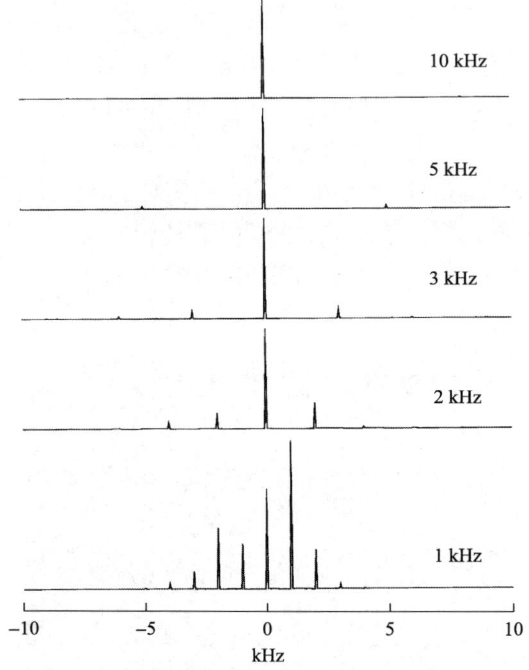

图 19-4　固体核磁共振实验中旋转边带与魔角旋转速度的相互关联关系

19.2.4　交叉极化技术

对于 ^{13}C, ^{15}N 等体系虽然通过魔角旋转技术有效地压制了同核偶极相互作用，但是这些核的旋磁比比较小，自然丰度比较低，因此如果采用直接检测这些核的实验方法将导致整个实验过程的灵敏度非常低。为进一步提高这些核的实验灵敏度，又发展了交叉极化技术。通过该技术可将 ^{1}H 核的磁化矢量转移到 ^{13}C 或 ^{15}N 等杂核上，从而提高这些杂核的实验灵敏度。

通过交叉极化技术测定固体杂核的核磁共振脉冲程序如图 19-5 所示。

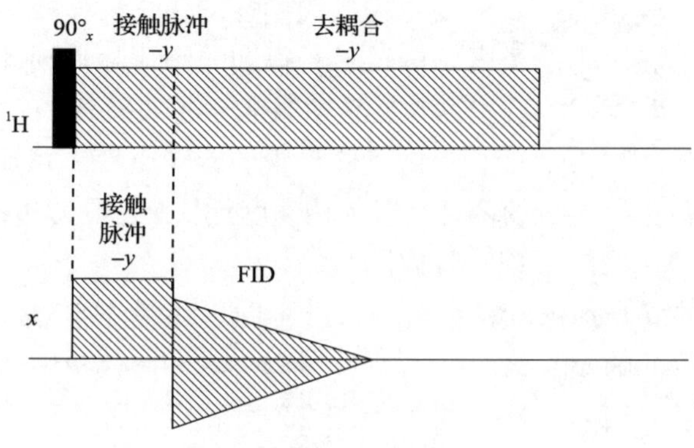

图 19-5　交叉极化的脉冲序列

交叉极化过程的详细物理解释需要采用平均哈密顿理论(average Hamiltonian theory)，在此仅对此过程进行简单的描述。起初施加于氢核上的 $90°_x$ 脉冲将氢沿 z 方向的初始磁化矢量转变到 $-y$ 方向，这时施加于氢的脉冲磁场的相位迅速由 x 轴转变为 $-y$ 轴。经过此相位转变后，氢的磁化矢量就被锁定在 $-y$ 轴上，因为此时氢的磁化矢量的方向与外在脉冲静磁场的方向一致，即这时沿 $-y$ 方向的磁场如同外加静磁场所起的作用一样，会使氢的磁化矢量沿脉冲磁场所在的 $-y$ 方向产生能级分裂，使得在此坐标系中氢的 α^*_H 和 β^*_H 的数目分布有所不同。值得指出的是此时杂核在 $-y$ 方向的磁化矢量为零，其 α^*_X 和 β^*_X 之间的数目分布相等。此时若在杂核 x 上沿 $-y$ 方向也施加一脉冲磁场，并且使得 $\gamma_H B_1(^1H)=\gamma_X B_1(X)$ (Hartmann-Hahn condition)时，氢从低能态可吸收来自杂核的偶极相互作用的能量跳到高能态，而相应的杂核的一部分核子则从高能态跳回到低能态，使得原来磁化矢量为零的状态转变为极化状态。整个极化转移过程可由图 19-6 表示。

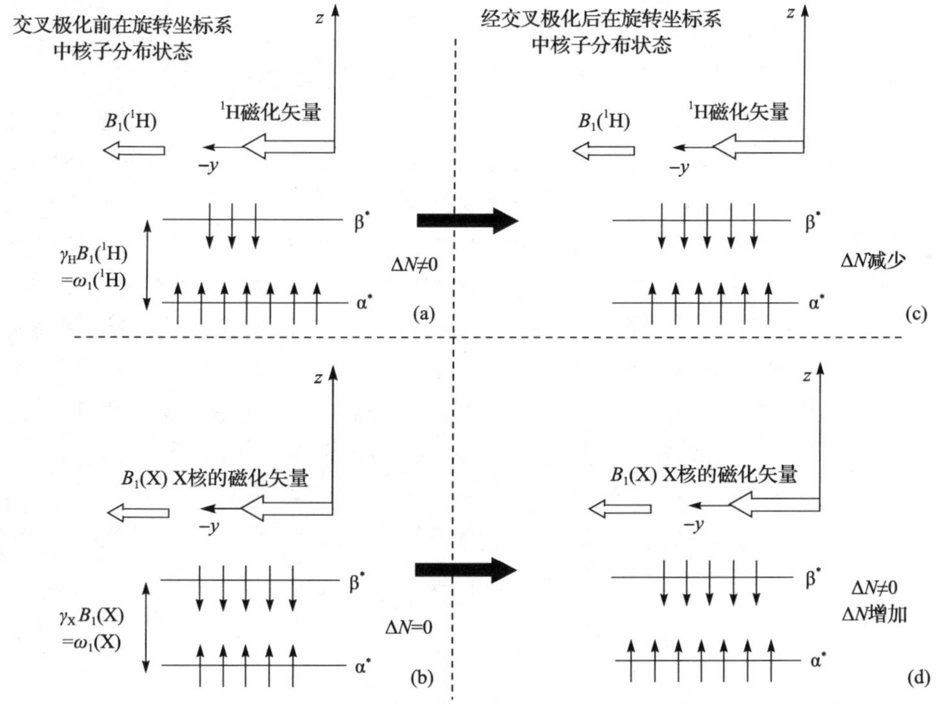

图 19-6　交叉极化过程的定性解释

在交叉极化进行前由于锁场脉冲磁场的作用如同静磁场一样，因此在脉冲磁场所在的旋转坐标系中产生 ^1H 的能级分裂，使其 α 态与 β 态数目不同，当在此旋转坐标系中对杂核 X 施加一脉冲磁场使得体系满足哈特曼-哈恩条件(Hartmann-Hahn condition)时，即 $\omega_H=\omega_X$，氢核与杂核就可以通过偶极作用发生能量转移，能量转移的结果是氢在 α 态与 β 态数目差异减小，而杂核原来低能级与高能级之间本没有数目差异，经此过程后，产生一定的数目差异，所以达到活化杂核的目的，使杂核在固体核磁共振实验中的灵敏度得到极大的提高。

在整个交叉极化过程中由于 ^{1}H 核与 X 核之间的偶极作用满足如下的关系式：

$$\hat{H}_{\mathrm{HX}} = \sum_{i>k} d_{ik} \frac{1}{2}(3\cos^2\theta - 1) \cdot \hat{I}_{\mathrm{iz}}^{\mathrm{H}} \cdot \hat{I}_{\mathrm{kz}}^{\mathrm{X}} \tag{19-1}$$

从式中可以看到 ^{1}H 核与 X 核之间偶极作用只与 z 方向有关，而与 x-y 平面无关，然而交叉极化过程是在–y 方向完成的，因此在交叉极化前后，总偶极强度保持不变。因此通过交叉极化过程后，氢核的磁化矢量减少而杂核 X 的磁化矢量增加，两种核增加与减少的幅度与核的种类、交叉极化的动力学过程等多种因素有关。

19.2.5　固体核磁共振的异核去偶技术

在测定杂核的固体核磁共振实验过程中，采用魔角旋转技术能够比较有效地去除同核间的偶极耦合作用(例如 ^{13}C-^{13}C；^{15}N-^{15}N 等)，但是对于这些核与氢核间的偶极耦合作用则比较有限，为此还发展了多种去耦技术抑制这些杂核间的偶极耦合作用。值得指出的是虽然在溶液核磁体系中已发展了多种去耦技术，但是由于在溶液体系中相应的作用力远小于固体状态的作用力，因此在固体核磁共振实验中所采用的去耦功率往往在 100～1000 W 量级，而非溶液状态的瓦级。固体核磁共振实验中高功率去耦技术的采用带来的一个不可避免的注意事项就是防止样品在照射过程中由于产生的热导致其变性。

固体核磁共振实验中之所以采用高功率去耦技术是为了进一步提高图谱的分辨率与灵敏度。经过高功率照射后使原来存在偶极作用的氢与杂原子之间的作用消失，这样原来所呈现的多峰就合并为一个，使得谱线的强度增加，并且使谱图的重叠减弱，有利于识谱。但是不可避免的是在此过程中由于去耦技术的采用也使得反映有关原子周围的化学环境、原子间相对距离等信息被消除。

19.2.6　固体核磁共振实验的特点

(1)固体核磁共振技术可以测定的样品范围远远多于溶液核磁，由于后者受限于样品的溶解性，对于溶解性差或溶解后容易变质的样品往往比较难以分析，但是这种困难在固体核磁实验中不存在。

(2)从所测定核子的范围看，固体核磁同溶液核磁一样不仅能够测定自旋量子数为 1/2 的 ^{1}H，^{19}F，^{13}C，^{15}N，^{29}Si，^{31}P，^{207}Pb，还可以是四极核，如 ^{2}H，^{17}O 等，所以可分析样品的范围非常广泛。

(3)是一种无损分析。

(4)所测定的结构信息更丰富,这主要体现在固体核磁技术不仅能够获得溶液核磁所测得的化学位移、J 耦合等结构方面的信息，还能够测定样品中特定原子间的相对位置(包括原子间相互距离、取向)等信息，而这些信息，特别是对于粉末状样品或膜状样品，通常是其他常规手段无法获得的信息。

(5)能够对相应的物理过程的动力学进行原位分析,从而有助于全面理解相关过程。

(6)能够根据所获信息的要求进行脉冲程序的设定,从而有目的有选择性地抑制不需要的信息但是保留所需信息。

19.3　实 验 步 骤

19.3.1　样品制备

要获得一张高质量的固体核磁 CPMAS 谱图，对于常规有机物或无机物需要大约 100～200 mg 左右的样品(为得到高质量的图谱,样品的纯度应当尽可能高)，将这些样品在研钵中研细，直到体系中确保无任何硬块状碎片存在。然后利用装填工具将所得粉末状样品填充至转子中，并利用挤压器(pressor)将样品夯实并且均匀地填入转子内。(在样品制备过程中，样品填充高度为转子顶部 2 mm 左右，此高度是为了盖转子的帽而预留的。手工盖上转子的帽，在盖帽过程中应尽可能用较小的力以避免破坏帽上所带有的锯齿。用装有乙醇溶剂的洗瓶将转子外部洗干净(注意：绝对应当避免盖帽不严导致乙醇进入转子中。)用无尘纸擦干转子外部的乙醇溶液，并用黑色记号笔在转子底部的弧形部分画半个圆弧以利于记录转子的转速。

19.3.2　测试操作

(1)样品的制备与就位。

将样品放入磁场中，在气动控制单元中按下“INSERT”键，选定样品管的转动速率，然后按下“GO”，转速由低到高，最后达到所设定的转速，等待样品管旋转稳定。

(2)CP/MAS 实验参数的设定。

从 D:\data\CP\MAStest**拷贝相关的实验参数进入新的文件夹(指令：cdc)，修改相应的存储文件的文件名与路径及标题。进入取样界面：

输入指令：wobb

开始调谐操作，最终是调谐曲线的最下端正对准零点中心线；

在开始实验前，**必须将前置放大器与探头相连的氢通道的 LAN 连线改为直**

接与探头相连，绕过前置放大器(非常重要，否则会产生严重后果！)。

进一步检查实验参数，确认功率参数是安全的，然后开始进行实验(zg)。

(3)实验数据的得到与处理。

输入指令：ft 进行傅里叶变换，apk 进行相位校正；打印出相应谱图。

通过外标或者内标对图谱进行调整。

(4)停止样品旋转，将样品从探头中弹出，停止实验。

19.3.3 仪器操作注意事项及维护

(1)在使用挤压器时，必须保证用力方向始终保持竖直向下，绝对应该避免用力扭曲，否则会折断挤压器！

(2)实验室保持高度清洁。

(3)严禁强磁性样品的分析。

(4)测试前需预先告知样品的性能，以免污染探头。

(5)制备或处理样品时使用聚乙烯手套，禁止使用塑料手套和工具以免硅树脂污染样品表面。

(6)使用玻璃制品(如表面皿、称量瓶等)或者铝箔盛放样品，禁止直接使用塑料容器、塑料袋或纸袋，以免硅树脂或纤维污染样品表面。

19.4 应　　用

19.4.1 二氧化锡中 ^{119}Sn 的表征

^{119}Sn 魔角旋转固体核磁共振(MAS NMR)样品装在 4 mm 转子中，在 400 MHz 的核磁谱仪中 ^{119}Sn 核的拉莫尔频率分别为 149.6 MHz。单脉冲 ^{119}Sn MAS NMR 和 ^{1}H→^{119}Sn 交叉极化(CP) MAS NMR 谱图以 10 kHz 的转速获得。^{119}Sn 化学位移参考微米级 SnO_2 于–604 ppm。

单脉冲 ^{119}Sn MAS NMR 谱图如图 19-7 所示。–604 ppm 的主峰可以归属为 SnO_2 纳米片块体区域中六配位的 Sn 离子(SnO_6)。此外，谱图中还可以发现位于–585 ppm 和约–618 ppm 较弱的肩峰。SnO_2 纳米片的 ^{1}H→^{119}Sn 交叉极化(CP) MAS NMR 谱图(图 19-7)显示，与单脉冲核磁谱相比，–585 ppm 和–618 ppm 处的肩峰相对强度实现了增强，表明这些峰代表的物种来自表面，是接近表面羟基中 H 的 Sn 物种。

在真空下以 393 K，493 K，593 K，693 K 和 793 K 热处理样品的 ^{119}Sn 固体核磁共振谱图列于图 19-8。显然，表面 Sn 离子的峰强度(在较高和较低频率下的肩峰)在大于 393 K 后显著降低，由于表面羟基的损失和晶体的烧结，表面第一层和第二层的 Sn 数量减少，导致谱峰强度降低到不可见。

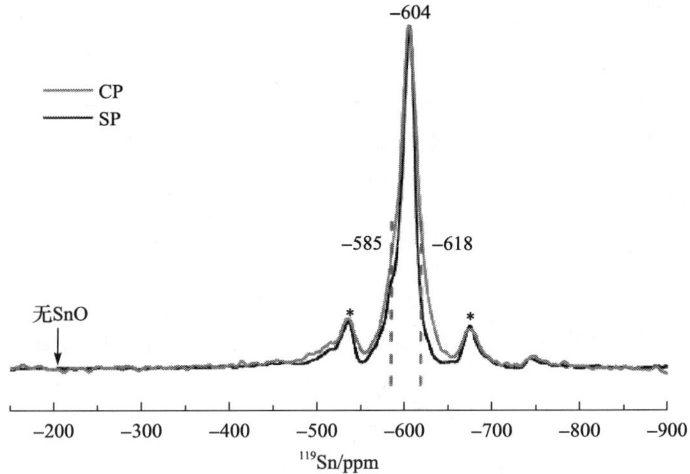

图 19-7 ^{119}Sn 单脉冲(黑线)和 $^{1}H\rightarrow^{119}Sn$ 交叉极化 MAS NMR 谱图

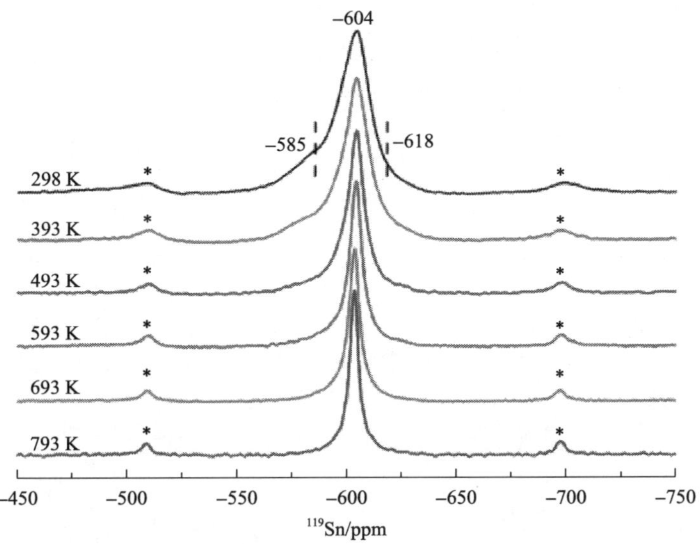

图 19-8 样品经过 393 K，493 K，593 K，693 K 和 793 K 加 ^{119}Sn 单脉冲魔角旋转固体核磁共振谱图

19.4.2 氧化石墨烯/C_3N_4 复合材料的表征

图 19-9 显示的是 $C_2H_4N_4$、GO 和 $C_2H_4N_4$-GO 的 ^{13}C MAS NMR 谱。GO 的 ^{13}C MAS NMR 谱中有三个清晰的信号：58.9 ppm 和 69.1 ppm 的信号分别对应与环氧和羟基相连的 ^{13}C 核；129.2 ppm 的共振与石墨烯网络的未氧化 sp^2 碳相关。此外，在 228.1 ppm 处有一个弱信号，可能来源于羰基。说明自制的 GO 中羟基、羧基、环氧基等的存在。对于 $C_2H_4N_4$，158.8 ppm 和 167.5 ppm 的信号应该分别代表 sp 和

sp^2 碳。与 GO 和 $C_2H_4N_4$ 相比，$C_2H_4N_4$-GO 的谱图显示出两个额外的峰，119.9 ppm 处的肩峰对应 sp^3 杂化的碳原子。另一个 19.8 ppm 处的信号对应于 GO 片层 CH_3 的 sp^3 杂化碳。然而，纯的 GO 中并没有观察到 CH_3 信号，这主要是因为氧化石墨烯的层间距较小，碳层之间甲基的运动能力差，残余偶极作用强，因此检测不到相关信号；而对于复合了二氰二胺的氧化石墨烯，二氰二胺的插入使层间距加

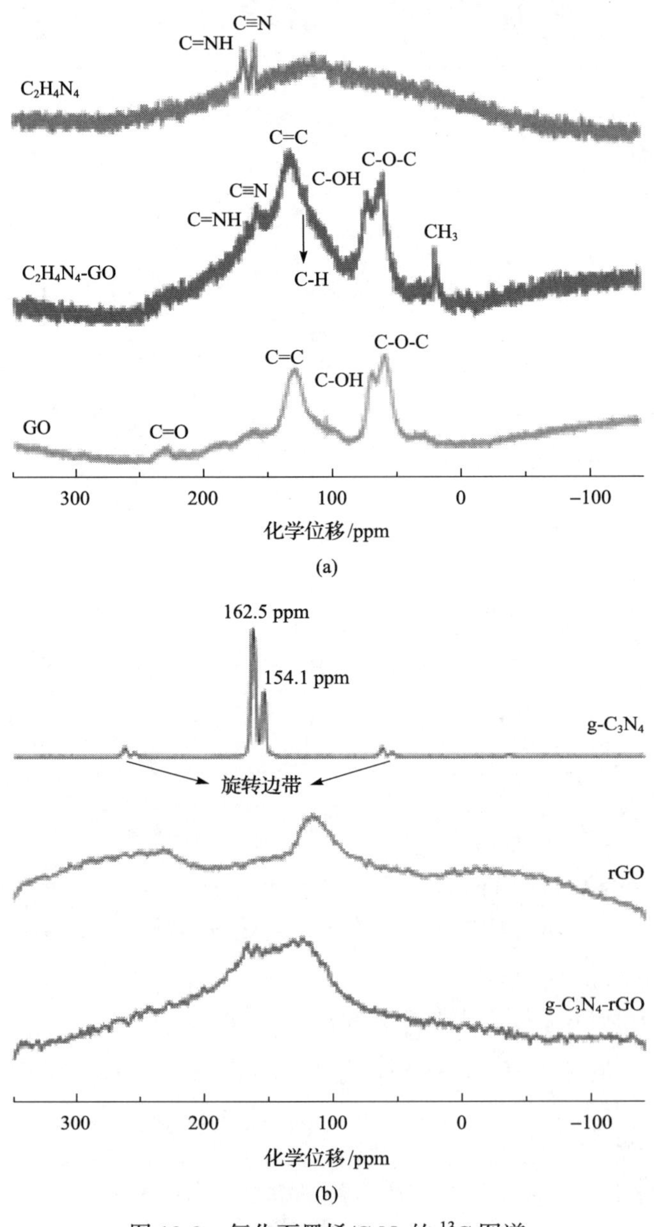

图 19-9　氧化石墨烯/C_3N_4 的 ^{13}C 图谱

大，受限甲基的运动能力增强，因此能检测到相关信号。图 19-9(b) 显示的是 $g\text{-}C_3N_4$、rGO 和 $g\text{-}C_3N_4$-rGO 的固态 ^{13}C 交叉极化核磁共振图谱。$g\text{-}C_3N_4$ 的谱图中有两个在 155.6 ppm 和 164.3 ppm 处的峰，分别与 $CN_2(NH_x)$ 和 $g\text{-}C_3N_4$ 网络结构的 CN_3 的 sp^2 杂化碳原子相关。rGO 的谱图中有一个 70～150 ppm 范围的宽峰，这是 ^{13}C 核的化学位移各向异性的特征。此外，含氧碳的特征峰消失，说明高温下 GO 已经被热还原。与 rGO 作对比，$g\text{-}C_3N_4$-rGO 的谱图中显示出一个在 100～200 ppm 范围内的很宽的峰，意味着 $g\text{-}C_3N_4$ 纳米片在 rGO 片上的原位共价掺杂。

19.5 思　考　题

(1) 比较固体核磁与溶液核磁的原理、谱线特征与相关结构信息的异同点。

(2) 试说明取向材料与非晶材料在固体核磁谱图上有什么典型不同。

(3) 说明固体核磁共振实验中需要特别注意的相关实验细节，并说明原因。

第 20 章　粉末 X 射线衍射分析

20.1　概　　述

1895 年，德国物理学家伦琴(W. C. Röntgen)发现了穿透力特别强的 X 射线。和其他电磁波一样，X 射线能产生反射、折射、散射、干涉、衍射、偏振和吸收等现象。在物质的微观结构中，原子和分子的距离(1～10 Å)正好在 X 射线的波长范围内，晶体对 X 射线的散射和衍射能够传递丰富的微观结构信息，所以，X 射线衍射(XRD)方法是研究物质微观结构的主要方法。物质吸收 X 射线主要表现为光电效应、俄歇效应和热效应。光电效应产生光电子和二次 X 射线荧光，可用于物质成分的分析，如 X 射线光电子能谱分析(XPS)、X 射线荧光光谱分析(XRF)。俄歇效应产生俄歇电子，也可用于物质成分的分析。

下面分三部分介绍粉末 X 射线衍射分析技术、单晶 X 射线分析技术及 X 射线光电子能谱仪在物相分析、材料表面成分元素及其化合价态分析中的应用。

20.2　仪器构成及原理

20.2.1　仪器基本构成

目前的 X 射线衍射仪主要由 X 射线源、样品台、测角器、检测器和控制计算机组成。同时使 X 射线管和探测器做圆周相向转动，探测器的角速度是光管的 2 倍，这样可以使二者永远保持 1∶2 的角度关系。探测器的作用是使 X 衍射线的强度转变为相应的电信号，一般采用的是正比计数管，通过过滤器、定标器等处理后最终得到衍射强度 2θ 的衍射曲线。

本实验使用的仪器是 D8 ADVANCE X 射线衍射仪(德国 Bruker AXS GmbH 制造)。主要技术指标：

最小步长：0.0001°；

角度范围($\theta/2\theta$)：0.6°～140°；

绝对精度($\theta/2\theta$)：±0.005°；

$\theta/2\theta$ 驱动：单独马达驱动；

最大扫描速度：200(°)/min；

最大输出功率：3 kW；

工作电压及电流：40 kV/40 mA。

X 射线衍射仪主要由 X 射线发生器(X 射线管)、测角仪、X 射线探测器、计算机控制处理系统等组成。

1. X 射线管

X 射线管主要分密闭式和可拆卸式两种。广泛使用的是密闭式，由阴极灯丝、阳极、聚焦罩等组成，功率大部分在 1～2 kW。可拆卸式 X 射线管又称旋转阳极靶，其功率比密闭式大许多倍，一般为 12～60 kW。该仪器 X 射线靶材选用 Cu 靶。

选择阳极靶的基本要求：尽可能避免靶材产生的特征 X 射线激发样品的荧光辐射，以降低衍射花样的背底，使图样清晰。

2. 测角仪

测角仪是粉末 X 射线衍射仪的核心部件，主要由索拉光阑、发散狭缝、接收狭缝、防散射狭缝、样品座及闪烁探测器等组成。

(1)衍射仪一般利用线焦点作为 X 射线源 S。如果采用焦斑尺寸为 1 mm×10 mm 的常规 X 射线管，出射角 6°时，实际有效焦宽为 0.1 mm，成为 0.1 mm×10 mm 的线状 X 射线源。

(2)从 S 发射的 X 射线，其水平方向的发散角被第一个狭缝限制之后，照射试样。这个狭缝称为发散狭缝(DS)，生产厂供给 1/6°、1/2°、1°、2°、4°的发散狭缝和测角仪调整用 0.05 mm 宽的狭缝。

(3)从试样上衍射的 X 射线束，在 F 处聚焦，放在这个位置的第二个狭缝，称为接收狭缝(RS)，生产厂供给 0.15 mm、0.3 mm、0.6 mm 宽的接收狭缝。

(4)第三个狭缝是防止空气散射等非试样散射 X 射线进入计数管，称为防散射狭缝(SS)。SS 和 DS 配对，生产厂供给与发散狭缝的发射角相同的防散射狭缝。

(5)S1、S2 称为索拉狭缝，是由一组等间距相互平行的薄金属片组成，它限制入射 X 射线和衍射线的垂直方向发散。索拉狭缝装在叫做索拉狭缝盒的框架里。这个框架兼作其他狭缝插座用，即插入 DS，RS 和 SS。

另外，在探测器这一侧，还装有 12 μm 的 Ni 过滤片，以吸收 Cu 靶的 Kβ 射线，保证探测器接收的只有 Kα 射线。

3. X 射线探测器

衍射仪中常用的探测器是闪烁计数器(SC)，它是利用 X 射线能在某些固体物质(磷光体)中产生的波长在可见光范围内的荧光，这种荧光再转换为能够测量的电流。由于输出的电流和计数器吸收的 X 光子能量成正比，因此可以用来测量衍射线的强度。

闪烁计数管的发光体一般是用微量铊活化的碘化钠(NaI)单晶体。这种晶体经X射线激发后发出蓝紫色的光。将这种微弱的光用光电倍增管来放大。发光体的蓝紫色光激发光电倍增管的光电面(光阴极)而发出光电子(一次电子)。光电倍增管电极由10个左右的联极构成，由于一次电子在联极表面上激发二次电子，经联极放大后电子数目按几何级数剧增(约10^6倍)，最后输出像正比计数管那样高(几毫伏)的脉冲。本仪器采用的是不同于普通闪烁计数器的新型 LynxEye 探测器，它的最大优点是快速、灵敏。

4. 计算机控制处理系统

D8 ADVANCE X射线衍射仪主要操作都由计算机控制自动完成，扫描操作完成后，衍射原始数据自动存入计算机硬盘中供数据分析处理。数据分析处理采用 Eva 软件，包括平滑点的选择、背底扣除、自动寻峰、d值计算、衍射峰强度计算等。

5. 实验辅助装置

(1)小角衍射装置：可测试范围0.6°～6°，一般用于微观结构有序的材料如介孔材料的表征。

(2)冷水机：用几万伏至几十万伏的高压加速电子，电子束轰击靶极，X射线从靶极发出。电子轰击靶极时会产生高温，故靶极必须用水冷却，温度范围19～24℃。

20.2.2　工作原理

1. 晶体学基本概念

自然界中大约95%固体物质可定义为晶体，分属七个晶系(表20-1)，14种布拉维格子。这七个晶系包括：立方晶系、四方晶系、六方晶系、正交晶系、三方晶系、单斜晶系和三斜晶系。把组成各种晶体构造的最小体积单位称为晶胞，所以晶胞能反映真实晶体内部质点排列的周期性和对称性。不同的晶胞各自在三维空间平行、无间隙地堆砌，便组成各自不同晶体的整体内部构造，从而出现了各种不同的晶体。空间格子是通过真实晶体内部构造分析而抽象出来的，反映晶体内部构造中相当的构造单位在三维空间周期性排列规律的几何图形。晶胞和空间格子的区别在于，空间格子由晶体结构抽象而得到的，空间格子中的平行六面体是由不具有任何物理、化学特性的几何点构成，而晶体结构中的晶胞则由实在的具体质点组成。

表 20-1　晶体的七个晶系

晶系	晶胞参数
立方晶系	$a=b=c$, $\alpha=\beta=\gamma=90°$
四方晶系	$a=b\neq c$, $\alpha=\beta=\gamma=90°$
六方晶系	$a=b\neq c$, $\alpha=\beta=90°$, $\gamma=120°$
三方晶系	$a=b=c$, $\alpha=\beta=\gamma\neq 90°$
正交晶系	$a\neq b\neq c$, $\alpha=\beta=\gamma=90°$
单斜晶系	$a\neq b\neq c$, $\alpha=\gamma=90°$, $\beta\neq 90°$
三斜晶系	$a\neq b\neq c$, $\alpha\neq\gamma\neq\beta$

2. X 射线衍射分析基础

1) X 射线衍射分析历史

1895 年，德国物理学家伦琴(W. C. Röntgen)发现了穿透力特别强的 X 射线，他因此在 1901 年首次获得诺贝尔物理学奖。1912 年德国物理学家劳厄(M. von Laue)等发现 X 射线在晶体中的衍射现象，确证 X 射线的波动性和晶体内部结构的周期性。1912 年，英国物理学家布拉格父子(W. H. Bragg 和 V. L. Bragg)提出了著名的 Bragg 方程：$2d\sin\theta=n\lambda$，开创 X 射线晶体结构分析的历史。美国中佛罗里达大学的理查德森表示，在 X 射线迎来诞生 115 周年之际，科学家仍在探索使用 X 射线的新方法。他说："虽然伦琴在 115 年前发现了 X 射线，但 X 射线远远不是一种即将逝去的科学。"(表 20-2)

表 20-2　与 X 射线有关的诺贝尔奖

年份	获奖者	获奖原因
1901	伦琴(Röntgen)	发现 X 射线(1895)
1914	劳厄(Laue)	晶体的 X 射线衍射
1915	布拉格(Bragg)父子	分析晶体结构
1917	巴克拉(Barkla)	发现元素的标识 X 射线
1924	塞格巴恩(Siegbahn)	X 射线光谱学
1927	康普顿(Compton)等六人	康普顿效应
1936	德拜(Debye)	化学
1946	马勒(Muller)	医学
1964	霍奇金(Hodgkin)	化学
1979	柯马克和豪森菲尔德(Cormack/Hounsfield)	医学
1981	塞格巴恩(Siegbahn)	物理

2) X 射线的产生

X 射线管由阳极靶材和阴极灯丝组成。灯丝中发出一定能量的电子，电子在高压电场的作用下轰击阳极靶材的表面，将阳极靶原子的第 K 层电子电离出来，处于高能激发态，其他外层的电子跃入，降低能量，发出 X 射线。X 射线是一种波长很短的电磁波，波长范围是 0.05～0.25 nm，具有很强的穿透力。常用的阳极靶材有 Cu、Cr、Co、Mo、W、Fe、Ni 等。

X 射线一般由连续 X 射线（白色 X 射线）和特征 X 射线谱组成。

连续 X 射线：在 X 射线管中高能电子轰击阳极靶材时，产生不同的负加速度，因而发射各种波长的连续电磁波。由于电子的能量高，发射的电磁波是波长较短的 X 射线。电子与阳极靶面碰撞，产生很高的负加速度而发射连续 X 射线谱的现象，也称轫致辐射。

特征 X 射线谱：特征 X 射线谱产生的机理与阳极靶材的原子内部结构是紧密相关的，是物质的固有特性。高速运动的电子将阳极靶原子的第 K、L、M 等壳层的电子电离出来，为保持体系的能量最低，更外层电子将跃迁到这些空位上，并释放出能量。该能量差 $\Delta E=E_L-E_K=h\nu$ 将以 X 射线的形式发射出去，从而产生特征 X 射线谱，参见图 20-1。

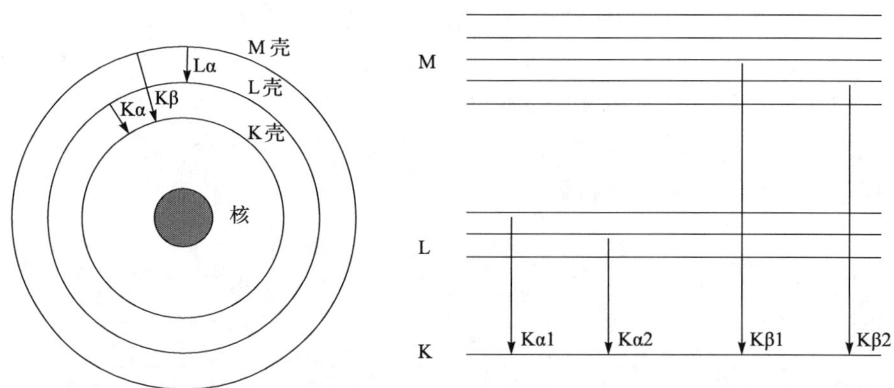

图 20-1 特征 X 射线

3) X 射线的性质

一般性质：和其他电磁波一样，X 射线能产生反射、折射、散射、干涉、衍射、偏振和吸收等现象。但是，在通常实验条件下，很难观察到 X 射线的反射。只有在掠角极小时，X 射线能产生全反射。

衍射性质：在物质的微观结构中，原子和分子的距离（1～10 Å）正好在 X 射线的波长范围内，晶体对 X 射线的散射和衍射能够传递丰富的微观结构信息，所以，X 射线衍射方法是研究物质微观结构的主要方法。

穿透性质：X 射线可以穿透许多物质。在穿透物质的过程中，被吸收的程度则与物质的组成、密度和厚度有关。X 射线与物质之间的物理作用有衍射及射线能量被原子吸收。

散射性质：X 射线散射又分为两种，一种是只引起 X 射线方向的改变，不引起能量变化的散射，称为相干散射，这是 X 射线衍射的物理基础；另一种是既引起 X 射线光子方向改变，又引起其能量改变的散射，称为不相干散射。

吸收性质：物质吸收 X 射线主要表现为光电效应、俄歇效应和热效应。光电效应产生光电子和二次 X 射线荧光，用于物质成分的分析，如 X 射线光电子能谱分析(XPS)、X 射线荧光光谱分析(XRF)。俄歇效应产生俄歇电子，也可用于物质成分的分析。

4) X 射线衍射分析理论基础

1912 年劳厄等根据理论预见，并用实验证实了 X 射线与晶体相遇时能发生衍射现象，证明了 X 射线具有电磁波的性质，成为 X 射线衍射学的第一个里程碑。光线照射到物体边沿后通过散射继续在空间发射的现象称为光的衍射。当一束单色 X 射线入射到晶体时，由于晶体是由原子规则排列成的晶胞组成，这些规则排列的原子间距离与入射 X 射线波长有相同数量级，故由不同原子散射的 X 射线相互干涉，在某些特殊方向上产生强 X 射线衍射，衍射线在空间分布的方位和强度，与晶体结构密切相关。这就是 X 射线衍射的基本原理。衍射线空间方位与晶体结构的关系可用布拉格方程表示：

$$2d\sin\theta = n\lambda$$

式中，λ 为 X 射线的波长；θ 为衍射角；d 为结晶面间隔；n 为任何正整数，又称衍射级数。

当 X 射线以掠角 θ(入射角的余角) 入射到处于相邻晶面的两原子上，晶面间距为 d，在符合上式的条件下，将在反射方向上产生其散射线。当光程差等于波长的整数倍 $n\lambda$ 时，得到因叠加而加强的衍射线。Bragg 定律简洁直观地表达了衍射所必须满足的条件。波长 λ 已知，X 射线衍射角可测定，进而求得晶面间距，即结晶内原子或离子的规则排列状态。事实上，晶体产生衍射的方向取决于晶胞的大小和形状，即晶体结构在三维空间的周期性；而各条衍射线的强度则取决于每个原子在晶胞中的位置。将求出的衍射 X 射线强度和晶面间距与已知的表对照，即可确定试样结晶的物质结构，此即定性分析。从衍射 X 射线强度的比较，可进行定量分析。

20.3　实 验 步 骤

20.3.1　样品制备

(1) 金属样品如块状、板状、圆柱状要求磨成一个平面，面积不小于 10 mm×

10 mm，如果面积太小可以用几块粘贴一起。

(2)对于片状、圆柱状样品会存在严重的择优取向，衍射强度异常。因此要求测试时合理选择相应的方向平面。

(3)对于测量金属样品的微观应力(晶格畸变)，测量残余奥氏体，样品不能简单粗磨，要求制备成金相样品，并进行普通抛光或电解抛光，消除表面应变层。

(4)粉末样品要求磨成 320 目的粒度，约 40 μm。粒度粗大衍射强度低，峰形不好，分辨率低。要了解样品的物理化学性质，如是否易燃，易潮解，易腐蚀、有毒、易挥发。

(5)粉末样品要求在 3 g 左右，如果太少也需 5 mg，可选用痕量样品托。

(6)薄膜样品制样时一定要平整，可考虑用双面胶粘贴。

(7)样品可以是金属、非金属、有机、无机材料粉末。

20.3.2 测试操作

(1)打开冷水机。

(2)打开 XRD 主机电源。

(3)开启计算机，进入 XRD 操作界面，对仪器 Theta 和 Detector 轴进行初始化(在 XRD Commander 中点击“Init drivers”小图标；一周以上未开机，要先进行光管老化)。

(4)按 LynxEye 探测器 Bias 开关，等待 Bias Ready 由闪烁变为常亮。

(5)开高压发生器按钮,顺时针旋转高压发生器钥匙,保持 3～5 秒,直至 X-ray 指示灯变亮，等待 10 分钟。

(6)在 Commander 中电压/电流从 20 kV/5 mA 分别以 5 为单位逐步升至 40 kV/40 mA(先升电压，再升电流)，设置好 Start(扫描开始)和 Stop(终止)角度，步长(Increment)选 0.05，扫描速度(Scanspeed)选 0.1，扫描类型(Scan type)一定要选为“Locked Coupled”。

(7)在样品准备台上准备好样品(粉末样品过 200 目筛)，用玻璃片压平，按“open door”按钮开门，置于测试台上，关好测试门。

(8)点击“Start”即开始测量，测量完毕后存盘(D 盘)，文件名中不能含有小数点。

(9)在测量结束后将 Commander 界面中电压/电流降至 20 kV/5 mA，再逆时针旋转高压发生器钥匙已关闭高压，X-ray 指示灯灭。按 LynxEye 探测器 Bias 开关，Bias 指示灯关闭；

(10)在桌面点开“Raw File Exchange(2)”，将数据转换成 uxd 文件型文件，并存至原文件夹下。

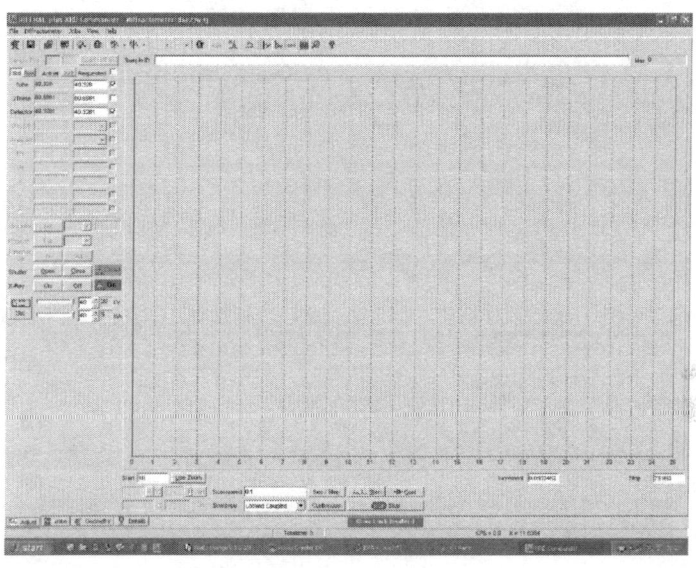

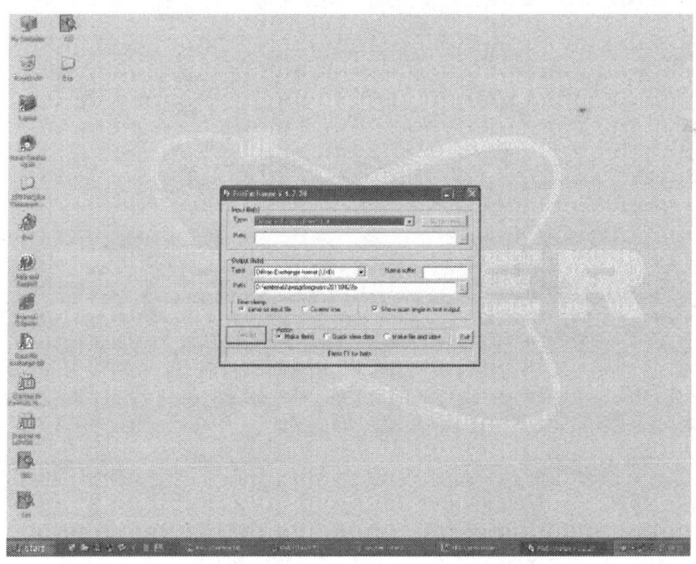

(11) 采用刻录软件 Roxio Creator Home，点击“Data”—“Data Disc”—“Add Data”—“Add Folder”，将数据输出至新光盘。

(12) 测试完毕后，可将样品测试数据存入磁盘供随时调出用 Eva 或 jade 软件进行处理。原始数据需经过背底扣除、曲线平滑，$K\alpha_2$ 扣除，谱峰寻找等数据处理步骤，最后打印出待分析试样衍射曲线和 d 值、2θ、强度、衍射峰宽等数据供分析鉴定。

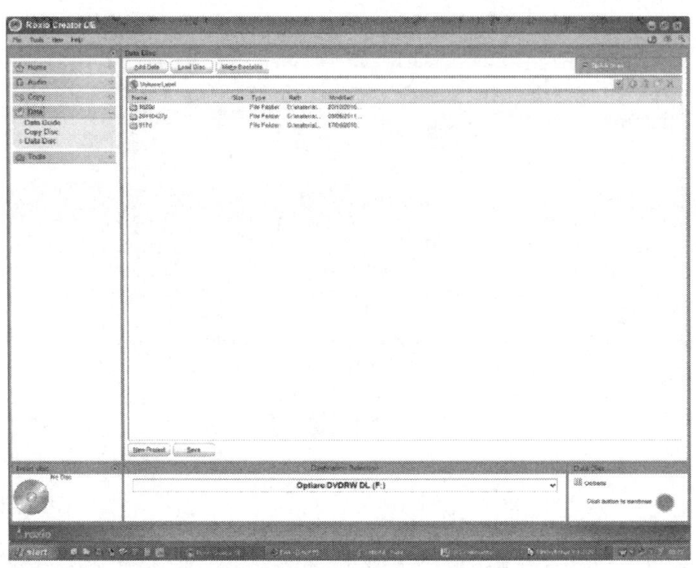

下面介绍 Eva 软件的一般分析步骤:

打开 Eva 软件,导入(import) XRD 实验结果(TiO_2),点击 background 背底扣除,点击“strip $K\alpha_2$”扣除 $K\alpha_2$,点击“smooth”(曲线平滑)。点击“F1”和“F2”,左右分别出现两个窗口。

在左边窗口中选绿样品中含有的元素,点击“search”,可能符合该图谱的晶体就显示于右边窗口。

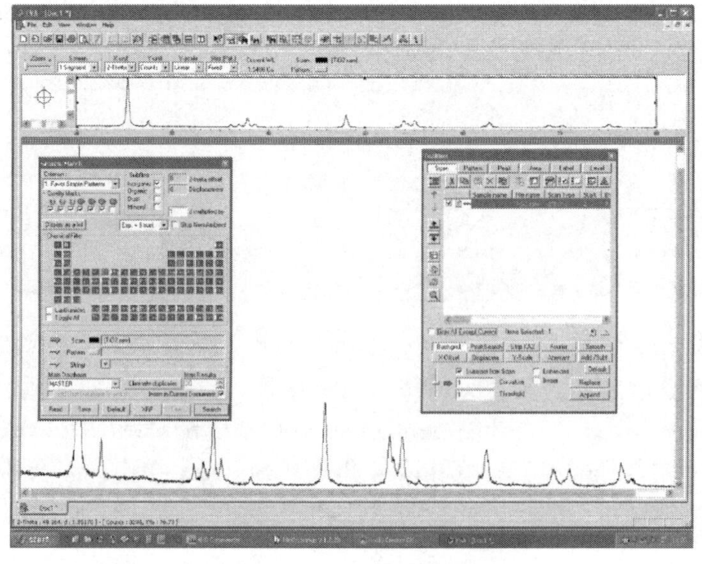

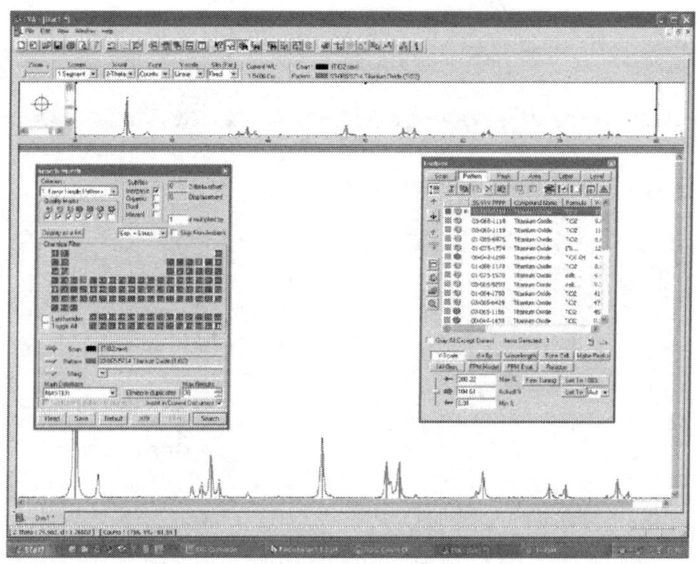

在 Eva 软件中，一般将与实际谱图匹配最接近的标准谱图优先显示在前面。由图可见，PDF 卡号为 03-065-5714 的 TiO_2 与实际谱图匹配最好。打对钩选中，点击右窗口最左列的光盘图标(database)可查看该 TiO_2 的晶体参数。

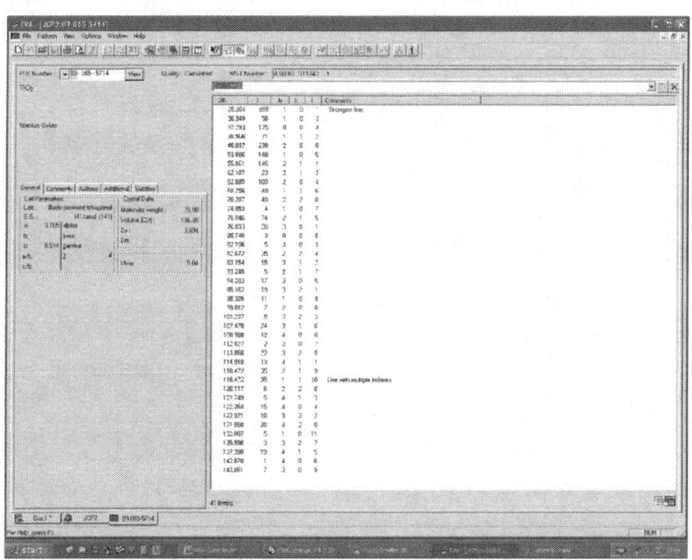

实际谱图中剩下的衍射峰与 PDF 卡号为 03-065-1118 的 TiO_2 完全匹配。同样，可查看该晶型 TiO_2 的晶体参数。

在右窗口最上面一行工具栏点击 “Area”，点击右下角 Create，将光标移至最强峰处，可标出最强峰的半高宽 FWHM，代入谢乐公式可估算该晶体的粒径。

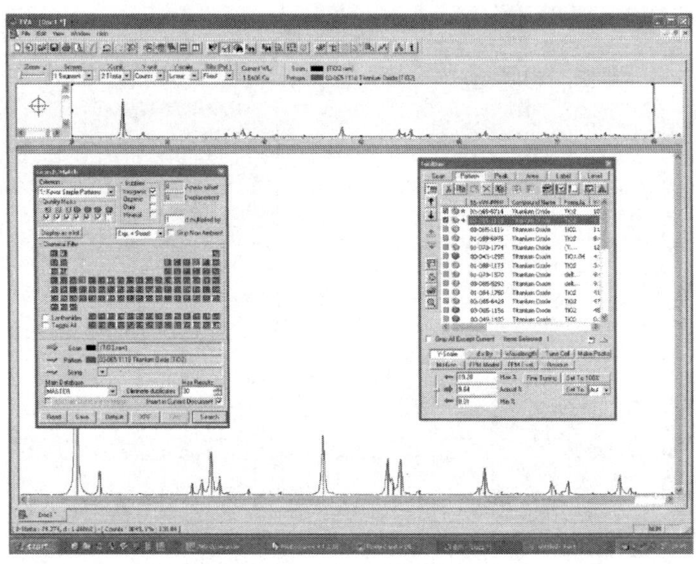

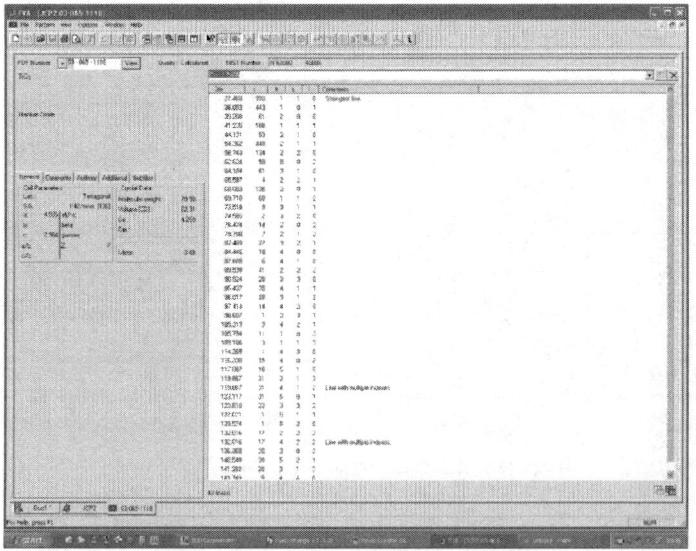

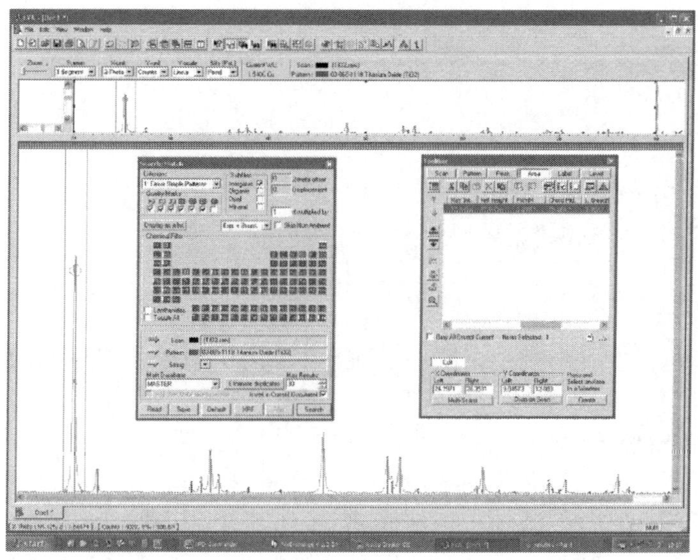

20.3.3　仪器操作注意事项及维护

(1)粉末样品过 200 目筛，用玻璃片压平；

(2)薄膜类样品表面保证与样品台测试平面平齐；

(3)文件名中不得含小数点。

20.3.4　X 射线衍射物相定性分析方法

1. 三强线法

(1)从 10°～90°中选取强度最大的三根线，并使其 d 值按强度递减的次序排列。

(2)在数字索引中找到对应的 d_1(最强线的面间距)组。

(3)按次强线的面间距 d_2 找到接近的几列。

(4)检查这几列数据中的第三个 d 值是否与待测样的数据对应，再查看第四至第八强线数据并进行对照，最后从中找出最可能的物相及其卡片号。

(5)从档案中抽出卡片，将实验所得 d 及 I/I1 跟卡片上的数据详细对照，如果完全符合，物相鉴定即告完成。

如果待测样的数据与标准数据不符，则须重新排列组合并重复(2)～(5)的检索手续。如为多相物质，当找出第一物相之后，可将其线条剔出，并将留下线条的强度重新归一化，再按过程(1)～(5)进行检索，直到得出正确答案。

2. 特征峰法

对于经常使用的样品，其衍射谱图应该充分了解掌握，可根据其谱图特征进行初步判断。例如在 26.5°左右有一强峰，在 68°左右有五指峰出现，则可初步判定样品含 SiO_2。

3. 参考文献资料

在国内国外各种专业科技文献上，许多科技工作者都发表很多 X 射线衍射谱图和数据，这些谱图和数据可以作为标准和参考供分析测试时使用。

4. 计算机检索法

随着计算机技术的发展，计算机检索得到普遍的应用。这种方法可以很快得到分析结果，分析准确度在不断提高。查阅相关手册标准图谱，但还须经认真核对才能最后得出鉴定结论。

20.4 应　　用

绝大部分固态物质都是晶体或准晶体，它们能够对 X 射线产生各具特征的衍射。所谓衍射，即入射到物体的一小部分射线出射时方向被改变了但是波长仍保持不变的现象。用适当的方法把这些衍射线记录下来就得到花样各异的 X 射线衍射图谱。如同光栅对可见光产生的衍射花样决定于光栅的结构一样，每种对 X 射线产生衍射的物质其 X 射线衍射图谱取决于该物质的结构，可以说，每种物质的 X 射线衍射图里携带着丰富的该物质结构的信息。分析样品对 X 射线衍射产生的图谱，解读这些图谱，便可以对样品的结构进行研究测定，“看清楚”它的结构，进而能够从“结构”的深度探究样品的性能、属性的根源，这就是所谓 X 射线衍射分析法。这里说的“结构”一词是广义的“结构”的概念，它包括：物质材料的元素组成、成分(composition)、构造、组织(constitution)、结构(structure)、状态(state)等含义；狭义的“结构”，又分为微观、介观与宏观结构(micro-, mesoscopic and macro-structure)，包括电子结构、晶体结构、各种缺陷结构、结构应变、晶粒尺寸、结晶度、材料的织构等等。表达这种种结构的参量都可能用 X 射线衍射分析方法得到。而物质材料的性能，包括力学性能、物理性能、化学性能等等，这些种种外在的表观性能、属性归根到底都是由材料的广义结构所决定的。因此，能够对物质材料的结构进行分析测定的 X 射线衍射分析法，随着其理论的日臻成熟以及相关技术的发展，特别是计算技术、微电子学、各种新型射线检测器等高新技术的发展，日益受到重视。其应用现在已经渗透到广泛的领域和众多的行业。X 射线衍射分析法又是一种无损坏、非破坏性的分析方法，准备样品的操作简单，因而备受欢迎。具体应用包括以下几个方面。

20.4.1　物相分析

晶体的 X 射线衍射图像实质上是晶体微观结构的一种精细复杂的变换，每种晶体的结构与其 X 射线衍射图之间都有着一一对应的关系，其特征 X 射线衍射图谱不会因为多种物质混聚在一起而产生变化，这就是 X 射线衍射物相分析方法的依据。制备各种标准单相物质的衍射花样并使之规范化，将待分析物质的衍射花样与之对照，从而确定物质的组成相，就成为物相定性分析的基本方法。鉴定出各个相后，根据各相花样的强度正比于改组分存在的量(需要做吸收校正者除外)，就可对各种组分进行定量分析。目前常用衍射仪法得到衍射图谱，用“粉末衍射标准联合会(JCPDS)”负责编辑出版的“粉末衍射卡片(PDF 卡片)”进行物相分析。常用的分析软件有 Jade、Highscore、Eva 等。

目前，物相分析存在的问题主要有：①待测物图样中的最强线条可能并非某单一相的最强线，而是两个或两个以上相的某些次强或三强线叠加的结果。这时若以该线作为某相的最强线将找不到任何对应的卡片。②在众多卡片中找出满足条件的卡片，十分复杂而烦琐。虽然可以利用计算机辅助检索，但仍难以令人满意。③定量分析过程中，配制试样、绘制定标曲线或者 K 值测定及计算，都是复杂而艰巨的工作。为此，有人提出了可能的解决办法，认为从相反的角度出发，根据标准数据(PDF 卡片)利用计算机对定性分析的初步结果进行多相拟合显示，绘出衍射角与衍射强度的模拟衍射曲线。通过调整每一物相所占的比例，与衍射仪扫描所得的衍射图谱相比较，就可以更准确地得到定性和定量分析的结果，从而免去了一些定性分析和整个定量分析的实验和计算过程。市售 Topas 软件用于 XRD 的定量分析，效果很好。

20.4.2　点阵常数的精确测定

点阵常数是晶体物质的基本结构参数，测定点阵常数在研究固态相变、确定固溶体类型、测定固溶体溶解度曲线、测定热膨胀系数等方面都得到了应用。点阵常数的测定是通过 X 射线衍射线的位置(θ)的测定而获得的，通过测定衍射花样中每一条衍射线的位置均可得出一个点阵常数值。

点阵常数测定中的精确度涉及两个独立的问题，即波长的精度和布拉格角的测量精度。波长的问题主要是 X 射线谱学家的责任，衍射工作者的任务是要在波长分布与衍射线分布之间建立一一对应的关系。知道每根反射线的密勒指数后就可以根据不同的晶系用相应的公式计算点阵常数。晶面间距测量的精度随 θ 角的增加而增加，θ 越大得到的点阵常数值越精确，因而点阵常数测定时应选用高角度衍射线。误差一般采用图解外推法和最小二乘法来消除，点阵常数测定的精确度极限处在 1×10^{-5} 附近。

20.4.3 应力的测定

X 射线测定应力以衍射花样特征的变化作为应变的量度。宏观应力均匀分布在物体中较大范围内，产生的均匀应变表现为该范围内方向相同的各晶粒中同名晶面间距变化相同，导致衍射线向某方向位移，这就是 X 射线测量宏观应力的基础；微观应力在各晶粒间甚至一个晶粒内各部分间彼此不同，产生的不均匀应变表现为某些区域晶面间距增加，某些区域晶面间距减少，结果使衍射线向不同方向位移，使其衍射线漫散宽化，这是 X 射线测量微观应力的基础。超微观应力在应变区内使原子偏离平衡位置，导致衍射线强度减弱，故可以通过 X 射线强度的变化测定超微观应力。测定应力一般用衍射仪法。

X 射线测定应力具有非破坏性，可测小范围局部应力，可测表层应力，可区别应力类型、测量时无须使材料处于无应力状态等优点，但其测量精确度受组织结构的影响较大，X 射线也难以测定动态瞬时应力。

20.4.4 晶粒尺寸和点阵畸变的测定

若多晶材料的晶粒无畸变、足够大，理论上其粉末衍射花样的谱线应特别锋利，但在实际实验中，这种谱线无法看到。这是因为仪器因素和物理因素等的综合影响，使纯衍射谱线增宽了。纯谱线的形状和宽度由试样的平均晶粒尺寸、尺寸分布以及晶体点阵中的主要缺陷决定，故对线形作适当分析，原则上可以得到上述影响因素的性质和尺度等方面的信息。

在晶粒尺寸和点阵畸变测定过程中，需要做的工作有两个：①从实验线形中得出纯衍射线形，最普遍的方法是傅里叶变换法和重复连续卷积法。②从衍射花样适当的谱线中得出晶粒尺寸和缺陷的信息。这个步骤主要是找出各种使谱线变宽的因素，并且分离这些因素对宽度的影响，从而计算出所需要的结果。主要方法有傅里叶法、线形方差法和积分宽度法。

20.4.5 单晶取向和多晶织构测定

单晶取向的测定就是找出晶体样品中晶体学取向与样品外坐标系的位向关系。虽然可以用光学方法等物理方法确定单晶取向，但 X 射线衍射法不仅可以精确地单晶定向，同时还能得到晶体内部微观结构的信息。一般用劳厄法单晶定向，其根据是底片上劳厄斑点转换的极射赤面投影与样品外坐标轴的极射赤面投影之间的位置关系。透射劳厄法只适用于厚度小且吸收系数小的样品；背射劳厄法就无须特别制备样品，样品厚度大小等也不受限制，因而多用此方法。

多晶材料中晶粒取向沿一定方位偏聚的现象称为织构，常见的织构有丝织构和板织构两种类型。为反映织构的概貌和确定织构指数，有三种方法描述织构：

极图、反极图和三维取向函数，这三种方法适用于不同的情况。对于丝织构，要知道其极图形式，只要求出其丝轴指数即可，照相法和衍射仪法是可用的方法。板织构的极点分布比较复杂，需要两个指数来表示，且多用衍射仪进行测定。

20.5 思　考　题

(1) 简述连续 X 射线谱、特征 X 射线谱产生原理及特点。

(2) 简述 X 射线衍射分析的特点和应用。

(3) 简述 X 射线衍射仪的结构和工作原理。

(4) 粉末样品制备有几种方法，应注意什么问题?

第 21 章　小角散射分析

21.1　概　　述

X 射线发现已经有 100 多年的历史了。X 射线光源、光学部件、计算能力和软件程序变革了很多实验技术，其中包括 X 射线技术和它们在材料表征方面逐渐增加的统治性角色。许多方法成为研究材料在原子、分子、超分子结构水平和材料结构与物理、化学和生物性质间关系的科学家和研究者的常规测试。

小角 X 射线散射技术是一种根据颗粒平均尺寸和形状来分析颗粒体系结构的方法。被分析的材料可以是固体或液体，其中包含有固态、液态甚至是气态畴区（即所谓的颗粒），这些畴区可以是相同材料或多种材料的结合体。一般情况下，X 射线穿过样品（透射模式），处于光束中的颗粒就会发出它的信号。因此，材料中被照射的粒子的平均结构形态就被测量。另外，靠近表面层的颗粒可以进行选择性测试，几乎与样品表面平行的 X 射线接触样品的表面时，散射角信号通过反射模式来测量。这种相对新的测试方法称为掠入射小角散射（GI-SAXS），它可以测试材料表面上或在表面层内的所有发光粒子的平均结构以及它们的相对位置关系。

21.2　仪器构成及原理

21.2.1　仪器基本构成

所有的小角散射仪的基本组成包括光源、准直系统、样品台、光束遮挡器以及探测器（图 21-1）。光源照射样品，探测器在一定角度范围内探测从样品发出来的射线。准直系统使光束变窄并定义零度角位置。光束遮挡器阻止过强的入射光照射探测器，过强的光束会覆盖相对弱的样品散射光束，还可能破坏某些探测器。

1. X 射线光源

在大多数情况下，光源包括射线管，一个微光源或者一个旋转阳极。有时需要引入同步加速器以便有更高的光子通量或者得到不同的波长。

密封 X 射线管的基本设计如图 21-2 所示。它包含放置在真空室内的一根灯丝（金属丝）与一个阳极（靶子）。电流加热灯丝发射出电子。30～60 kV 的高压加在灯丝与阳极之间，这样电子在到达阳极之前被加速。

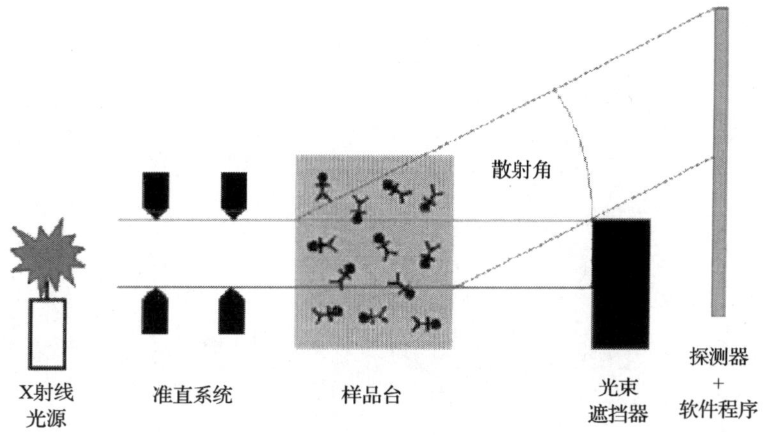

图 21-1　SAXS 仪器的组成

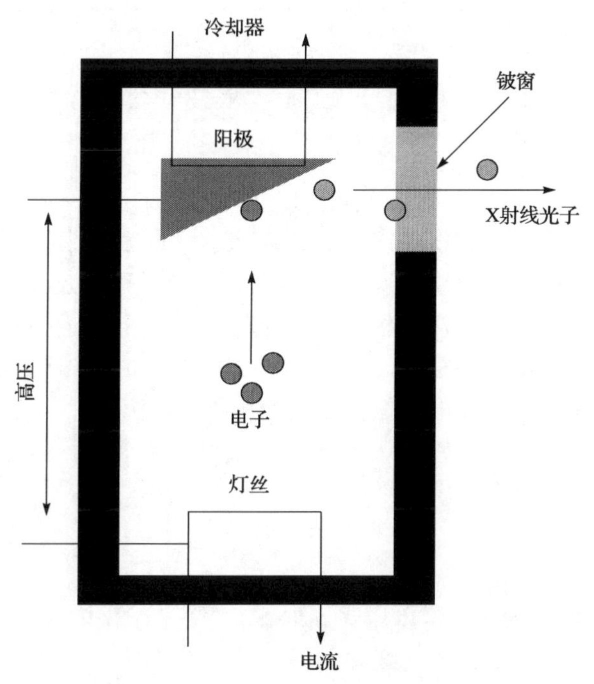

图 21-2　密封 X 射线管的基本构造

当电子打到阳极上将被减速，这导致 X 射线发射。这种辐射被称为韧致辐射(又称刹车辐射)。辐射光波长分布很宽，最高能量不超过所用电压带来的能量(例如 40 kV 会将谱图能量限制在 40 keV 内)。一部分电子会从阳极原子中排出电子。其余电子的内部重排会导致发射特征荧光辐射，波长一般是阳极材料的特征波长。X 射线光管的强度(光子的数目)取决于打到阳极上的电子(或电流)的数密度。通常情况下，铜靶的功率为 2 kW，可以通过设定高压 40 kV 以及电流 50 mA 实现(图 21-3)。

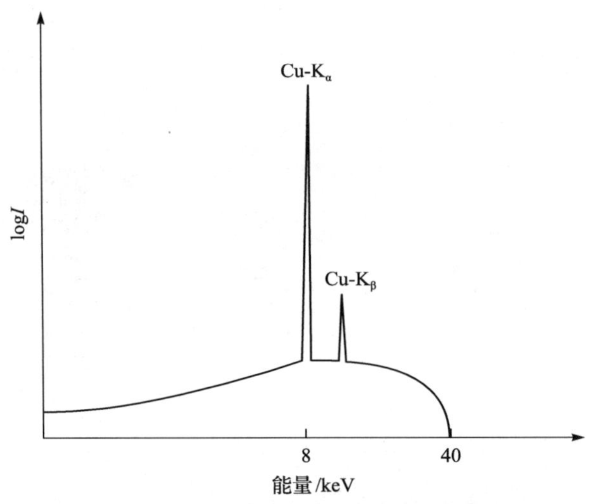

图 21-3　施加 40 kV 电压时，铜靶发射的波长谱图

2. 旋转阳极

阳极材料被电子轰击后将会产生老化现象。一般表现为沟槽或孔洞，这样就会继续消耗阳极材料最终导致 X 射线管的损坏。为了延长光源的寿命，阳极可以制成旋转的轮子。这样电子对阳极的轰击范围变为整个轮子的四周，因此可以减少单位面积上的破坏增加阳极的寿命或允许加载更大的轰击电压。人们选择这种 X 射线光源主要是为了增加电子电流与输出强度。

旋转阳极的光子通量比密封靶的光子通量可以大十倍，但是旋转阳极维护的费用比密封靶要高十倍左右。

3. 微光源

最近微聚焦 X 射线源也可以用于 SAXS 应用。在这些光源中，电子被聚焦在阳极的一个小点上。因此，X 射线将从一个直径为 20～50 μm 的微小面积发射出来。这样方便产生很窄的光斑以完成点准直实验。由于这些直径很小的光斑，省去了不能穿过窄狭缝或针孔系统的不必要的光子。因此，对于点准直实验微光源是节约成本的。通常情况下微光源的功率一般为 30～50 W，因此常规的循环水甚至是空气冷却已经足够。

用一个 2 kW 的密封管光源连接到相同的点准直系统上可以获得大致相当的光通量密度，用于有效的 X 射线产生。然而，高通量的应用在线准直系统中更为广泛。对于这些应用，低功率的微光源就太弱了。

4. 同步辐射

同步加速器提供不同波长的 X 射线，这是带电粒子(电子或正电子)沿着圆形(或波浪形)路径高速运转的副产物。这一过程产生韧致辐射，因此会产生可用的连续波长光谱。同步辐射装置的功率消耗很高，相应的光通量也很大。由于带电粒子是成束运动的，同步辐射是一种脉冲源。同步加速器发出的强度不是恒定的。强度会随着带电颗粒的消散而衰减，这就需要通过不断注入新颗粒维持。

几乎所有的同步加速器对于专项实验例如 SAXS 都有一个或多个光束可以用。每个申请者都需要向同步辐射站规划和申请项目。通过审批后，申请者可能每年获得一到两次几个小时到几天的实验时间。通常情况下，这些申请者希望自己能够被接受，以显示高通量是实验成功的必需条件，并且前面的筛选实验(例如使用实验室仪器)表明他们的样品适合同步加速器使用。

5. 准直系统

SAXS 技术中，最大的挑战是在小角度范围内(<0.1°)将入射光束从散射信号中分离出来。如果入射光束的发散角度大于该小角的要求，就很难将强度相对较弱的散射花样从强度很高的直射光束中分离出来。因此，入射光束的发散度必须保持较小。因此，需要准直系统。准直系统基本上是一些狭缝或一些针孔。为了使光束变窄，狭缝或针孔必须很窄且相互之间远离。但是这样大大削弱了入射光束的强度。作为平衡可以允许狭缝或针孔稍微变大，但是得到的实验结果的会产生仪器致宽现象，通常称为狭缝模糊化。

通常，光源发出的 X 射线是多色的，这就意味着它是不同波长光子的混合物。样品将一定波长的光子散射向一个特定方向(角度)，将会将另一个波长的光子散射到另一个方向。因此，多色辐射是仪器致宽的另一个原因，叫做波长模糊化。

为了防止波长模糊化，多层光学镜子可以插入准直系统。根据 Bragg 法则，$n\lambda=2d\sin\theta$，这些光学镜子只能使一个特定波长 λ 的 X 射线发生衍射，特征多层层间距 d 大约是 4 nm。波长可以通过倾斜多层镜子与入射光束的夹角 θ 角来选择。整数 n 表明较短波长的 n 倍也能通过，但是这些在 X 射线光管的光谱中不常见。

根据应用的准直系统不同，SAXS 仪器一般可以分为两类。

(1) 点准直仪器带有的针孔能够将入射光束变成一个小圆形或椭圆形光斑。样品上只有一个小圆点被照射。样品位置的光束尺寸规格一般为 0.3 mm×0.3 mm。因此散射点会中心对称地分布在这个被照射的点周围，这些散射点在探测平面上形成的 2D 花样构成了以入射光束为中心的同心圆(图 21-4)。散射图像只有轻微的狭缝模糊化，一般在后面的数据处理过程中就被忽略了。然而，在小角度下，这种狭缝模糊化效应变得明显且不能被忽略，即使用点准直系统。

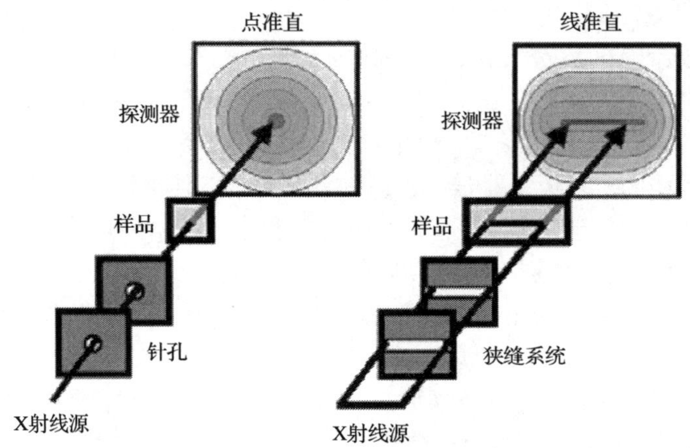

图 21-4 通常用于 SAXS 仪器的两种准直系统

鉴于小的被照射样品体积，散射强度较小。用点准直系统也很难获得较窄且干净的光束，这会导致较差的分辨率。通常情况下，通过增加样品与探测器的距离可以略微改善分辨率。但是这样会使仪器变大(甚至是几米)，导致探测器处的光强变弱。因此点准直系统的测试时间以小时计。当需要研究取向分布(Pole 图，RheoSAXS)，或当需要研究小的样品区域(微衍射)或表面性能(GI-SAXS)时，点准直系统是必不可少的。

(2)线准直仪器只在一个尺度方向上限制光束，因此光束变成细长的一条线尺寸规格大约为 20 mm×0.3 mm。被照射的样品体积比点准直系统大很多(50～100倍)，因此散射强度(在相同的通量强度下)比相同情况下的点准直系统大很多。与点准直相比，线准直光束能够变得更窄更干净，以便较小的样品-探测器间距也可以满足实验要求。这就导致强度变大 10 倍。相应的测试时间比点准直系统大约缩短至 1/100。大的样品体积将导致散射花样的变宽程度加大(狭缝模糊化)(图 21-4)，因此必须测量光束的剖面图并纳入数据分析。随着散射角度的变大，狭缝模糊化变得更加可以忽略，这样高强度的优点不会在广角范围内被抵消。在较小的角度范围内，模糊化效应可以通过额外的数学处理方法消除，称之为“去模糊化”。这可以通过几种软件包进行实现。线准直系统十分适合于无取向(各向同性)体系，如稀释的分散液或乳液，以及大样品量的筛选等。

6. 样品台

SAXS 系统中最复杂的当属样品台。这是因为很多样品不能抵抗真空环境，而真空环境是保持背景散射较低的条件。当然有时候研究的是样品结构随着外界环境变化或样品处理条件不同时的结构变化情况，如温度、压力、流动/剪切速率、湿度、应力、投射角以及其他一些条件。大量的各种不同参数变化导致不可能有一个通用的装置以满足每一个科研工作者的需求。因此，大部分样品台是完全自制的或将商品化的产品设置进行改动。我们不能忽视一个合适的样品台的重要性，但是我们只能在后面的部分介绍最基本的装置。

7. 光束遮挡器

光束遮挡器的作用是阻止强的直射光照射探测器。虽然有些探测器不一定会被强入射光破坏，但是从探测器表面强的背散射光会覆盖相对较弱的样品散射信号。

现在常用的光束遮挡器有两种。一种是密度高的材料如铅或钨，它们能够将直射光束完全遮挡。另外一种是透明材料，它们能够将光束衰减至探测器能够安全使用的强度水平。

透明光束遮挡器的优势是直射光束的强度在获得样品散射的同时也可以监测。因此，发生器强度可能的漂移很容易通过对相同光束强度的归一化来进行补偿。光束的位置与剖面图在每次实验中也能同时测量。不再需要进行额外的实验确定光束剖面图以及零散射角的位置。然而，需要注意的是透明材料制成的光束遮挡器会产生背景信号。

透射光束的强度可以用于进行样品的校正而不需要进行额外的实验。然而，当接近零散射角有强的样品散射存在时这种校正不能进行(如粉末的散射)。

8. 探测器

SAXS 实验可能用到四种不同类型的探测器：线探，CCD 探测器，影像板与固态(或 CMOS)探测器。在选择探测器时，有几个不同重要性的指标应该考虑：

分辨率：是指探测器能够区分两个相邻点(像素)的能力。高的空间分辨率意味着探测器在单位长度上的像素较多，像素与像素之间的相互影响可以忽略。当一个像素的强度高达一定程度时就会向临近像素蔓延。对于小型 SAXS 设备，高的分辨率十分重要。

线性动态范围：是指能够转换成准确正比强度值的光子通量范围。通常情况下，探测器对很高的光子通量不够敏感(称为探测器饱和)。这就意味着光子通量变大两倍不会导致获得的强度成相同倍数增加。积分探测器具有个很高的精确度，可以增加其线性动态范围。

精确度：是指读出数据的精确性与稳定性。如果扣除相近强度的背景后，仍然有明显的信号保留，那么说明精确度高，在低强度一侧有额外的几个数量级的线性动态范围。如果只有噪声存在，那么精确度是很差的。每次 SAXS 测试都必须进行两次实验，其中背景在后处理中减去。这是 SAXS 测试中的一个重要特点。

敏感度：是指入射的光子被记录的效率。通过测量量子效率(QE)值来实现，即能够被有效记录的光子比例。QE 值与探测器介质的吸收是相关的。因为现在大部分探测器的 QE 值都在 90%左右(线探例外，其 QE 值约为 60%)，这方面能够提高的已经很少。这对于 SAXS 是一个不太重要的参数，除非用了比 Cu 射线波长更短的射线。

暗电流：是指即使在没打开 X 射线光束的情况下，探测器记录到的强度。一般是由热运动引起的,可以通过冷却探测器或根据高度过滤电子脉冲波(光子产生的脉冲高度与光子的波长直接相关。它可以用来选择性地记录那些有特定波长的脉冲)。具有较高暗电流的探测器必须具有高的精确度以便对这个缺点进行弥补。

帧频：是每秒能够记录的散射花样的数量。这不能决定 SXAS 的实验速度或者所谓的“时间分辨 SAXS”的时间分辨率。相反 SAXS 的实验速度是由每秒散射的光子数目决定。为了得到可接受的散射花样，必须记录下足够数目的光子。因此，瓶颈不是探测器的帧频而是每秒钟的被散射光子的数目。帧频是 SAXS 技术中不太重要的参数。

1) 线探

这种探测器在吸收气体氛围内(氙气或氩气/甲烷)有很多导线。进入气体氛围内一个 X 射线光子就会从气体分子中排除一个电子。通过加高电压(偏压)电子被加速飞向导线。当电子击中导线，导线内部就会产生电脉冲。脉冲沿着导线向两端传播，在导线两端对脉冲进行记录。两次脉冲波到达的时间差用来确定电子击中导线的位置。一根导线能够产生一维的散射花样，而很多根平行导线可以用来产生二维图像。线探一般像素尺寸比较大(约 100 μm)因此空间分辨率差。更大的样品-探测器间距可以补偿这一缺憾，但是代价是减小角度范围和降低强度。线探的优点是能够根据波长过滤脉冲波，这样几乎不产生暗电流。线探比较容易由于过度曝光而遭到损坏，而且维护费用很高。

2) 电荷耦合(CCD)探测器

CCD 照相机与通常的录像机工作原理一样。它们能够探测荧光屏产生的可见光。一块由玻璃纤维制成的所谓光锥，放置在视频微型芯片与荧光屏之间。它能够引导光线到达芯片，在不大变形的情况下将荧光花样成像。一个金属铍窗口或涂有铝层的塑料薄片用来阻止环境光线破坏对相对较弱的荧光的探测。CCD 是一种积分探测器，即它收集各个像素产生的电子(相当于电容器)直到输出。只记录产生电荷的量，而不记录光子本身。这种处理模式有两个重要后果。①CCD 探测器的噪声振幅不是被记录强度的平方根；②不可能利用脉冲滤波方法消除暗电流。因此，电荷耦合探测器需要有效地冷却装置(即循环水)以保持暗电流足够低。另外，暗电流也依赖于数据采集时间，因此应该测量多次(而不是一次性完成)。庆幸的是，CCD 的芯片具有合并相邻像素强度的能力。这一特点连接了临近的像素点并因此大大增大了精确度。通常情况下，像素尺寸较小(约 25 μm)，像素之间的相互影响一般不超过相邻的三个像素，因此，高分辨率实验是可以实现的。然而，高强度点会导致光晕(在整个芯片宽度上相互影响)，因此需要在获取数据后进行校正(所谓的反光晕校正)。芯片尺寸相对较小(<5 cm×5 cm)，这会限制测试角度范围。CCD 探测器的价格相对较高，且与芯片质量有关(通常用失效的像素个数来表征其质量)。

3) 影像板探测器

影像板是由能够通过激发自身电子进入所谓的 F 能带而储存 X 射线能量的材料制成的。这属于亚稳态，用激光进行照射能够使电子回到稳态。因此，可见荧光辐射产生，这种荧光辐射能够用光电倍增管或雪崩二极管进行检测。影像板是一些软片，可以像照相软片一样进行曝光或用一个单独的装置进行扫描。读出(数字化)后，影像板用一个曝光板清除信号，这样可以进行下一次使用。影像板可以重复利用数千次直到由于机械破坏而不能使用。在所有的探测器中，影像板具有最高的线性动态范围而且可以根据实际情况加工成任何形状和尺寸。不过影像板通常需要一个外部装置进行扫描，这就很难实现自动测试。影像板必须在暗室中进行操作，因为可见光的照射会导致散射花样不可控地被擦除。暗电流依赖于扫描模式(用光电倍增管)，但一般数值较小，恒定并且容易扣除。同时像素尺寸也依赖于扫描模式，尺寸一般在 25～100 μm 之间。然而，像素间的相互影响是比较大的。影像板基本不需要维护成本，且过度曝光也不容易被损坏。是以教学为目的理想探测器。

4) 固态探测器

固态探测器是一些能够直接记录 X 射线光子的 Si 二极管阵列(一维或二维的)。X 射线光子照射半导体材料，Si 二极管阵列产生被实际计数的离子对。额外的电路(运算放大器)只选择性记录超过一定能量门槛值的脉冲波。这样，暗电流以及更大波长的荧光可以被排除。由于硅不吸收如此多的短波长辐射，当测试的波长小于铜时，它们的量子效率大大降低。固态探测器能够承受非常高的辐射量，一直到接近 2 kW 封闭靶光源发出的入射光的强度，能够保持线性。但是，它们的受辐射硬度也不是无限的，更长时间的直射光强度(如同步加速)会对探测器造成损坏，这会导致量子效率永久下降。这种探测器的成本与 CCD 探测器在同一个数量级。

21.2.2　工作原理

当 X 射线照射样品时，样品内的原子会将入射光线朝各个方向散射，这就形成了在小角度内保持恒定的背景。样品内部的颗粒(原子簇)会产生额外散射(所谓多余的散射)，这是由于颗粒是由不同材质或密度(形成对比度)组成，颗粒的尺寸在 X 射线波长能研究的范围内。通过测试散射强度对角度的散射曲线，可以获得颗粒的平均结构参数。

1. X 射线与结构的相互关系

X 射线撞击到原子发生散射时，每个原子都会从它们所处的位置发出球形波。由于从汤姆孙散射过程中发射出来的光波与入射的平面波是同步的，它们在探测器的位置会产生干涉条纹。这种干涉可能是增强的(协相波)，也可能是减弱的(异相波)，或者介于中间，这依赖于观察角 2θ，发光原子之间的相对位置和距离 r(图 21-5)。

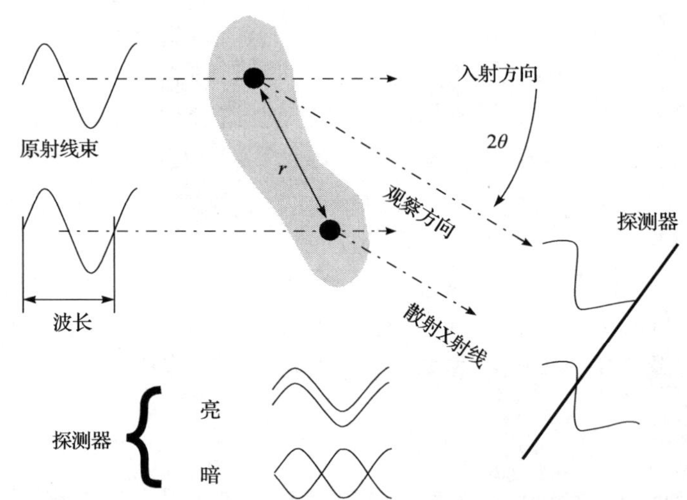

图 21-5　干涉波的强度依赖于发光原子的距离 r，它们的取向与入射和观察之间的关系：当波平行到达时，探测器上为亮点；当波反平行时，探测器上为暗斑

在有益的相互作用下，干涉在探测器上产生亮斑，在破坏性相互作用下，电磁波相消，因此探测器上是暗斑。成像结果是二维干涉花样，在探测器平面上强度从一个位置到另一个位置之间有变化(通常通过监测散射角 2θ 与方位角 Φ)。干涉图谱与材料内部结构有关，也就是原子之间的相对取向和距离。距离 r 通过与所用光源波长的关系测量。因此当 r/λ 相同时就会产生相同的干涉花样。为了消除波长的影响，散射花样通常表达为 q 的变量：

$$q\,(\text{nm}^{-1}) = [(4\pi)/\lambda]\sin\theta \quad [1/\text{nm}] \tag{21-1}$$

式中，q 的命名可以从文献中查阅，为“散射矢量长度”或“动量传递”。不管以什么命名，实际上 q 的单位是长度的倒数(如 nm^{-1})，这解释为散射花样一般被称为“倒易空间结构”，而颗粒被说成“实空间”结构，因为它们可以用长度单元来衡量。

2. 形状因子

由于颗粒由很多原子构成的，颗粒的散射可以解释为颗粒内部每个电子/原子散射波的干涉花样，这样可以用探测器记录(图 21-6)。将探测器位置所有光波的振幅加和并平方就得到了干涉(散射)花样。这种花样以颗粒形状所对应的特有的方式振荡。因此被称为“波形因子”。之所以称为“因子”，主要是因为它必须乘以一个常数才能与实验强度单位匹配。进行结构确定时不需要确定该常数。在实际应用中，很多颗粒会被同时照射，如果满足以下两个条件，那么所得到的散射花样只反映单个颗粒的形状因子：

(1)颗粒在形状和尺寸上相同(即单分散的样品)；

(2)颗粒相互之间距离很大(即稀溶液样品)。

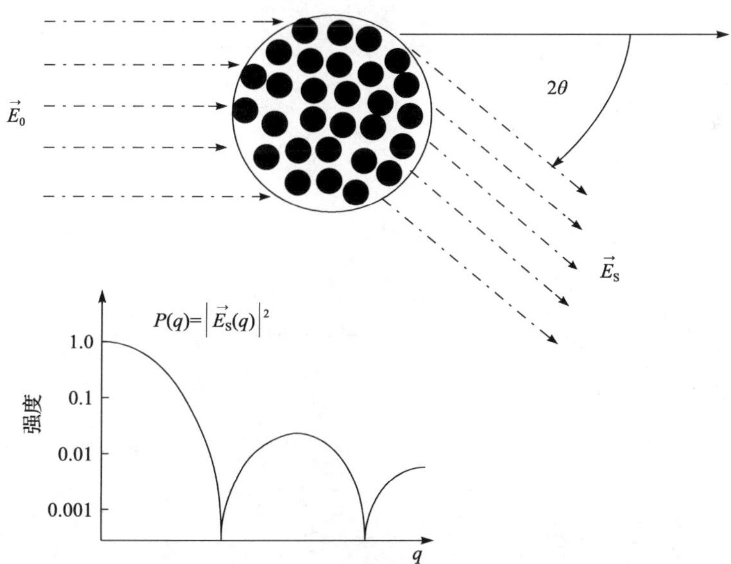

图 21-6　颗粒的形状因子 $P(q)$ 是一个干涉花样，其振荡的方式与颗粒的形状相关

如果样品很稀，那么所有被照颗粒的形状因子可以加和。在稀样品中，实验得到的散射花样是形状因子乘以颗粒的数目。如果颗粒具有不同的尺寸(例如多分散性样品)，那么所有尺寸颗粒的形状因子加和得到整个样品的平均散射花样。每个尺寸的颗粒都会在不同的角度产生形状因子的最小值，因此所有形状因子之和不再有很明确的最小值(图 21-7)。

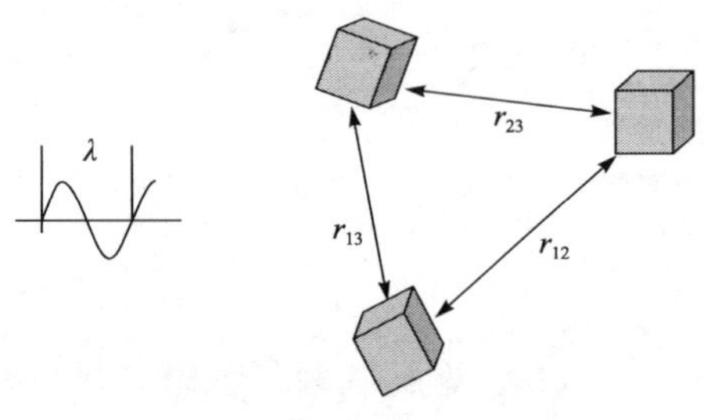

图 21-7　对于 SAXS 技术，当颗粒之间的距离超过 X 射线波长时，就被认为是稀体系

3. 结构因子

当颗粒紧密地堆积在一起(如浓样品)，颗粒之间的相对距离与颗粒内部距离具有相同的数量级。因此干涉花样也包含临近颗粒的贡献。

这种附加的干涉花样被称为结构因子，它与单个颗粒形状因子可以相乘。在晶体学中结构因子被称为“晶格因子”，因为它包含了颗粒之间的相互位置信息。我们能够观察到浓度效应在小角度形成的额外的波动(图 21-8)。在小的 q 值范围内强度的下降是排斥相互作用的一种体现。强度的增加意味着吸引相互作用，与聚集十分类似。

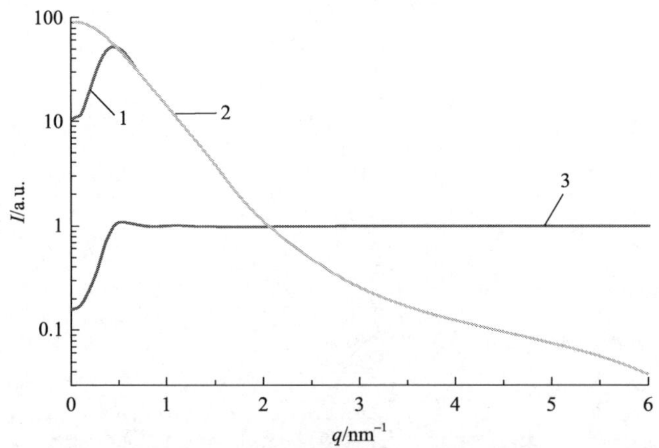

图 21-8　高浓度颗粒分散体的 SAXS 图(1)，它是单个颗粒的形状因子(2)与颗粒位置的结构因子(3)共同的产物

最后，当颗粒排列成高度有序和周期性结构时(如晶体)，小角度的波动就会发展成为一个显著的峰。这就被称为布拉格(Bragg)峰，通过 Bragg 公式，根据峰值所处位置就能计算排列的粒子之间的距离：

$$d_{\text{Bragg}} = \frac{2\pi}{q_{\text{peak}}}[\text{nm}] \tag{21-2}$$

4. 取向与有序

在一个密堆积的粒子体系，颗粒之间能够形成一定的位置和取向。这通常被称为“相互作用”。例如，液体分子不能自由移动主要是因为它们之间不能相互穿透。粒子-粒子之间的排斥作用(是诸多粒子相互作用的一种)会导致所谓的近程有序结构。这就意味着在特定距离范围内找到一个近邻粒子的可能性增加。因为在更大的距离范围内，颗粒间的相对位置变得越来越随机。这种近程有序结构是SAXS 花样中结构因子形成的基础。

当颗粒的位置变得更加有序时，结构因子的峰就变得更加明显。随着有序颗粒的畴区尺寸进一步变大(也就是形成长程有序结构)，这一体系就形成结晶。晶体物质的结构因子通常被称为晶格因子。在一定角度下出现的一系列尖锐的峰是结晶对称性的标志。峰位置对应的 q 值所成的比例会有特征性，它能够反映晶体的对称性。例如：

(1)层状对称：1，2，3，4，5，…

(2)立方对称：1，$2^{1/2}$，$3^{1/2}$，2，$5^{1/2}$，…

(3)六边对称：1，$3^{1/2}$，2，$7^{1/2}$，3，…

除了这种位置有序，粒子之间还可能形成一种优先取向，尤其是当粒子形状不是球形时。对于剪切或拉伸样品颗粒排列只有部分规则取向，但是结晶样品具有完美规整取向。如果我们以入射光束为中心进行方位角积分，取向与取向度可以从二维散射花样中强度变化幅度中获得。当样品无规取向时(各向同性)，例如稀释溶液或结晶粉末，散射花样在入射光的同心圆上呈现出均匀的强度(图 21-9)。当样品部分取向时，例如受剪切的液体或纺丝纤维，散射花样会表现出一定的强度变化。当样品是相对于入射光方向特定方向的单晶材料，其散射花样是一系列亮点。

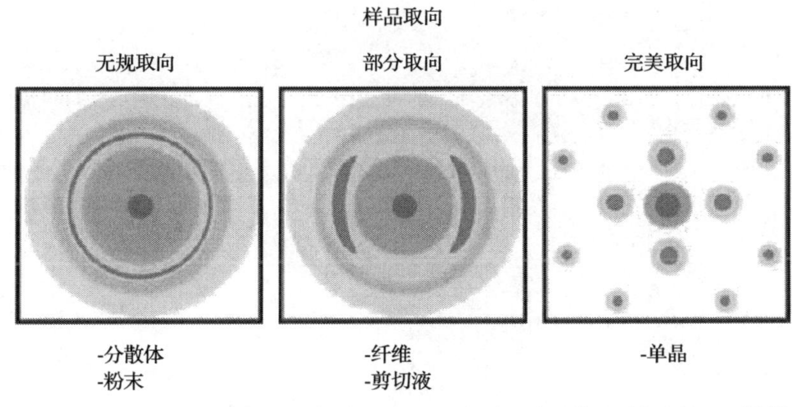

图 21-9　无规取向(各向同性)、部分取向以及完美取向(单晶)样品的 2D 散射花样

5. 强度与对比度

为了对比理论与实验曲线的差异，可以将理论值(形状因子与结构因子)以任意常数倍放大或缩小。这些系数不含颗粒的形状信息，因此可以任意选取。不过，当需要获取粒子的数量密度或分子量信息的时候，这些因子是有意义的。

X 射线是经电子散射出去的。单个电子的散射强度（“散射截面”）是个常数，$\sigma=7.93977\times10^{-26}\text{cm}^2$。$\sigma$ 是被散射的入射粒子的入射截面积。若电子被能量密度为 i_0(a.u./cm^2)的射线照射，那么散射强度用 $I_0=i_0\cdot\sigma$(a.u.)计算，这里“a.u.”指的是任意探测器单位。它可以是“计数/秒”、焦耳或瓦特，具体依赖于探测设备的读出能力。到达探测器的强度受到很多因素影响而发生变化，样品的透过率 T，样品与探测器间距 R，探测面积大小(像素尺寸)A 以及入射波相对于观察面的偏振角 φ。

$$I_0=i_0\cdot\sigma\cdot\frac{A}{R^2}\cdot T\cdot[(\sin\varphi)^2+(\cos\varphi)^2\cos(2\theta)^2] \tag{21-3}$$

标准实验室 X 射线源一般是任意偏振的，平均偏振角为 $\varphi=45°$。在同步加速器，偏振角可以从 $\varphi=0°$(水平偏振)到 90°(垂直偏振)任意变化(图 21-10)。在 SAXS 实验中，$2\theta<10°$，偏振一般可以忽略，但在 XRD 测试中不能忽略。样品单位体积中有越多的电子(即电子密度越高)，那么被散射的 X 射线越多。如果样品是一个体积为 V_1，电子密度为 ρ_1 的颗粒，那么散射波的振幅为 $V_1\rho_1$。探测器输出结果(即强度)是所有散射波振幅的平方。因此，这一粒子的总散射强度 $I_1(q)$ 可以计算为：

$$I_1(q)=I_0\cdot\rho_1^2\cdot V_1^2\cdot P(q) \tag{21-4}$$

这里 $P(q)$ 为粒子的形状因子。

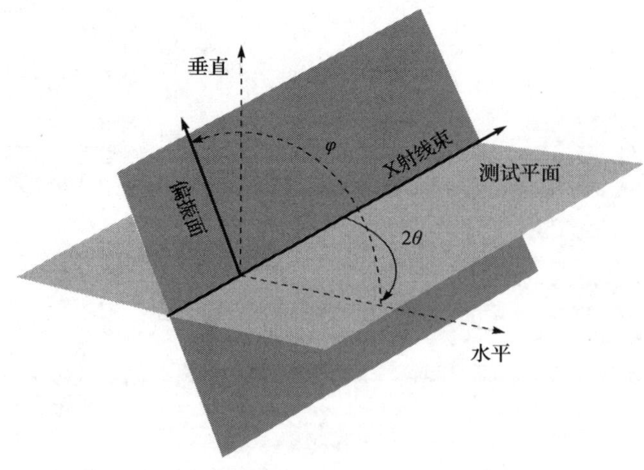

图 21-10　偏振角 φ 定义为辐射波的振荡平面(即偏振面)与散射角(2θ)测试平面之间的夹角

只有干涉光子携带颗粒的结构信息。基体材料的散射波纹也携带信息，但是尺度范围小很多(原子尺度)。在小角范围内它只能形成一个水平的辐射强度(背景)，可以设为零。测试时，可以将样品台与基体材料的背景散射从样品散射中扣除掉。

嵌入基体材料的颗粒必须与基体材料具有不同的电子密度,这样在 SAXS 测试中才能被探测。两种材料的电子密度差越大，可见度越高。这称之为对比度。如果颗粒的电子密度与基体材料的电子密度相同(图 21-11),那么颗粒不能从周围环境中区分出来，SAXS 信号与背景信号是一样的。利用对比度效果的方法被称为“对比度变化”。通过改变溶剂的电子密度，许多颗粒组分将变得可见。通过将重金属离子融入之前不可见的粒子中能够使粒子变得可见。在某些情况下，对比度变动方法不可行，除非破坏样品结构，因为通过改变溶剂成分或用重金属染色都是具有破坏性的过程。对于这种不确定的情况，SAXS 将变得不是十分有用。这时，可以用小角中子散射技术(SANS)。SANS 是对比度变动应用的典型实例，由于氢原子与氘原子之间对比度很大。另一个解决这种低对比度的方法是反常小角 X 射线衍射(ASAXS)。这种方法通过测试两个不同波长的散射花样来实现。其中一种波长接近特定原子的吸收界，这种原子的对比度会增加很多。然而这两种方法只适用于大规模设备,如原子反应堆或裂变源(以获得中子)或同步加速器(以便调节波长)。

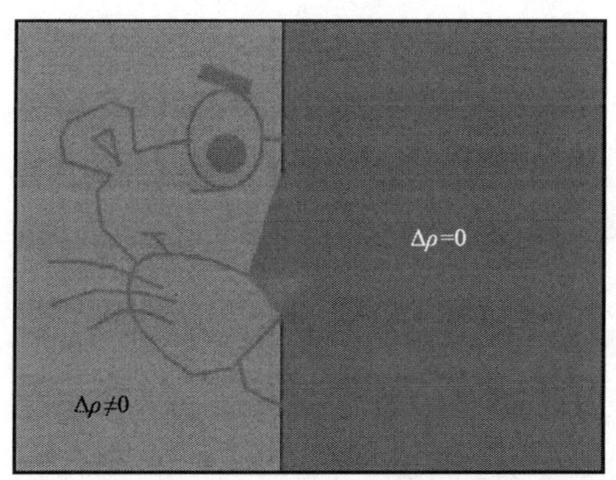

图 21-11　SAXS 测试中对比度是指粒子与周围环境之间电子密度的差异(如图中浅色部分)，在浅色部分中的美洲豹图样除了鼻子其他部分都看不到主要是因为鼻子部分的对比度不为零

当一个电子密度为 ρ_1 的粒子嵌入一个电子密度为 ρ_2 的基体样品中，粒子的散射强度为

$$\Delta I_1(q) = I_0\ (\Delta\rho)^2\ {V_1}^2\ P(q) \tag{21-5}$$

式中，$\Delta\rho=\rho_1-\rho_2$，基体材料的强度已经被扣除。N 个相同粒子的散射强度为

$$\Delta I(q) = N\Delta I_1(q)S(q) \tag{21-6}$$

式中，$S(q)$为表征颗粒间相互位置的结构因子。对于稀溶液体系，$S(q)$值一般为1。式(21-5)的计算结果是SAXS信号强度随着颗粒体积的增大而急剧变大。由于球形颗粒的体积与半径成三次方关系，所得到的SAXS信号强度就会随着颗粒半径变大成六次方放大。假如一种分散体系中含一百万个半径1 nm大小的颗粒而只含一个半径10 nm的颗粒(也就是百万分之一含量的大尺寸颗粒)，这两种尺寸的颗粒将产生一样强的散射信号，测试过程中必须记录很多电子显微镜照片以便找到这个大的颗粒。式(21-5)带来的另一个后果是对比度的平方会对SAXS信号强度产生影响，这就意味着对比度的正负根本不会产生影响。基体材料中的空洞与材料颗粒在空基体材料中能够产生相同的散射强度。哪一部分被认为是“颗粒”纯粹是实验者的判断。

6. 多分散性

样品中N个颗粒完全一样的假设很难是真的。蛋白质溶液是为数不多的可以称之为“单分散”样品的例子，蛋白质溶液中的颗粒都具有相同的尺寸与形状。通常情况下，样品颗粒都具有不同的尺寸，也就是所谓的“多分散”，或具有不同的形状，就是所谓的“多形态”。

多分散或多形态样品的散射曲线可以被认为是N个形状因子$P_i(q)$的总和，受到各自对比度$\Delta\rho_i$与第i个颗粒的体积V_i的影响。如果我们假设一个稀的颗粒溶液为研究对象[即$S(q)$=1]，那么：

$$\Delta I(q) = I_0\, \Sigma_{i=1}^{N}\, (\Delta\rho)_i^2\, V_i^2\, P_i(q) \tag{21-7}$$

这种加和计算方法的结果是一个平均的形状因子，不再存在尖锐的最小值(图21-12)。另一方面，如果实验结果曲线有发育良好的最小值也表明样品是单分散的。

7. 表面散射

当样品分散在一个水平基底表面并且使用反射模式进行测量时，前面章节的原理也同样适用，特别是当入射角(θ_i)大于样品(或基底)的临界角(θ_c)时。临界角是指当入射角小于该角度时，X射线在样品表面将发生全反射，不能进入样品。如果入射角度保持在临界角附近(如$\theta_i < 3\theta_c$)，那么散射理论就需要加以补充，因为这时的反射与折射光束会导致额外的散射过程，将与直接入射的光束在颗粒处产生的散射发生干涉(图21-13)。在这一区域的散射曲线(GI-SAXS)以及反射曲线(XRR)通常可以用所谓的DWBA(Distorted-Wave Born Approximation)模型来模拟。

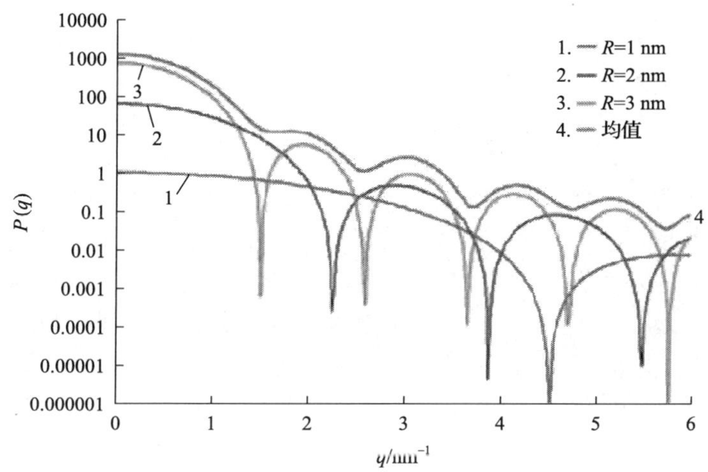

图 21-12　不同尺寸粒子的形状因子的总和，总和后最小值逐渐消失

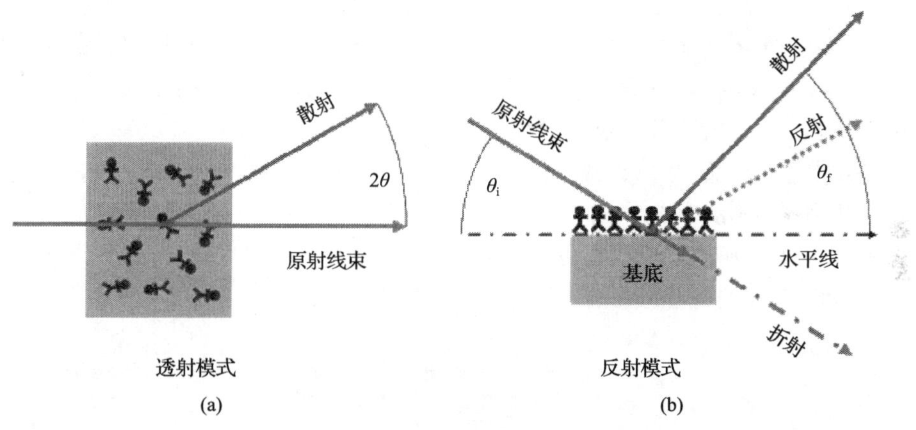

图 21-13　SAXS 实验中的透射模式(a)和反射模式(b)

在反射模式中，观察面被分为折射花样(水平线以下)和反射花样(水平线以上)。由于基底的吸收，折射花样一般很少能观察到。直接反射的入射光束就是所谓的镜面反射光束通过选择入射角(高于或低于临界角)可以选择测试不同深度的颗粒。这样既可以选择性地测试表面颗粒也可以测试嵌入样品层的颗粒。你只需要知道每一层的临界角。临界角是材料的性能常数，因为它是通过材料的折光指数获得的，$n=1-\theta_{c/2}$。可以通过样品材料的电子密度(化学组成与密度)以及材料的吸光度进行计算。典型的临界角一般在 0.2°～0.5°。

反射实验总是会给出两个叠加的信号。一个是直接反射(镜面反射)光束I_{spec}，另一个是漫散射光束 I_{diff}。镜面反射光束来自于全反射。就像光束被镜面反射一样，只能在一个固定的方向上被观察到($\theta_f=\theta_i$)。漫散射是因为表面粗糙或颗粒造成的，可以在任意方向上观察到。

$$\Delta I_{\text{total}}(q) = \Delta I_{\text{spec}}(\theta_i) + \Delta I_{\text{diff}}(q) \tag{21-8}$$

在反射几何学中，q 的定义稍微有点不同的解释：

$$q(\text{nm}^{-1}) = 2\pi/\lambda(\sin\theta_i + \sin\theta_f) \tag{21-9}$$

根据角度 θ_f 与 θ_i 的选取方式不同，有三种表征近表面结构的常用方法：

(1) X 射线反射(XRR)：在这种测试方法中，观测角与入射角始终保持一致 $\theta_f=\theta_i$。同时对这两个角度进行扫描。只记录直接反射光束。测试结果主要反映表面法线方向的密度分布。因此，层厚度是 XRR 测试的重点。表面粗糙度降低了反射光束的强度而增大了漫散射的强度。太大的粗糙度将会导致 XRR 测试失效。

(2) 掠入射小角 X 射线散射(GI-SAXS)与衍射(GID)：在这两个实验中，入射角保持恒定且与临界角接近 $\theta_i=\text{const}=\theta_c$，而在任意一到两个方向上进行观察。观察角的大小决定了是小角还是广角(衍射)技术。有时候避免了镜面方向由于其与强烈的镜面反射相重叠($\theta_i=\theta_c$)。这种方法用来观察分布在样品表面或存在于样品表面层的侧向结构/颗粒/粗糙度等信息。这种方法与 XRR 是互补的，由于其强度随着表面粗糙度的增大而增大。如果相邻层的表面粗糙度是相关的，甚至表面厚度也能确定，尽管表面厚度优先使用 XRR 确定。

(3) 恒定 q 实验(摇摆曲线扫描)：这是 GI-SAXS 实验的变体，设定入射角与观察角之和为常数 $\theta_i+\theta_c=\text{const}$，也就是说只有样品旋转，而保持观察位置与光源位置不变。这种方法应用的目的与 GI-SAXS 相同，但是能够获得更大尺度的颗粒信息，同时得到的样品表面结构信息是沿着光束方向而不是侧向。

21.3 实验步骤

21.3.1 样品制备

透射模式(SAXS)：厚的样品因为吸收的增加并不被推崇。因此，唯一能保证样品大散射体积的方法是增加入射光斑的尺寸并且保持样品在其最佳厚度。一般来讲,对于铜靶的辐射和水基样品,其最佳厚度为 1 mm。液体样品一般需要 50 μL，1 mm×1 mm(点准直)到 1 mm×20 mm(线准直)都可用于固体或黏稠状样品。

反射模式(GI-SAXS)：样品的厚度不重要，因为只有样品最表层部分被探测。唯一保证大的样品散射体积的方法是增加样品的长度。入射角为 0.2°，宽度为 0.3 mm 的入射光在平整样品表面的足迹长度为 86 mm。为了确定零点位置，一半的入射光需要掠过样品表面，所以此时最佳的样品长度约为 40 mm。

在光路中的任何东西包括空气也会产生散射，因此最好在样品到探测器之间为真空环境。很不幸的是很多样品在真空下结构会被破坏，这些样品需要保存在普通环境下。因此需要特殊的样品槽来保证样品适合散射实验。

1. 液体

在透射模式下进行测试时，液体样品通常装在石英毛细管中。液体样品主要成分为水和碳氢化合物时，通常使用直径为 1 mm 的石英毛细管。含有重原子例如氯的溶剂密度比较大，对 X 射线的吸收也比较强，这样的样品需要装在更细的毛细管中进行测试。无法注入毛细管的黏度很大的样品通常装在专门的黏性样品槽中进行测试。

2. 黏性样品

黏性样品、橡胶、粉末和对真空敏感样品必须装入带可拆卸窗口的样品槽进行测试。首先 X 射线可以穿透窗口，窗口的材料不会对 X 射线产生很多散射，并且需要抗腐蚀和耐高温。最常采用的制备窗口薄膜的材料为 Kapton。根据不同的应用，其他的材料也可能适合制造窗口。

3. 固体

块状固体可以被夹在固体样品架上进行测试。有些固体样品架带有保护固体样品避免真空破坏的额外窗口。样品的厚度必须根据各自样品的吸收系数进行选择。当有特殊的氛围要求时，例如指定的相对湿度或气体反应，样品必须放置在可置入真空系统的小腔体内。这种样品槽的制备技术通常具有挑战性，因此价格也比较昂贵。

4. 粉末

并非所有的粉末都适合进行 SAXS 测试，尤其当我们想得到粉末颗粒的尺寸和形状时。除了比表面积外，只有粉末的内部结构可以使用 SAXS 进行测试。因此，原子尺度(WAXS)和纳米尺度(SAXS)的结晶度是进行粉末散射实验的唯一理由。粉末测试的困难在于粉末颗粒的尺寸需要足够小时才能保证晶体取向向各个方向的自有分布。还有必须保证的是所有的布拉格衍射均会出现在仪器探测范围之内，并且所有的衍射峰均出现在散射谱图上。并非所有的粉末都可以研磨得足够小。有时候晶体在样品(多数时候为液体或黏性样品)内部形成后生长得非常快以至于晶体无法在样品内部自由取向。这种情况下，最好使用可以旋转或振动样品的样品槽，这样在测试时间之内所有的晶体最终总会转动到过一个适合测试的方向。

5. 带基底的材料

有时为了研究薄膜的性质材料必须制备在基底上。通常我们会选择采用反射模式(GI-SAXS)来测试这些样品。如果选择了透射模式(例如进行极图分析)基底材料必须足够薄且对特定波长足够透明。如果可能，普通的 X 射线窗户材料可以使用。在许多情况下薄膜的散射比基底的散射弱得多，因此透射实验基本不可能实现。再强调一次，薄膜样品必须可以经受得住真空条件。但是如果其只能放在正常的空气(或特殊气体)氛围中，那么只能把这样的样品放置在一个封闭的样品槽内，然后放入真空中进行测试。

21.3.2　测试操作

在样品放入(或放在)样品槽后，真正的测试将会开始。该实验通过使用 X 射线曝光样品完成。一定需要知道的是一个测试通常由两个实验完成。背景(例如溶剂)散射和带颗粒的体系必须分开完成。为了得到颗粒本身的散射，背景溶剂的散射必须从带颗粒体系的样品散射中扣除掉。假如要进行绝对强度测试，则需要使用已知散射强度的样品来标定探测器的输出强度。请注意，测定样品结构时不需要使用绝对强度。

21.4　应　　用

21.4.1　纳米结构无机材料

无机纳米胶体与聚合物复合的想法带来了一些被称为纳米复合物的新材料。这些材料被作为材料科学的下一个研究前沿。因为它们不同的工业应用和学术吸引力而引起了很多关注。盘状颗粒例如黏土由于其高纵横比(大半径 R，小厚度 H)而被给予了很高的关注。纳米黏土颗粒这种各向异性的结构提高了材料的性能，即使其质量分数低于 5%。分散的纳米颗粒的一个重要步骤是将它们剥离成厚度约为 1 nm 的单个的二氧化硅片层。为了提高二氧化硅片层与聚合物之间的相互作用，黏土表面的亲水性质需要被变为亲油。通常，这通过把剥离后黏土表面的金属阳离子变换为阳离子表面活性剂实现。

无机纳米颗粒(例如烟灰、二氧化硅、带涂层的二氧化硅等)被作为填充物提高聚合物材料的性能。提高材料的热机械性能和其他一些增值性能例如电导率、热导性能和选择性渗透率。

表征纳米颗粒的形貌和它们的分散程度是开发这种纳米复合物的重要课题。目前，带有机涂层的二氧化硅颗粒在改善聚合物材料方面引起了浓厚兴趣。层状二氧化硅颗粒的形貌、结构与期望性能之间的关系是理解和调控这些材料所需要的信息。

21.4.2　液晶

介于晶态固体和简单液体之间的热力学相态的凝聚态物质称为液晶或中间

相。液晶态通常有取向和弱的位置有序性，因此表现出几种晶体和液体的物理性质。假如温度诱导了相之间的转变时被称为热塑性。共混物(包括别的组分)中，相转变可能与浓度有关，这些液晶被称为溶致性液晶。目前，热塑性主要用于技术应用，溶致性对生物体系例如膜重要。液晶有两个相，分别为“向列相”和“近晶相”。向列相是最简单的液晶相，接近液体。小分子在液体中漂浮，但仍然在它们的取向方向有序。近晶相接近固态。液晶分子在层内有序。在这些层中，液晶通常自由游动，但它们不能在层之间自由移动。自从液晶发现后，大量的工作试图搞清楚液晶的性质以及其与分子结构之间的关系。尽管有了这些工作，现在对分子结构对材料性质影响的理解仍很薄弱。SAXS 提供的结构信息包括不均匀性、聚集有序性、尺寸、形状、分离和聚集片层内部分子间距离。在研究形貌和相行为相互依赖性方面也很有用。

21.4.3　膜

生物膜和它们的功能(例如小的化学反应器)强烈地依赖于它们的几何结构和构筑膜壁的两亲性分子的化学性质。膜的参数诸如电子密度分布和柔性是需要知道的重要参数，因为膜的功能与它们息息相关。例如渗透性或重新组织形成胶束、层状堆积或囊泡的趋势强烈地依赖于双层内部分子的排列。膜的内部结构可以通过药物或温度进行调整。药物传输和基因转染技术也因此建立在对膜结构的研究之上。磷脂双分子层例如 POPC、DOPC、DPPC 可以用 SAXS 方法进行研究获得它们的电子密度、厚度、层和堆叠的周期性距离、层的数目、堆积和柔性参数。

基于燃料电池的聚电解质膜是一个非常活跃的研究领域。在高温时使用燃料电池的最大阻碍是保持膜的质子传导性。聚电解质膜在 120℃以上的可操作性有利于提高对 CO 的容忍性及排热性。这需要在膜中保持一定量的水分。更高的温度提高了水的蒸气压，同时提高了水损失的可能性，并因此降低了质子的传导性。干膜的传导率比充分饱和的膜的传导率低好几个数量级。许多替代的方法已经被开发用来在脱水环境(即升温和降低的相对湿度)下保持膜的传导率。无机材料添加至聚合物膜中可以改变和提高感兴趣的物理和化学聚合物性质(例如弹性模量、质子传导率、溶剂渗透速率、拉伸强度、疏水性和玻璃化转变温度)同时可以保持其重要的聚合物性质以使其可以在燃料电池中起作用。膜的水化作用是影响燃料电池性能的关键因素。SAXS 方法在研究复合膜和建立结构-性能关系中很有用。

21.5　思　考　题

(1) 测试液体样品时需要注意哪些？

(2) 小角散射有几种测试方式，具体是哪些？

第 22 章　X 射线光电子能谱分析

22.1　概　　述

自德国物理学家伦琴 1895 年发现 X 射线以来，与此有关的分析技术不断问世。当 X 射线与样品相互作用后，由于其能量较高，可以激发出原子内壳层轨道上的电子，通过测量这些电子的动能，则可得到样品中相关的电子结构信息。由于这种方法使用了铝、镁靶材发射的软 X 射线，故称为 X 射线光电子能谱（X-ray photoelectron spectroscopy，XPS）。在 20 世纪五六十年代，以瑞典 Kai Siegbahn 教授为首的研究小组逐步发展和完善了 XPS 技术。他们先观测光峰现象，之后又发现了内壳层电子结合能位移现象，提出了化学分析用电子能谱（electron spectroscopy for chemical analysis，ESCA）这一概念，并将其成功应用于化学问题的研究。XPS 是表面灵敏的定性和半定量分析谱学技术，不仅能测定表面的组成元素，且能给出各元素的化学状态信息。自问世以来，X 射线光电子能谱分析技术已成为表面分析中的常规分析手段，在催化化学、新型材料、微电子、陶瓷材料等方面有着广泛的应用。

22.2　仪器构成及原理

22.2.1　仪器基本构成

X 射线光电子能谱仪由进样室、超高真空系统、X 射线激发源、离子源、能量分析器及计算机数据采集和处理系统等组成。图 22-1 为仪器的结构框图，图 22-2 为 XPS 工作示意图，图 22-3 为仪器外观。

1. 进样室（sample introduction chamber）

X 射线光电子能谱仪配备有快速进样室，其目的是在不破坏分析室超高真空的情况下能进行快速进样。快速进样室的体积很小，以便能在 5～10 分钟内能达到 10^{-3} Pa 的高真空。随后样品被送入超高真空系统进行分析。图 22-4 为样品传送系统的内部结构。

2. 超高真空室（ultrahigh vacuum chamber，UHV）

在 X 射线光电子能谱仪中必须采用超高真空系统，光谱仪的光源、激发源、

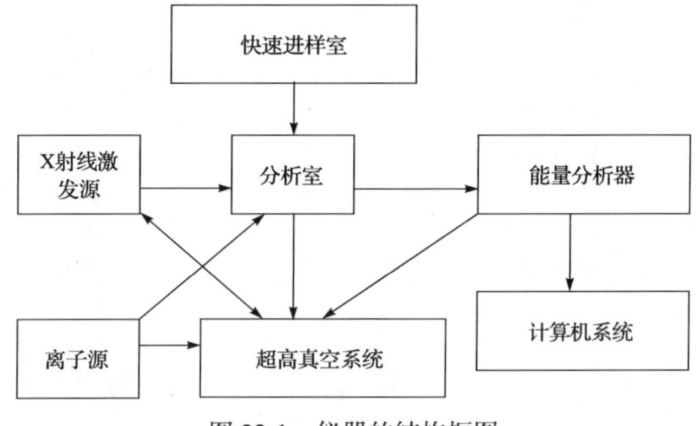

图 22-1　仪器的结构框图

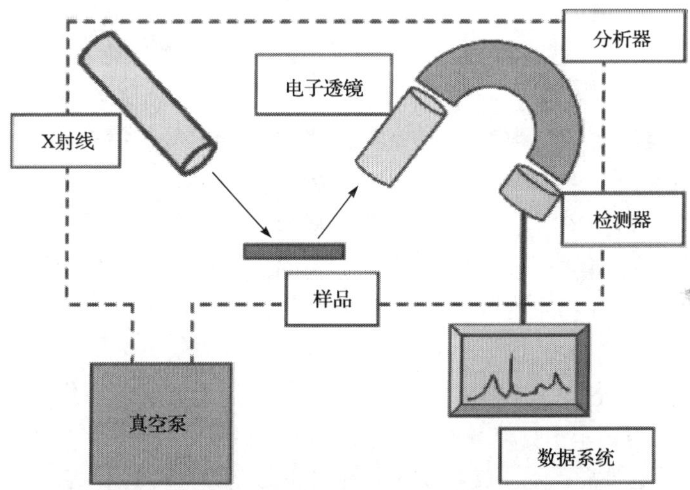

图 22-2　XPS 工作示意图

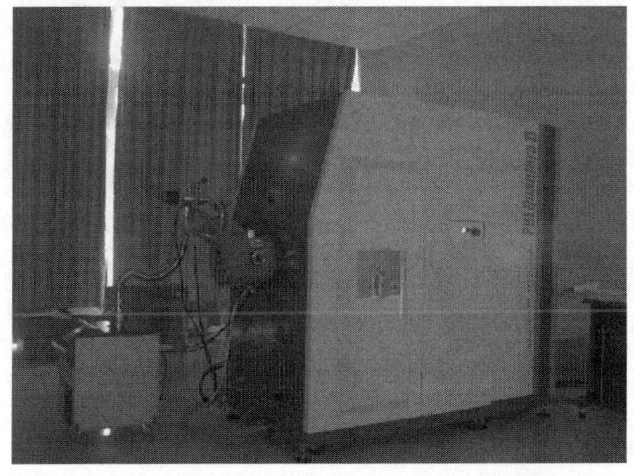

图 22-3　ULVAS-PHI 公司生产的 Quantera II 仪器外观构造

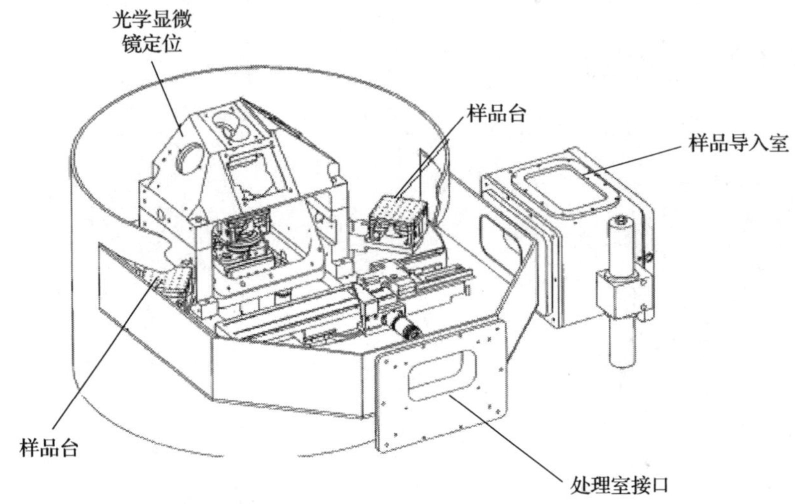

图 22-4　样品传送系统

样品室、分析室及探测器等都应安装在超高真空中。对真空系统的要求是真空度尽可能高、耐烘烤、无磁性、无振动等。对于超高真空系统的需求主要是出于两方面的原因。首先，XPS 是一种表面分析技术，如果分析室的真空度很低，在很短的时间内试样的清洁表面就可能被真空中的残余气体分子所覆盖。其次，由于光电子的信号和能量都非常弱，如果真空度较低，光电子很容易与真空中的残余气体分子发生碰撞作用而损失能量，最后不能到达检测器。

通常超高真空系统真空室由不锈钢材料制成，真空度要求优于 10^{-6} Pa。超高真空一般由多级组合泵系统来获得。常见的泵体组合包括：①吸附泵+离子泵；②低温泵+离子泵+钛升华泵；③旋转机械泵+涡轮分子泵+离子泵+钛升华泵；④旋转机械泵+扩散泵。这几种泵的组合各有优缺点。一般 XPS 采用三级真空泵系统。前级泵一般采用旋转机械泵或分子筛吸附泵，极限真空度能达到 10^{-2} Pa；之后用油扩散泵或分子泵，可获得高真空，极限真空度能达到 10^{-8} Pa；而最后采用溅射离子泵和钛升华泵，可获得超高真空，极限真空度能达到 10^{-9} Pa。现在新型 X 射线光电子能谱仪，普遍采用机械泵+分子泵+溅射离子泵+钛升华泵系列，这样可以防止扩散泵油污染清洁的超高真空分析室。从位置上说，样品处理室借助于一个为油扩散泵所后备的涡轮分子泵进行抽真空，而样品分析室借助于一个离子泵和附加于其上的钛升华泵来抽空。图 22-5 为真空室内部构造。

3. X 射线激发源(X-ray source)

XPS 中最简单的 X 射线源，就是用高能电子轰击阳极靶时发出的特征 X 射线。处于原子内壳层的电子结合能较高，要把它打出来需要能量较高的光子。以铝或镁作为阳极材料的 X 射线源得到的光子能量分别为 1486.6 eV 和 1253.6 eV，它们

图 22-5　真空室内部构造

具有强度高、自然宽度小(分别为 0.85 eV 和 0.7 eV)的特点，在此范围内的光子能量足以把不太重的原子的 1 s 电子打出来。表 22-1 为不同 X 射线源的能量及线宽。虽然 $CrK_α$ 和 $CuK_α$ 辐射能量更高，但由于其自然宽度大于 2 eV，不能用于高分辨率的观测。为了获得更高的观测精度，实验中常常使用石英晶体单色器，利用其对固定波长的色散效果，将不同波长的 X 射线分离，选出能量最高的 X 射线。仪器的 X 射线源为 Al $K_α$，经单色化处理以后，线宽可从 0.8 eV 降低到 0.2 eV，以便提高信号/本底之比，并可以消除 X 射线中的杂线和韧致辐射。

表 22-1　不同 X 射线源的能量及线宽

射线	能量/eV	FWHM/eV	射线	能量/eV	FWHM/eV
Y $M_ζ$	132.3	0.47	Mg $K_α$	1253.6	0.7
Zr $M_ζ$	151.4	0.77	Al $K_α$	1486.6	0.85
Nb $M_ζ$	171.4	1.21	Si $K_α$	1739.5	1.0
Mo $M_ζ$	192.3	1.53	Y $L_α$	1922.6	1.5
Ti $L_α$	395.3	3.0	Zr $L_α$	2042.4	1.7
Cr $L_α$	572.8	3.0	Ag $L_α$	2984.4	2.6
Ni $L_α$	851.5	2.5	Ti $K_α$	4510.0	2.0
Cu $L_α$	929.7	3.8	Cr $K_α$	5417.0	2.1
Na $K_α$	1041.0	0.4	Cu $K_α$	8048.0	2.6

4. 离子源(ion source)

离子源是用于产生一定能量、一定能量分散、一定束斑和一定强度的离子束。XPS 中配备的离子源可以对样品表面进行清洁或进行定量剥离以进行深度剖析实验(depth profiling)。在 XPS 谱仪中，常采用 Ar 离子源。它是一个经典的电子轰击离子化源，气体被放入一个腔室并被电子轰击而离子化。Ar 离子源又可分为固定式和扫描式。固定式 Ar 离子源由于不能进行扫描剥离，对样品表面刻蚀的均匀性较差，故仅用作表面清洁。对于进行深度分析用的离子源，应采用扫描式 Ar 离子源，提供一个从 35 μm 到微米量级可变直径、高束流密度和可扫描的离子束，用于样品的精确研究。

另外，由于 Ar 离子半径小，对样品的穿透性强，在对高分子样品表面进行清洁处理时，可能改变样品表面及亚表面的化学状态。而对样品进行定量剥离时，较难控制剥离深度。为了解决这个问题，仪器除配有 Ar 离子源外，还配备了 C_{60} 枪。由于 C_{60} 分子半径大，能量密度小，在对高分子材料进行样品表面清洁和刻蚀处理时，不会造成表面化学键的断裂，可以达到定量剥离的效果。图 22-6 为配备的 C_{60} 枪的外观结构。

图 22-6　C_{60} 枪形貌

5. 荷电中和系统(charge neutralizer)

用 XPS 测定绝缘体或半导体时，由于光电子的连续发射而得不到足够的电子补充，会使样品表面出现电子“亏损”，这种现象称为“荷电效应”(charging effect)。荷电效应将使样品出现一个稳定的表面电势 V_S，它对光电子逃离有束缚作用，使谱线发生位移，还会使谱峰展宽、畸变。如图 22-7 所示，XPS 中的荷电中和装置可以在测试时产生低能电子束来中和试样表面的电荷，以减少荷电效应，获得准确的图谱。

6. 能量分析器(energy analyzer)

能量分析器的功能是测量从样品中发射出来的电子能量分布，是 X 射线光电子能谱仪的核心部件。常用的能量分析器的原理基于电子/离子在偏转场(常用静电场而不是磁场)或在减速场产生的势垒中的运动特点。X 射线光电子的能量分析

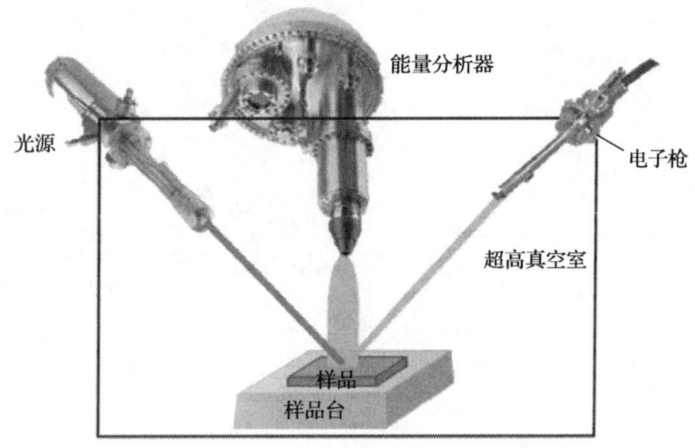

图 22-7　XPS 中荷电中和系统示意图

器有两种类型，即半球型分析器和筒镜型能量分析器。半球型能量分析器具有对光电子的传输效率高和能量分辨率好等特点，多用在 XPS 谱仪上。而筒镜型能量分析器由于对俄歇电子的传输效率高，主要用在俄歇电子能谱仪(Auger electron spectroscopy，AES)上。对于多功能电子能谱仪，以 XPS 为主的采用半球型能量分析器，而以俄歇为主的则采用筒镜型能量分析器。

7. 计算机系统(computer system)

由于 X 射线电子能谱仪的数据采集和控制十分复杂，谱图的计算机处理也是一个重要的部分。数据系统由在线实时计算机和相应软件组成。在线计算机可对谱仪进行直接控制并对实验数据进行实时采集和处理。实验数据可由数据分析系统进行一定的数学和统计处理，并结合能谱数据库，获取对检测样品的定性和定量分析知识。

常用的数学处理方法有谱线平滑，扣背底，扣卫星峰，微分，积分，准确测定电子谱线的峰位、半高宽、峰高度或峰面积(强度)，以及谱峰的解重叠(peak fitting)和退卷积，谱图的比较等。当代的软件程序包含广泛的数据分析能力，复杂的峰型可在数秒内拟合出来，如元素的自动标识、半定量计算、谱峰的拟合等。

图 22-8 详细归纳了 XPS 仪器中上述几个部分的组成。

22.2.2　工作原理

固体表面分析，特别是对固体材料的分析和元素化学价态分析，已发展为一种常用的仪器分析方法。目前常用的表面成分分析方法有 X 射线光电子能谱(XPS)、俄歇电子能谱(AES)、静态二次离子质谱(SIMS)和离子散射谱(ISS)。AES 分析主要应用于物理方面的固体材料(导电材料)的研究，而 XPS 的应用面则

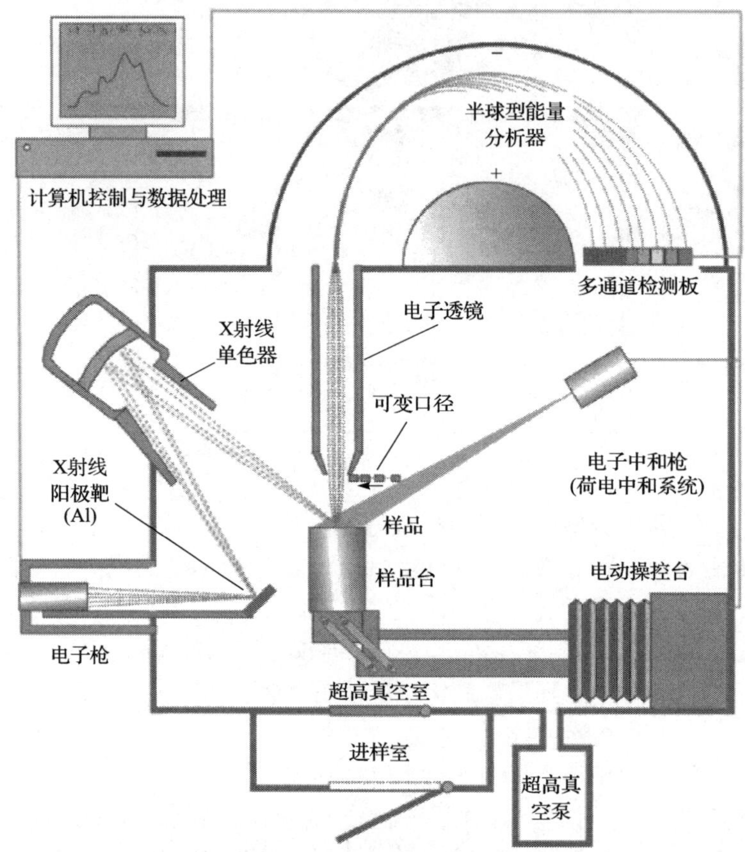

图 22-8　XPS 仪器各组成部分详细示意图

广泛得多，更适合于化学领域的研究。SIMS 和 ISS 由于定量效果较差，在常规表面分析中的应用相对较少。但近年随着飞行时间质谱(TOF-SIMS)的发展，使得质谱在表面分析上的应用也逐渐增加。

X 射线光电子能谱最初是由瑞典科学家 K. Siegbahn 等经过约 20 年的努力而建立起来的，因其在化学领域的广泛应用，又被称为化学分析用电子能谱。1962 年，英国科学家 D. W. Turner 等建造出以真空紫外光作为光源的光电子能谱仪，在分析分子内价电子的状态方面获得了巨大成功，同时又用于固体价带的研究，与 X 射线光电子能谱相对照，该方法称为紫外光电子能谱(UPS)。

XPS 的原理是基于光的电离作用。当一束光子辐射到样品表面时，由于光电效应，样品中某一元素的原子轨道上的电子吸收了光子的能量，使得该电子脱离原子的束缚，以一定的动能从原子内部发射出来，成为自由电子，而原子本身则变成处于激发态的离子。在光电离过程中，固体物质的结合能可用下面的式(22-1)表示：

$$E_b=h\nu-E_k-\varphi_s \tag{22-1}$$

式中，E_k 为射出的光子的动能；$h\nu$ 为 X 射线源的能量；E_b 为特定原子轨道上电子的电离能或结合能(电子的结合能是指原子中某个轨道上的电子跃迁到表面 Fermi 能级所需要的能量)；φ_s 为谱仪的功函数。

φ_s 是由谱仪的材料和状态决定，对同一台谱仪来说是一个常数，与样品无关，其平均值为 3～4 eV，因此，式(22-1)可简化为

$$E_b=h\nu-E_k' \tag{22-2}$$

由于 E_k' 可以用能谱仪的能量分析器检出，根据式(22-2)就可以算出 E_b。在 XPS 分析中，由于 X 射线源的能量较高，不仅能激发出原子轨道中的价电子，还可以激发出内层轨道电子，所射出光子的能量仅与入射光子的能量及原子轨道有关。因此，对于特定的单色激发光源及特定的原子轨道，其光电子的能量是特征性的。当固定激发光源能量时，其光子的能量仅与元素的种类和所电离激发的原子轨道有关，对于同一种元素的原子，不同轨道上的电子的结合能不同，所以可用光电子的结合能来确定元素种类。图 22-9 表示固体材料表面受 X 射线激发后的光电离过程。

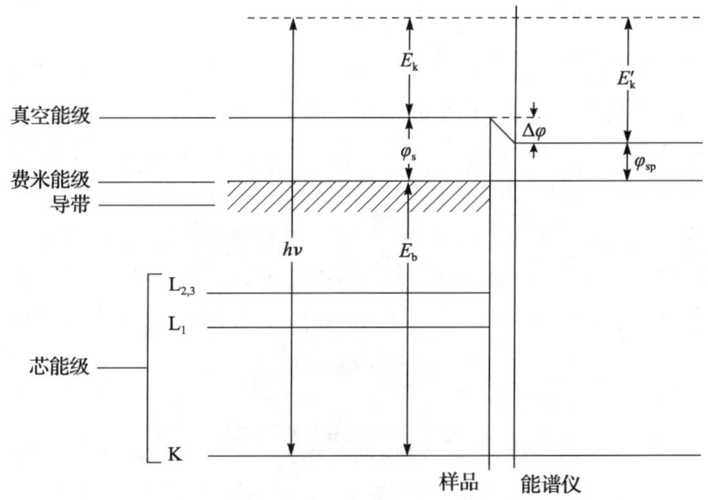

图 22-9　固体材料表面光电过程的能量关系

另外，经 X 射线辐射后，在一定范围内，从样品表面射出的光电子强度与样品中该原子的浓度呈线性关系，因此，可通过 XPS 对元素进行半定量分析。但由于光电子的强度不仅与原子浓度有关，还与光电子的平均自由程、样品表面的清洁度、元素所处的化学状态、X 射线源强度及仪器的状态有关。因此，XPS 一般不能得到元素的绝对含量，得到的只是元素的相对含量。

虽然射出的光电子的结合能主要由元素的种类和激发轨道所决定，但由于原子外层电子所处化学环境不同，电子结合能存在一些微小的差异。这种结合能上的微小差异被称为化学位移，它取决于原子在样品中所处的化学环境。一般来说，原子获得额外电子时，化合价为负，结合能降低；反之，该原子失去电子时，化合价为正，结合能增加。利用化学位移可检测原子的化合价态和存在形式。引起化学位移的原因包括：不同的氧化态；形成化合物；不同的近邻数或原子占据不同的点阵位置；不同的晶体结构等。例如，Al_2O_3 中的 3 价铝与单质铝(0 价)的电子结合能存在大约 3 eV 的化学位移差，而氧化铜(CuO)与氧化亚铜(Cu_2O)的化学位移约相差 1.6 eV。这样就可以通过化学位移的测量确定元素的化合状态，从而更好地研究表面成分的变化情况。

除了化学位移，固体的热效应与表面荷电效应等物理因素也可能引起电子结合能的改变，从而导致光电子谱峰位移，称之为物理位移。引起物理位移的原因包括：表面荷电效应；自由分子的压力效应；固体热效应等。因此，在应用 XPS 进行化学价态分析时，应尽量避免或消除物理位移。

此外，在 X 射线引发的内层电子的电离过程中，还涉及俄歇(Auger)电子的发射，具体过程如图 22-10 所示。样品由于 X 射线的入射而产生电离，在电离的过程中，某壳层形成空穴，当邻近轨道的电子填充这个空穴时，多余的能量又将某轨道上的另一个电子击出，这就是俄歇电子，是俄歇在 1925 年的 X 射线实验中发现的。可见，俄歇电子涉及 3 个能级，其动能取决于元素的种类。图 22-10 中表示的是电离过程中，在 K 壳层形成空穴，L 壳层的电子向空位跃迁时，释放的能量将邻近轨道的另一个电子击出，此过程即 $KL_1L_{2,3}$ 俄歇电子的发射过程，可简写为 KLL，依此类推。在 XPS 分析中常用到俄歇电子。俄歇线有两个特征：①其特征为动能与入射光 $h\nu$ 无关，改变 X 射线，俄歇线不变；②俄歇线以谱线群的形式出现。在 XPS 中，可以观察到 KLL、LMM、MNN 和 NOO 四个系列的俄歇线。在专用的俄歇电子能谱中，俄歇电子可以用作元素鉴定，且快速准确。

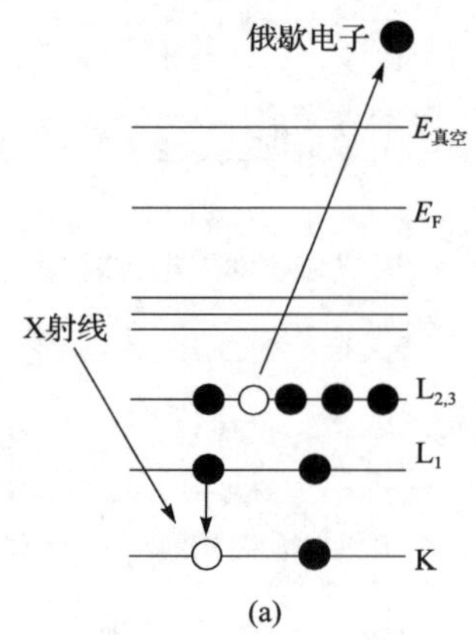

(a)

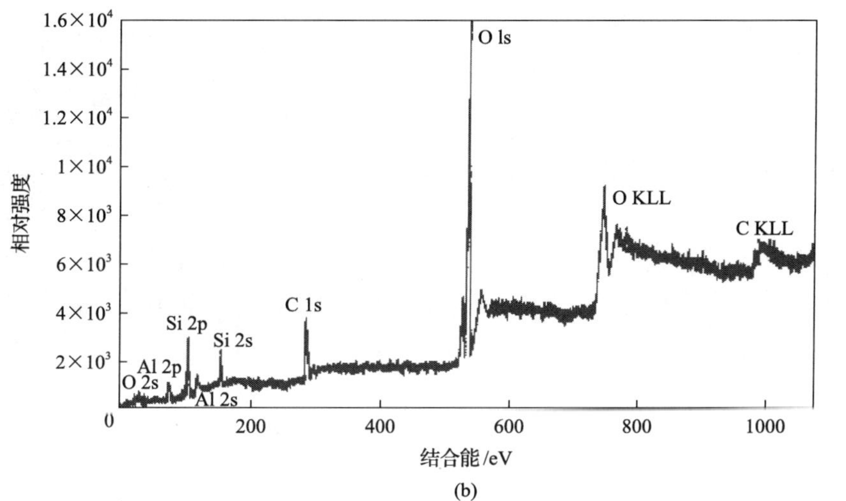

图 22-10　俄歇电子产生过程示意图(a)及 O(O KLL)和 C(C KLL)的俄歇电子谱线图(b)

另外，XPS 的谱图中还存在轨道自旋-轨道分裂(SOS)，即由于电子的轨道运动和自旋运动发生耦合后使轨道能级发生分裂。对于 $l>0$ 的内壳层来说，用内量子数 j($j=|l\pm m_s|$)表示自旋轨道分裂。举例来说，若 $l=0$，则 $j=1/2$；若 $l=1$，则 $j=1/2$ 或 3/2。除 s 亚壳层不发生分裂外，其余亚壳层都将分裂成两个峰，且其双峰间距及峰高比一般为一定值。比如，p 峰的强度比为 1∶2；d 线为 2∶3；f 线为 3∶4。图 22-11 中 PbO 的 Pb 4f 裂分成两个峰 $4f_{5/2}$ 和 $4f_{7/2}$。

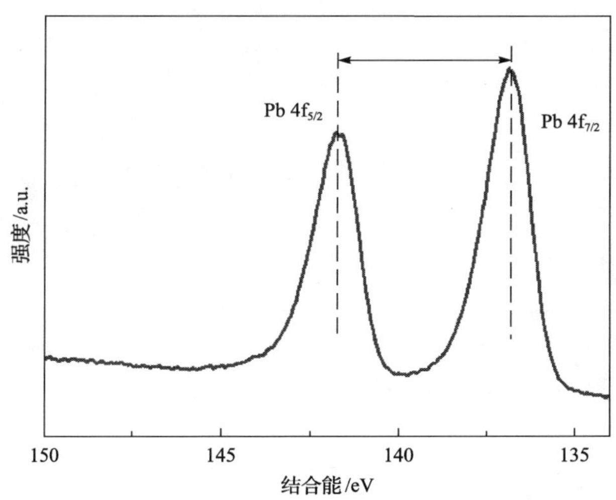

图 22-11　PbO 的 XPS 谱图，图中 Pb 4f 裂分成 $4f_{5/2}$ 和 $4f_{7/2}$ 两个峰

22.2.3　仪器特点与主要用途

1. XPS 主要特点

(1)可以分析除 H 和 He 以外的所有元素。

(2)可以直接测定来自样品单个能级光电离后发射出光电子的能量分布，且直接得到电子能级结构的信息。

(3)如同红外光谱提供“分子指纹”的信息，光电子能谱提供的信息可称作“原子指纹”。通过直接测量价层电子及内层电子轨道能级，可得到有关化学键方面的信息。即使是测定相邻元素，由于其同种能级的谱线相隔较远，故相互干扰少且元素定性的标识性强。

(4)是一种无损分析。

(5)是一种高灵敏度超微量表面分析技术。分析所需试样约 10^{-8} g 即可，绝对灵敏度高达 10^{-18} g。

(6)X 射线光电子能谱的采样深度与光电子的能量和材料的性质有关。一般定义 X 射线光电子能谱的采样深度为光电子平均自由程的 3 倍。根据平均自由程的数据可以大致估计各种材料的采样深度。例如，对于金属样品一般为 0.5～2 nm，对于无机化合物为 1～3 nm，而对于有机物则为 3～10 nm。

2. XPS 的主要用途

(1)固体样品的表面组成分析和化学状态分析。

(2)元素成分的深度分析(角分辨方式、氩离子或 C_{60} 刻蚀方式)。深度分析适合研究纳米薄膜材料、微电子材料、催化剂、摩擦化学及高分子材料的表面和界面。

(3)可用于样品表面的微区分析，分析面积可小至 10 μm。

22.3　实 验 步 骤

22.3.1　样品制备

要获得一张高质量的 XPS 谱图，必须采用正确的制样方法。不当的制样方法将导致灵敏度低、分辨率差，甚至得出错误的结果。XPS 对分析的样品有特殊的要求，一般只能进行固体样品的分析。由于样品需要在真空中传递和放置，一般都要进行预处理。

1. 样品的大小

由于在实验过程中样品必须通过传递杆，穿过超高真空隔离阀，送进样品分析室。因此，样品的尺寸必须符合一定的大小规范，以利于真空进样。对于块状样品和薄膜样品，其长×宽最好小于 10 mm×10 mm，高度小于 5 mm。对于体积较大的样品则必须通过适当方法制备成合适大小的样品。但在制备过程中，必须考虑处理过程可能对表面成分和状态的影响。

2. 粉体样品

对于粉体样品有两种常用的制样方法。一种是用双面胶带直接把粉体固定在样品台上，另一种是把粉体样品压成薄片，然后再固定在样品台上。前者的优点是制样方便，样品用量少，预抽到高真空的时间较短，缺点是可能会引进胶带的成分。后者的优点是可以在真空中对样品进行处理，如加热、表面反应等，其信号强度也要比胶带法高得多。缺点是样品用量太大，抽到超高真空的时间太长。在普通的实验过程中，一般采用胶带法制样。

3. 含有挥发性物质的样品

对于含有挥发性物质的样品，在样品进入真空系统前必须清除掉挥发性物质，一般可以对样品进行加热或用溶剂清洗等方法。

4. 表面有污染的样品

对于表面有油等有机物污染的样品，在进入真空系统前必须用油溶性溶剂如环己烷、丙酮等清洗掉样品表面的油污，再用乙醇清洗掉有机溶剂，为了保证样品表面不被氧化，一般采用自然干燥。

5. 带有微弱磁性的样品

由于光电子带有负电荷，在微弱的磁场作用下，可以发生偏转。当样品具有磁性时，由样品表面射出的光电子就会在磁场的作用下偏离接收角，最后不能到达分析器，因此得不到正确的 XPS 谱。此外，当样品的磁性很强时，还有可能使分析器头及样品架磁化，因此，绝对禁止带有磁性的样品进入分析室。一般对于具有弱磁性的样品，可以通过退磁的方法去掉样品的微弱磁性，然后就可以像正常样品一样进行分析。

22.3.2　测试操作

1. 进样

将一定量粉末样品用胶带固定后，送入快速进样室。开启低真空阀，用机械泵和分子泵抽真空到 10^{-3} Pa。然后关闭低真空阀，开启高真空阀，使快速进样室与分析室连通，把样品送到分析室内的样品架上，关闭高真空阀。

2. 仪器调整

待分析室真空度达到 5×10^{-7} Pa 后，选择和启动 X 射线枪光源，使功率上升到 100 W。调整样品台位置和倾角，使掠射角为 90°。

3. 仪器参数设置和数据采集

定性分析的参数一般设置为：扫描的能量范围为 0～1200 eV，步长为 1 eV/步，分析器通能为 280 eV，扫描时间为 2 min。

定量分析和化学价态分析的参数一般设置为：扫描的能量范围依据各元素而定，扫描步长为 0.1 eV/步，分析器的通能为 55 eV，收谱时间为 10～20 min。

4. 元素沿深度分析

1) 变角 XPS 深度分析

该分析方法是一种非破坏性的深度分析技术，只能适用于表面层非常薄(1～5 nm)的体系。其原理是利用 XPS 的采样深度与样品表面射出的光电子的接收角的正弦关系，可以获得元素浓度与深度的关系。取样深度(d)与掠射角(α，进入分析器方向的电子与样品表面间的夹角)的关系为：$d=3\lambda\sin\alpha$。当 α 为 90°时，XPS 的采样深度最深，减小 α 可以获得更多的表面层信息，当 α 为 5°时，可以使表面灵敏度提高 10 倍。

在运用变角深度分析技术时，必须注意下面因素的影响：①单晶表面的点阵衍射效应；②表面粗糙度的影响；③表面层厚度应小于 10 nm。

2) 离子束溅射技术

由于大部分样品在进行光电子能谱分析前均处于大气环境，会受到吸附污染，因此有必要对样品表面进行前期的清洁处理。常用的清洁技术是氩离子轰击技术。高纯氩气在高能电子的碰撞作用下形成氩离子，并在电场的作用下形成有方向性的氩离子束再轰击到样品表面。

不同能量的氩离子束对样品表面的轰击作用不同。低能氩离子束可将样品表面吸附的杂质除掉，起到清洁表面的作用。高能氩离子束则对样品起到剥离的作用，可对样品表面进行深度剖析，称为氩离子轰击或刻蚀。其原理为高能氩离子作用在材料表面时，可以将化合键打断，并轰击出某些原子，使表面的其他原子重新排布。作为一种使用最广泛的深度剖析的方法，其优点是可以分析表面层较厚的体系，深度分析的速度较快。缺点是它是一种破坏性分析方法。另外，由于各原子之间的键合能力不同，对氩离子轰击的承受能力也不同。因此，在溅射过程中，Ar^+对较轻的元素原子产生择优溅射的作用，即较轻的元素原子被优先溅射出材料的表面，较重的金属原子溅射速率较慢。故该过程会引起样品表面晶格的损伤、择优溅射和表面原子混合等现象。

剥离样品表面组分的深度分析过程为：利用离子束定量地剥离一定厚度的表面层，然后再用 XPS 分析表面成分，获得元素成分沿深度方向的分布图。作为深度分析的离子枪，一般采用 0.5～5 keV 的 Ar 离子源。扫描离子束的束斑直径一般在 1～10 mm 范围，溅射速率范围为 0.1～50 nm/min。为了提高深度分辨率，一般应采用间断溅射的方式。为了减少离子束的坑边效应，应增加离子束的直径。为了降低离子束的择优溅射效应及基底效应，应提高溅射速率和降低每次溅射的时间。需要注意的是，在 XPS 分析中，离子束的溅射还原作用可以改变元素的存在状态，许多氧化物可以被还原成较低价态的氧化物(如 Ti，Mo，Ta 等)。在研究溅射过的样品表面元素的化学价态时，应注意这种溅射还原效应的影响。此外，离子束的溅射速率不仅与离子束的能量和束流密度有关，还与溅射材料的性质有关。一般的深度分析所给出的深度值均是相对于某种标准物质的相对溅射速率。

最后，由于 Ar 离子能量高，对表面的穿透力较强，易破坏表面层。而对于众多高分子材料和超薄薄膜的刻蚀，需要低能量的离子源。C_{60} 枪由于分子量大、能量低，可有效用于轻柔刻蚀。

5. 样品荷电的校准

对于绝缘体样品或导电性能不好的样品，经 X 射线辐照后，其表面会产生一定的电荷积累，主要是荷正电荷。样品表面荷电相当于给从表面射出的自由的光电子增加了一定的额外电压，使得测得的结合能比正常的要高。样品荷电问题非常复杂，一般难以用某一种方法彻底消除。在实际的 XPS 分析中，一般采用内标法进行校准。最常用的方法是用真空系统中最常见的有机污染碳的 C 1s 的结合能(如为 284.6 eV，不同仪器略有差别)进行校准。

22.3.3　实验数据处理或谱图解析方法

1. 定性分析的数据处理(全谱分析)

XPS 最常规的应用是表面元素的定性分析。对于未知组成的样品，一般先用 XPS 谱仪进行宽程扫描。用计算机采集宽谱图后，得到以结合能(binding energy，B.E.)为横坐标，光电子计数率(强度)(count per second，cps)为纵坐标的 XPS 谱图。全谱能量扫描范围一般取 0～1200 eV，因为几乎所有元素的最强峰都在这一范围之内。由于组成元素的光电子线和俄歇线的特征能量值具唯一性，与 XPS 标准谱图手册和数据库的结合能进行对比，可以用来鉴别某特定元素的存在。

鉴定顺序：①鉴别总是存在的元素谱线，如 C、O 的谱线；②鉴别样品中主要元素的强谱线和有关的次强谱线；③鉴别剩余的弱谱线，假设它们是未知元素的最强谱线。首先标注每个峰的结合能位置，然后再根据结合能的数据寻找对应的元素，最后再通过对照标准谱图，一一对应其余的峰，确定所测样品中有哪些元素存在。

图 22-12 为一例 XPS 全谱扫描砷化铟(InAs)材料得到的能谱图。对于 In 元素而言，In 3d 强度最大、峰宽最小，对称性最好，是 In 元素的主谱线。而除了主谱线 In 3d 之外，其实还有 In 4d，In 3p 等其他谱线，这是因为 In 元素有多种内层电子，因而可以产生多种 In XPS 信号。

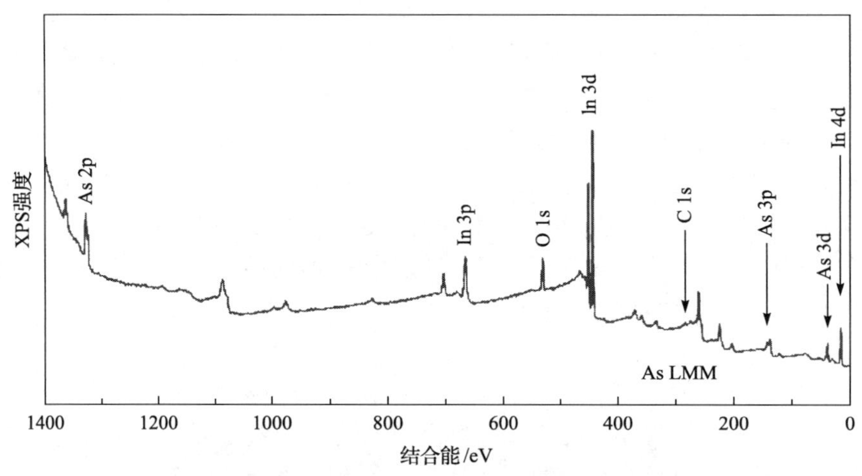

图 22-12 砷化铟样品的 XPS 全谱扫描能谱图

要注意的是，原则上当一个元素存在时，其相应的强峰都应在谱图上出现。一般来说，不能根据一个峰的出现来确定元素的存在与否，需要根据不同轨道激发出的光电子的结合能谱峰进行综合判断。现在新型的 XPS 能谱仪，可以通过计算机进行智能识别，自动进行元素的鉴别。

2. 定量分析的数据处理

收完谱图后，通过定量分析程序，设置每个元素谱峰的面积计算区域和扣背底方式，由软件自动计算出每个元素的相对原子分数。也可依据计算出的面积和元素的灵敏度因子手动计算浓度，最后得表面元素的相对含量。通过这一过程，可以分析所测定的样品表面含量与体相含量的差别，分析是否有表面偏析现象，及偏析对其性能的影响。

要注意的是，一般合金或金属化合物都存在表面偏析现象。另外，碱性无机化合物表面常会有碳酸盐，这些都可通过 XPS 检出。此外，XPS 仅提供几纳米厚的表面信息，其组成不能反映体相成分。样品表面的 C、O 污染以及吸附物的存在也会大大影响其定量分析的可靠性。

3. 元素化学价态分析

元素化学价态分析，称为窄区扫描，也叫高分辨谱。X 射线光电子能谱法对于内壳层电子结合能及化学位移的精确测量，能提供化学键和电荷分布方面的信息。如果测定化学位移，或者进行一些数据处理，如峰拟合、退卷积、深度剖析等，则必须进行窄扫描以得到精确的峰位和好的峰形。扫描宽度应足以使峰的两边完整，通常为 10～30 eV。为获得较好的信噪比，可用计算机收集数据并进行多次扫描。在计算机系统上用光标定出各元素的结合能后，依据 C 1s 结合能数据判断是否有荷电效应存在，如有先校准每个结合能数据。然后再依据这些结合能数据，鉴别这些元素的化学价态。如图 22-13 为不同结合态的 PtPd 形成合金后其表面电子结构的变化。图中可以看出，形成 Pt_1Pd_3 之后，Pd 3d 向低场偏移，Pt 4f 向高场偏移，说明 Pd 得到电子，Pt 失去电子，也就是说形成合金后，Pt 上的电子部分转移给 Pd。PtPd 的这种电子转移也是其形成合金的一个证据。

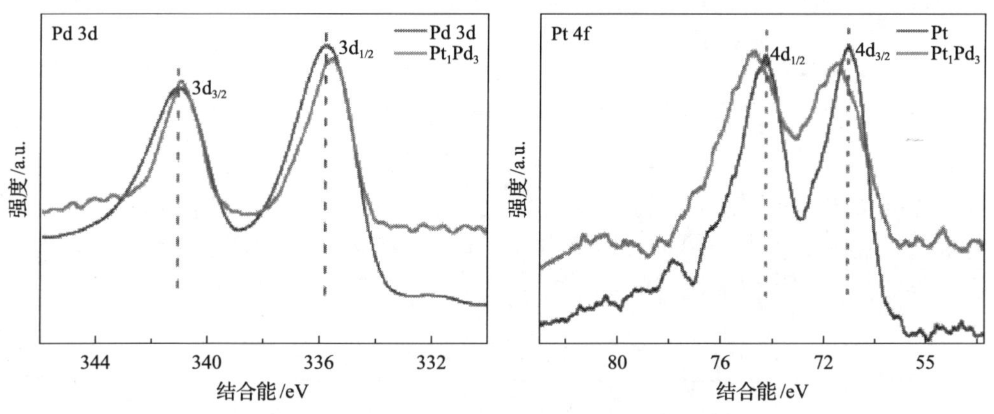

图 22-13　PtPd 合金样品的 XPS 高分辨谱图

另一个例子如 Cu_xS 中 Cu 的价态很复杂，x 可在 1～2 之间非整数变化，可根据结合能谱峰位置及数量正确判断 Cu 的价态。许多化合物如 CoS 等都有类似情况。

4. 薄膜样品表面分析

分别采用 Ar 离子枪及 C_{60} 枪对聚酯薄膜样品进行刻蚀分析，可测定其表面层元素的结合能及组成，分析不同厚度薄膜样品表面的化学组成，比较两种枪在对高分子膜样品表面剖析上的异同。

22.3.4 仪器操作注意事项及维护

为了保证实验数据的正确性，需注意以下几点：

(1)实验室保持高度清洁。

(2)严禁强磁性样品的分析。

(3)测试前需预先告知样品的性能，以免污染真空室。

(4)制备或处理样品时使用聚乙烯手套，禁止使用塑料手套和工具以免硅树脂污染样品表面。

(5)使用玻璃制品(如表面皿、称量瓶等)或者铝箔盛放样品，禁止直接使用塑料容器、塑料袋或纸袋，以免硅树脂或纤维污染样品表面。

22.4 应　　用

22.4.1 有机化合物和聚合物分析

有机化合物与聚合物主要由 C、O、N、S 和其他一些金属元素组成的各种官能团构成，因此必须能够对这些官能团进行定性和定量的分析和鉴别。

1. C 1s 结合能

C 元素与自身成键(C—C)或与 H 成键(C—H)时 C 1s 电子的结合能约为 284.8 eV(常作为结合能参考)。当用 O 原子来置换掉 H 原子后，对每一 C—O 键均可引起 C 1s 电子有约(1.5 ± 0.2)eV 的化学位移。C—O—X 中 X(除 X=NO_2外)的次级影响一般较小(±0.4 eV)，而 X=NO_2 可产生 0.9 eV 的附加位移。不同官能团产生的 C 1s 的化学位移见表 22-2。

表 22-2 有机物样品中不同官能团的 C 1s 结合能

化学环境	官能团	结合能/eV
烃	C—H，C—C	285.0
胺	C—N	286.0
醇，羟基，醚	C—O—H，C—O—C	286.5
氯碳键	C—Cl	286.5
氟碳键	C—F	287.8
羰基	C═O	288.0
酰胺	N—C═O	288.2
羧酸，酯	O—C═O	289.0

续表

化学环境	官能团	结合能/eV
醛，尿素	O=C(N)—N (N—C(=O)—N)	289.0
氨基甲酸酯	O—C(=O)—N	289.6
碳酸盐	O—C(=O)—O	290.3
双氟碳键	—CH_2CF_2—	290.6
PTFE 中的碳	—CF_2CF_2—	292.0
三氟碳键	—CF_3—	293.4

卤素元素诱导向高结合能的位移可分为初级取代效应(即直接接在 C 原子上)和次级取代效应(在近邻 C 原子上)两个部分，每一种取代对应的位移见表 22-3。

表 22-3　卤族元素诱导的结合能位移

卤素	初级位移/eV	次级位移/eV
F	2.9	0.7
Cl	1.5	0.3
Br	1.0	<0.2

2. O 1s 结合能

O 1s 结合能对绝大多数官能团来讲都在 533 eV 左右的约 2 eV 的窄范围内。极端情况可在羧基(carboxyl)和碳酸盐基(carbonate group)中观察到(表 22-4)，其单键氧具有较高的结合能。

表 22-4　有机物样品的典型 O 1s 结合能值

化学环境	官能团	结合能/eV
羰基	C═O，O—C═<u>O</u>	532.2
醇，羟基，醚	C—<u>O</u>—H，C—<u>O</u>—C	532.8
酯	C—<u>O</u>—C═O	533.7
水	H_2O	535.9～536.5

3. N 1s 结合能

许多常见的含氮官能团中 N 1s 电子结合能均在 399～401 eV 的窄范围内，包括—CN、—NH_2、—OCONH—、—$CONH_2$。氧化的氮官能团具有较高的 N 1s 结合能：—ONO_2(≈408 eV)、—NO_2(≈407 eV)、—ONO(≈405 eV)。

4. S 2p 结合能

硫对 C 1s 结合能的初级效应是非常小的(≈0.4 eV)，然而 S 2p 电子结合能在一合理的范围：R—S—R(≈164 eV)、R—SO_2—R(≈167.5 eV)、R—SO_3H(≈169 eV)。

例如，图 22-14 分别为聚乙烯(a)、聚苯乙烯(b)和聚对苯二甲酸乙二醇酯(c)的 C 1s 谱。(a)中碳元素的 C 1s 结合能值为 284.6 eV，是高分子中—CH_2—结构的 C 1s 峰值，此谱并无其他伴峰，表明样品由—CH_2—结构组成，正好是聚乙烯的结构。(b)中除了有一个与(a)相类似的强碳峰外，还有一个较弱且不太尖的小峰，称为驼峰。其位置距主峰约 7 eV，强度约为主峰的 1/5，此伴峰是由于芳香环中 π 电子跃迁 $\pi \rightarrow \pi^*$ 产生的。(c)中有多重峰结构，在碳强峰的高能侧有两个已化学位移了的小峰，根据此小峰的横坐标读数即可查出这两个伴峰分别为 C—O (285.8 eV)和 C═O(288.5 eV)。

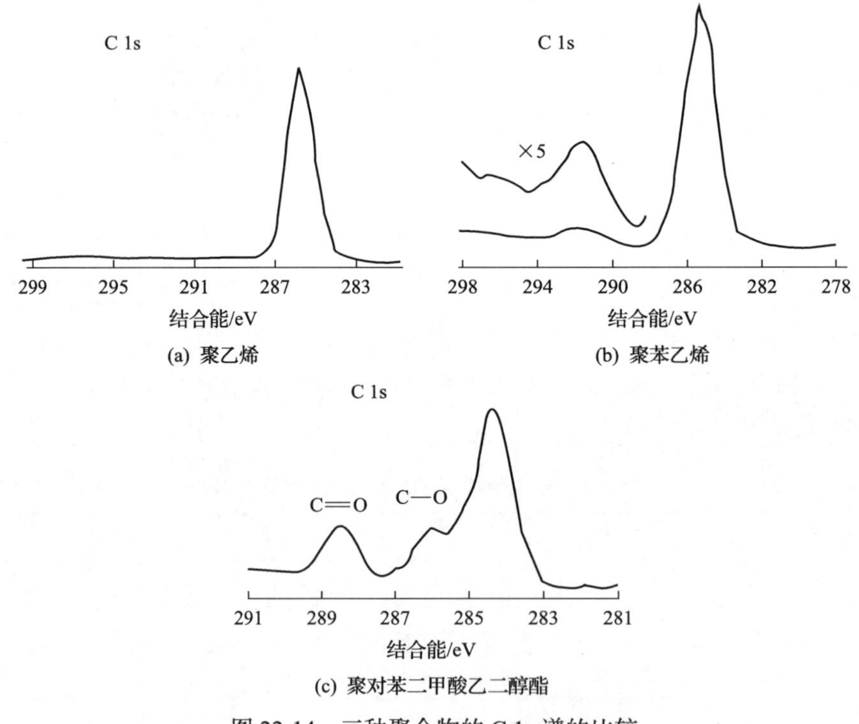

图 22-14 三种聚合物的 C 1s 谱的比较

22.4.2 无机材料分析

Yoshie Ishikawa 等研究了用光催化剂 TiO_2 对 SiC 晶体进行表面处理的 XPS 能谱(图 22-15)。图中给出了经过不同方法表面处理 SiC 1 小时后 Si 2p 的光电子能谱。Si 表示测定元素 Si 的结合能，Si 后第一个数字代表主量子数，第二项为小写的英文字母，代表电子轨道角量子数。Si 2p 谱意即硅元素电子结构为 Si 2p 的内壳层电子结合能谱。图中横坐标表示结合能，单位为电子伏特(eV)，纵坐标表示受 X 射线照射而发射出的光量子强度，一般可以不表示出来。从图可以看到，(a)方式处理后，SiC 与 TiO_2 发生相互作用，在 SiC 表面出现了 Si^{4+}的能谱峰；(b)方式只沉积 TiO_2 不辐射，则没有 Si^{4+}的能谱峰；(c)中也未观测到 Si^{4+}的能谱峰；(d)中有微弱的 Si^{4+}的能谱峰。通过光电子能谱表面分析结果说明，由于光的辐射，空气中的 O_2 或 O_3 将 SiC 中的 Si 氧化，同时根据 XPS 的定量分析结果，表面 O/Si^{4+}的原子比例约为 2，说明 Si 被氧化成 SiO_2。

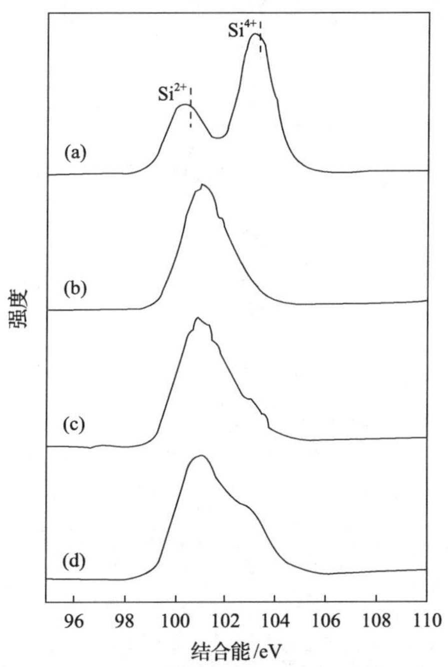

图 22-15　不同方法表面处理 SiC 后 Si 2p 的光电子能谱

(a)表面沉积 TiO_2 并且光照 1 h；(b)表面沉积 TiO_2 但置于黑暗中；(c)表面沉积 TiO_2 并且用 $\lambda>400$ nm 的光辐射 1 h；(d)表面不沉积 TiO_2 仅用 $\lambda>400$nm 的光辐射 1 h

又如，利用 XPS 分析和 Ar^+刻蚀相结合的方法，可分析 Ti/Mo 膜表面的化学元素及相应原子的电子结合能。分析结果表明，Ti 膜及膜材料样品表面有大量的 C、O 元素；膜表面存在从衬底扩散至 Ti 膜的 Mo 元素。对样品刻蚀后 Ti 2p 的 XPS 谱进行拟合表明：Ti 膜表面的 Ti 由 TiO_2(约 100%)和单质 Ti 组成，随着刻蚀时间的增加，部分 TiO_2 还原至低价 Ti；薄的薄膜表面中的 Mo 由单质 Mo 和 MoO_3 组成，而厚的薄膜以单质 Mo 为主；表面 C 由石墨态和结合能为 288.2～288.9 eV 的碳化物组成。

22.5 思考题

(1)在 XPS 谱图中可观察到几种类型的峰？从 XPS 谱图中可获得哪些表面的物理和化学信息？它们的依据各是什么？

(2)在 XPS 的定性分析谱图上，经常会出现一些峰，在 XPS 的标准数据中难以找到它们的归属，应如何解释？

(3)对于一个不导电的样品，是否可以直接用结合能的数据进行化学价态的鉴别？应如何处理才能保证价态分析的正确性。

(4)比较 XPS、AES、UPS 在原理、分析应用上的异同点。

第 23 章　X 射线荧光光谱分析

23.1　概　述

1895 年，德国物理学家威廉·康拉德·伦琴发现并识别出了 X 射线。随后在 1909 年，英国物理学家查尔斯·格洛弗·巴克拉发现了从样本中辐射出来的 X 射线与样品原子量之间的联系；四年之后，即 1913 年，同样来自英国的物理学家亨利·莫斯莱发现了一系列元素的标识谱线(特征谱线)与该元素的原子序数存在一定的关系。这些发现都为人们后期根据原子序数而不是根据原子量大小提炼元素周期表奠定了基础，同样也为人们建立起第一个 X 射线荧光光谱仪(XRF)打下了坚实的理论基础。然而，直到 1948 年，Herbert Friedman 和 Laverne Stanfield Birks 才建立起世界上第一台 X 射线荧光光谱仪，这为后续光谱仪的商业化使用开辟了道路。X 射线荧光光谱仪分析技术是一种非侵入式、能够对不同材料中的化学组成实现快速分析的无损检测技术。这些特性使得该分析技术在许多方面都更加实用且更具优势。其主要应用范围包括金属合金材料的可靠性鉴别(PMI)、危险品检测、材料验证以及司法科学等方面。

23.2　仪器构成及原理

23.2.1　仪器基本构成

X 射线荧光光谱仪的基本构成如图 23-1。

1. X 射线管

有两种类型的 X 射线管被讨论得最多：End-window 端窗和 Side-window 侧窗型。现今所有主要的制造商都在他们的仪器上使用端窗 X 射线管，因其具有更好的通用性和对全部元素范围具有更好的折中性，其性能和结构的差异不在这里讨论。X 射线管的金属外壳内在高真空下安置有灯丝和阳极。灯丝在电流通过时被加热发射电子，当在阳极和阴极间施加高压时(10～70 kV)这些电子被吸引并加速向阳极(靶)运动，当电子高速撞击到靶材上时产生初级 X 射线。在撞击过程中，大部分的电子动能转化为热量，因此阳极要求有效的冷却。有一小部分电子能量(0.2%～0.5%，取决于靶的类型)转化成有用的 X 射线。

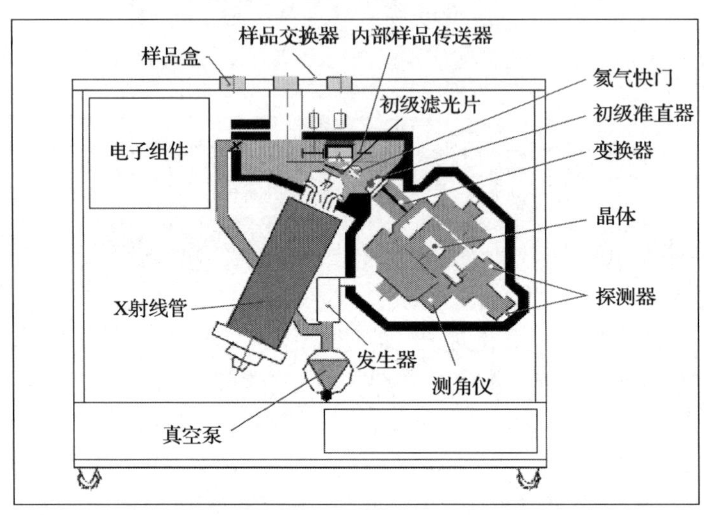

图 23-1　XRF 结构图

2. 原级谱滤光片

消除或降低来自 X 射线管出射的原级 X 射线谱，尤其是靶材的特征 X 射线谱对待测元素的干扰，改善峰背比，提高分析的灵敏度。

3. 测角仪

晶体和探测器的准确位置由基于莫尔条纹(Moire fringes)原理的两个光学编码器读出，与机械耦合(齿轮)系统相比较，这一无齿轮系统确保了晶体和探测器位置的准确性和重现性。因此顺序测量由晶体在给定 θ 角定位和探测器在 2θ 角定位以及一定时间的计数组成。当前元素测量结束后，晶体和探测器转到另一条谱线不同的角度进行测量。

测角仪可以进行样品的定性和半定量分析，通过扫描全部波长范围来识别样品中存在的元素。在定量分析中，样品中存在的元素是已知的，可以设定晶体和探测器在谱线的峰值位置在确定时间内计数，然后从峰值离开来测定背景点及后续的元素。一个次级准直器装在晶体和探测器之间使进入探测器的衍射光束准直并且也可以限制不需要的射线进入探测器。

X 射线荧光有两种类型的测角仪，齿轮驱动和 ARL 无齿轮测角仪。摩擦将导致齿轮磨损从而影响准确性产生误差，ARL 无齿轮型测角仪的定位是由通过两个玻璃光栅的光柱来实现的，无摩擦，不会随时间产生磨损，整个使用期间都保持着高精度和高准确性。

4. FPC 探测器

具有连续的气体流量且探测器中的压力是被调节的，使用 P10 气体（10%甲烷和 90%氩）测量中等波长和长波长的元素。FPC 一般用定制的 1～2 μm 厚镀铝的聚丙烯窗膜封闭，采用如此薄的窗膜的目的是尽量增加长波 X 射线的透过量。

封闭探测器分别叫做 Exatron 和 Multitron（图 23-2），具有厚度为 25～200 μm 的铍窗。FPC 在测角仪上用于轻元素（一般从 Be 至 Cu），封闭探测器用于固定道，尽管小尺寸的 FPC 在固定道中用于轻元素。两种类型探测器的工作原理是相同的，气体探测器由一个空心的金属筒（作为阴极）内挂一条金属丝（金属丝直径 50～75 μm，作为阳极）组成。高压加在两极上，金属筒接地。

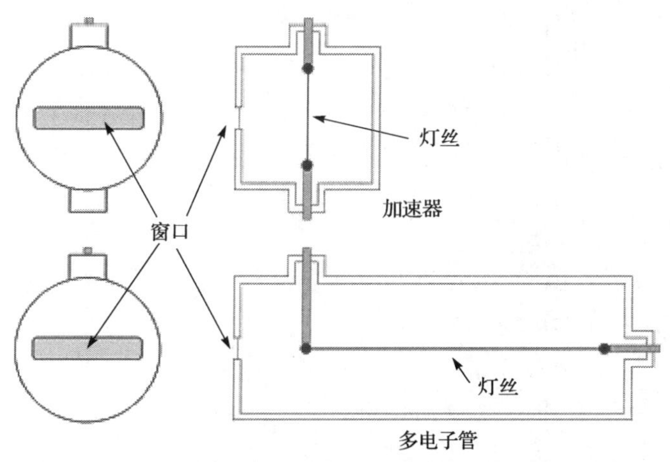

图 23-2　探测器

探测器中充的是稀有气体 He，Ne，Ar，Kr 和 Xe，并混合有猝灭气体（如甲烷）。X 射线光子进入探测器使气体电离并产生电子-离子对，电子-离子对的数量取决于气体的类型和入射光子的能量。例如，Ar 气产生一个电子-离子对要求的有效电离电位是 26 eV，因此如果一个 Cu K_α 光子（波长=1.542 Å，能量=8040 eV）进入探测器，每个光子（也称作一个事件）将产生 304 个电子-离子对。如果具有两倍于此能量的一个光子进入探测器，它将理论上产生两倍数量的电子-离子对。因此对给定的探测器气体，如果所有入射光子都产生离子对，则电子-离子对的数量正比于光子的能量。这就是这些探测器叫做正比计数器（proportional counter）的原因。所以，如果产生的电荷被计数，我们将能测量给定谱线的强度。

在初级电离过程中产生的离子-电子对的数量尚不足以达到被探测到的程度，在其能被测量前需要将信号放大相当的倍数并使之具有良好的信噪比。这一目的通过一个被称作“雪崩”（或叫做气体放大，gas amplification）的过程来实现。

当施加的电位较低时，电子在到达阳极丝之前会与正离子复合。这一区域叫做不饱和区域(region of unsaturation)。随着施加的电位增加，复合被完全克服，所有的初级电子都到达阳极。电离室在此区域内工作。由于没有进一步的二次电离，气体增益保持为 1。当电位增高到足以使电子加速到与其他气体原子碰撞产生二次电离时，开始能看到电荷粒子数量的实质上的增加。当电子接近阳极到只有几个阳极丝直径的距离时，倍增级数加大。换句话说，你会发现在整个探测器中全面放电，因而在入射光子和探测器输出的脉冲之间不再存在任何比例关系。Geiger-Muller 计数器在此区域内工作。最后，电位更进一步增加引发连续的持续不变的放电，探测器开始产生辉光。最终在阴极和阳极丝之间发生弧光放电，探测器可能被毁坏。在正比区域，即我们感兴趣的区域，能获得 10^5～10^6 数量级的气体增益足以得到良好的信噪比。最常用的填充气体是 90% Ar+10% CH_4 的混合气称作 P10 气，加入甲烷的目的是确保只发生一次雪崩。猝灭气体分子也随着 Ar 原子产生电离，当其分散在探测器的有效空间内，在雪崩过程不受控制时，猝灭气体和电子和离子复合，抑制雪崩的发展。

5. SC 闪烁计数器

SC 闪烁计数器是一个 NaI:Tl^+的光电倍增管，用来测量短波长的元素。由两个基本部分组成：一个闪烁材料(称作磷光体，通常为掺入活化剂的单晶)和一个光电倍增管。闪烁晶体在光学上与适当的光电倍增管耦合，且整个组件采用铍窗密封。密封是必要的，因为 NaI:Tl^+晶体本质上易吸湿，应该与潮气隔绝。当来自闪烁晶体的蓝光光子入射到光电倍增管的光电阴极上，它们发出光电子。光电倍增管由一些称作打拿极(dynode)的正电极组成，这些电极按照正电势逐步增加的顺序排列。因此光电子由打拿极逐步加速释放出更多的光电子，此倍增过程是连续的，直到最后一个打拿极。其最终结果是一个内部放大，取决于打拿极的数量和加到光电倍增管的高压，放大倍数可达 10^5～10^6 数量级。因此，闪烁计数器是一个固态探测器，在其中 X 射线光子转化为可见光子并被常规的光电倍增管探测。逃逸峰和死时间也可以在闪烁探测器中观察到。逃逸峰可能在入射 X 射线光子从闪烁物质中碘的 K 层或 L 层逐出电子时发生。闪烁计数器的死时间比气体正比计数器稍微长些。

6. 脉冲高度分析器

通过选择 PHD 的最小和最大阈值，将分析线脉冲信号从某些干扰线和散射线中分辨出来。可以消除干扰和降低背景，以改善分析灵敏度和准确度。

7. 准直器

准直器的发散度取决于叶片间距和准直器的长度，所以通常用发散度度数表达而不用间距的毫米数。标准配置的准直器有中发散度 0.25°和粗发散度 0.6°。

初级和次级准直器通常由一连串平行的金属片制成。片的长度和间距决定了准直器允许的发散角度，发散角度和晶体的“摇摆曲线”(衍射轮廓宽度)一起决定了光谱的最终分辨率。可以通过缩小片间距减小发散来提高分辨率，但是通过准直器的光子通量因此会减小，强度降低。所以，最终分辨率(必须避开重大的光谱重叠)和灵敏度(涉及强度)要折中考虑。一般准直器的采用要与晶体本身的发散相一致，晶体类型不同其发散角不同。某些晶体具有非常好的分辨率而其他则具有非常宽的衍射轮廓。通常细的准直器用于大多数重元素，中等的用于中等范围的元素，粗的用于轻元素。

23.2.2　工作原理

X 射线是由高能量粒子轰击原子所产生的电磁辐射，具有波粒二象性。显示其波动性有：以光速直线传播、反射、折射、衍射、偏振和相干散射；显示其微粒性有：光电吸收、非相干散射、气体电离和产生闪光等。

X 射线与物质相互作用时，产生例如下列类型的辐射：粒子辐射，离子、受原级或次级 X 射线激发产生的光电子、俄歇电子、反冲电子和电子偶(在能量大于 1.022 MeV 时)等；电磁辐射，对入射 X 射线的透射、反射、折射、偏振、衍射以及相干和不相干散射等；由物质发射出的特征 X 射线和伴线；物质受光电子、俄歇电子和反冲电子激发而产生的韧致辐射等及其他辐射。当 X 射线被物质吸收时，该物质会产生热效应、电离效应、光解作用、感光效应、荧光或磷光、次级特征 X 射线、光电子、俄歇电子或反冲电子的激发，辐射损失，以及对生物组织的刺激和损害等。

人们通常把 X 射线照射在物质上而产生的次级 X 射线叫 X 射线荧光(X-ray fluorescence)，而把用来照射的 X 射线叫原级 X 射线。所以 X 射线荧光仍是 X 射线。早在用电子轰击阳极靶而产生 X 射线时，人们就发现，有几个强度很高的 X 射线，其能量并没有随加速电子用的高压变化，而且不同元素的靶材，其特殊的 X 射线的能量也不一样，人们把它称为特征 X 射线，它是每种元素所特有的。莫塞莱(Moseley)发现了 X 射线能量与原子序数的关系。

$$E \propto (z-\sigma)^2$$

式中，E 为特征 X 射线能量；z 为原子序数；σ为修正因子。

这就是著名的莫塞莱定律，它开辟了 X 射线分析在元素分析中的应用。原子中的电子都在一个个电子轨道上运行，而每个轨道的能量都是一定的，叫能级。内层轨道能级较低，外层轨道能级较高，当内层的电子受到激发(激发源可以是电子、质子、α粒子、λ射线、X 射线等)，有足够的能量跳出内层轨道，那么，较外层的电子跃迁到内层的轨道进行补充，由于是从高能级上跳往低能级上，所以会释放出能量，其能量以光的形式放出，这就是特征 X 射线(图 23-3)。

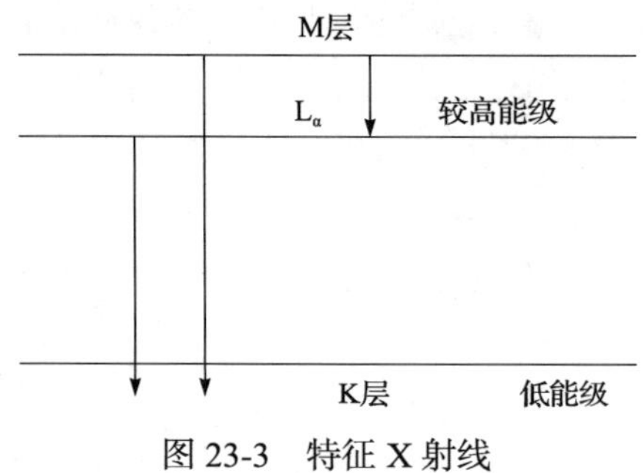

图 23-3 特征 X 射线

特征 X 射线依跃迁的不同而分别称为 K_α，K_β，L_α，L_β，…

电子跃迁将导致如下几种情况产生：

(1)以特征 X 射线的形式发射出原子，即产生 X 射线荧光，这是辐射跃迁。

(2)比空穴层主量子数高的壳层上的电子跃迁后，能量不以特征 X 射线的形式发射出来，而是将另一电子逐出原子，形成具有双空穴的原子，这一电子称作俄歇电子，这就是所谓俄歇效应。这是无辐射跃迁。

(3)比 K 层高的壳层随角动量量子数的不同而分为不同的亚层。如果初始空穴出现在这样的壳层，那么，除了上述两种跃迁之外还可能存在相同壳层(主量子数相同)中另一亚层(角动量量子数不同)的电子的跃迁，这就是所谓 Coster-Kronig 跃迁。由于能级间隔小，这种跃迁非常快，它也属于无辐射跃迁。

对于具有内层电子空穴的原子，产生辐射跃迁的概率就是荧光产额(ω)，产生俄歇跃迁的概率称俄歇产额(a)，产生 Coster-Kronig 跃迁的概率为 Coster-Kronig 产额(f)。

$$\omega + a + f = 1$$

荧光产额的计算公式：

$$\omega_{\mathrm{K}} = \left(1 + a/Z^4\right)^{-1}$$

式中，a 为常数；Z 为原子序数。

入射 X 射线光子其中有一部分并没有激发内层电子，而是和外层电子发生碰撞改变了方向，这就是散射。X 射线在物质中的散射现象，可分为：①弹性散射：又叫相干散射，瑞利散射，其特点是散射线与入射线相比，没有能量损失，波长不变，有确定的位相变化；②非弹性散射：又叫非相干散射，康普顿散射，散射线与入射线相比，有能量损失，波长变长，有位相变化。一定激发能量下，样品或散射体的原子序数比较小时，非相干散射线为主要散射线；当样品或散射体的原子序数较大时，相干散射线会增强；大部分荧光 X 射线的背景来源于样品对 X 射线管产生的连续谱线的散射；重元素对 X 射线吸收多散射少，所以重元素基体的背景小，常可忽略；而轻元素则相反，所以轻元素基体的背景大，不可忽略，甚至是决定测定限的主要因素；靶线的散射线增加了对分析谱线的重叠干扰可能，由于散射线带有一定的样品信息，有时可用来修止基体吸收效应，样品状态，仪器漂移对分析结果的影响。

X 射线用于元素分析，是一种新的分析技术，但在经过二十多年的探索以后，现在已完全成熟，已成为一种广泛应用于冶金、地质、建材、商检、环保、卫生等各个领域的新的分析技术。每个元素的特征 X 射线的强度除与激发源的能量和强度有关外，还与这种元素在样品中的含量有关，用下式表示：

$$I_i = f(C_1, C_2, \cdots, C_i, \cdots)$$

式中，I_i 为样品中第 i 个元素的特征 X 射线的强度；$C_1, C_2, \cdots$ 是样品中各个元素的含量。

反过来，根据各元素的特征 X 射线的强度，也可以获得各元素的含量信息。这就是 X 射线荧光分析的基本原理。

X 射线荧光可以分析元素周期表中从 Be 到 U，即波长从 0.01 nm 到 2 nm，多种形态和性质的样品：固体，液体，导体，绝缘体，典型的样品有玻璃，塑料，油品，所有的金属，矿，耐火材料，水泥和地质材料，不能分析 H，He，Li，因为这些元素没有足够的电子。

23.2.3　X 射线荧光光谱分析特点

(1) 可以分析固体样品和液体样品：固体样品需要在真空环境下分析；液体样品需要在氦气环境下分析。

(2) XRF 相对于其他技术的优势：分析速度快；通常很简单的样品制备；非常好的稳定性和精度；很宽的动态范围。

(3) X 射线荧光是非破坏性的分析方法。

23.3 实验步骤

23.3.1 样品制备

1. 粉末压片

⑴将试样进行200目过筛后，把样品环放在圆盘托上，然后将样品放入样品环中，装满整个样品环，用药匙压实样品。

⑵打开压样机开关，把已装好的样品放入压样装置中，按开启动按钮，样品进入压样过程，待压片结束后，拿出样品，轻轻振动已压好的样品，使得样品上的粉屑掉落，然后擦干净样品环表面，切勿触碰样品环中的样品。

⑶压样过程结束后，关闭压样机。

2. 粉末研磨

⑴分别称取20 g和10 g样品；

⑵将模具按照顺序安装好；

⑶在模具外圈内放入20 g样品，内圈放入10 g样品；

⑷盖上模具盖子，并将手柄压下；

⑸设置实验时间；

⑹盖上仪器外盖，并启动；

⑺取出样品，并清洗模具，在模具上涂上机油保护。

3. 熔样制样

1)准备工作

⑴四硼酸锂和偏硼酸锂混合熔剂需在105℃烘干1～2 h。

⑵将试样粉碎，在600℃中煅烧2 h以备用。

⑶配制好脱模剂(溴化锂)30%水溶液。

2)操作步骤

⑴称取试样和熔剂比例1∶10。标样(试样)0.6 g±0.1 mg，熔剂6 g±1 mg，氧化剂硝酸铵0.5 g。①四硼酸锂∶偏硼酸锂=67∶33或四硼酸锂∶偏硼酸锂=12∶22两种熔剂，前者偏酸性，后者偏碱性，前者适合碱性样品，后者适合酸性样品。②称取试样和熔剂比例是根据测试的需要确定，但总质量不要超过7 g(铂金坩埚容量的原因)。③样品是纯氧化物就不需要加氧化剂。

⑵将称好的样品、氧化剂和熔剂倒入烧杯中手动搅拌均匀，再倒入铂金坩埚

中，滴入 3～10 滴脱模剂水溶液，启动高频熔样设备，循环水泵开始工作，各指示灯正常显示，液晶屏已初始化显示，按动下方相应按键进入程序设置，设置坩埚预氧化、熔化、恒温电流(电流决定温度，电流大温度高电流小温度低，一般温度为Ⅰ. 700℃；Ⅱ. 950℃；Ⅲ. 不超过 1050℃)；设置铸模的电流；设置坩埚预氧化、熔化、恒温时间；旋转摆动时间等。启动电钮即可完成整个熔融过程，蜂鸣器提示机械动作停止，就用手动将熔融好的样品倒入铸模中成型冷却即可。①第一个制成的样品颜色均匀，被测表面无气泡即可，否则需调整配方、温度、时间等来解决，直到样品合格。②同一类样品应始终用同一个配方和制样程序。③熔剂必须采购已煅烧过的混合试剂。④脱模剂滴入量必须一样。⑤在转摆启动之前最好是熔化完全的；除氧化时间外熔化、恒温还需设置 3～5 min。⑥坩埚底部和内壁出现麻点不光滑时，需用粒度 1200#以上砂纸砂光，再用脱脂棉蘸抛光膏研磨(此时铂金坩埚有几十毫克损耗)。当铂金坩埚破坏严重时，需重铸。

4. 液体制样

经富集再转移到滤纸片、Mylar 膜或聚四氟乙烯基片上，液体样品可直接放在液体样杯中测定。

与固体制样方法相比：样品是均匀的，不存在矿物和颗粒度效应，也不考虑样品表面光洁度对测量的影响，基体效应因稀释而减小或可予以忽略，标准溶液很容易配制。

23.3.2　测试操作

1. 标准曲线法

(1)打开标准曲线编辑器。

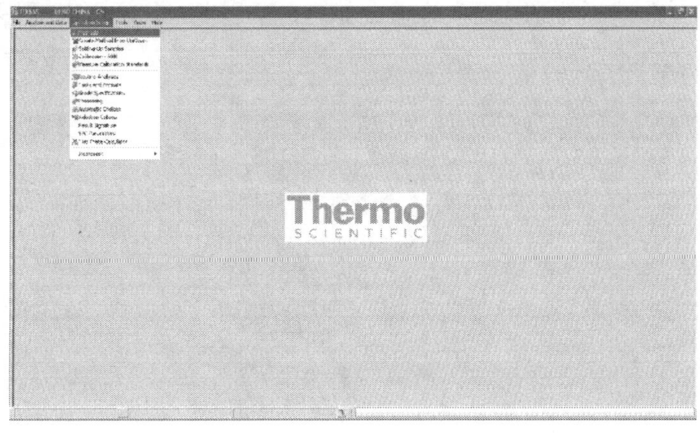

(2)创建方法。

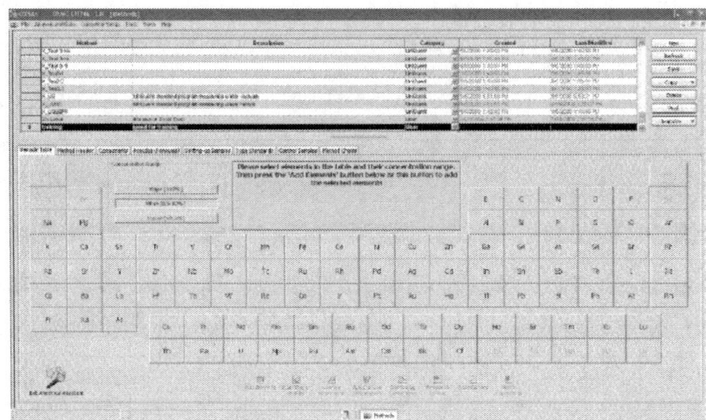

(3)设置分析元素。

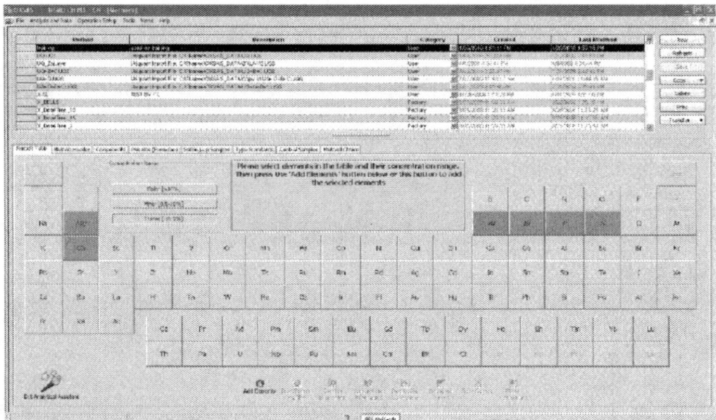

(4)选择分析谱线。

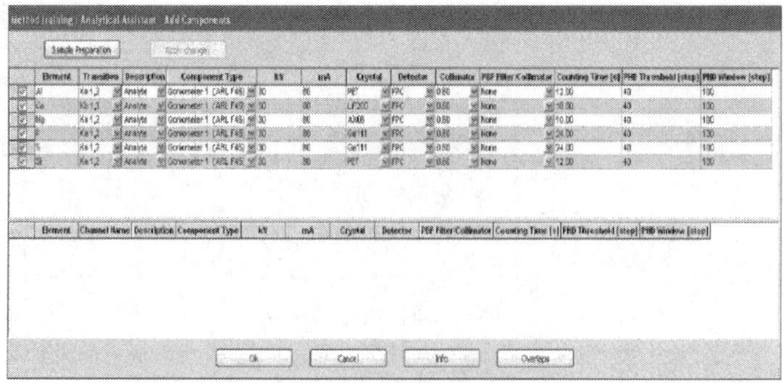

(5) 设置分析参数。

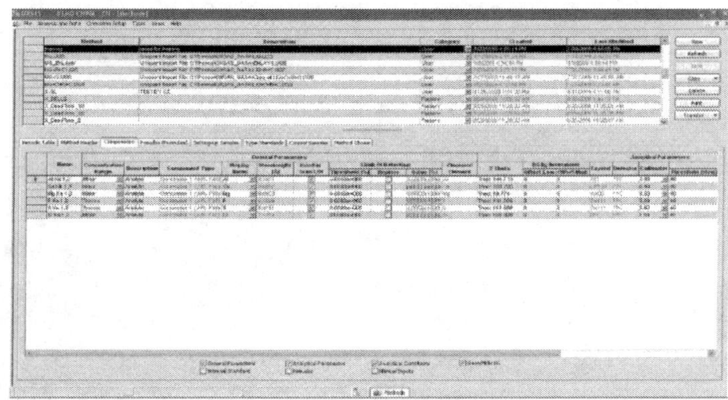

(6) 创建标准样品列表。

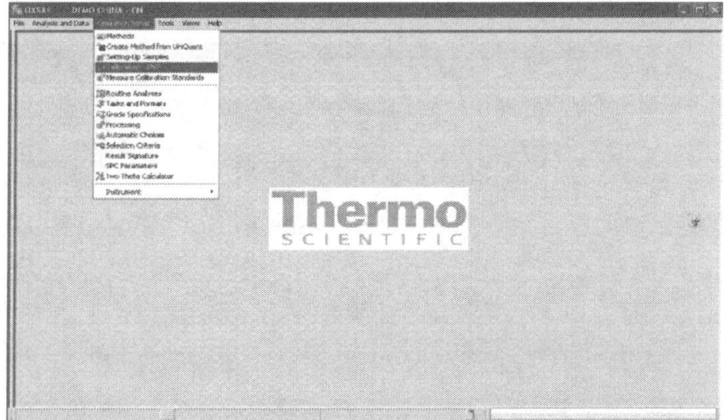

(7) 创建标样基体。

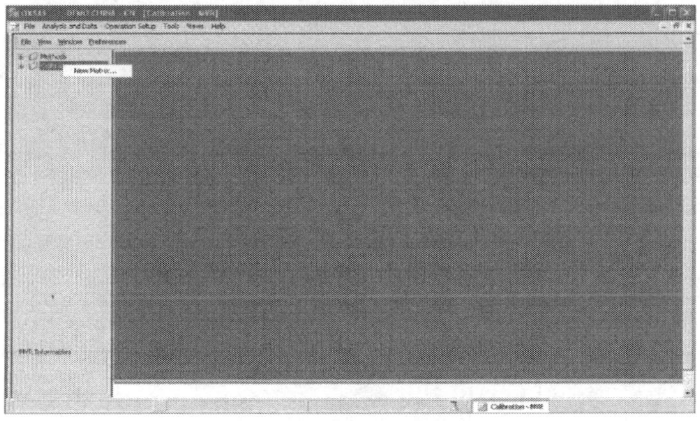

(8)创建标样组。

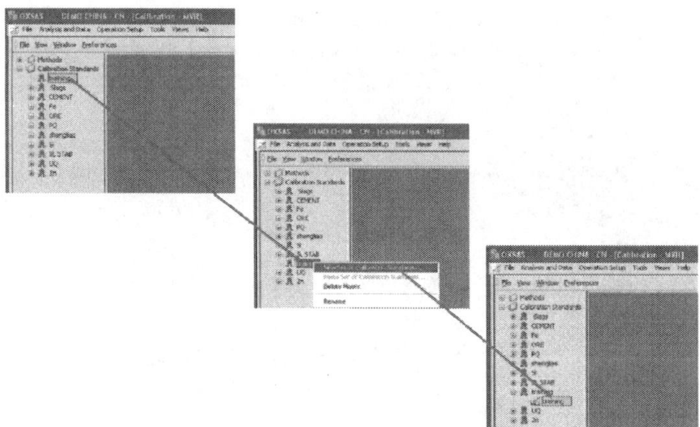

(9)添加标样元素。

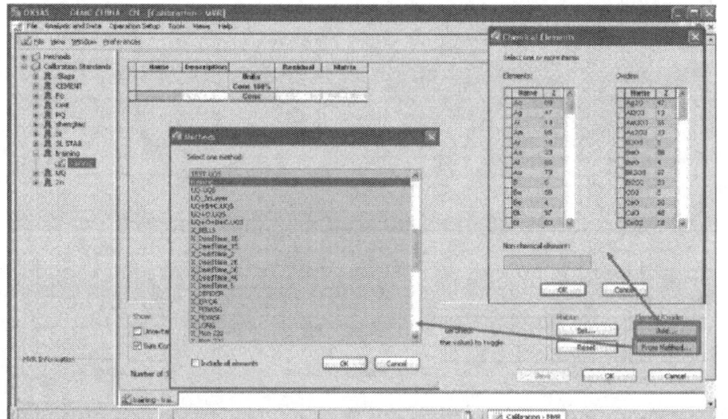

(10)输入标样浓度。

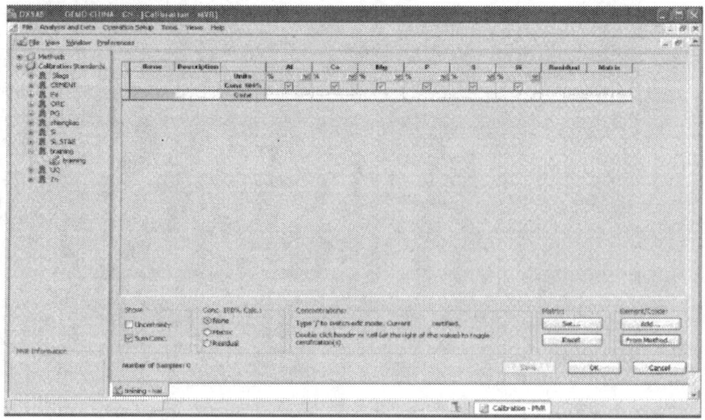

(11)创建标准样品列表。

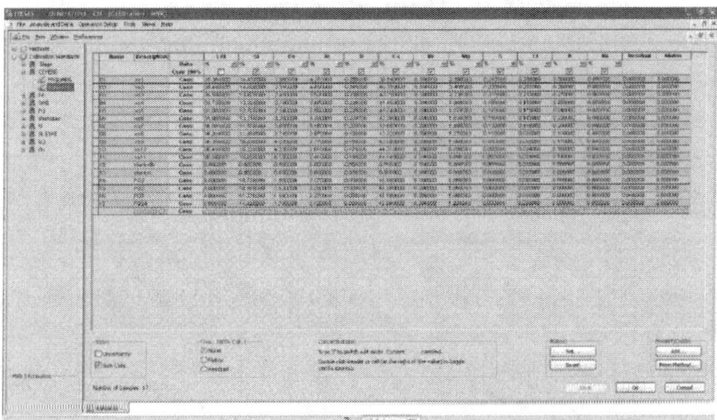

(12)测试标准样品。

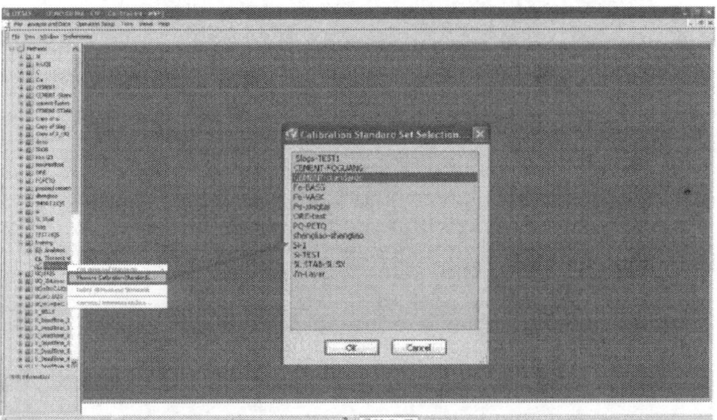

(13)选择待测标样。

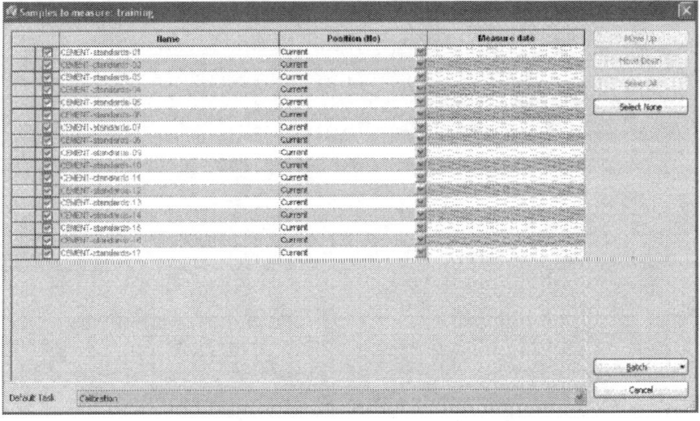

(14)设置样品位置，创建分析批次。

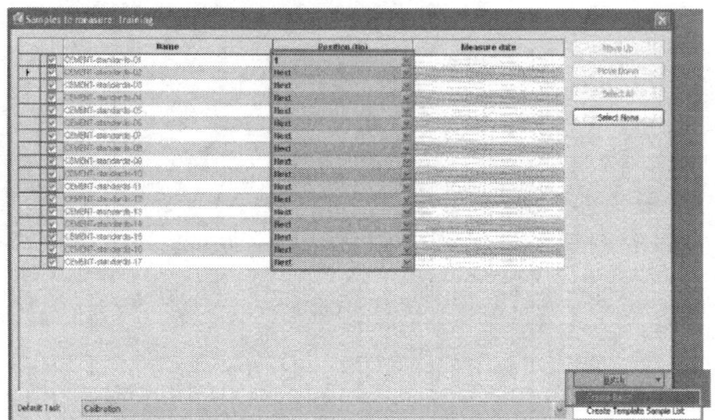

(15)曲线回归、保存。

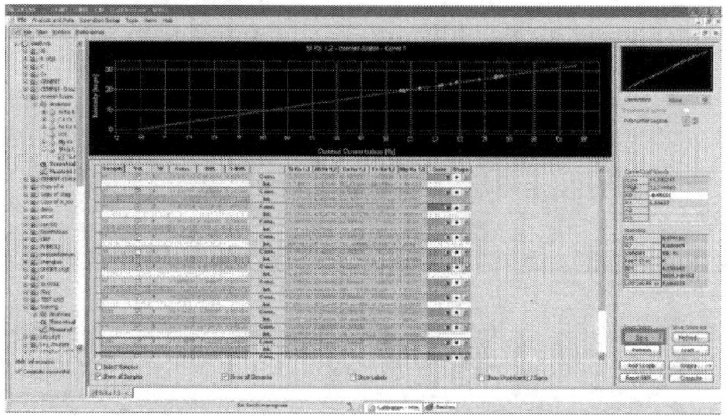

2. 常规测试

选择分析任务、方法，设置样品参数。

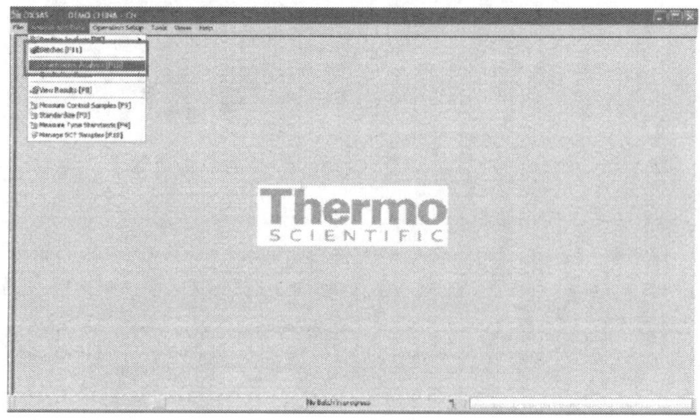

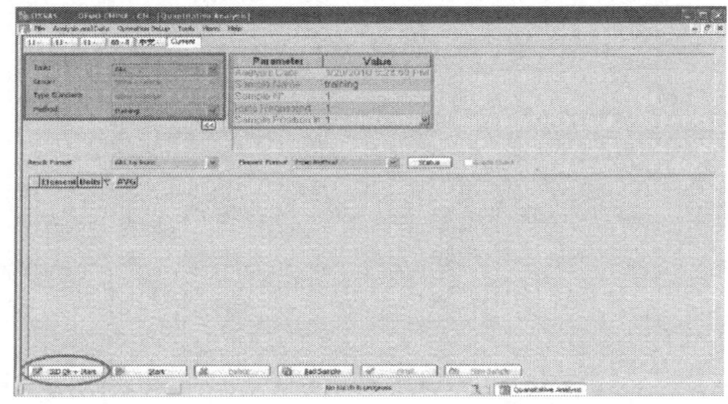

测试并查看结果。

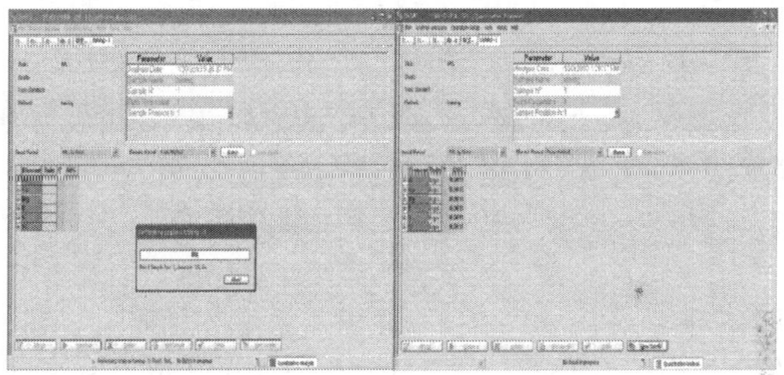

3. 批处理分析

选择分析任务、方法，设置样品参数。

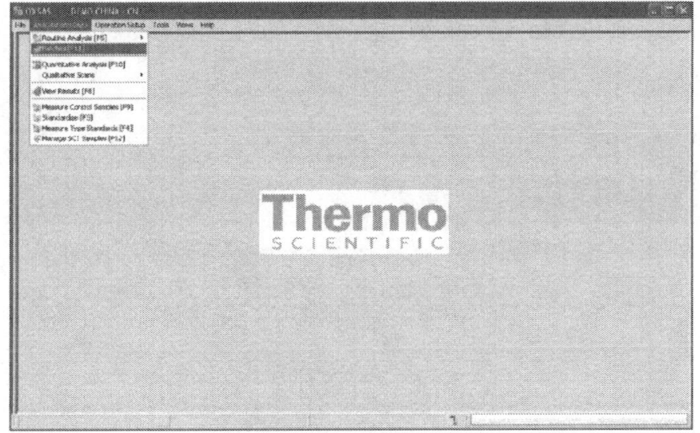

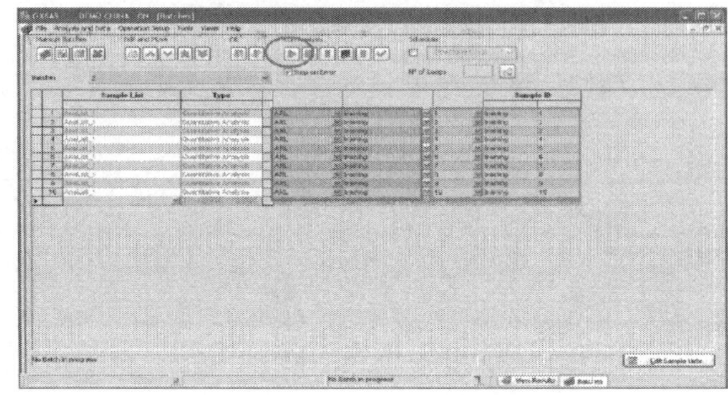

23.3.3 仪器操作注意事项及维护

(1)粉末压样注意事项：样品要烘干，样品经过粉碎要达到一定的粒度并均匀，标准样品和分析样品制样时的压力和保压时间要一致，保持粉碎的容器和压片的模具清洁，防止样品间相互污染。

(2)熔样注意事项：严防高温下样品中的组分对铂金坩埚造成伤害。如样品中存在金属单质或还原性物质，必须进行预氧化处理。否则会损坏坩埚。玻璃片破裂，如果熔片冷却速度过快易破裂，而冷却速度过慢，会造成结晶析出，熔片也容易破裂。另外，尘埃也会造成玻璃的破裂。在熔样过程中要充分摇动，使玻璃片内部均匀，并自然冷却。熔融过程中应避免硫化物的参与。它们与铂坩埚接触时，会永久性地腐蚀坩埚表面，导致玻璃残留物更易粘在被腐蚀部位，并在以后的每次熔融后都残留在坩埚中。此外，低价态的硫在高温下很容易转化为二氧化硫而损失，如果要分析样品中的全硫，需要使用较低的熔融温度，同时使用氧化剂，将低价硫转化为硫酸盐。

23.4 思 考 题

(1)什么叫 X 射线荧光？它有什么性质？

(2)X 射线荧光分析有些什么特点？

第 24 章　扫描电子显微镜分析

24.1　概　　述

扫描电子显微镜是一种大型精密仪器，它是机械学、光学、电子学、热学、材料学、真空技术等多门学科的综合应用。本章主要介绍扫描电子显微镜的工作原理、主要结构、特点、影响图像形成和质量的因素、主要操作步骤及样品制备技术等。

24.2　仪器构成及原理

24.2.1　仪器基本构成

扫描电子显微镜的结构分为电子光学系统、信号收集、图像显示和记录系统、真空系统。图 24-1 和图 24-2 分别为扫描电镜外形图和主机构造示意图。

1. 电子光学系统

这部分主要由电子枪、电磁透镜、扫描线圈、样品室组成。电子枪提供一个稳定的电子源，形成电子束，一般使用钨丝阴极电子枪，用直径约为 0.1 mm 的钨丝，弯成发夹形，形成半径约为 100 μm 的 V 形尖端。当灯丝电流通过时，灯丝

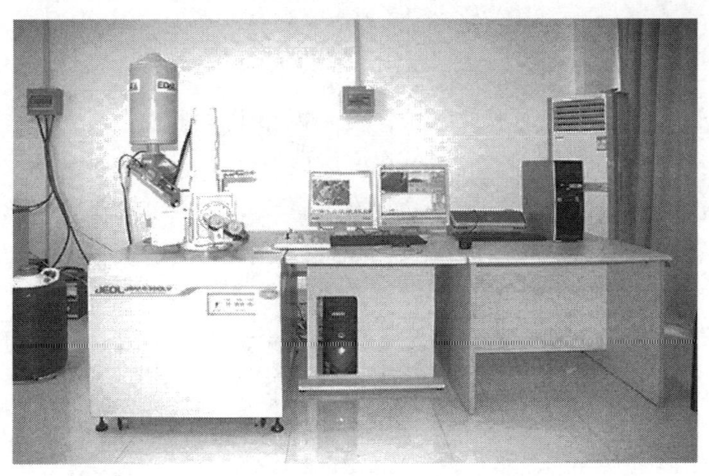

图 24-1　JEOLJSM-6380LV 型扫描电子显微镜外形图

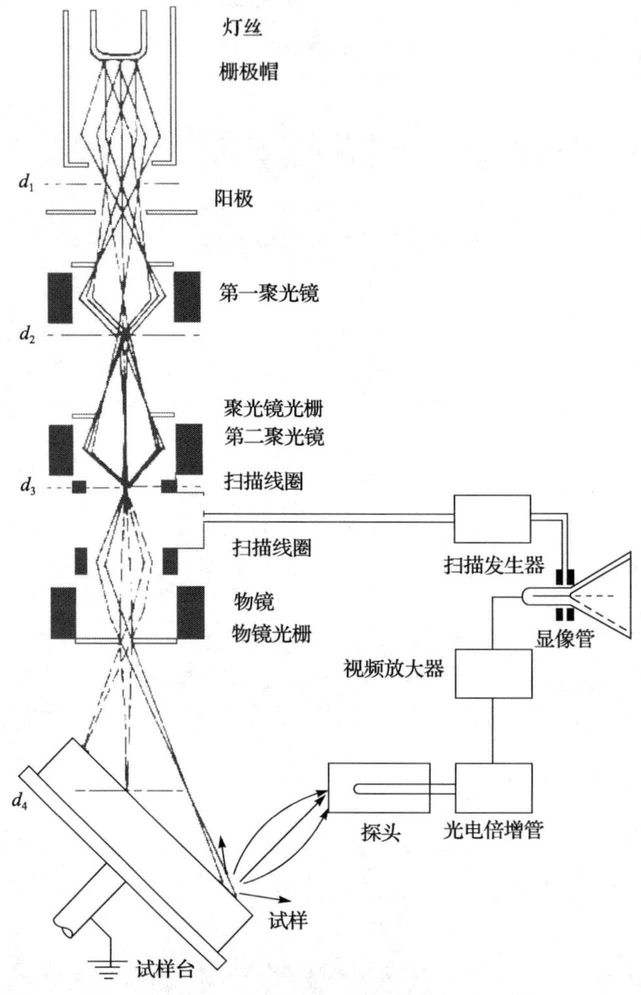

图 24-2 扫描电镜主机结构示意图

被加热，达到工作温度后便发射电子，在阴极和阳极间加有高压，这些电子则向阳极加速运动，形成电子束。电子束在高压电场作用下，被加速通过阳极轴心孔进入电磁透镜系统。该系统由聚光镜和物镜组成，其作用是依靠透镜的电磁场与运动电子相互作用使电子束聚焦,将电子枪发射的电子束约 10～50 μm 压缩成 5～20 nm，缩小约 1/10000。聚光镜可以改变入射到样品上电子束流的大小，物镜决定电子束束斑的直径。电子光学系统中存在球差、色差、像散，影响最终图像的质量。球差的产生是由于远离光轴轨迹上运动的电子比近轴电子受到的聚焦作用更强。克服的方法是在电子光学的光轴中加三级固定光阑挡住发散的电子束，光阑通常采用厚度为 0.05 mm 的钼片制作，物镜产生的像散器提供一个与物镜不均匀磁场相反的校正磁场，使物镜最终形成一个对称磁场，产生一束细聚焦的电子束。

扫描系统主要包括扫描发生器、扫描线圈和放大倍率变换器，扫描发生器由 X 扫描发生器和 Y 扫描发生器组成，产生不同频率的锯齿波信号同步地送入镜筒中的扫描线圈和显示系统 CRT 中的扫描线圈上。镜筒的扫描线圈分上、下双偏转扫描装置。其作用是使电子束正好落在物镜光阑孔中心，并在样品上进行光栅扫描。

扫描方式分点扫描、线扫描、面扫描和 Y 调制扫描。扫描电镜图像的放大倍率是通过改变电子束偏转角度来调节的。放大倍数等于 CRT 面积与电子束在样品上扫描面积之比，减小样品上扫描面积，就可增加放大倍率。不同放大倍率在样品上扫描的面积见表 24-1。

表 24-1　不同放大倍率在样品上的扫描面积

放大倍率	样品上面积
20	9.8 mm×8 mm
100	1.96 mm×1.6 mm
1000	0.196 mm×0.16 mm
10000	19.6 μm×16 μm
100000	1.96 μm×1.6 μm

电子束在样品上的扫描面积，由扫描线圈产生的激励磁场控制，可以连续调节，所以扫描电镜的放大倍率是可以连续调节的。

样品室内除放置样品外，还安置信号探测器。各种不同信号的收集和相应检测器的安放位置有很大的关系，如果安置不当，则有可能收不到信号或收到的信号很弱。从而影响分析精度。样品台本身是一个复杂而精密的组件，它应能夹持一定尺寸的样品，并能使样品作平移，倾斜和转动，以利于对样品上每一特定位置进行各种分析。新式扫描电子显微镜的样品室实际上是一个微型实验室，它带有多种附件，可使样品在样品台上加热、冷却和进行机械性能试验(如拉伸和疲劳)。

2. 图像显示系统

高能电子束与样品相互作用产生各种信息，如图 24-3 所示，在扫描电镜中采用不同的探测器接收这些信号，主要介绍二次电子信号的接收和成像原理。

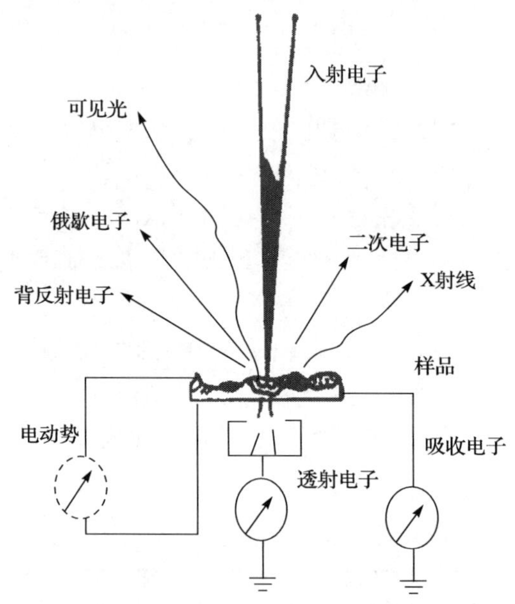

图 24-3　高能电子束与样品作用产生信号电子示意图

二次电子的探测系统见图 24-4，它包括静电聚焦电极(收集极或栅极)、闪烁体探头、光导管、光电倍增管和前置放大器。二次电子在收集极的作用下(+500 V)，被引导到探测器打在闪烁体探头上，探头表面喷涂厚数百埃金属铝膜及荧光物质。在铝膜上加+10 kV 高压，以保证静电聚焦极收集到的绝大部分电子落到闪烁体探头顶部。在二次电子轰击下闪烁体释放出光子束，它沿着光导管传到光电倍增管的阴极上。光电倍增管通常采用 13 极百叶窗式倍增极，总增益在 10^5～10^6，光电阴极把光信号转变成电信号并加以放大输出，进入视频放大器直至 CRT 的栅极上。显示屏上信号波形的幅度和电压受输入二次电子信号强度调制，从而改变图像的反差和亮度。

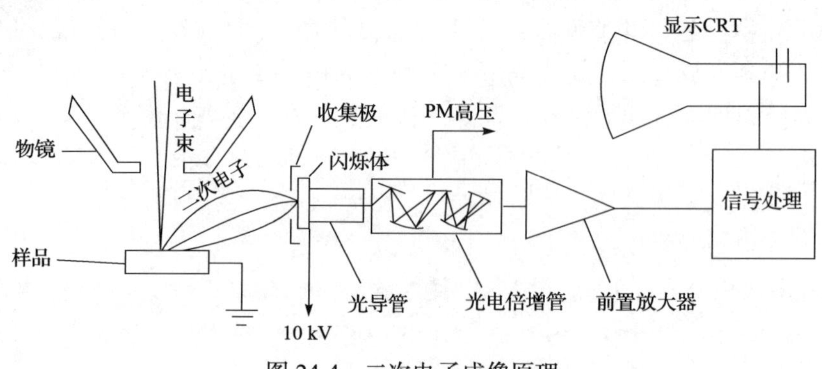

图 24-4　二次电子成像原理

一般的扫描电镜二次电子探测器均在物镜下面，当样品置于物镜内部时，焦距极短，使像差达到最小，从而得到高的分辨率图像，二次电子分辨率可达 35 Å。

显像管显示的图像、编号、放大倍率、标尺长度和加速电压拍摄到底片上。随着科学技术的不断发展，20 世纪 80 年代开始就已研制出用计算机代替照相机的功能，直接将图像及设置的参数打印出来或存储于软盘。

3. 真空系统

真空系统在电子光学仪器中十分重要，扫描电镜要求其真空度高于 10^{-3} Pa，否则会导致：①电子束被散射加大，②电子枪灯丝寿命缩短，③产生虚假的二次电子效应，④使透镜光阑和试样表面受碳氢化物的污染加速，等等，从而影响成像质量。为保证扫描电子显微镜电子光学系统的正常工作，扫描电镜采用一个机械泵和一个油扩散泵。真空系统的工作自动进行并有保护电路。若达不到高真空，高压指示灯不亮，高压加不上，扩散泵冷却水断路或水压不足，全机电源自动切断，扩散泵温度过高也自动断电。电子枪灯丝更换有单独的电子枪室与主机镜筒隔离，更换灯丝后几分钟内电子枪即可达到高真空。

24.2.2　工作原理

扫描电镜由电子枪发射出来电子束(直径约 50 μm)，在加速电压的作用下经过磁透镜系统汇聚，形成直径为 5 nm 的电子束，聚焦在样品表面上，在第二聚光镜和物镜之间偏转线圈的作用下，电子束在样品上做光栅状扫描，电子和样品相互作用，产生信号电子。这些信号电子经探测器收集并转换为光子，再经过电信号放大器加以放大处理，最终成像在显示系统上。

试样可为块状或粉末颗粒，成像信号可以是二次电子、背散射电子或吸收电子。其中二次电子是最主要的成像信号。由电子枪发射的能量为 5～35 keV 的电子，以其交叉斑作为电子源，经二级聚光镜及物镜的缩小形成具有一定能量、一定束流强度和束斑直径的微细电子束，在扫描线圈驱动下，于试样表面按一定时间、空间顺序作栅网式扫描。聚焦电子束与试样相互作用，产生二次电子发射(以及其他物理信号)，二次电子发射量随试样表面形貌而变化。二次电子信号被探测器收集转换成电信号，经视频放大后输入到显像管栅极，调制与入射电子束同步扫描的显像管亮度，得到反映试样表面形貌的二次电子像。

1. 影响图像形成的因素

(1) 倾斜角效应影响图像反差。由于发射二次电子的是入射电子碰撞样品的核外电子，使原子外层受激发而电离出来的电子，且电子在逸出样品表面之前又和样品进行多次散射，所以只有在样品浅层几纳米到几十纳米深度左右区域产生的二次电子才能逸出表面，被探测器收集到。当入射电子束和样品表面垂直时，二次电子逸出区域小，二次电子发生量最少(最暗)；当入射角大于 0°时，散射区与样品表面接近的区域面积大，逸出可能性大，二次电子发生量多(亮度大)。

(2)边缘效应。在样品边缘和尖端部位射入一次电子时，由于尖端和边缘的二次电子容易脱离样品，所以产生二次电子数量多，图像异常明亮，称为边缘效应。边缘效应造成反差不自然，降低图像质量。若降低加速电压，减少二次电子的发生量，或减小对比度，就可以使边缘效应相对减轻。

(3)原子序数效应。原子序数高的元素被激发的二次电子多，原子序数低的元素则少。因此，同等条件下，前者图像明亮，这种现象称为原子序数效应。其与背散射电子在样品中的激发作用有关。

(4)充放电效应。对于绝缘性样品，入射电子不能在样品中构成回路导入大地，堆积在样品上的入射电子形成负电荷区，产生放电现象或排斥后续入射电子，使其被检测器吸收或者轰击样品室其他部件，严重影响二次电子图像质量。如采用镀膜、导电胶粘贴样品等导电处理，可减少充放电效应的影响。

(5)焦点深度(焦深)。焦点深度(焦深)反映电镜对高低不平试样各部分聚焦的最大限度的能力。它是扫描电镜中一个重要的和可控的性能指标，是影响整幅图像各部位清晰度的一个重要因素。随着图像的放大倍数增加，其焦深受束斑尺寸的影响越来越显著。在高放大倍数时，要得到较大的焦深，就要选择大孔径的物镜光阑，或者缩小工作距离进行观察。

(6)加速电压效应。电子探针射入样品的能量取决于加速电压，用低的加速电压对表面纤维结构进行高倍率观察时，就必须用短的工作距离和细的电子探针，才能获得清楚的图像；加速电压为 5 kV 时，电子束射入样品表面浅，其显微结构看得清楚。一般情况下，加速电压低，扫描电镜图像的信息越限于表面，图像就越显得自然，但是样品表面对污染变得更为敏感，而且也得不到高倍放大的图像。反之，加速电压越高，电子探针越容易聚焦变细，也就越容易得到高分辨率，适用于高倍放大图像，但图像会出现不自然感。一般来说，加速电压高，图像不自然；加速电压低，图像较自然。

2. 影响图像细节清晰的因素

(1)扫描电子束斑直径。一般认为扫描电镜能分辨的最小距离(分辨率)不可能小于扫描电子束斑直径，它主要取决于电子光学系统，尤其是电子枪的类型和性能、束流大小、末级聚光镜光阑孔径大小及其污染程度等。

(2)像元数目。实际观察中，通常利用扫描时间是预先规定好的，再配合改变放大器的时间常数来控制像元数目大于或等于 10。

(3)信号噪声比。影响二次电子像信噪比的因素是多方面的，如被观察试样本身的性质(二次电子发射系数)、扫描电子的束流强度、入射电子相对于试样表面所构成的入射角以及扫描时间等。信号噪声比越高，分辨率越高，一般要求信噪比≥100。

(4)宽容度。宽容度代表能显示出图像中明暗层次差异的级数，故它是反映图像质量的重要指标之一。

(5)操作方式及其所用的调制信号。

(6)杂散磁场。

(7)机械振动。

24.3　实 验 步 骤

24.3.1　样品制备

试样可以是块状或粉末颗粒，在真空中能保持稳定，含有水分的试样应先烘干除去水分，或使用临界点干燥设备进行处理。表面受到污染的试样，要在不破坏试样表面结构的前提下进行适当清洗，然后烘干。新断开的断口或断面，一般不需要进行处理，以免破坏断口或表面的结构状态。有些试样的表面、断口需要进行适当的侵蚀，才能暴露某些结构细节，在侵蚀后应将表面或断口清洗干净，然后烘干。对磁性试样要预先去磁，以免观察时电子束受到磁场的影响。试样大小要适合仪器专用样品座的尺寸，不能过大。样品座尺寸各仪器不均相同，一般小的样品座为 Φ3～5 mm，大的样品座为 Φ30～50 mm，以分别用来放置不同大小的试样，样品的高度也有一定的限制，一般在 5～10 mm。即：需用电镜观测的样品必须干燥、无挥发性、无磁性、不易燃易爆、能与样品台牢固黏结(块状试样的下底部需平整，利于黏结)，尽量节约导电胶的用量。不导电样品需做镀膜处理。

1. 金属试块样品

样品的尺寸有限制，大小不能超过样品座。当样品有污染时，要进行清洗，清洗方法一般用用丙酮酒精溶液清洗或用超声波清洗，使样品平表面的油脂、灰尘等污染去掉。清洗好的样品干燥后，用导电胶粘在样品架上，便可上机分析。

2. 薄膜样品

取一小块被测膜，用导电胶粘在样品架上，用洗耳球吹去表面灰尘，放入离子溅射仪中进行喷金，使样品具有良好的导电性。

3. 粉末样品

用牙签取一小部分样品分散在导电胶上，注意喷金前一定要用洗耳球吹去导电胶上没粘牢的样品，避免污染仪器。

4. 生物样品

必须经过固定、清洗、脱水后才能制样。

5. 镀膜

镀膜的方法有两种，一是真空镀膜，另一种是离子溅射镀膜。离子溅射镀膜的原理是：在低气压系统中，气体分子在相隔一定距离的阳极和阴极之间的强电场作用下电离成正离子和电子，正离子飞向阴极，电子飞向阳极，二电极间形成辉光放电，在辉光放电过程中，具有一定动量的正离子撞击阴极，使阴极表面的原子被逐出，称为溅射，如果阴极表面为用来镀膜的材料(靶材)，需要镀膜的样品放在作为阳极的样品台上，则被正离子轰击而溅射出来的靶材原子沉积在试样上，形成一定厚度的镀膜层。离子溅射时常用的气体为惰性气体氩，要求不高时，也可以用空气，气压约为 5×10^{-2} Torr。离子溅射镀膜与真空镀膜相比，其主要优点是：①装置结构简单，使用方便，溅射一次只需几分钟，而真空镀膜则要半个小时以上。②消耗贵金属少，每次仅约几毫克。③对同一种镀膜材料，离子溅射镀膜质量好，能形成颗粒更细、更致密、更均匀、附着力更强的膜。用镊子将样品放入放入 JFC-1600 离子溅射仪后才打开电源进行喷金时间设置，在设置时尽量采用短的时间，防止浪费靶材。注意不能更改仪器的设置。

24.3.2 测试操作

1. 开机

(1)开水(系统不报警方可)；

(2)开总电源；

(3)电气柜后面开关打开，将自动/手动(AUTO/MAN)开关拨到自动(AUTO)的位置，此时电炉进行加热；

(4)抽真空 30 min 后，断开准备开关；

(5)开系统软件；

(6)打开主机前面面板上的电气柜开关(CONSOLE POWER)，抽真空 10 min。

2. 准备观测图像

(1) 打开 V1 阀，此时镜筒真空已准备好，用左手沿径水平方向拉开 V1 阀，阀杆下面的弹片将 V1 阀固定在打开位置。

(2) 加高压(30 kV)，导电性不好的产品(20～25 kV)加高压时最好按着每步的速度逐步增加，如果长按按钮，高压会连续快速增加，不容易控制到要求的数值。

(3) 调节对比度和亮度：①调节对比度，使图像上出现一些噪声为最佳，一般情况下在 60 左右；②调节图像亮度，使屏幕显示的灰度合适，一般情况下，相应的数字参数值为 0～20 左右。

(4) 加灯丝：顺时针慢慢旋转灯丝加热旋钮，直至发射束流饱和，灯丝加热旋钮指示正常在 6～7 之间，调节偏压束流为 100 μA 左右。

(5) 机械对中：每次换灯丝后需旋转镜筒头上的三个螺钉，使图像显示到最清楚的点。

(6) 物镜光阑对中(合轴)：①选区，并挑选图像上的一个特征点；②选择放大倍数 1000～2000 范围；③反复调节粗调，使图像聚焦至不聚焦往反进行，观察图像的移动；④调节物镜光阑的两个螺钮，使图像不发生位移或图像移动最小为止。

(7) 像散消除：选择"选区"位置，从放大倍数 1000 倍开始消像散，增加到欲观察的放大倍数下再次消像散直至图像没有拉长现象。

(8) 拍照、保存。

3. 系统停机

(1) 关闭加热灯丝：逆时针旋转灯丝加热旋钮到底，旋钮标记指示在"ON"的位置，束流显示的束流为 0 μA。

(2) 将对比度降至最低，使其数字参数值为 0，关闭高压，使其数字参数值为 0。

(3) 关闭 V1 阀：用左手将 V1 阀阀杆下面的弹片沿上按在阀杆上，用手掌径向水平推 V1 阀，当 V1 阀完全推到底后，再用力推一下 V1 阀的阀杆，确保 V1 阀完全关闭。

(4) 关闭主机面板上的电气柜开关，打开准备开关，将主机后的开关自动/手动(AUTO)/(MAN)打到手动(MAN)的位置，冷却电炉 30 分钟。

(5) 关闭系统软件—关电气柜开关(后)—关总电源—关水。

24.3.3　仪器操作注意事项及维护

(1) 进入工作室严禁大声喧哗；

(2) 在真空度没有达到要求之前，镜筒隔离阀 V1 绝不能打开；

(3)在扩散泵开始加热二十分钟期间，主阀 V5 绝不能打开；

(4)真空控制方式从手动转自动时，要特别注意每个手动阀门是否为关闭状态；

(5)在没有进入高真空之前，绝不能接通探测器高压，电子枪及灯丝加热电源；

(6)不要在关控制台电源(CONSOLE POWER)的同时。立刻放气到样品室和电子枪，以免引起电子枪探测器上残余高压放电，损坏灯丝及闪烁体；

(7)不要在通电情况下，进行印刷板及导线插头的插接；

(8)如果镜筒部分没有放气，不要拔掉物镜光阑杆；

(9)在样品室放气的情况下，不要手动打开主阀和 V1 阀；

(10)长时间不使用电镜时，每周至少保持抽真空两次，保持机器内真空度良好；

(11)观察机械泵的油不少于 2/3；

(12)停水的时候，机器会出现报警，此时将主机后面板打开，接一盆凉水，用湿布给电炉手动降温，直至电炉不再热为止(30 min 左右)最后再关闭电气柜开关和总电源。

24.4　思　考　题

(1)说明二次电子成像过程?

(2)说明扫描电子显微镜和光学显微镜的区别?

第 25 章　透射电子显微镜分析

25.1　概　　述

透射电子显微技术自 20 世纪 30 年代诞生以来，经过数十年的发展，现已成为材料、化学化工、物理、生物等领域科学研究中物质微观结构观察、测试十分重要的手段。电子显微学是一门探索电子与固态物质结构相互作用的科学，电子显微镜把人眼睛的分辨能力从大约 0.2 mm 拓展至亚原子量级（$<$0.1 nm），大大增强了人们观察世界的能力。尤其是近 20 多年来，随着科学技术发展进入纳米科技时代，纳米材料研究的快速发展又赋予这一电子显微技术以极大的生命力，可以这样说，没有透射电子显微镜，就无法开展纳米材料的研究；没有电子显微镜，开展现代科学技术研究是不可想象的。目前，它的发展已与其他学科的发展息息相关，密切联系在一起。

25.2　仪器构成及原理

25.2.1　仪器基本构成

透射电子显微镜的结构包括主机和辅助系统两大部分，主体部分(图 25-1)包含电子源、照明系统、成像系统和观察记录系统等；辅助系统包含真空系统(机械泵、离子泵等)，电路系统(变压器、调整控制)，水冷系统等。以下主要介绍主体部分。

1. 电子枪

透射电子显微镜中产生电子的装置叫电子枪，电子枪的研发与应用大致经历了三个阶段：钨灯丝、六硼化镧单晶和场发射电子枪，它们所产生电子束的质量越来越好，其亮度分别比普通钨灯丝亮几十倍和上万倍，而且单色性好，尤为适合于高级透射电子显微镜。电子枪分为热阴极型和场发射型两类，热阴极电子枪的材料主要有钨丝和六硼化镧(LaB_6)，而场发射电子枪又可以分为热场发射、冷场发射两个分支。电子枪的功能是产生高速电子，以热阴极电子枪为例(图 25-2 和图 25-3)，它由处于负高压(或称加速电压)的阴极、栅极(电位比灯丝还要负几百到几千伏，数值可调)和处于 0 电位的阳极组成，加热灯丝发射电子束，并在阳

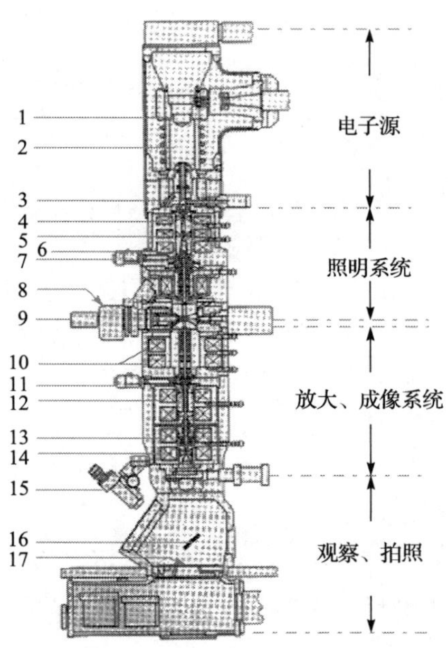

图 25-1　透射电子显微镜基本构造

1-电子枪；2-加速管；3-阳极室隔离阀；4-第一聚光镜；5-第二聚光镜；6-聚光后处理装置；7-聚光镜光阑；8-测角台；9-样品杆；10-物镜；11-选区光阑；12-中间镜；13-投影镜；14-投影镜；15-光学显微镜；16-小荧光屏；17-大荧光屏

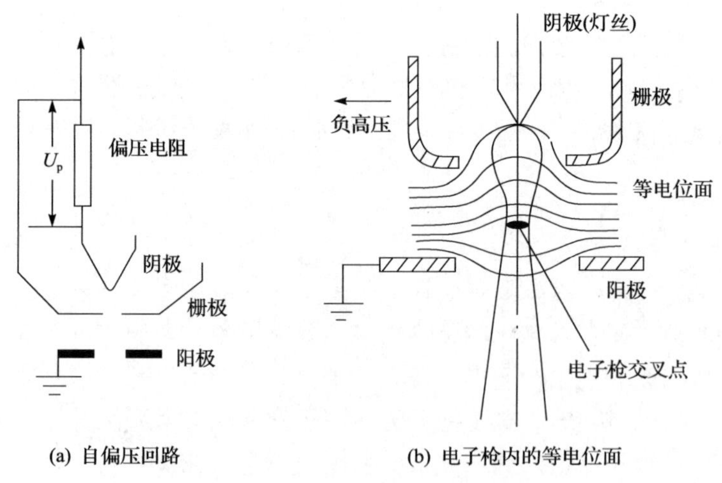

图 25-2　热阴极电子枪的基本构造

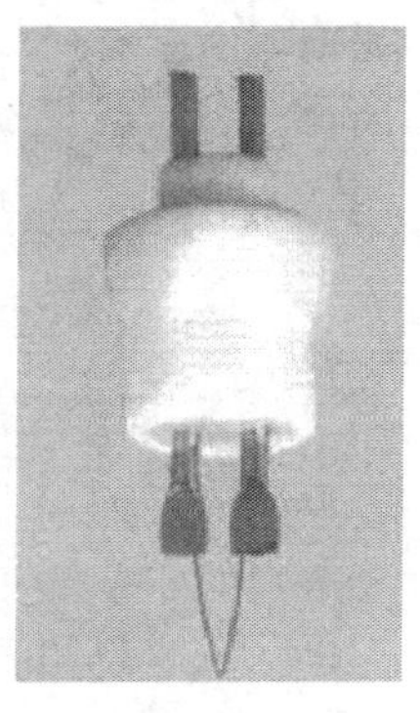

图 25-3　热阴极电子枪的灯丝

极加电压使电子加速，经加速而具有高能量的电子从阳极板的孔中射出，电子束能量与加速电压有关，栅极则起到控制电子束形状的作用。另外，如果在某些金属的表面施加强电场，金属表面可向外逸出电子，依照此原理可制成场发射电子枪，它没有栅极，但由阴极和两个阳极构成，第一个阳极主要使电子发射，第二个阳极使电子加速和会聚。根据加速电压的数值，由电子枪发射出来的电子在阳极加速电压(生物样品多采用 80～100 kV，金属、陶瓷等多采用 120 kV、200 kV、300 kV，超高压电镜则高达 1000～3000 kV)的作用下，经过聚光镜(2～3 个电磁透镜)汇聚为电子束照射到样品上。据此可以理解，由于电子的穿透能力很弱(比 X 射线弱得多)，进行透射电子显微镜检测的样品必须很薄，其厚度与样品成分、加速电压等有关，一般范围在 100 nm 左右(甚至更低)。此外，整个主机系统必须保持在理想的真空状态，真空系统通常由机械泵、油扩散泵、离子泵、真空测量仪表及真空管道组成，它的作用是抽出镜筒内气体，使镜筒真空度至少要在 10^{-5} Torr 及以下，目前最好的真空度可以达到 10^{-10} Torr 左右。如果真空度不理想，可产生多种副作用，如电子与空气中气体分子之间的碰撞可引起散射而影响衬度，还会使电子栅极与阳极间高压电离导致极间放电，从而影响电子枪的寿命，残余的气体还会腐蚀灯丝，污染样品。

2. 照明系统

电子枪发射出的电子束有一定的发散角，经后续调节后，可得到发散角很小的平行电子束。可通过调节会聚镜的电流改变电子束的电流密度(亦称束流)。在透射电子显微镜的观测过程中，需要亮度高、相干性好的照明电子束。因此，电子枪发射出来的电子束还要用两个电磁透镜进一步会聚，以提供束斑尺寸不同、近似平行的照明束。图 25-4 为照明系统光路图，一般都采用双聚光系统。该系统的功能是为下一级成像系统提供一个亮度大、尺寸小的照明光斑，其中聚光镜用于汇聚电子枪射出的电子束，以求最小地损失照明样品，调节照明强度、孔径半角和束斑大小。在图 25-4 中，第一聚光镜常采用短焦距强励磁透镜，它的作用是将从电子枪得到的光斑尽量缩小；第二聚光镜为长焦距弱透镜，它的功能是将第一聚光镜得到的光源会聚到试样上，该透镜通常可对光源起到放大作用。

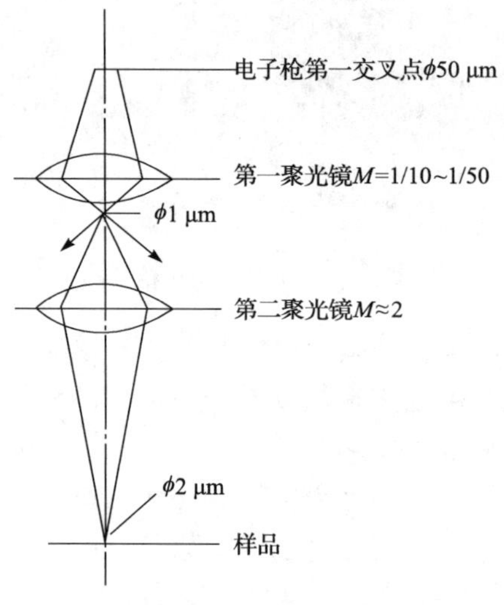

图 25-4 照明系统光路图

3. 放大、成像系统

成像系统包括样品室、物镜、中间镜、反差光阑、衍射光阑、投射镜以及其他电子光学部件。它的主要功能是，由于穿过样品的电子携带了样品本身的结构信息，将穿过试样的电子束在透镜后成像或成衍射花样，并经过物镜、中间镜和投影镜接力放大，最终以图像或衍射像的形式显示于荧光屏上。样品室有一套机关设置，以保证样品经常更换时不破坏主机的真空。实验操作时，样品可在 X 轴、Y 轴二维方向移动，以便找到所要观察的位置。

图 25-5 为成像系统示意图，物镜是主机中最关键的部分，这是因为透射电子显微镜分辨本领的高低主要取决于物镜。它的功能是将来自样品不同部位、传播方向相同和相位相同的弹性散射电子束会聚于其后焦面上，构成含有试样结构信息的散射花样或衍射花样；将来自试样同一点的不同方向的弹性散射束会聚于其像平面上，构成与试样组织相对应的显微像。实际上，物镜的任务就是形成第一幅电子像或衍射像，完成物到像的转换并加以放大，要求像差尽可能小而又要有较高的放大倍数(100～200 倍)。目前新一代透射电子显微镜的特点是主要大幅度改善了球差矫正参数，但此类设备使用还不普及，在常见的透射电子显微镜中，物镜光阑可以挡掉大角度散射的非弹性电子，使色差和球差减少，在提高衬度的同时还可以得到样品的更多信息，在选择后焦面上的晶体样品衍射束成像后，可

获得明、暗场像。另外，作为弱激磁长焦距可变率透镜，中间镜可放大 1～20 倍，它的作用是控制透射电镜总的放大倍数，把上方物镜形成的一次中间像或衍射像投射到投影镜的物平面上，而投影镜则是一种短焦距强磁透镜，它可把经过中间镜形成的二次中间像或衍射像投影到荧光屏上，最终形成放大的电子像或衍射像。

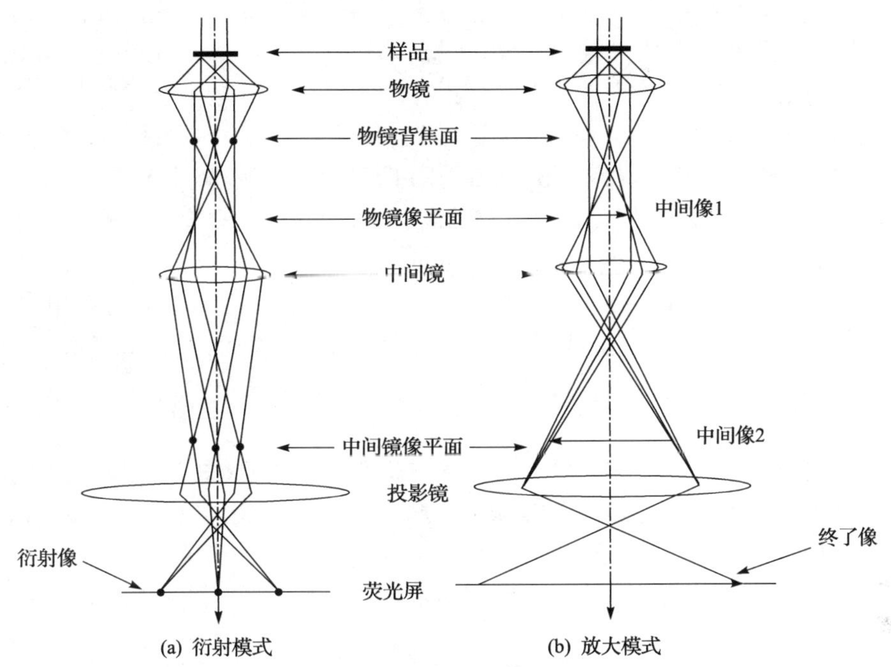

图 25-5　成像系统光路图

4. 观察室和照相室(记录系统)

在观察、记录系统中，为方便前期观察，高性能透射电子显微镜除了荧光屏外，还配有用于聚焦的小荧光屏和放大 5～10 倍的光学放大镜。荧光屏的分辨率为 50～70 μm，因此在观察细微结构时要有足够高的放大率，以使荧光屏能分辨并为人眼所能见。例如，如需要观察 0.5 nm 的颗粒就需要 10 万倍的电子光学放大，再加 10 倍的光学放大即可。

5. 辅助设备

透射电子显微镜的辅助设备分为三部分：①主机运行支撑部分；②数据记录和测试附加功能；③样品预处理。辅助系统除了前面已经介绍的真空系统(机械泵、离子泵等)，电路系统(变压器、调整控制)外，透射电子显微镜中的多个部位还需要冷却水循环系统。另外，传统的测试结果(图像)记录装置为照相机，使用这一技术时对曝光和相片冲洗均有一定要求，操作较为烦琐，近些年来，基于电-光-电转换技术的CCD(charge coupled device)数码专用相机已得到越来越普及的应用，大大提高了测试效率。透射电子显微镜中常配有元素分析仪器，如EDS(又称EDX，energy dispersive spectroscopy of X-rays)和WDS(又称WDX，wave dispersive spectroscopy of X-rays)，这些类似于扫描电子显微镜中的元素分析装置。透射电子显微镜中还可配有名为能量损失谱(electron energy loss spectroscopy，EELS)的元素分析仪器，它通过分析以非弹性散射作用透过样品的电子能量变化，从而判定样品的成分，它还可给出元素的电子层状态等信息。对于一般透射电子显微镜，EDS的能量分辨率较低，约为150 eV，但EDS可以得到较大能量范围(0～20 keV)的特征X射线谱；EELS的能量分辨率较高，约为1 eV，电子能量损失范围在0～2 keV。扫描透射电子显微镜(scanning transmission electron microscope，STEM)是指在透射电子显微镜中配有的扫描附件，它综合了扫描和普通透射电子分析的原理和功能，尤其适用于采用场发射电子枪作电子源的透射电子显微镜。

25.2.2 工作原理

透射电子显微镜在成像原理上与光学显微镜是类似的(图25-6)，所不同的是光学显微镜以可见光作光源，而透射电子显微镜则以高速运动的电子束为“光源”。在光学显微镜中，将可见光聚焦成像的是玻璃透镜；在电子显微镜中，相应的具有电子聚焦功能的是电磁透镜，它利用了带电粒子与磁场间的相互作用。

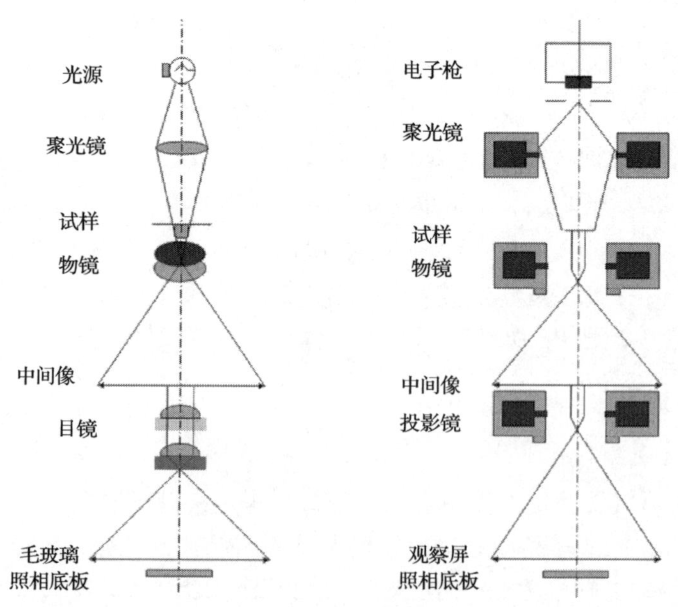

图25-6　光学显微镜与透射电子显微镜成像原理的比较

理论上，光学显微镜所能达到的最大分辨率 d，受到照射在样品上的光子波长 λ 以及光学系统的数值孔径 N_A 的限制：

$$d = \frac{\lambda}{2n\sin\alpha} \approx \frac{\lambda}{2N_A} \tag{25-1}$$

在 20 世纪初，科学家就已发现理论上使用电子可以突破可见光的光波波长限制(波长范围 400～700 nm)。由于电子具有波粒二象性，而电子的波动特性则意味着一束电子具有与一束电磁辐射相似的性质。电子波长可以通过德布罗意公式使用电子的动能推导出。由于在 TEM 中，电子的速度接近光速，需要对其进行相对论修正：

$$\lambda_e \approx \frac{h}{\sqrt{2m_0E\left(1+\frac{E}{2m_0c^2}\right)}} \tag{25-2}$$

式中，h 表示普朗克常量；m_0 为电子的静质量；E 为加速电子的能量；c 为光速。电子显微镜中的电子通常通过电子热发射过程或者采用场电子发射方式得到。随后电子通过电势差进行加速，并通过静电场与电磁透镜聚焦在样品上。透射出的电子束包含有电子强度、相位以及周期性的信息，这些信息将被用于成像。

在真空系统中，由电子枪发射出的电子经加速后，通过磁透镜照射在样品上。透过样品的电子被电子透镜放大成像。成像原理是复杂的，可发生透射、散射、吸收、干涉和衍射等多种效应，使得在相平面形成衬度(即明暗对比)，从而显示出透射、衍射、高分辨等图像。对于非晶样品而言，形成的是质厚衬度像，当入射电子透过此类样品时，成像效果与样品的厚度或密度有关，即电子碰到的原子数量越多，或样品的原子序数越大，均可使入射电子与原子核产生较强的排斥作用——电子散射，使截面上通过物镜光阑参与成像的电子强度降低，衬度像变淡。另外，对于晶体样品而言，由于入射电子波长极短，与物质作用满足布拉格(Bragg)方程，产生衍射现象，在衍射衬度模式中，像平面上图像的衬度来源于两个方面，一是质量、厚度因素，二是衍射因素；在晶体样品超薄的情况下(如 10 nm 左右)，可使透射电子显微镜具有高分辨成像的功能，可用于材料结构的精细分析，此时获得的图像为相位衬度，它来自样品上不同区域透过去的电子(包括散射电子)的相位差异。

25.2.3 电子衍射花样及其形成原理

在透射电子显微镜中，来自聚光镜的电子束打到样品上，与样品发生相互作用，当样品薄到一定程度时，电子就可以透过样品。可将透过去的电子分成两类，一类是继续按照原来方向运动的电子，能量几乎没有改变，称之为直进电子；另一类是运动方向偏离原来方向的电子，称之为散射电子。就散射电子而言，如果电子的能量有比较大的改变，我们称之为非弹性散射电子；有的电子能量几乎没有改变，可称之为弹性散射电子。所有这些电子通过物镜后在物镜的后焦面上会形成一种特殊的图像，称之为夫琅禾费衍射花样。图 25-7 对常见电子衍射花样进行了归纳：如果被电子束照射的样品区域是一块单晶，则花样的特点是中央亮斑加周围其他离散分布、强弱不等的衍射斑，斑点呈规律性分布；如果被电子束照射的样品区域包括许多单晶，则衍射花样的特点是中央亮斑加周围半径不等的一圈圈同心圆亮环；如果被电子束照射的样品区域是非晶，则衍射花样的特点是中央亮斑加从中央到外围越来越暗的弥散光晕。至于为什么会形成这些花样的原因，可从样品对入射电子的散射来解释。

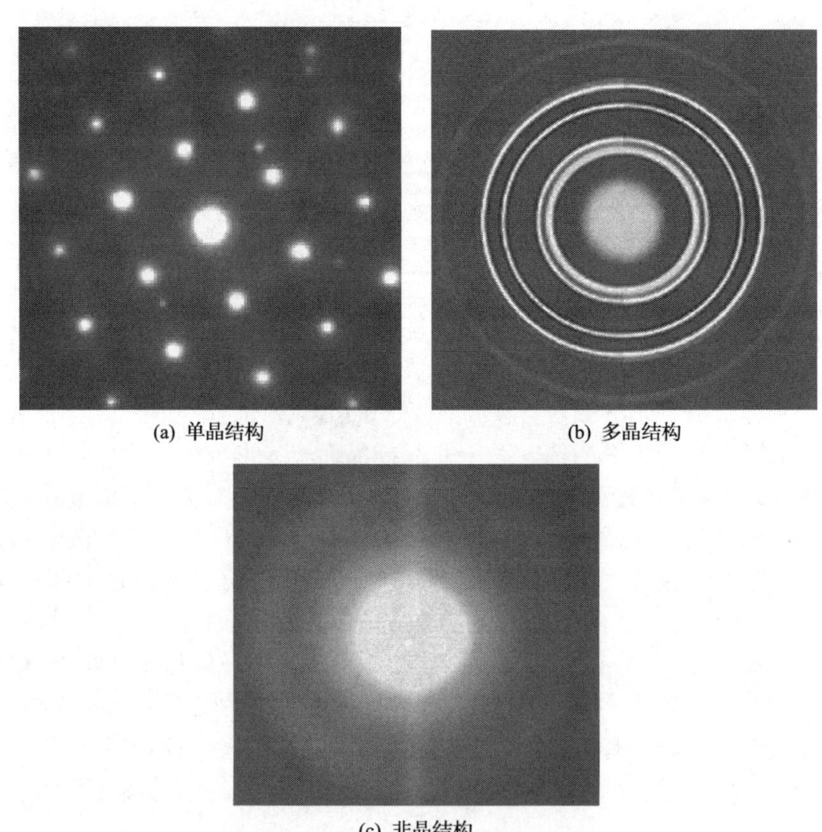

(a) 单晶结构　(b) 多晶结构　(c) 非晶结构

图 25-7　材料电子衍射观察结果

对于晶体样品，由于原子、离子、分子等基本质点排列的周期性，不同质点同一方向上的散射波之间存在固定的相位差，在一些方向上相位差为 2π 的整数倍，根据波的叠加理论，在这些方向上的散射波会发生加强干涉，称之为衍射。如图 25-7(a)所示，在相同方向上的衍射波在物镜后焦面上形成一个亮斑，可称之为衍射斑，显然，直进的电子形成处于中央位置的透射斑，而整个后焦面的图像称之为电子衍射花样，至于哪些方向上会出现衍射波，可由布拉格公式决定。由于电子衍射花样与晶体的结构之间存在对应关系，可根据所记录下的衍射花样，对晶体结构(单晶)进行分析，即对图 25-7(a)中主要衍射斑点进行衍射指标的标注，完成这项工作需要较多的知识积累，常用的方法有：查书，通过比对一些专著中列出的标准数据，标出结果；严格推理，这是最为严谨的推断方法，尤其适合未知晶体结构的测定，此方法的使用是建立在对晶体衍射学系统学习基础之上的(图 25-8)；其他简易的标注方法。

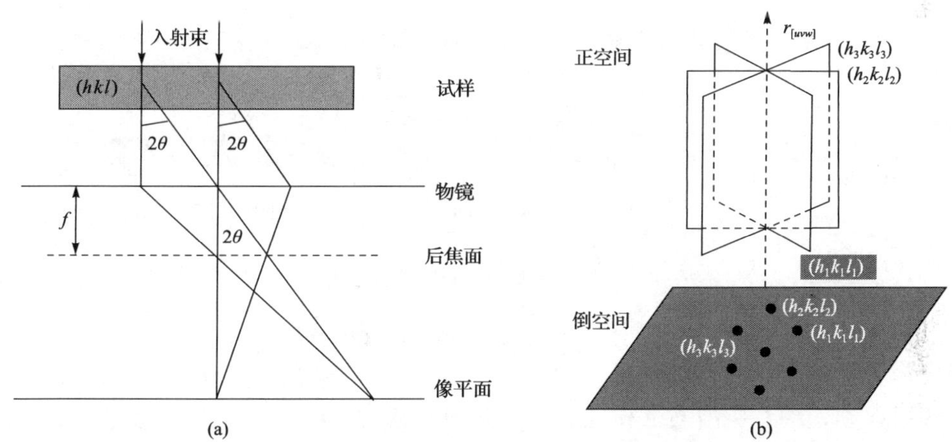

图 25-8　(a)电子衍射图像形成的原理示意图；(b)晶带正空间与倒空间对应关系图

对于多晶样品，构成多晶的每一个单晶形成自己的衍射花样，由于每一个单晶的取向不同，每个单晶上相同指数的衍射波出现在以入射电子方向为中心线的圆锥上，它们通过物镜后形成衍射环[图 25-7(b)]。利用这些衍射环的有关数据，也可以对多晶样品进行结构分析，基本公式为：

$$Rd = \lambda L = K \tag{25-3}$$

式中，R 为衍射斑或衍射环与透射斑(电子衍射图案圆心)之间的距离；d 为晶面间距；L 为电子衍射的相机长度；λ 为入射电子束的波长。由于 L 和 λ 一般都为固定值，两者的乘积 K 为常数，称为相机常数。

当样品为非晶时，从不同原子上散射出的同一方向上的电子波之间没有固定的相位差，且随着散射角的增大，散射的电子数量少，能量损失大，它们通过物镜后，直进的电子形成中央亮斑。散射的电子形成周围的光晕。越往外，光晕越来越弱[图 25-7(c)]。

总之，在操作透射电子显微镜时，只要把它的工作方式切换到衍射模式，则可以在荧光屏上观察到在物镜后焦面上形成的衍射花样，也可以用底片或 CCD 相机拍摄下来。利用上述样品的 X 射线衍射性能，加上电子衍射花样，可以对材料中的精细结构进行深入研究，包括晶界、位错、层错、孪晶、相界、反相畴界、析出相、取向关系等。

25.3 实验步骤

25.3.1 样品制备

1. 粉末样品制备

(1)将纳米金属氧化物粉末(如 TiO_2) 0.01 g 加入到 5 mL 乙醇中，摇匀并置于超声清洗器中，超声处理 5～10 min，形成具有较好分散性的胶体或悬浊液。

(2)用移液器吸取一滴上述液体样品滴加到涂覆有碳支持膜的铜网上，晾干备用(图 25-9)。

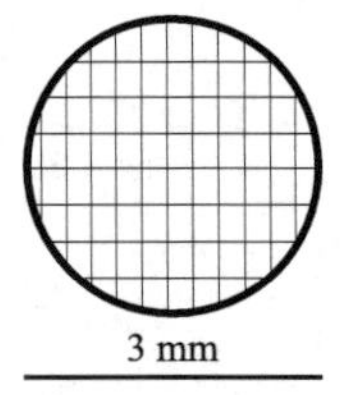

图 25-9　常用铜网的样式

2. 非超细粉末样品的制备

对于非超细粉末样品，如较大块状高分子、陶瓷和金属等材料，由于它们的高厚度，是无法直接进行检测的。因此，必须进行试样的超薄化预处理，主要方法包括切片、离子减薄等，图 25-10 为一款常用离子减薄设备，它的工作原理是：利用氩离子束将试样“削”薄[图 25-11(c)]，之前还需将原始试样进行切割、研磨[图 25-11(a)]、凹坑[图 25-11(b)]等处理。

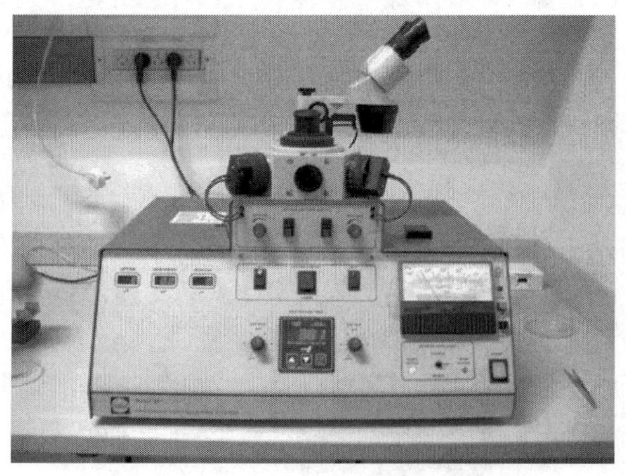

图 25-10　Gatan 691 PIPS 型精密氩离子减薄仪

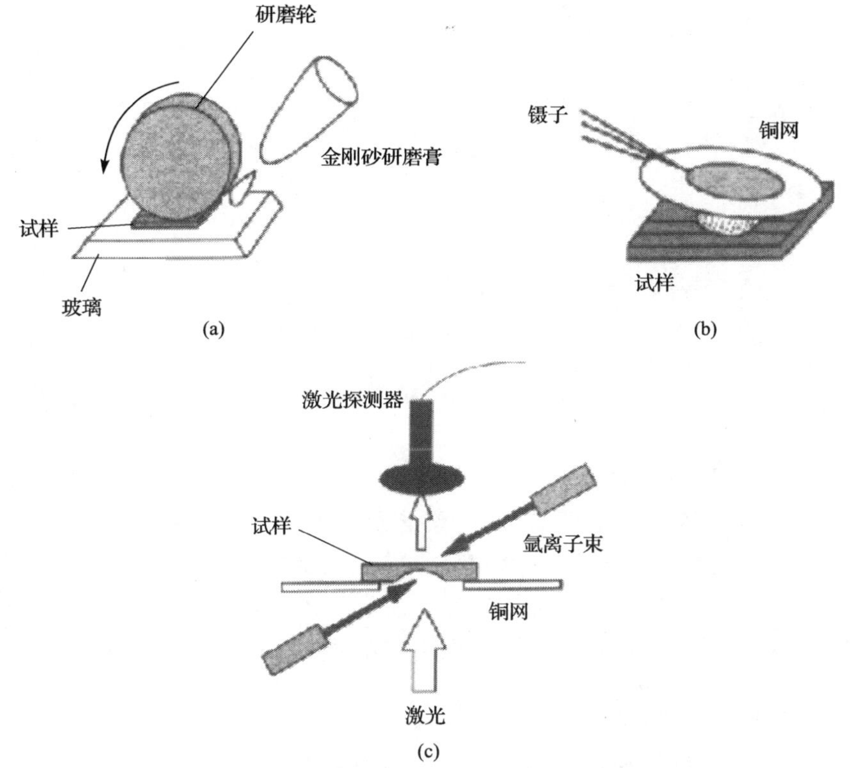

图 25-11　离子减薄的前期处理(a)(b)及基本原理(c)

25.3.2　测试操作

(1)先检查仪表和计算机屏幕显示的真空情况，要求主机镜筒内压小于 2×10^{-5} Pa。

(2)启动高压 HT 按钮，加高压：120 kV→180 kV，时间为 10 min，等待 3 min 后，再进行 180 kV→200 kV 的升压过程，时间为 10 min。

(3)升压过程中，可将铜网小心装上样品杆(如图 25-12 所示)，插入样品杆前检查主机工作参数显示屏上的相关参数条件，插入样品杆预抽真空，等待绿灯亮后 10 min，完全插入样品杆，再过 2 min 后加灯丝电流。

(4)试样观察分析：①小心移动试样台，观察分析试样；②选择合适的放大倍数、样品坐标和光亮度；③聚焦、CCD 拍照；④保存照片。

(5)电子衍射的观察，可选择选区衍射模式，即使用选区光阑。

(6)试样观察完毕后，将放大倍数设定在 40 k，束流聚焦在荧光屏中心，关掉灯丝电流，复位试样台坐标轴(X, Y, Z)至“0”，然后小心拉出样品杆。务必注意：每次更换样品时，切记进行“归零操作”。

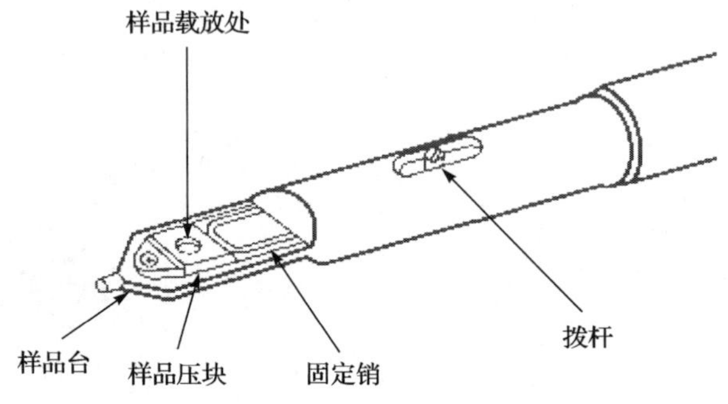

图 25-12 样品杆的主要结构

(7)实验完毕后，先退下高压至 120 kV(200 kV→120 kV，时间控制为 5 min)，然后关掉高压。

(8)如实填写实验记录。

(9)离开实验室前，搞好卫生，检查空调和除湿机的运转情况。

将 CCD 相机获取的照片(.DM3 格式)转化为.JPG 或.TIFF 格式，用光盘导出。

利用照片上标出的比例尺等信息分析纳米金属氧化物的形貌、粒径和分散性；分析高分辨图像中晶面间距的归属；分析电子衍射结果。写出实验报告。

25.3.3 仪器操作注意事项及维护

由于透射电子显微镜属于高电压、高真空大型精密仪器，学生在使用前须经严格的培训或老师的现场指导，注意事项如下：

(1)勿擅自操纵、修理仪器。

(2)不仅要预习实验内容，还要注重理论知识的学习和补充。

(3)实验开始时，一定要先确认真空系统状态以及真空度。

(4)样品杆有多种类型，常见的有单倾、双倾(更适合做高分辨取向性观察)等。将铜网固定至样品杆上时，固定螺丝不可拧得过紧，为防止铜网脱落，可用右手握住样品杆，左手轻拍右手数次。

(5)将样品杆装入主机时一定要小心，注意动作的协调性和连贯性，以免损坏样品、样品杆、样品台或导致体系真空度降低(漏气)。

(6)开机升高压时，要注意暗电流的变化：

在计算机的操作界面上，点击 HT 按钮，暗电流(亦称束电流)最终升至 61 μA 左右；

设定高压为 120 kV；

升压 120 kV→160 kV，暗电流最终升至 83 μA 左右；

升压 160 kV→180 kV，暗电流最终升至 93 μA 左右；

升压 180 kV→200 kV，暗电流最终升至 105 μA 左右。

(7)发射电子束(出亮)。插入样品杆，等离子泵的真空度回到原来的水平后，可有 FILAMENT READY 的提示，此时点击灯丝加热按钮，等电子束发射稳定后，可在荧光屏上形成绿色光斑，使用 LOW MAG 模式对样品进行初步观察，随后进一步放大观察。

(8)CCD 相机的使用及维护。用标准样品(一般为纳米金)进行比例尺标定；CCD 相机不仅能方便拍照，它附带的多种软件功能还可进行所得图像分析，尤其适用于高分辨、电子衍射等测试结果的分析；为使其中的光学器件避免受到损伤，使用 CCD 相机观察样品时强度要选择适中，观测后及时关闭面板，实验室尽量保持暗室条件。

25.4 应　　用

材料的常规观测及高分辨成像

图 25-13 中两张图片为纳米材料透射电子显微镜的检测结果，从中可以看出，它们是平面投影图像，不同于富有立体感的扫描电子显微镜图像。其中，颗粒尺寸大小较为均一，分散性较好。纳米粒子的粒径分布统计是纳米材料研究中常遇到的问题，尽管现在已有多种分析测试纳米材料粒径分布的方法，如小角 X 射线散射等，但可信度最高的当属依托透射电子显微镜技术的统计方法。

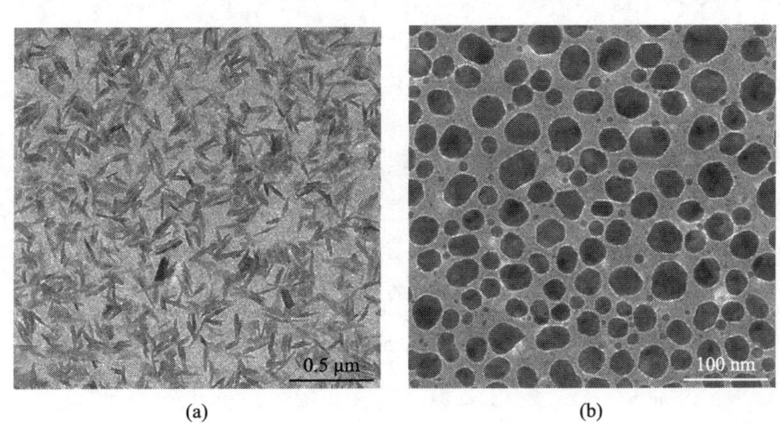

图 25-13 纳米材料透射电子显微镜观察结果示例

图 25-14 为材料的高分辨透射电子显微镜观察结果，其中图 25-14(a)是晶体材料的高分辨图像，从中可清楚地看见晶格条纹，并可得到晶面间距 d 值。至于晶面归属的判断，处理方法是：先利用高分辨透射电子显微镜图像中的条纹线距离和多晶面时的相关取向，估算出该条纹线对应的晶面，然后再用相同样品的 XRD 检测结果进行矫正，对于大多数晶体物质而言，都有 XRD 检测出的标准数

据，如 d 值等，可信度高。图 25-14(b)也给出了有序的条纹结构，但此时层间距和层的厚度均明显大于图 25-14(a)中的结果，故图 25-14(b)显示的已不是晶体结构，而是所谓的自组装结构，它是纳米材料研究中的热点问题。

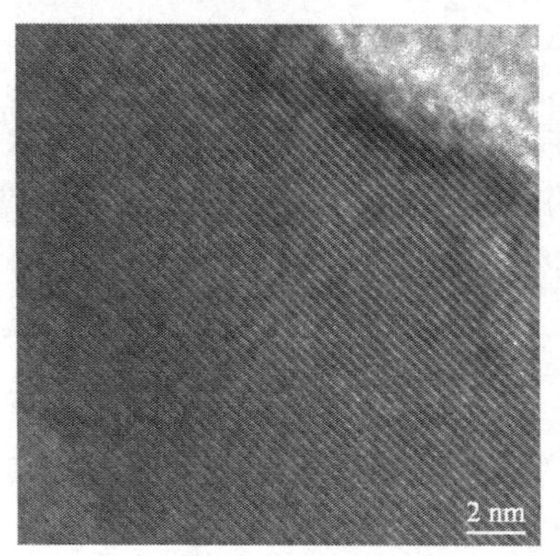

(a) 晶体结构

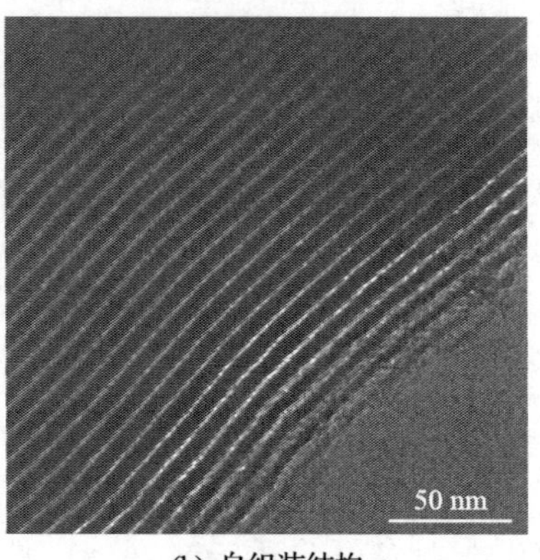

(b) 自组装结构

图 25-14　材料的高分辨透射电子显微镜观察结果示例

25.5 思考题

(1) TEM 仪器的主要构造由哪几个部分构成?

(2) 在科学研究中，TEM 主要能解决什么问题?

(3) TEM 中的电子聚焦为什么不能用玻璃透镜?

(4) 为什么高分子样品的 TEM 图像常常衬度差异不大?

(5) 铜网附有的担载膜具有什么特点?

(6) TEM 检测粉末样品时，采用超声分散法将样品负载至铜网上，能否采用可溶解样品的分散剂?

(7) TEM 常见的附属仪器有哪些? 其主要功能是什么?

第 26 章　原子力显微镜分析

26.1　概　　述

1933 年德国 Ruska 和 Knoll 研制了第一台电子显微镜。随后，许多用于表面结构分析的现代仪器问世，如透射电子显微镜(TEM)、扫描电子显微镜(SEM)、场离子显微镜(FIM)、俄歇电子能谱仪(AES)、光电子能谱(ESCA)等，但是多数技术都无法真正地直接观测物体的微观世界。

1982 年，G. Binnig 和 H. Rohrer 共同研制成功了第一台扫描隧道显微镜(STM)，使人们首次能够真正实时地观察到单个原子在物体表面的排列方式和与表面电子行为有关的物理、化学性质。1986 年，两人被授予诺贝尔物理学奖。STM 的工作原理是基于量子理论中的隧道效应。将原子线度的极细探针和被研究的样品的表面作为两个电极，当样品的表面与探针针尖的距离非常近时(一般小于 1 nm)，在外加电场作用下，电子会穿过两个电子之间的势垒流向另一电极，产生隧穿电流，因而 STM 要求样品表面能够导电，从而使得 STM 只能直接观察导体和半导体的表面结构。对于非导电的物质则要求样品覆盖一层导电薄膜，但导电薄膜的粒度和均匀性难以保证，且导电薄膜掩盖了物质表面的细节。

1986 年推出了原子力显微镜(AFM)，克服 STM 的不足之处。Binnig 等用微悬臂作为力信号的传播媒介，把微悬臂放在样品和 STM 的针尖之间。AFM 是通过探针与被测样品之间微弱的相互作用力(原子力)来获得物质表面形貌的信息。因此，AFM 除导电样品外，还能够观测非导电样品的表面结构，且不需要用导电薄膜覆盖。它得到的是对应于样品表面总电子密度的形貌，可以补充 STM 对样品观测得到的信息，且分辨率亦可达原子级水平。1988 年，国外开始对 AFM 进行改进，研制出了激光检测原子力显微镜。

1988 年初中国科学院白春礼等成功地研制了我国第一台集计算机控制、数据分析和图像处理系统于一体的扫描隧道显微镜(STM)，于同年年底又研制出我国第一台原子力显微镜，其性能达到原子级分辨率。后来又在已有的 STM 和 AFM 的基础上成功地研制出国内首台全自动激光检测原子力显微镜，其横向分辨率为 0.13 nm。以 STM 和 AFM 为基础，衍生出了一系列的扫描探针显微镜(SPM)，如激光力显微镜(LFM)、磁力显微镜(MFM)、扫描电化学显微镜(SECM)、近光光学显微镜(SNOM)、弹道电子发射显微镜(BEEM)、扫描离子电导显微镜

(SICM)等。

2011 年 5 月 2 日布鲁克发布了一款具有创新性和独特外形的原子力显微镜新品。该产品在不牺牲纳米级分辨率的前提下，在提高显微镜成像速度方面取得了重大突破，其扫描速度提高了数百倍，能够在数秒或数分钟内，而不是数小时或数天内得出结果，是世界上扫描速度最快的高分辨原子力显微镜。

26.2 仪器构成及原理

26.2.1 仪器基本构成

原子力显微镜是一种利用原子、分子间的相互作用力来观察物体表面微观形貌的新型实验技术。它有一根纳米级的探针，被固定在可灵敏操控的微米级弹性悬臂上，当探针靠近样品时，其顶端的原子与样品表面原子间的作用力会使悬臂弯曲，偏离原来的位置。根据扫描样品时探针的偏离量或振动频率重建三维图像，就能间接获得样品表面的形貌或原子成分。

如图 26-1 所示，原子力显微镜系统可分成三个部分：力检测部分、位置检测部分、反馈系统。

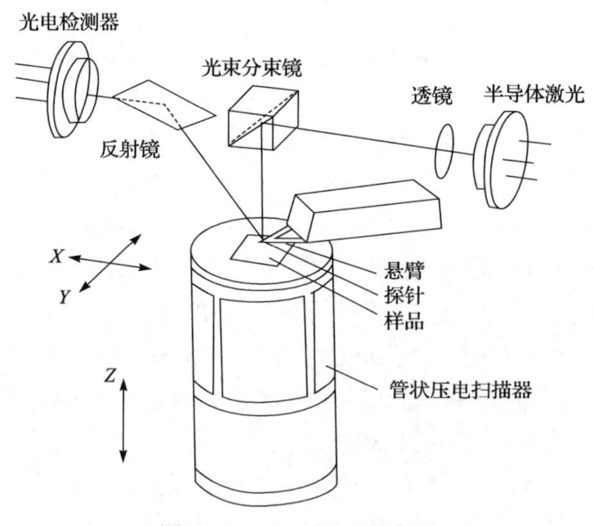

图 26-1 AFM 原理示意图

(1) 力检测部分：使用微小悬臂来检测原子之间的范德华力变化量。微悬臂通常由一个 100～500 μm 长和大约 0.5～5 μm 厚的硅片或氮化硅片制成，微悬臂顶端有一个尖锐针尖，用来检测样品与针尖间的相互作用力。这微小悬臂有一定的规格，如长度、宽度、弹性系数以及针尖的形状。实验中，依照样品的特性、实验操作模式选择不同规格的探针。

(2)位置检测部分：当针尖与样品之间有了相互作用之后，会使得悬臂摆动，照射在微悬臂的末端的激光束，其反射光的位置也会因为悬臂摆动而有所改变，激光光斑位置检测器将偏移量记录下并转换成电信号。

(3)反馈系统：在反馈系统中会将此信号当作反馈信号，驱使由压电陶瓷管制作的扫描器做适当的移动，以保持样品与针尖之间的作用力恒定。AFM 系统使用压电陶瓷管制作的扫描器精确控制微小的扫描移动。压电陶瓷是一种性能奇特的材料，当在压电陶瓷对称的两个端面加上电压时，压电陶瓷会按特定的方向伸长或缩短。而伸长或缩短的尺寸与所加的电压的大小成线性关系。也就是说，可以通过改变电压来控制压电陶瓷的微小伸缩。通常把三个分别代表 X，Y，Z 方向的压电陶瓷块组成三脚架的形状，通过控制 X，Y 方向伸缩达到驱动探针在样品表面扫描的目的；通过控制 Z 方向压电陶瓷的伸缩达到控制探针与样品之间距离的目的。

在系统检测成像全过程中，探针和被测样品间的距离始终保持在纳米量级，距离太大不能获得样品表面的信息，距离太小会损伤探针和被测样品；反馈回路的作用就是在工作过程中，由探针得到探针与样品相互作用的强度，来改变加在样品扫描器垂直方向的电压，从而使样品伸缩，调节探针和被测样品间的距离，反过来控制探针-样品相互作用的强度，实现反馈控制。因此，反馈控制是本系统的核心工作机制。系统采用数字反馈控制回路，用户在控制软件的参数工具栏通过以参考电流、积分增益和比例增益几个参数的设置来对该反馈回路的特性进行控制。

相对于扫描电子显微镜，原子力显微镜具有许多优点。不同于电子显微镜只能提供二维图像，AFM 提供真正的三维表面图。同时，AFM 不需要对样品的任何特殊处理，如镀铜或碳，这种处理对样品会造成不可逆转的伤害。另外，电子显微镜需要运行在高真空条件下，原子力显微镜在常压下甚至在液体环境下都可以良好工作。这样可以用来研究生物宏观分子，甚至活的生物组织。和扫描电子显微镜(SEM)相比，AFM 的缺点在于成像范围太小，速度慢，受探头的影响太大。

1. Nanoscope V 控制器

Dimension 使用 Nanoscope V(NSV)控制器。控制器用于连接显微镜主机以及计算，用来控制系统的扫描过程(图 26-2)。

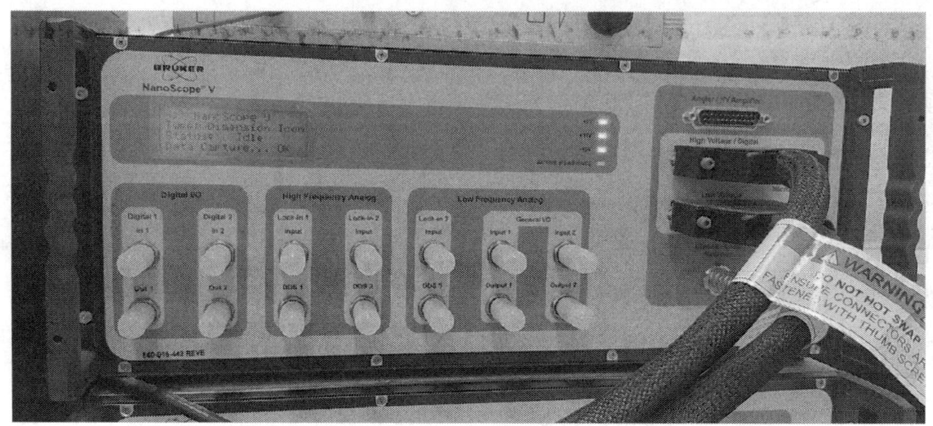

图 26-2　NSV 控制器示意图

2. Dimension Stage 控制器

Dimension Stage 控制器如图 26-3 所示。该控制器用来控制系统抽真空或供气以及光学照明。它由计算机通过串口线直接控制。控制器前面板上的仪表显示真空度或气压。当样品台移动时，该控制器给样品台底部提供正气压，使样品台浮起而平滑移动。在扫描时，该控制器提供真空使样品台牢牢吸附在大理石台面上，并提供真空将样品吸附在样品台上。该控制器还控制着探头升降的马达以及光学显微镜部分的照明。前面板上右上方的 ED 灯指示着系统的状态。

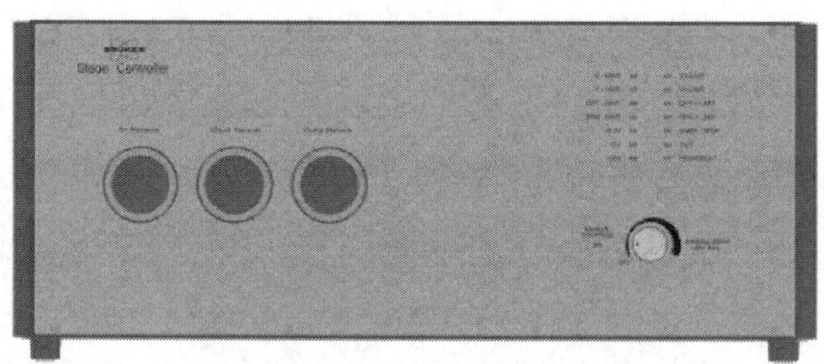

图 26-3　Dimension Stage 控制器示意图

3. E-Box

Dimension Icon 的 E-Box 如图 26-4 所示。E-Box 在控制器与显微镜之间，不同于前几代的 Dimension，E-Box 的这种独立设计将电路中发热的部分移出了显微镜部分，使得热漂移得到进一步的控制。

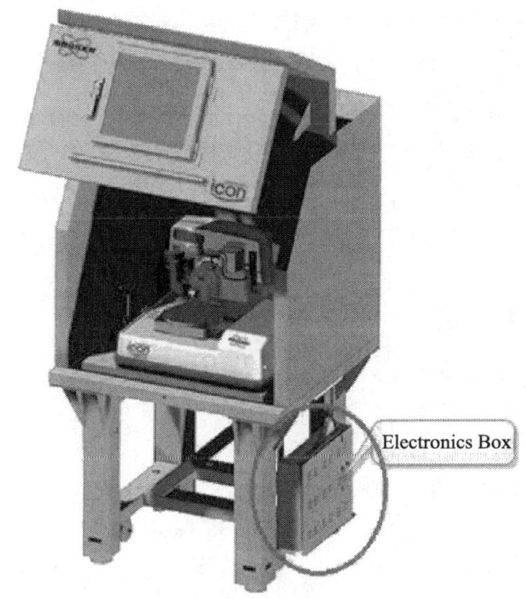

图 26-4 E-Box 控制器示意图

4. 扫描器

Icon 使用管式扫描器，可实现高精度的横向和纵向伸缩，用来扫描得到样品的三维形貌。它集成了光路部分。标称扫描范围是 90 μm×90 μm×10 μm。Dimension Icon 的扫描器称为“Stargate”扫描器，它是 *XYZ* 三方向全闭环的扫描器，使用应变片作为传感器。

5. 光学辅助系统

Dimension Icon 的光学辅助系统如图 26-5 所示。光学辅助系统用来观察样品，找到合适的测量区域。并确定探针和样品之间的相对位置，以便优化进针过程。

6. 样品台

Icon 是自动化的样品台，可以通过软件或者轨迹球来控制样品台的移动。样品台上设有真空孔，可以用来吸附样品。

Dimension Icon 有很多种探针夹，适用于不同的成像模式。探针夹的主要作用是夹紧探针，提供激励探针悬臂振动的压电陶瓷片，以及给探针加电压。Icon 都标配 Standard 探针夹。该探针夹可以用于空气中除了使用 Application Module 的电学测量模式、扭转共振模式、力调制模式以外的其他所有模式。Non-magnetic

探针夹适用于强磁场环境下的磁力测量。Force Modulation 探针夹用于空气中的力调制模式。STM 探针夹适用于空气中的扫描隧道显微镜模式。Fluid 探针夹用于液下的形貌测量。SCM 探针夹用于空气中扫描电容显微镜(SCM)测量。TR 模式探针夹用于空气中的扭转共振模式。cAFM, TUNA, SSRM 探针夹用于空气中使用 Application Module 的电学测量，如导电原子力显微镜(cAFM)，隧穿原子力显微镜(TUNA)，扫描扩散电阻显微镜(SSRM)；同时它兼容 TR 模式，因此也可以用于扭转共振导电原子力显微镜(TR-cAFM)和扭转共振隧穿原子力显微镜(TR-TUNA)；另外它还可以用于峰值力轻敲隧穿原子力显微镜(PF-TUNA)和峰值力轻敲扫描扩散电阻显微镜(PF-SSRM)。

26.2.2 工作原理

SPM 是一类仪器的统称，最主要的 SPM 是 STM 和以 AFM 为代表的扫描力显微镜。SPM 的两个关键部件是探针(probe)和扫描管(scanner)，当探针和样品接近到一定程度时，如果有一个足够灵敏且随探针-样品距离单调变化的物理量 $P=P(z)$，那么该物理量可以用于反馈系统(feedback system，FS)，通过扫描管的移动来控制探针-样品间的距离，从而描绘材料的表面性质(图 26-5)。

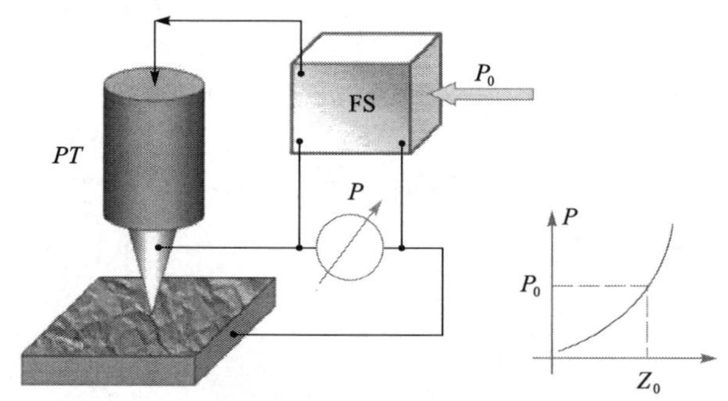

图 26-5　SPM 工作原理的示意图

以形貌成像为例，为了得到表面的形貌信息，扫描管控制探针针尖在距离样品表面足够近的范围内移动，探测两者之间的相互作用，在作用范围内，探针产生信号来表示随着探针-样品距离的不同相互作用的大小，这个信号称为探测信号(detector signal)。为了使探测信号与实际作用相联系，需要预先设定参考阈值(setpoint)，当扫描管移动使得探针进入成像区域中时，系统检测探测信号并与阈值比较，当两者相等时，开始扫描过程。扫描管控制探针在样品表面上方精确地按照预设的轨迹运动，当探针遇到表面形貌的变化时，由于探针和样品间的相互作用变化了，导致探测信号改变，因此与阈值产生一个差值，叫做误差信号(error signal)。SPM 使用 Z 向反馈来保证探针能够精确跟踪表面形貌的起伏。Z 向反馈回路连续不断地将探测信号和阈值相比较，如果两者不等，则在扫描管上施加一定的电压来增大或减小探针与样品之间的距离，使误差信号归零。同时，软件系统利用所施加的电压信号来生成 SPM 图像。

具体到轻敲模式 AFM，我们可以把整个扫描过程表述如下：系统以悬臂振幅作为反馈信号，扫描开始时，悬臂的振幅等于阈值，当探针扫描到样品形貌变化时，振幅发生改变，探测信号偏离了阈值而产生了误差信号。系统通过 PID 控制器消除误差信号，引起扫描管的运动，从而记录下样品形貌。整个 AFM 系统如图 26-6 所示。

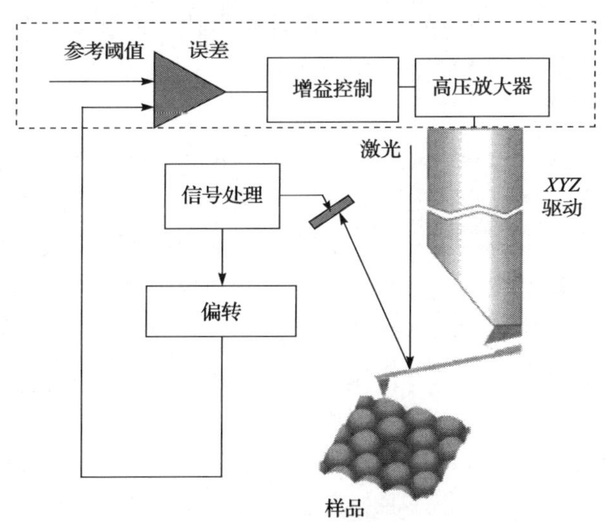

图 26-6　AFM 工作原理示意图

26.2.3　工作模式

以针尖与样品之间的作用力的方式来分，原子力显微镜的工作模式主要有以下三种操作模式：接触模式、非接触模式和敲击模式。

(1) 接触模式：接触模式是 AFM 最直接的成像模式。AFM 在整个扫描成像过程之中，探针针尖始终与样品表面保持紧密接触，而相互作用力是排斥力。扫描时，悬臂施加在针尖上的力有可能破坏试样的表面结构，因此力的大小范围在 10^{-10}～10^{-6} N。若样品表面柔嫩而不能承受这样的力，便不宜选用接触模式对样品表面进行成像。

(2) 非接触模式：非接触模式探测试样表面时悬臂在距离试样表面上方 5～10 nm 的距离处振荡。这时，样品与针尖之间的相互作用由范德华力控制，通常为 10^{-12} N，样品不会被破坏，而且针尖也不会被污染，特别适合于研究柔嫩物体的表面。这种操作模式的不利之处在于要在室温大气环境下实现这种模式十分困难。因为样品表面不可避免地会积聚薄薄的一层水，它会在样品与针尖之间搭起一小小的毛细桥，将针尖与表面吸在一起，从而增加尖端对表面的压力。

(3)敲击模式：敲击模式介于接触模式和非接触模式之间。悬臂在试样表面上方以其共振频率振荡，针尖仅仅是周期性地短暂地接触/敲击样品表面。这就意味着针尖接触样品时所产生的侧向力被明显地减小了。因此当检测柔嫩的样品时，AFM 的敲击模式是最好的选择之一。一旦 AFM 开始对样品进行成像扫描，装置随即将有关数据输入系统，如表面粗糙度、平均高度、峰谷峰顶之间的最大距离等，用于物体表面分析。同时，AFM 还可以完成力的测量工作，测量悬臂的弯曲程度来确定针尖与样品之间的作用力大小。

三种模式的比较：

接触模式的优点：扫描速度快，是唯一能够获得“原子分辨率”图像的 AFM。垂直方向上有明显变化的质硬样品，有时更适于用接触模扫描成像。缺点：横向力影响图像质量。在空气中，因为样品表面吸附液层的毛细作用，使针尖与样品之间的黏着力很大。横向力与黏着力的合力导致图像空间分辨率降低，而且针尖刮擦样品会损坏软质样品(如生物样品、聚合体等)。

非接触模式的优点：没有力作用于样品表面。缺点：由于针尖与样品分离，横向分辨率低；为了避免接触吸附层而导致针尖胶黏，其扫描速度低于轻敲模式和接触模式。通常仅用于非常怕水的样品，吸附液层必须薄，如果太厚，轻敲模式针尖会陷入液层，引起反馈不稳，刮擦样品。由于上述缺点，非接触模式的使用受到限制。

轻敲模式优点：很好的消除了横向力的影响，降低了由吸附液层引起的力，图像分辨率高，适于观测软、易碎或胶黏性样品，不会损伤其表面。缺点：比接触模式 AFM 的扫描速度慢。

26.3 实验步骤

26.3.1 样品制备

原子力显微镜研究对象可以是有机固体、聚合物以及生物大分子等，样品的载体选择范围很大，包括云母片、玻璃片、石墨、抛光硅片、二氧化硅和某些生物膜等，其中最常用的是新剥离的云母片，主要原因是其非常平整且容易处理。而抛光硅片最好要用浓硫酸与 30%过氧化氢的 7∶3 混合液在 90℃下煮 1 h。利用电性能测试时需要导电性能良好的载体，如石墨或镀有金属的基片。试样的厚度，包括试样台的厚度，最大为 10 mm。不要放过重的试样，如果试样过重，有时会影响扫描器的动作。试样的大小以不大于试样台的大小(直径 20 mm)为大致的标准，最大约为 40 mm。样品应固定好后再测定，如果未固定好就进行测量可能产生移位。

26.3.2　测试操作

(1) 打开计算机主机、显示器；打开 Nanoscope 控制器；打开 Dimension Stage 控制器。

(2) 安装探针。将装针器平放在桌面上，将探针夹滑入装针器相应的位置。对于最常使用的空气中的 Tapping/Contact 探针夹，装针时，将探针夹上的弹簧片后端压下，并向后拉。用镊子小心地将探针夹紧放入探针夹凹槽里，使探针后部正好与凹槽里的边缘相抵。轻轻地将弹簧片压住向前推动，然后松开手指，使弹簧片压紧探针。

(3) 安装探针夹。旋转松开位于扫描头卡槽右侧中部的螺丝，释放扫描头，小心地将扫描头从卡槽上部取出。必要时可以拔掉扫描头和显微镜的连接线。将扫描头倒置，将探针夹对准扫描头底部的四个触点轻轻插入。然后把装好探针夹的扫描头轻轻沿卡槽放回显微镜基座，并旋转拧紧位于扫描头卡槽右侧中部的螺丝，将扫描头固定住。

(4) Alignment Station 法调节激光。

(5) 调整检测器位置。

(6) 聚焦样品。

(7) 扫描图像。

(8) 存图。

(9) 退针。

(10) 关机。关闭 Nanoscope 软件，关闭 Nanoscope 控制器，关闭 Dimension Stage 控制器，关闭计算机和显示器。

26.3.3　仪器操作注意事项

(1) 操作时务必注意控制探针和样品台之间的距离，保证扫描管不会在样品台移动过程中发生损害。

(2) 在视野中预先找到探针位置非常重要。若不如此做，可能会发生撞针的情况。

26.4　应　　用

原子力显微镜(AFM)被广泛应用于微纳米尺度及其原子、分子尺度的样品表面信息的精确研究，虽然名字里有“显微镜”三个字，但它并不像光学显微镜和电子显微镜那样可以直接去“看”微观下的物体，而是通过一根小小的探针来间接地感知物体表面的结构，得到样品表面形貌图。其原理是通过微小悬臂来感测针尖与样品表面的相互作用力，将其转化为电信号，这种相互作用力会使得悬臂梁产生上下起伏或者侧向扭转，此时，原本聚焦在悬臂末端针尖处的激光所产生的反射光就会发生偏移，激光检测器会收集这些偏移量信息并传递给反馈系统，经过计算，可以获得针尖的偏移量，相应的系统做出调整，最终将样品的表面特性以图像的方式呈现出来。而针尖与样品的作用力与微悬臂的形变之间主要遵循 Hooke 定律，即：$F=-k \cdot x$(k 为微悬臂的弹性系数)，进一步得到针尖与样品的力学信息。后期可以对图像进行粗糙度计算、厚度、步宽、方框图或颗粒度分析。

26.4.1 热解石墨的表征

图 26-7 对高定向热解石墨(highly oriented pyrolytic graphite，HOPG)表面图像、三维形貌以及层厚度进行观测与分析。由图 26-7(a)表面图像中可以看出，扫描范围为 5 μm×5 μm，HOPG 表面光滑，无污染，色泽明暗变化表明样品表面地

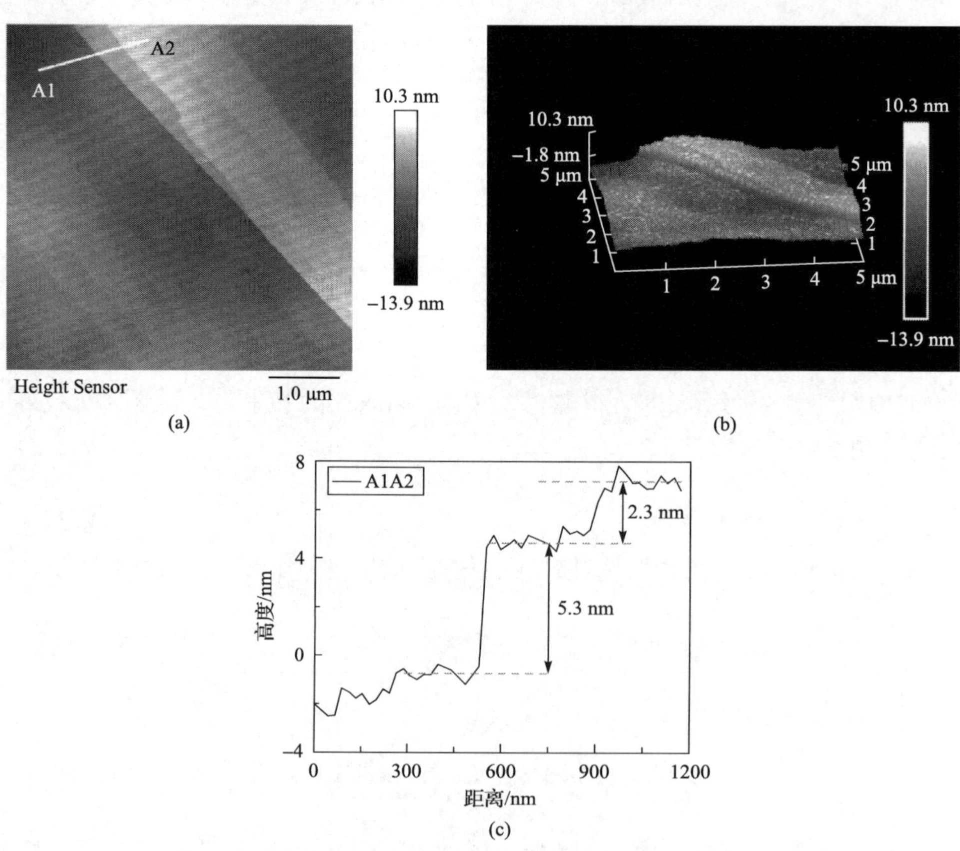

图 26-7 高定向热解石墨(HOPG)二维(a)、三维(b)形貌图以及高度曲线图(c)

势高低，如对比柱所示，呈白色最亮区域相对高度可达 10.3 nm。图 26-7(b)为三维空间成像，可以更加清晰看出样品表面高度变化且呈层状分布特征。图 26-7(c)结合软件分析得到 A1A2 处高度曲线，直观测得该段曲线分为三层，且各层间高度差为 2.3 nm 和 5.3 nm。

26.4.2　硅片表面的表征

图 26-8 通过原子力显微镜对硅片表面刻蚀获得的光栅结构的位置、尺寸和形状进行了观测和分析。图 26-8(a)二维形貌图中可以观察到排列均匀的正方形沟槽，其长度约为 5 μm。图 26-8(c)中可以得到其沟槽深度为 184 nm，与标准值 180 nm 相一致。

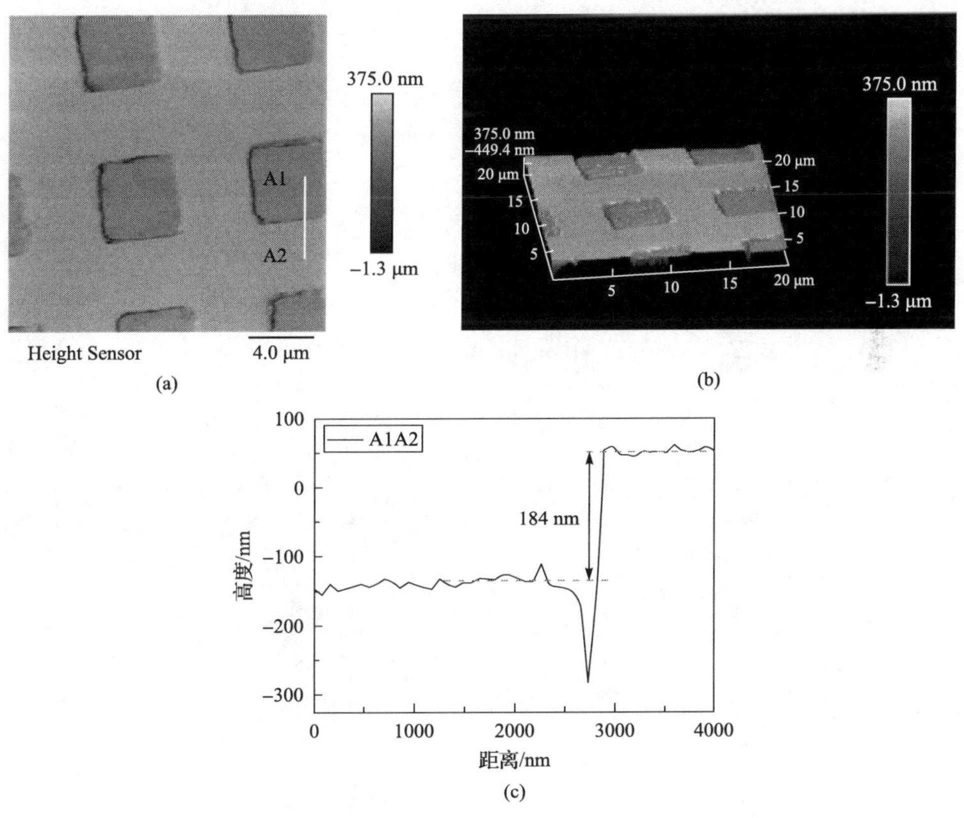

图 26-8　光栅二维(a)、三维(b)形貌图以及高度曲线图(c)

26.4.3　相图表征

当样品表面十分平整光滑时，从形貌图上往往得不到有用的信息，此时我们就需要借助相图来分析样品的结构。以中嵌段磺化五嵌段共聚物为例，此聚合物为大树枝状结构，形貌图和相图如图 26-9 所示。

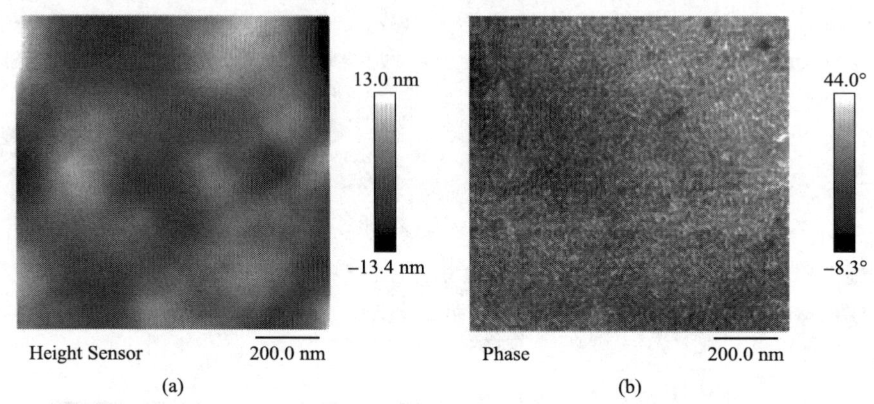

图 26-9　(a)形貌；(b)相图

从形貌图，我们可得到的信息有限，但根据相图，我们可以得到样品表面细网状的纳微结构。

26.5　思　考　题

(1) AFM 有几种工作模式？

(2) AFM 与 TEM、SEM 工作原理的差异？

第 27 章　热 重 分 析

27.1　概　　述

热重分析(thermogravimetric analysis，TGA)是在程序温度控制下和不同气氛中测量试样的质量与试样温度或时间(恒温实验)关系的一种技术。用于进行这种测量的仪器称为热重分析仪*。

TGA 测量的结果以质量对温度或时间绘制的 TGA 曲线表示。TGA 信号对温度或时间的一阶导数，表示质量的变化速率，称为 DTG 曲线，是对 TGA 信号重要的补充性表示。

TGA 仪测试的强项是定量实验，是测试物质的热稳定性的首选仪器。它的应用范围十分广泛，可用于研究物质晶体性质的变化，如熔化、蒸发、升华和吸附等物理现象和物质的脱水、解离、氧化、还原等物质的化学现象。适合测试各种不同种类的试样，如金属、陶瓷、橡胶、炸药等各种物质，且样品的形状也不受限制，粉状、块状、液体、纤维均可。但不适用于在常温下挥发性很强物质的定量实验，因在称重过程中无法定量。

27.2　仪器构成及原理

27.2.1　仪器基本构成

图 27-1 为梅特勒-托利多 TGA/SDTA851^{e} 热重分析仪。热重分析仪结构主要由热天平、炉体加热系统、程序控温系统、气体控制系统、称重变换、放大、模/数转换、数据实时采集和记录等几部分组成，通过计算机和相关软件进行数据处理后打印出测试曲线和分析数据结果。仪器结构示意图如图 27-2 所示。

1. 热天平

热天平的主要工作原理是把电路和天平结合起来。通过程序控温仪使加热电炉按一定的升温速率升温(或恒温)，当被测试样发生质量变化，光电传感器能将

---

* 在日常生活中，一般都认为质量就是重量，其实物体的质量(*m*)是物体中物质量的量度。而物体的重量(*w*)是其质量乘以重力加速度(*g*)，因而是力。对于在地球表面上进行的测量，通常并不需要区分质量与重量。TGA 测量的是转换成质量的力。当讨论样品时用质量，当用重量时指的是 TGA 天平信号。

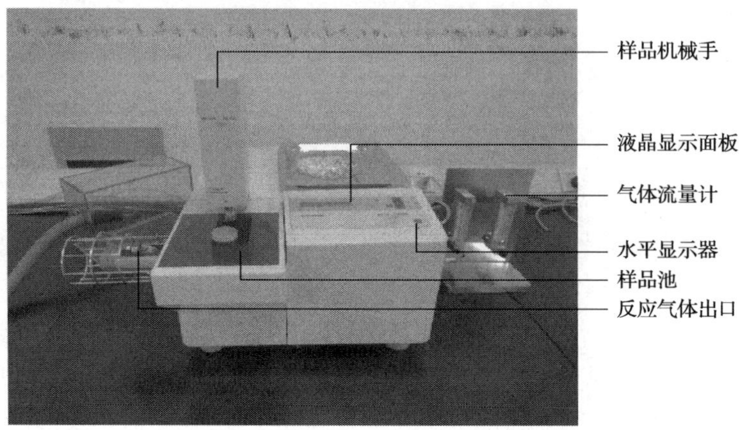

图 27-1 梅特勒-托利多 TGA/SDTA851e 热重分析仪

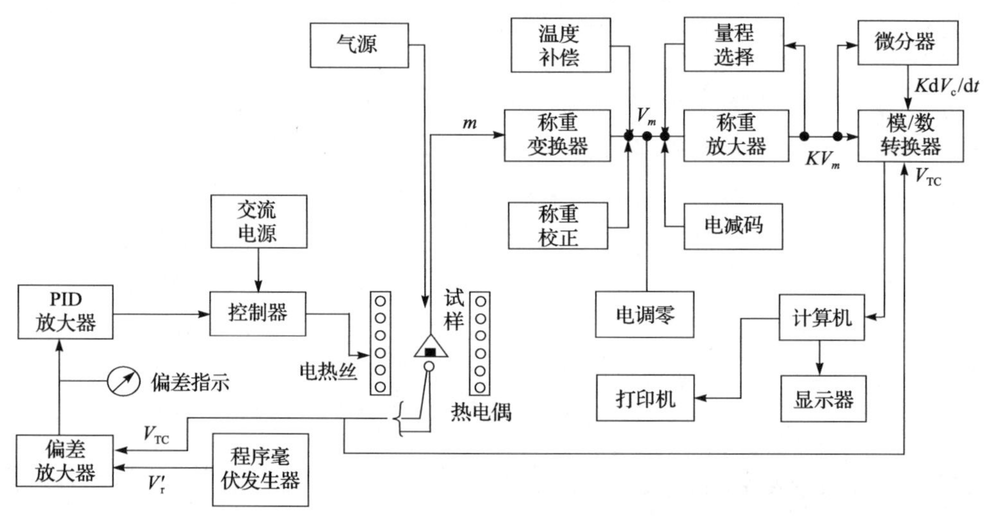

图 27-2 热重分析仪的基本结构框图

质量变化转化为直流电信号。此信号经测重电子放大器放大并反馈至天平动圈，产生反向电磁力矩，驱使天平梁复位。反馈形成的电位差与质量变化成正比(即可转变为样品的质量变化)。其变化信息通过记录仪描绘出热重(TGA)曲线，热重曲线纵坐标表示质量(或%)，横坐标表示温度(或时间)。根据天平类型、炉子大小以及最高测试温度，热天平为量程，分辨率为 1～0.1 μg。

电压式微量热天平(图 27-3)采用的是差动变压器法，即所谓零位法。用光学方法测定天平梁的倾斜度，以此信号去调整安装在天平系统和磁场中线圈的电流，线圈转动恢复天平梁的倾斜。另一解释为：当被测物发生质量变化时，光传感器

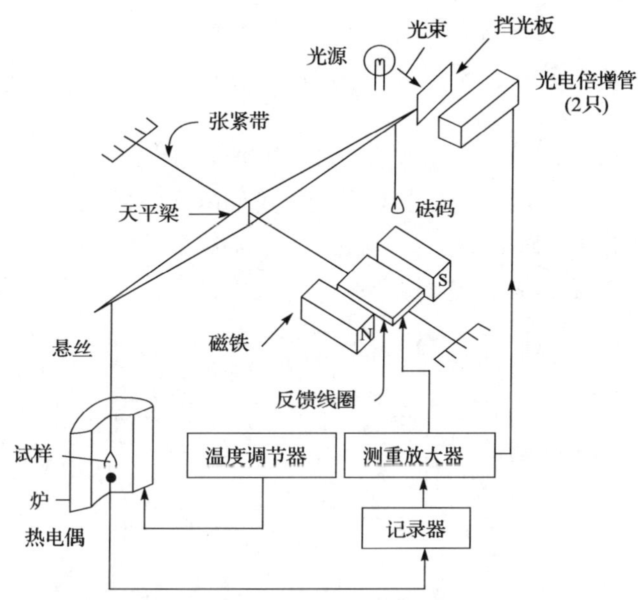

图 27-3　电压式微量热天平

能将质量变化转化为直流电信号，此信号经测重电子放大器放大之后并反馈至天平动圈，产生反向电磁力矩，驱使天平复位。反馈形成的电位差与质量变化成正比，即样品的质量变化可转变电压信号。

平行导向天平能够保证样品的位置不会影响重量的测量，在熔融的时候如果样品的位置改变，样品重量不会发生变化。

图 27-4 是三种不同的热天平设计：上皿式、垂直悬浮式和平行式。日本岛津公司 TG-50 型热重分析仪上皿式、垂直悬浮式；梅特勒-托利多 TGA/SDTA851^{e} 采用平行式。

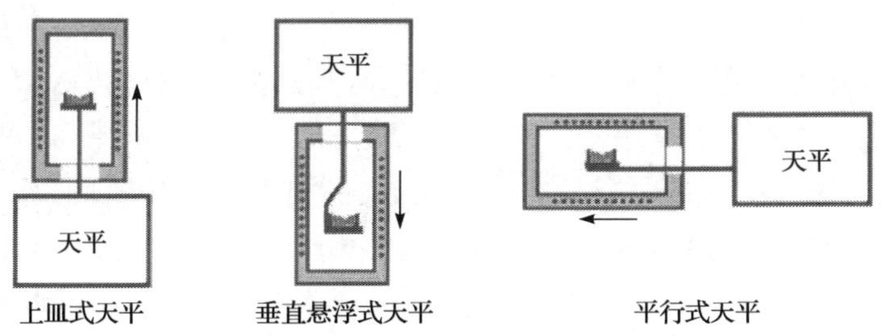

图 27-4　箭头表示装样时炉体运动方向

需要注意的是：①在天平和炉体间必须采取结构性措施以保护天平室内的天平免受热辐射的影响和腐蚀性分解产物进入。多数情况下，用保护性气体吹扫天平罩。②必须使用恒温水浴槽(梅特勒-托利多是这样)，通过对天平室进行恒温，可以确保称量信号有良好的重现性。

2. 加热炉

炉体包括炉管、炉盖、炉体加热器和隔离护套(图 27-5)。炉体加热器位于炉管表面的凹槽中。炉管的内径根据炉子的类型而有所不同。TGA/SDTA851^{e} 的炉体为水平结构，由此可以减小由于气流而引起的扰动，最高温度可加热到 1100℃。也有高温型的可到 1600℃，甚至更高。

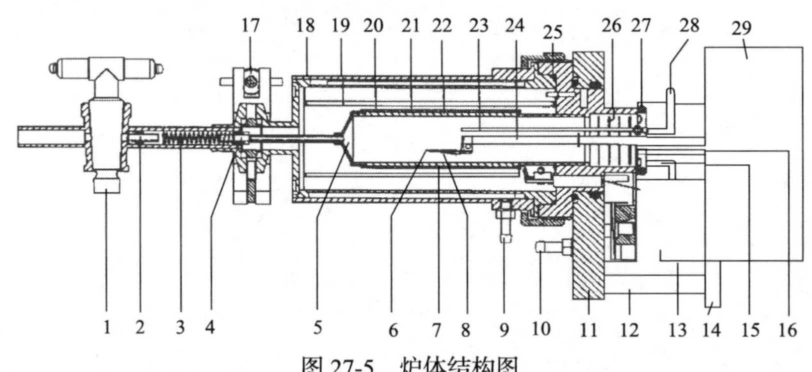

图 27-5　炉体结构图

1-气体出口活塞(石英玻璃)；2-前部护套(氧化铝)；3-压缩弹簧(不锈钢)；4-后部护套(氧化铝)；5-炉盖(氧化铝)；6-样品盘(铂/铑)；7-炉温传感器(R-型热电偶)；8-样品温度传感器(R-型热电偶)；9-冷却循环连接夹套(镀镍黄铜)；10-炉体法兰冷却连接(镀镍黄铜)；11-炉体法兰(加工过的铝)；12-转向齿条(不锈钢)；13-收集盘(加工过的铝)；14-开启样品室的炉子马达；15-真空和吹扫气体入口(不锈钢)；16-保护性气体入口(不锈钢)；17-用螺丝调节的夹子(铝)；18-冷却夹套(加工过的铝)；19-反射管(镍)；20-隔离护套(氧化铝)；21-炉子加热器(坎萨尔斯铬铝电热丝 A1 通路)；22-炉管(氧化铝)；23-反应性气体导管(氧化铝)；24-样品支架(氧化铝)；25-炉体天平室垫圈(氟橡胶)；26-隔板，挡板(不锈钢)；27-炉子与天平室间的垫圈(硅橡胶)；28-反应性气体入口(不锈钢)；29-天平室(加工过的铝)

3. 程序控温系统

炉子温度增加的速率受温度程序的控制，其程序控制器能够在不同的温度范围内进行线性温度控制，如果升温速率是非线性的，将会影响到 TGA 曲线。程序控制器的另一特点是，对于线性输送电压和周围温度变化必须是稳定的，并能够与不同类型的热电偶相匹配。

当输入测试条件之后(如从 50℃开始，升至 1000℃，以 20℃/min 的升温速率)，温度控制系统会按照所设置的条件程序升温，准确地执行发出的指令。温度准确度±0.25℃，温度范围：室温至 1100℃。所有这些控温程序均由热电偶传感器(简称热电偶)来执行，铂金材料，分为样品温度热电偶和炉子温度热电偶。样品温度热电偶直接位于样品盘的下方，这样就保证了样品离样品温度测量点比较近，温度误差小；炉子温度热电偶测量炉温并控制炉子的电源，其位于炉管的表面。

4. 气体控制系统

梅特勒-托利多的气氛控制系统分两路，一路是反应气体，经由反应性气体毛细管导入到样品池附近，并随样品一起进入炉腔，使样品的整个测试过程一直处于某种气氛的保护中。至于通入什么气体，要以样品而定，有的样品需要通入参与反应的气体，而有的则需要不需参加反应的惰性气体；另一路是对天平的保护气体，通入对天平室内进行吹扫，防止样品在加热过程中发生化学反应时放出的腐蚀性气体进入天平室，这样既可以使天平得到很高的精度，也可以延长热天平的使用寿命。

5. 自动进样器

现在很多仪器商都开发出自动进样的功能(图 27-6 和图 27-7)，在设置好测试条件的前提下按照指令执行测试任务，使仪器连续 24 小时不间断地工作，大大提高了工作效率。自动进样器以梅特勒-托利多 TGA/SDTA851^{e} 为例，能处理多达 34 个样品，每种样品都可用不同的方法和不同的坩埚，且一旦坩埚放的位置和设置的位置不一致或自动进样器的盖子没盖好，或仪器有异常情况发生，仪器工作界面马上弹出一个窗口加以提示，并停止工作，直至纠正错误为止。

图 27-6 自动进样器的机械手(Sample Robot)

图 27-7　自动进样器样品池

自动进样器可采取全自动进样和半自动进样，全自动进样是天平连接到计算机，先把坩埚质量自动称重，手动加入样品后，仪器自动称重后将样品的质量数据送至记录软件，此方法适合测试质量范围较宽的样品。半自动进样不是在仪器内进行，用单独的天平称重，然后将坩埚放入自动进样器，将质量数据手动输入软件日常工作作窗口，这种方法可以人为控制样品量的多少，如测含能材料和反应比较剧烈的样品用此方法较好。如果是挥发性很强的样品，则不适宜用自动进样排队等待进行测试，最好是称好样品马上测试。

27.2.2　工作原理

当试样以不同方式失去物质或与环境气氛发生反应时，质量出现变化。在 TGA 曲线上产生台阶，或在 DTG 曲线上产生峰。被测物质在加热过程中会发生变化，有升华、汽化、分解出气体或失去结晶水的反应等。无质量变化时，热天平保持初始的平衡状态，若有质量变化，天平则失去平衡，由传感器检测并输出天平失衡信号。热重分析仪最常用的测量原理有两种，即变位法和零位法。所谓变位法，是根据天平梁倾斜度与质量变化成比例的关系，用差动变压器等检知倾斜度，并自动记录，这种方法也可以检测重量变化的速度，即利用当永久磁铁在螺线管中移动时，在螺线管中流动的电流与其移动的速度成比例这一关系。零位法是采用差动变压器法、光学法测定天平梁的倾斜度，然后去调整安装在天平系统和磁场中线圈的电流，使线圈转动恢复天平梁的倾斜，即所谓零位法。由于线圈转动所施加的力与质量变化成比例，这个力又与线圈中的电流成比例，因此只需测量并记录电流的变化，便可得到质量变化的曲线。

热重法试验得到的曲线称为热重曲线(TGA 曲线)，TGA 曲线以质量(或%)作纵坐标，从上向下表示质量减少；以温度(或时间)作横坐标，自左至右表示温度(或时间)增加。在 TGA 实验中，失去的重量提供了样品的组分的定量信息，通过分析 TGA 曲线，就可以知道被测物质在哪个温度段发生了什么变化，有无质量损失，失重率是多少，分几步分解，分解的温度范围、热稳定性、结晶水的鉴定等信息，并且根据分析失去重量的多少，求出百分比，由此也可推断出失去的是什么物质。

图 27-8 为一水草酸钙分解的 TGA 曲线和 DTG 曲线，试样质量 19 mg、升温速率为 30 K/min、氮气气氛。三个失重台阶的温度范围在一阶导数即 DTG 曲线上特别清楚。

热重在测试时，试样质量 *m* 经称重变换器变成与质量成正比的直流电压，经称重放大器放大后，送到模/数转换器，再送到计算机，计算机采集了质量转变为电压的信号，同时也采集了质量对时间的一次导数(也称微分)信号以及温度信号。然后对这三个信号进行数据处理，经处理后的曲线由显示器显示，对此曲线进行数据分析并打印图谱。

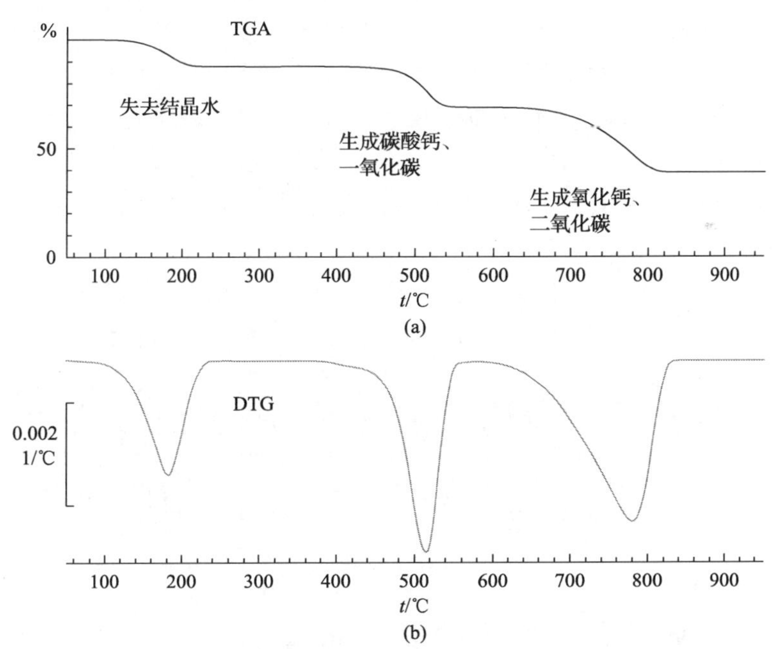

图 27-8　一水草酸钙分解的 TGA 曲线(a)和 DTG 曲线(b)

27.3　实 验 步 骤

27.3.1　样品制备

对于不同形态的样品在制备时的原则是：样品和坩埚要有良好的接触，热接触差会造成试样内温度梯度大，反应有拖尾现象；温度梯度小，得到的效应尖锐，可提高结果的重复性，增强相邻峰的分离。所以制备样品时要考虑到的主要有两个方面，样品与坩埚：

(1)样品：首先被测样品一定要具有代表性，没有代表性的样品测出的结果无意义。TGA 测试本来用的样品量就不大(一般用量 1～5 mg)，含能材料用量就更少，如叠氮肼镍只能用 0.1 mg 左右；其次在制备样品过程中，试样绝不能受到污染，使用的工具要干净，使样品尽可能没有变化；细纤维和薄膜样品层与层之间最好不要有间隙，放到坩埚里后，用平头工具压压结实；粗纤维则可剪短平放在坩埚内，在上面覆盖一层导热粉末，如 Al_2O_3；金属材料打磨或切割出一个平面比不规则形态的热接触好，测试结果也就好；对于放热剧烈的样品，可通过用较粗糙的氧化铝或玻璃粉末与样品混合稀释来测量，这也有利于气体向试样扩散。需要注意的是，用于稀释样品的物质必须干燥且不可与试样发生反应。

(2)坩埚：选用的坩埚在防止不能参加样品热反应的同时，也要防止坩埚与气体发生反应，否则会造成一种假象，测试结果不是被测样品的真实体现。

另外还需注意的是坩埚外面决不可沾有样品，特别是坩埚外层的底部，易造成：一是称质量不准确，不代表参加反应的样品重量；二是影响自动进样器的正常工作(粘在自动进样器的样品池上)；三是随着温度的升高很可能和传感器粘连在一起，并不易分开而造成损坏，受污染的传感器还可能产生假象(由于污染而产生的效应)，造成传热不良。

传感器上的有机污染物可通过加热清洁处理去除(用空气作为吹扫气体在 600℃恒温 10 min 或在 500℃恒温 20 min)。水溶性污染物可用湿棉球小心拭去，然后作加热清洁处理。

有些试样在测量时会沿着敞口坩埚的壁爬升而污染传感器。可用打孔的坩埚盖来防止。

总之，若要获得可对比的重复性又很好的数据，试样制备方法是十分重要的。

27.3.2 测试操作

(1)先打开低温恒温槽，设定循环水的温度在 22℃。

(2)打开计算机。

(3)等待循环水的温度恒定在 22℃时再打开仪器主机电源，启动仪器软件。

(4)先测基线：打开新建方法窗口，输入起始温度、终止温度、升温速率、选择合适气体、输入气体流速、选定“扣除基线窗口”、给方法命名并保存(基线的测试条件与样品的测试条件相关)。

(5)打开 N_2 瓶阀门，调制压力在 0.3 MPa 左右。

(6)打开实验窗口，输入坩埚位置，发送实验测试开始。

(7)称重：用 1/100000 天平称取一定质量的样品，陶瓷坩埚内，并放入自动进样器中。

(8)基线测试结束后，调出测基线的测试方法作为样品的测试条件，在实验窗口启用文件名和质量窗口，输入文件名、样品名、样品重量、坩埚位置，发送实验开始测试。

(9)测试结束后打开数据库，找到测试的文件名调出，分析图形、处理数据并打印图谱、归类保存文件。

(10)仪器冷却至室温后关气、循环水、退出软件系统、关仪器电源、关计算机。

(11)整理工作台，保持干净整洁。

27.3.3 实验条件的选择

1. 起始温度的确定

(1)在确定测试条件时，要根据所测样品的性质及分解温度来定，一般情况下起始温度从室温开始(梅特勒-托利多的 TGA 只能从 50℃开始)，若为了节省时间也可从样品分解前 50～100℃开始，终止温度在样品分解之后延长 50～100℃即可。

(2)若不知道样品的分解温度段，可在允许温度范围内全量程快速测试一遍，而后再确定具体的测试条件。

(3)可以借鉴类似被测样品性质的测试方法。

2. 升温速率的确定

随着升温速率的提高，其分解温度也在提高，反应区间扩大，也就是说升温速率越快，分解温度越向高温段移动，反之升温速率越慢，分解温度越向低温段移动。反应区间缩小，升温速率慢分辨率相对来说较好些，相邻的两个肩峰能分得开。一般无机材料的升温速率可用 10～20 ℃/min 或更高，(因无机材料传热较好和试样温度较高)。有机材料和高分子材料可用 5～10 ℃/min。不管升温速率的快慢，一般失重百分比不会改变。

3. 保护气氛的确定

TGA 测试一般都是用 Al_2O_3 无盖敞口坩埚，测量池的气体能接触到试样，加热后分解出的气体与保护气体也能自由交换，因而会影响被测物的真实反应，所以要选择不和样品起反应的惰性气体为宜，最常用的是 N_2、Ar。以下是几种气体的适用范围：

氮气：用于无氧(实际上是低氧)条件下的测试。一般用纯度高的氮气(99.99%)。氮气是最常用的“惰性气体”，但在高温下，氮气对某些金属也会生成氮化物。

氧气：用于氧化和燃烧行为的测定。通常对氧的纯度要求并不高。

氩气：作为惰性气体用于 TGA-MS 联用测试。如果要测量一氧化碳，则氮气是不合适的，因为它与一氧化碳的摩尔质量相同(28 g/mol)。

空气：在 300℃范围内，对于大部分无机样品来说空气是惰性的，但对于聚乙烯塑料材料则是活性的。

氦气：比上述气体的导热性要好得多。可作为优良导热介质用于 TMA 测量，也可用于 DSC 测量以降低信号时间常数。是一种无凝结倾向的气体，常用于低温测量，可低至–180℃。

二氧化碳：可用于羧化反应。

一氧化碳：不仅可燃而且有毒并有爆炸危险，若作吹扫气体必须经过特殊处理。此种气体不常用。

惰性化氢气：是稀释到不能与空气形成爆炸物的氢气，如用氩气稀释。但此种气体用得很少。

通常反应性气体的流速为 30～50 mL/min，保护性气体的流速为 50～80 mL/min。

4. 坩埚的确定

其原则是坩埚材料不可影响试样的反应。一般都是用三氧化二铝(Al_2O_3)陶瓷无盖坩埚。但用无盖坩埚也存在试样溢出坩埚或溅出物可能损坏测量池的危险，若是加热后极易膨胀溢出的样品，可加上盖子，并在盖子上打孔来防止。

蓝宝石坩埚更耐高温，尤其适合于测试高熔点金属，

铂金坩埚的优点是导热性好，但是在 1000℃以上铂金坩埚可能粘住也是由铂金制造的坩埚支架，且一旦粘住就无法分离。若在坩埚支架上，放一片蓝宝石薄圆片以防止两个铂金表面相互接触，就可避免此类问题。另铂金并非总是惰性的，它有催化作用，例如可促进燃烧反应，这点在选择坩埚时也应考虑到。

若用铂金坩埚测试金属试样，要在加入试样前在坩埚底铺一层非常薄的 α-氧化铝，可防止铂金坩埚与金属生成合金而造成对铂金坩埚的损坏。

5. 试样量的确定

试样对整个样品要具有代表性，否则测出的结果无意义。

称取试样量的多少取决于试样的性质，如火炸药、起爆药类、反应剧烈的样品量一定要少，直至 0.1 mg，否则样品的图谱会扭曲变形且仪器也易损坏。若是金属或稳定性很好的样品，量可至几十毫克甚至几百毫克。

27.3.4 实验影响因素及其排除方法

影响热重测试的因素有很多，如升温速率、气氛(空气、氮气、氩气，气体压力的大小、气体流量的大小、气体浮力和气流效应)、试样量的大小、均匀性和形态、固体颗粒大小、坩埚材质等。

1. 升温速率的影响

升温速率是影响测试结果的一个重要因素，如果升温速率不当，则反应可能重叠而无法测量。一般较高的升温速率使反应向高温方向移动，并且相邻的分解台步不明显，如果想分离重叠反应或是相邻反应，最好的办法是控制升温速率：则升温速率要越慢，质量变化的温度范围越窄。

图 27-9 为采用不同升温速率测试的五水硫酸铜失去结晶水的 TGA 曲线。前面和后面曲线分别为用 5 K/min 和 20 K/min 按常规测量的 TGA 曲线；中间曲线用自动控制升温速率的方法(MaxRes)测试。明显能看出升温速率对五水硫酸铜分步反应分辨率的影响。大图用失重对时间表示；插图用失重对温度表示。

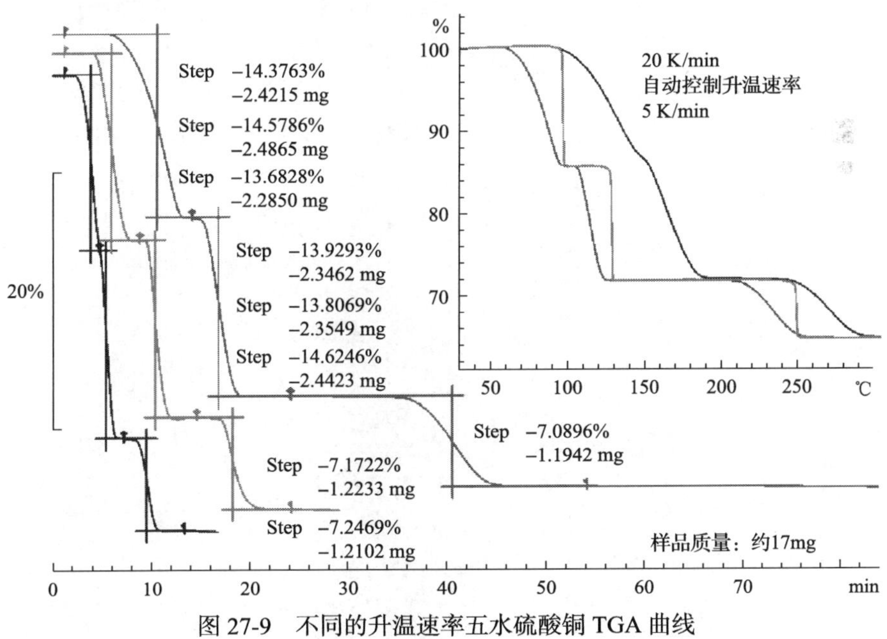

图 27-9 不同的升温速率五水硫酸铜 TGA 曲线

2. 坩埚的影响

不同材质、不同形状的坩埚对测试结果有着不同的影响：

铂金坩埚导热性要好于陶瓷坩埚，分解温度相对来说较低；

深盘坩埚要比浅盘坩埚分解温度高；

直径大的坩埚要比直径小的坩埚分解温度低；

坩埚的大小与形状对测试结果的影响与试样填装量也有关，较多的试样量使用深而大的坩埚，反应气体的扩散受阻，也阻碍了气氛进入试样内部，故造成终止温度偏高。所以在填装样品时，要防止样品堆积在一起，尽量把样品均匀地铺平坩埚底部，减少温度梯度，使样品受热均匀。

3. 炉体气氛的影响

气氛的影响主要有两个方面，一是气体的浮力，气体的密度是随着温度的升高而降低，气体密度下降也就意味着气体对试样支持器的浮力在变小，于是出现表观增重现象，引起基线漂移，它可造成试样增重或减重的假象；直接影响到对试样结果的正确评估和分析；二是反应气体流速的大小，通入气体的作用是移去炉腔内的反应产物，反应气体的流速越大，分解温度越低，大流速可迅速带走反应产出的气体，并有利于传热与扩散，加速了分解。

气体浮力和气流效应可通过空白曲线扣除来降低或消除。

4. 样品形态的影响

无论样品的形态是固体、液体、粉状、块状还是纤维、薄膜都会对测试结果造成影响。颗粒的大小对测试结果也有明显影响，如图 27-10 所示，上面曲线的样品

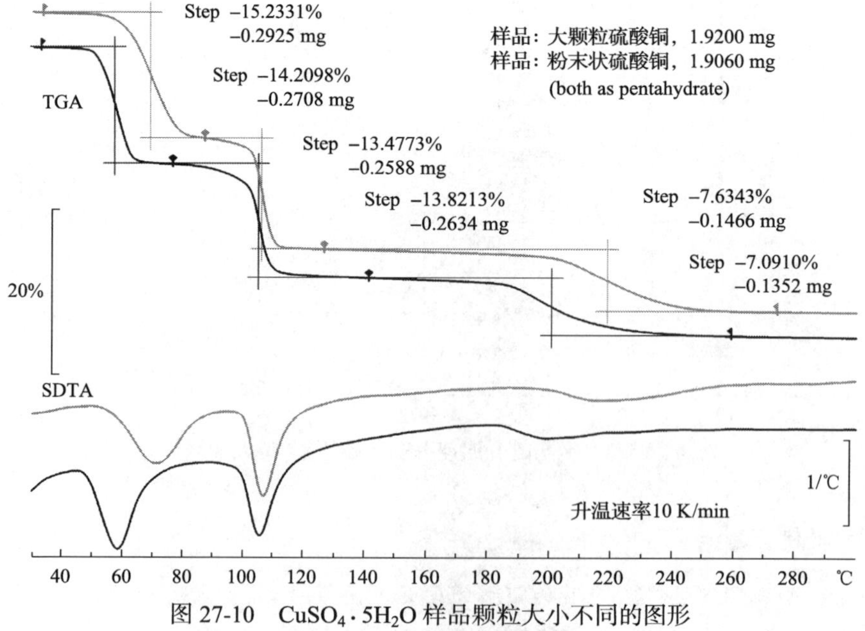

图 27-10　$CuSO_4 \cdot 5H_2O$ 样品颗粒大小不同的图形

为较粗晶体试样大颗粒，下面的曲线为碾细了的试样。升温速率均为10 K/min。明显看出粉末状的样品要比大颗粒样品提前分解。

所以测试样品的形状一般以粉末状为宜，样品粒度越小，比表面积就越大，分解速率要比同等质量的大颗粒试样要快，和坩埚的接触好，受热均匀反应容易达成平衡。

若是固体样品，要切割或打磨出个平面(把粉末状物体和污染物清除干净)，使其与坩埚底部平整接触，这样传热性好些，但样品表层和内部还是有一定的温度梯度，固体越大，温度梯度越明显。

液体样品在常温下不能有挥发，否则称不出准确的重量，也就得不到精确的测试结果数据。

薄膜状样品最好称取一层，若几层叠加在一起要把样品按压结实于坩埚内，或在样品上覆盖一层三氧化二铝(Al_2O_3)。

5. 样品量的影响

样品量大，气体的扩散受阻，传热受阻，内部产生一定的温度梯度，反应时间延长，分解温度偏高；试样量小，分辨率较好，肩峰能分得开，中间的平台也比较明显。但如果物质的挥发成分非常少，且热稳定性又好，试样用量必须要大，几十毫克甚至更多。

27.3.5　仪器操作注意事项及维护

(1)定期用标准物质校正仪器温度(每月一次)。

(2)在测试样之前要先测基线，测试条件与测试样品的条件一定要相同(用于校正样品曲线，扣除基线的漂移)。

(3)被测物质一定具有代表性。

(4)含能材料试样量一定要少，否则不但达不到试样分解的正常曲线反而还会损伤仪器。

(5)在测试前切记开循环水、开气以免损伤电器元件和确保实验在某种气氛介质中进行。

(6)在做动力学实验时，一组样品重量尽量一致，之间的误差最好不要超过0.02 mg，可减少人为因素所引起的不规律性。

27.4　应　　用

对测试结果解析，除了 TGA 曲线本身，还可能用到其他曲线，如一阶导数DTG曲线，质量变化的速率，对曲线进行微商便可将转折变换为峰更容易辨认，也有利于检测少量组分的微弱信号。与同步的 DSC 曲线或同步的 DTA 曲线可看出放热或吸热效应。与质谱(MS)联用可在线分析逸出的气体。

TGA 曲线不外乎以下几种形式，见图 27-11。

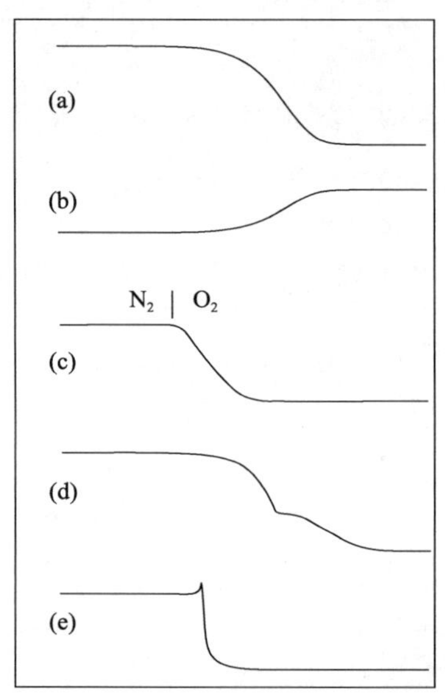

图 27-11　不同化学反应的 TGA 曲线

图 27-11(a)和(c)都是单步反应，一个失重台阶，但失重的速率不同；图 27-11(d)是多个分解过程，所以有多个台阶，不过第一步分解速率要快于第二步；图 27-11(b)氧化反应有时能导致质量增加，例如金属生锈，可能是与通入的反应性气体有关；图 27-11(e)是一种含能材料，爆炸性物质有时分解极快而反冲产生干扰 TGA 的信号，所以测含能材料的样品时，样品量要尽量少或用惰性物质稀释试样，即可解决反冲现象。

还有一种情况是在温度全量程内是一条较直的曲线，几乎没有失重过程，这说明被测物比较耐高温，热稳定性好，没有任何分解。

27.4.1　草酸镍在 N_2 气氛中的热分解反应

打开数据库，找到测试的文件名，调出图谱分析数据，求出其失重毫克数、失重百分数、残留物等相关数据，若有要求分析 DTG，即可调出一并分析，找出转折点和峰温，并转换成文本文件加以保存(已备考数据)，打印数据处理结果及图谱(图 27-12)。

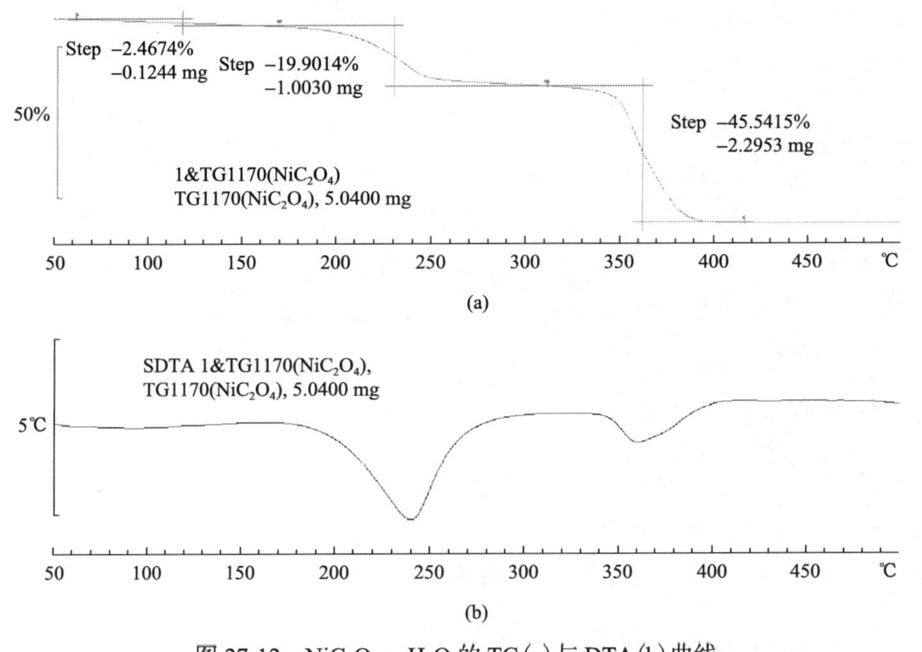

图 27-12 $NiC_2O_4 \cdot nH_2O$ 的 TG(a)与 DTA(b)曲线

$$NiC_2O_4 \cdot 2H_2O \longrightarrow Ni + 2CO_2\uparrow + 2H_2O\uparrow$$

50～160℃失去的是吸附水，约 2.4674%；

160～310℃失去的是结晶水，约 19.9014%；

310～410℃失去的是 CO_2，约 45.5415%；

410℃以后为 Ni 的残渣，约 32.0897%。

测试结果与理论值相比基本相符，理论值结晶水 19.7044%；CO_2 48.1664%；Ni 残渣为 32.1291%。

27.4.2 三元乙丙橡胶弹性体体系

图 27-13 为 EPDM(三元乙丙橡胶)弹性体体系的 TGA 曲线及其组分分析结果。300℃前为 3.78%挥发性组分(增塑剂，通常是油)；600℃前分别为 48.53%NR(天然橡胶)和 13.36%EPDM(三元乙丙橡胶)；然后是 30.82%炭黑；600℃时，将气体由氮气切换至空气或氧气，使炭黑燃烧；最后为 3.62%灰分残留物。

图中下图曲线为 DTG 曲线，从此可获得定性信息。因为不同的橡胶其峰温有所不同。

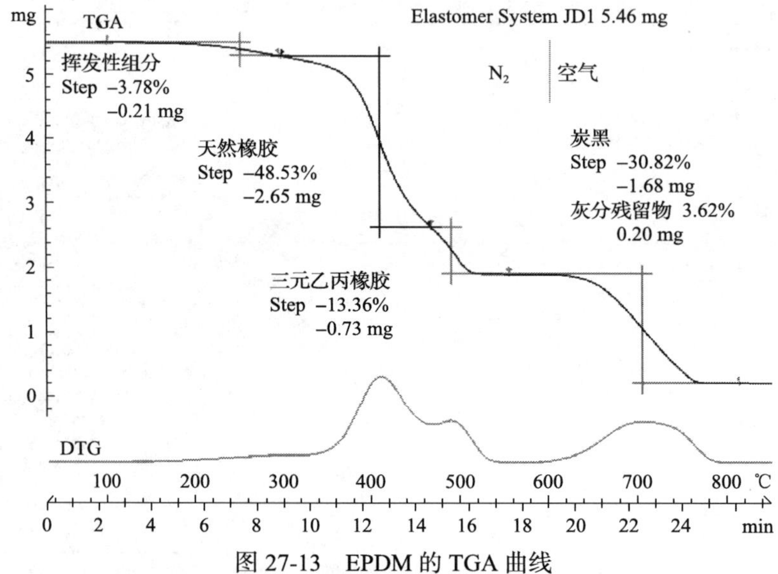

图 27-13　EPDM 的 TGA 曲线

27.5　思　考　题

(1)根据测试结果，求出 NiC_2O_4 结晶水数目。

(2)含能材料在测试时应注意什么?

(3)热重分析中影响测试结果的因素有多种，若产生下述情况，找出原因并说明应采取什么措施来避免：

①基线漂移引起的误差；

②样品的温度梯度引起的误差；

③两步分解反应重叠。

第 28 章　差示扫描分析

28.1　概　　述

差示扫描量热法(differential scanning calorimetry，DSC)，是在程序控制温度下测量输入到样品和参比物的能量差与温度(或时间)之间关系的一种技术。所测得的曲线称为差示扫描量热曲线或 DSC 曲线。横坐标以温度(℃)或时间(min)表示，从左至右表示温度或时间增加；纵坐标为热流量差或热功率差，(dQ/dt 或 dH/dt)，从上至下表示热量或热功率减少，单位为 mW 或 mJ/s(是单位时间的传热量)。向上表示放热峰，向下表示吸热峰(但因热分析仪器厂商不同表示方法也有所不同，所以在分析图谱时搞清楚向上是吸热反应还是放热反应是很有必要的)。在真正的热力学意义上吸热峰是用向上峰来表示(热焓增加)，而放热峰是以相反方向峰表示。梅特勒-托利多的 DSC823^{e} 型差示扫描量热仪(图 28-1)的 DSC 曲线，向上表示放热峰，向下表示吸热峰。

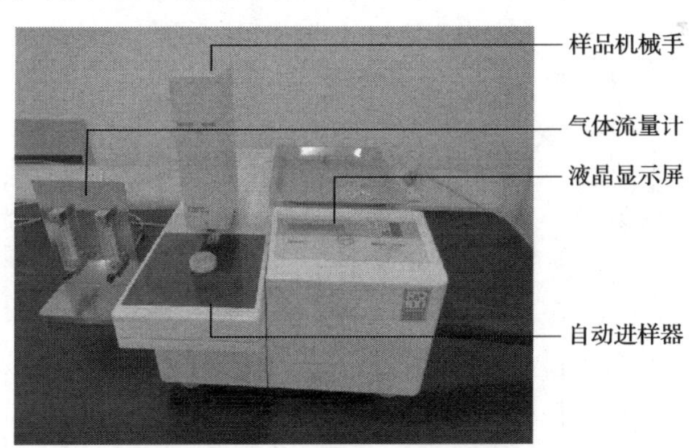

图 28-1　梅特勒-托利多的 DSC823^{e} 型差示扫描量热仪外观图

28.2　仪器构成及原理

28.2.1　仪器基本构成

DSC 仪主要由加热系统、程序控温系统、气体控制系统、制冷设备等几部分组成，仪器整体结构如图 28-2 所示。

图 28-3 是装有 FRS 5 传感器的 DSC 测量单元的截面简图。试样坩埚和参比坩

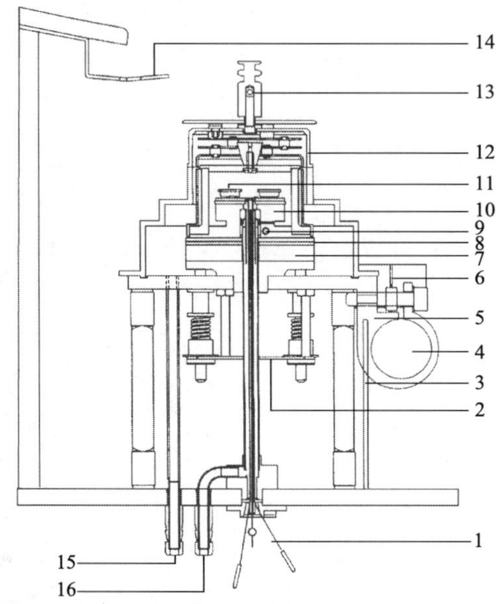

图 28-2 梅特勒-托利多的 DSC823^e 型差示扫描量热仪结构图

1-至放大器的 DSC 原始信号；2-弹簧式炉体组件；3-Pt100 散热片，用于安全控制；4-指形冷却设备(只用于冷却器中)；5-散热片(连接至冷却器)；6-温度控制器；7-至散热片的热阻；8-平板加热器；9-至温度控制器的 Pt100 信号；10-银质炉体；11-置于 DSC 传感器上的坩埚；12-手动炉盖；13-至选配泵的吹扫气体出口；14-手动炉盖支架；15-避免冷凝的干燥气体入口；16-吹扫气体进气口

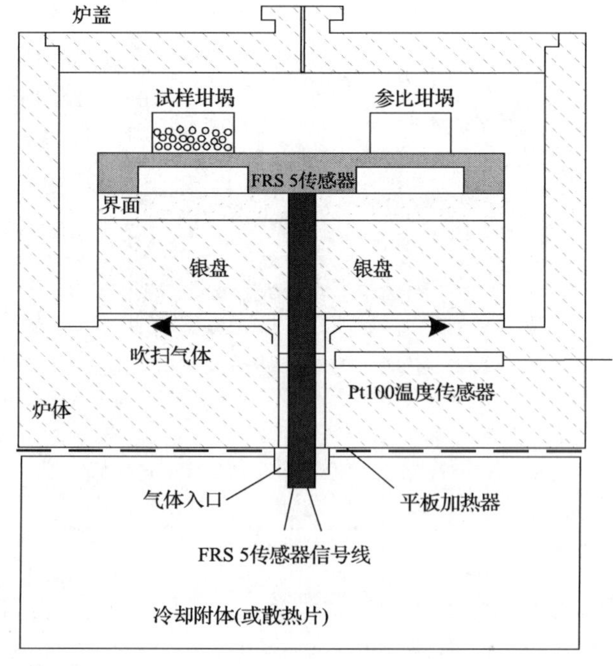

图 28-3 装有 FRS 5 传感器的 DSC 测量单元的截面简图

埚正确放置于传感器圆盘之上。一个玻璃陶瓷薄圆片(界面)将传感器与炉体的银板连接。吹扫气体从仪器的下部进入到样品池内。Pt100 测量炉体温度 T_c。两根 FRS5 原始信号金丝和吹扫气体进口位于 FRS5 传感器下中央。

1. 加热系统

炉子的加热方式与炉子的类型有关，主要取决于温度范围。加热方式有电阻元件、红外线辐射和高频振动，常用的是电阻元件对炉子加热，本炉子也是如此。

炉腔内有一传感器置于防腐蚀的银质炉体中央(纯银的炉体导热性好受热均匀)，如图 28-4 所示。

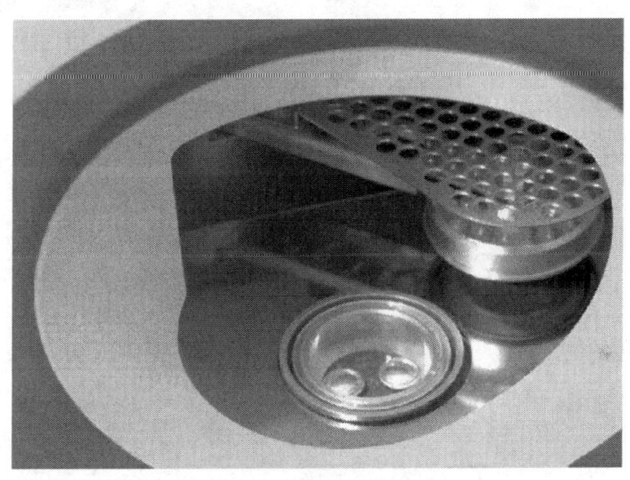

图 28-4　加热系统炉腔

传感器的表面用陶瓷涂敷，安装在直接与银质炉体的加热板接触的玻璃陶瓷片上，以防化学侵蚀与污染。炉盖是三层叠加的银质炉盖，外加挡热板有效地与环境隔离。炉体下方有一个 400 W 电热板对炉体加热，纯银的炉体被弹簧式炉体组件压在平坦加热器的绝缘片上。由 Pt100 温度传感器生成温度信号。炉体的热量通过片形热阻传至散热片。DSC823^e 量热仪的温度范围–60～700℃。

DSC 传感器(例如 FRS5、HSS7 和 HSS8)的热电偶以星形方式排列，可单独更换。在坩埚位置下测量试样和参比的热流差。热电偶串联连接，可产生更高的量热灵敏度。凹进传感器圆盘的下凹面可提供必要的热阻。由碾磨加工磨去了多余的材料，导致热阻很小，坩埚下的热容量很低，因此还获得了非常小的信号时间常数。圆盘形传感器由下垂直连接，使得水平温度梯度最小化，如图 28-5 和图 28-6 所示，仪器使用的是 FRS5 传感器，有 56 对热电耦，具有极高的灵敏度和温度分辨率。

图 28-5　DSC 传感器

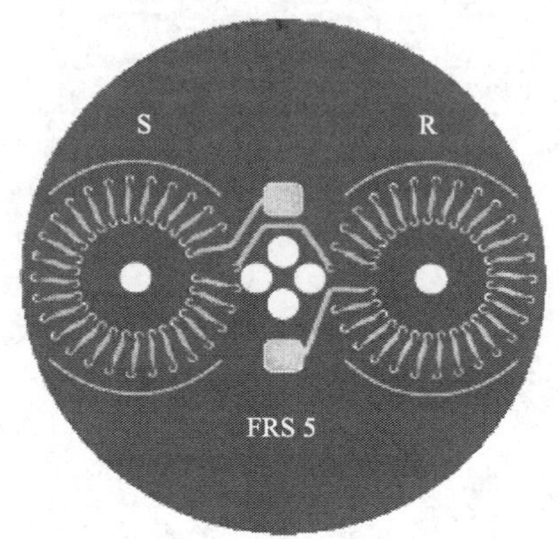

图 28-6　放大之后的 DSC 传感器

2. 程序控温系统

炉子温度升降的速率受温度程序的控制，其程序控制器能够在不同的温度范围内进行线性的温度控制，如果升温速率是非线性的，将会影响到 DSC 曲线。程序控制器的另一特点是，必须对于线性输送电压和周围温度变化是稳定的，并能够与不同类型的热电偶相匹配。

当输入测试条件之后，(如从 50℃开始，升至 500℃，以 20℃/min 的升温速率)，温度控制系统会按照所设置的条件程序升温，会准确地执行发出的指令。温度准确度±0.1℃，温度范围：–60～700℃。所有这些控温程序均由热电偶传感器(简称热电偶)来执行。

3. 气体控制系统

气氛控制系统分两路，一路是反应气体，由炉体底部进入，被加热至仪器温度后再到样品池内，使样品的整个测试过程一直处于某种气氛的保护中。至于通入什么气体，要以样品而定，有的样品需要通入参加反应的气体，有的则需不参加反应的惰性气体。最后，气体通过炉盖上的孔逸出；另一路是吹扫气体，炉体和炉盖间必须充入吹扫气体，避免水分冷凝在 DSC 仪器上。

气体控制系统有两种形式，一种是手动的方法来调节流量计的流速大小；另一种是要配一套自动的气体控制装置，由程序切换、监控和调节气体，可在测试过程中由惰性气氛切换到反应性气氛。可自动切换四五种气体，本仪器使用的是手动方法切换和调节气体。

4. 自动进样器

低温型的 DSC 仪各家公司均配备有自动进样器，高温型的目前尚未配备。自动进样器的一个功能是在设置好测试条件的前提下，按照指令执行抓取坩埚，送入仪器开始测试，实验结束后再取出坩埚，可使仪器连续 24 小时不间断地工作，大大提高了工作效率。自动进样器能处理多达 34 个样品，每种样品都可用不同的方法和不同的坩埚，但需要注意的是，坩埚放的位置和软件设置的坩埚位置一定要一致，否则会马上弹出一个窗口加以提示，并且停止工作，直至你调整两者坩埚的位置一致，才继续工作。

自动进样器的另外一个功能是，能在测量前移走坩埚的保护盖，或者给密封的铝坩埚的盖钻孔。这种独特的功能可以防止样品在称量后到测量前这段时间吸入或失去水分，也能防止对氧气敏感的样品在测试前发生变化。

如果是挥发性很强的样品则不适宜用自动进样排队等待测试，因卷边铝坩埚的盖子上有洞，样品容易挥发。最好是称好样品马上测试，或改用密封坩埚测试。

5. 制冷设备

DSC 仪配有一个外置制冷机，可使炉温降至–60℃，为防止结冰和冷凝，并有绝缘组件，吹扫气体一定要环绕在炉体周围，避免炉体和炉盖冻结。机械制冷最大的特点是方便，比罐装液氮省时省力，缺点是降的温度越低，使用时间越长，并且使用范围不如液氮冷却，液氮可使温度降得更低。需要注意的是制冷机不能在超过 32℃的室温条件下工作，最佳使用温度为 22℃。

28.2.2　工作原理

DSC 仪有三种：热流式、热通量式和功率补偿式。功率补偿式的仪器较少，大多数都是热流式，而热流式和热通量式均是在 DTA 的基础上加以改进、校正、扩展起来的一种技术，本质上，差示扫描量热仪的基本原理与差热分析原理相同。

DSC 的工作原理以功率补偿型的为例，整个测试系统由两个交替工作的控制回路组成。一个是平均温度控制回路，另一个是差示温度控制回路。如图 28-7 所示。

平均温度控制回路的作用是以预定程序来改变炉腔温度。通过温度程序控制器发出一个与预期的试样温度 T_P 成比例的信号，这一电信号要先与由平均温度计算器输出的平均温度 T_P' 的电信号进行比较，再由放大器输出一个平均电压。这一电压同时加到设在试样和参比支持器中的两个独立的加热器上。随着加热电压的改变，加热器中的加热电流也随之改变，消除了 T_P 与 T_P' 之差，此时试样和参比物均按预先设定好的程序，呈线性升温或降温。温度程序控制器的电信号同时也输入到记录仪中，作为 DSC 曲线的横坐标信号。平均温度计算器输出的电信号的大小取决于反映试样和参比物温度的电信号，它的功能是计算和输出与参比物和

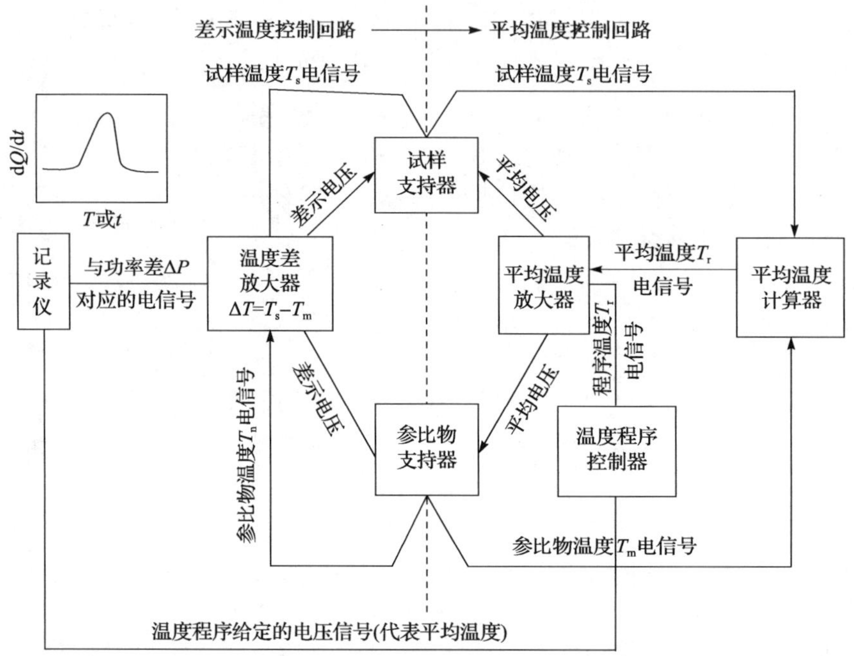

图 28-7　功率补偿型 DSC 仪的工作原理

试样平均温度相对应的电信号，供与温度程序电信号相比较。样品的电信号由设在支持器中的铂电阻测得。

差示温度控制回路的作用是维持两个样品支持器的温度始终相等，这种保持试样和参比物的温度差始终为零的工作原理称为动态零位平衡原理。在差示温度控制回路中，样品和参比的温差电信号经变压器耦合输入到放大器，并经放大后，再由双管调制电路依据参比物温度和试样温度间的温度差来改变电流，并调整差示功率以保持试样和参比物支持器的温度差为零，并且将与差示功率成比例的电信号同时传送到记录仪中记录下来，便得到 DSC 曲线纵坐标，其峰的面积与物质转变所吸收或放出的热量成正比。

DSC 测试样品和参比物之间的能量差与温度或时间的关系，参比物在一定范围内是没有吸热或放热效应的，如 α-Al_2O_3 在 0～1700℃时没有吸热或放热效应，而试样在加热或冷却到特定范围内常常伴有热效应发生，如试样的物理变化(脱水、晶形转变、沸腾、升华、蒸发、熔融等)及化学变化(分解、吸附、氧化还原、爆炸等)。在发生这些变化的同时，往往伴有吸热和放热的现象出现。差示扫描量热法正是建立在物质的这种性质基础之上，分析记录了试样与参比物的能量差与温度(或时间)的关系曲线。

将装有 Al_2O_3 的参比坩埚(或空坩埚)和含试样坩埚一起放入检测器平板的左右两边。右边放参比物，左边放被测样品，样品和参比物的温度由检测器下方的热电偶测定。当以线性程序升温(或降温)的方法对系统中的加热块进行加热时，若试样不发生任何变化，系统片刻即达平衡状态，所测的曲线为一直线(称为基线)。假设样品熔化(或发生化学变化)吸热，则由于样品的吸热效应导致曲线偏离线性升温线而向低温方向移动，当仪器已能测出试样的温度时，就出现吸热峰的起点(也就是起始分解温度)；在样品变化所需的热量等于炉子传递的热量时，曲线达到顶峰(峰顶温度出现)；当炉子传递的热量大于样品变化所需的热量时，曲线折回，回到基线状态(终止温度结束)，试样转入热稳定阶段，吸热过程结束。反之，得到放热峰。所得到的峰面积通过相应的数据处理软件，即可方便地获得有关熔化(或化学反应)热效应的信息，可以了解到被测物质在哪个温度段发生了什么变化，吸热分解还是放热分解，放热量(或吸热量)是多少，分几步分解，分解的温度范围等，如果和其他的测试方法联用会得到更多的信息。图 28-8 是最常见的 DSC 图形，向下的峰为熔融峰，或吸热反应或是脱水反应，向上为放热分解峰。

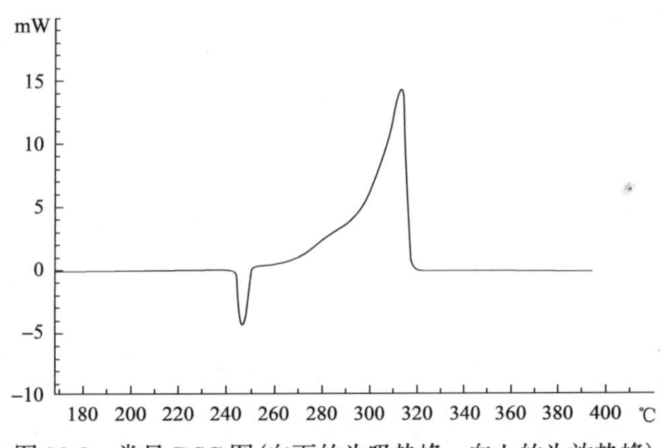

图 28-8　常见 DSC 图(向下的为吸热峰，向上的为放热峰)

测试结果有以下几种情况出现：

在测量温度范围内 DCS 曲线几乎是一条直线，没有峰形呈现，可以说样品是惰性的，或者说样品的热稳定性很好，没有什么热反应，这可以通过扩大温度范围和增大试样质量来检查是否有其他效应发生。

若 DSC 曲线明显偏离基线，出现一个单独的吸热峰(峰形向下)或放热峰(峰形向上)这说明试样发生了物理转变或化学反应。

如果有两个峰紧紧相依，可利用不同的升温速率或减少试样量来将其分开。这样可能因升温速率的改变影响到峰形与反应温度。但若是无定形聚合物，在熔融过程中起始温度不会受到升温速率的影响。

曲线上多峰的出现，或分开或紧相邻，说明被测物有多种组分组成。

峰程很窄的峰，并反应剧烈，纵坐标上的数值又大，大多数可能为含能材料。

峰程很宽，有拖尾现象，说明被测物不纯，或是反应钝感的样品，或受其他因素的影响。

归纳各种被测物，DSC 曲线不外乎以两种形式的峰形展现，向上和向下，向上峰可视为放热分解峰，向下峰可视为样品脱水、吸热熔融或吸热分解峰。因各种物质都有特定的分解温度范围，所以用 DSC 作定量分析是种很好的测试方法。

图 28-9 为几种不同形状的峰形。

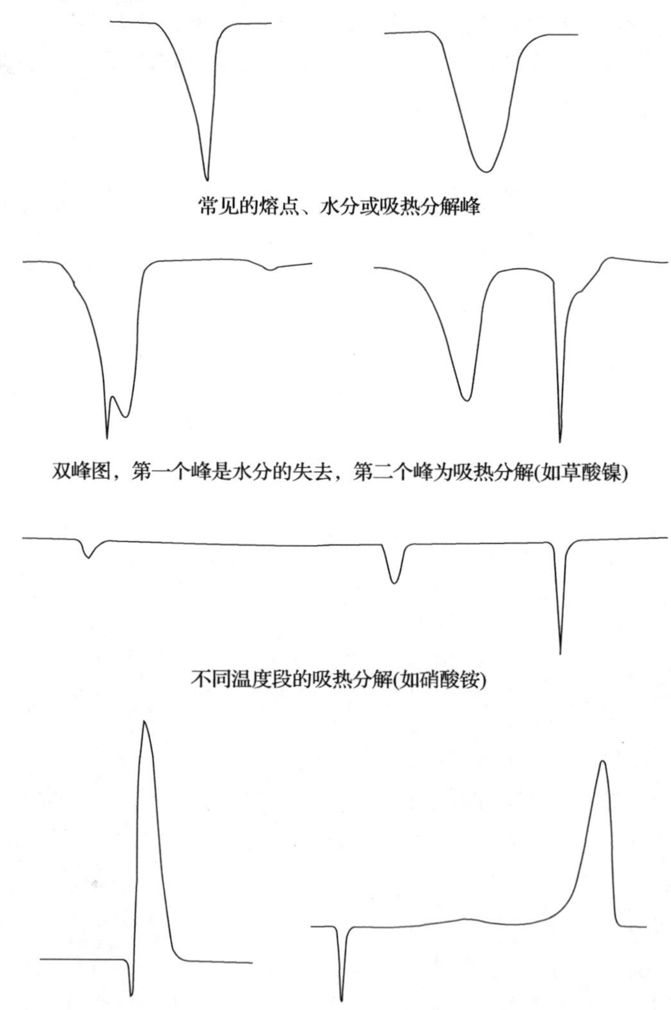

常见的熔点、水分或吸热分解峰

双峰图，第一个峰是水分的失去，第二个峰为吸热分解(如草酸镍)

不同温度段的吸热分解(如硝酸铵)

HMX的分解图　　熔融和放热分解

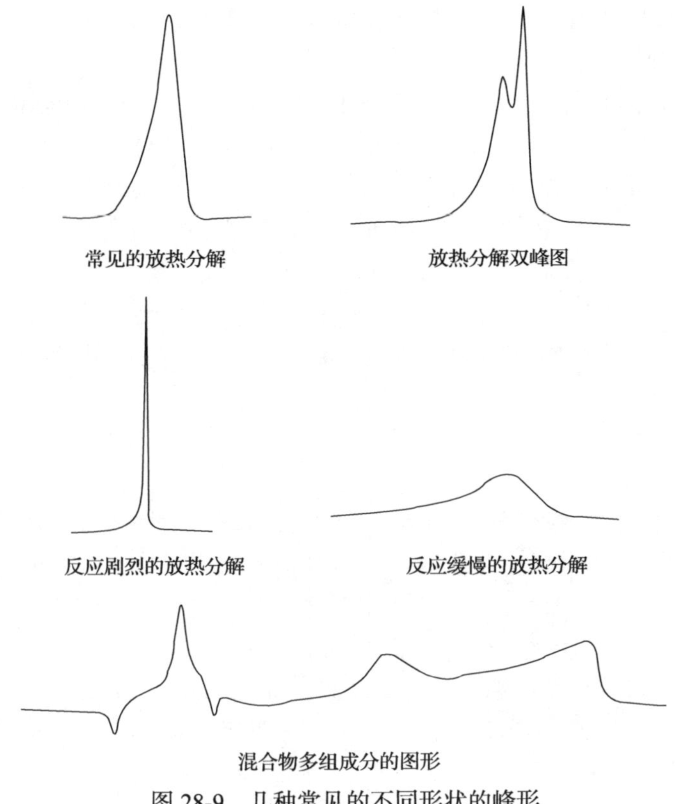

图 28-9　几种常见的不同形状的峰形

28.3　实 验 步 骤

28.3.1　样品制备

对于不同形态的样品在制备时的原则是：样品和坩埚要有良好的接触，否则会造成试样内温度梯度大，反应有拖尾现象；温度梯度小，得到的图谱峰形尖锐，可提高测试结果的重复性，增强相邻峰的分离。所以制备样品时要考虑样品与坩埚两个方面。

1. 样品

首先被测样品一定要具有代表性，没有代表性的样品不能反映出整体样品的真实性，测试出的结果也不能说明什么问题。DSC 测试本来用的样品量就不大，一般在 1～2 mg，若是含能材料，则用的量就更少，如叠氮肼镍只用 0.17 mg 左右，反应峰就特别尖锐，0.22 mg 左右峰形就扭曲变形。

其次在制备样品过程中，试样绝不能受到污染，使用的工具要干净，使样品尽可能没有变化。

细纤维和薄膜样品层与层之间最好不要有间隙，放到坩埚里后，用平头工具压实。

粗纤维则可剪短平放在坩埚内，在上面覆盖一层导热粉末，如 Al_2O_3。

金属材料要打磨或切割出一个平面，其目的是和坩埚底部有个良好的接触，这样比不规则形态的样品热接触好，测试结果也就好。

对于放热强烈的反应，可通过用较粗糙的氧化铝或玻璃粉末与样品混合稀释来测量，有利于气体向试样扩散。用于稀释样品的物质必须干燥且不可与试样发生反应。

2. 坩埚

在制备样品时坩埚外层决不可沾有样品，特别是坩埚的外部。若沾有样品，①会造成称量质量不准确；②影响自动进样器的正常工作；③随着温度的升高，坩埚与传感器粘连在一起，不易分开而造成损坏；④受污染的传感器由于传热不良，可能产生假象(由于污染而产生的效应)。

传感器上的有机污染物，可通过加热清洁处理去除(用空气作为吹扫气体在600℃恒温 10 min 或在 500℃恒温 20 min)。水溶性污染物可用湿棉球小心拭去，然后作加热清洁处理。

28.3.2 测试操作

(1)打开仪器主机电源。

(2)打开计算机。

(3)打开 N_2 气瓶后，启动制冷机。

(4)称量：用 1/100000 天平称取一定质量的样品与铝坩埚内，加盖并卷边后放入自动进样器中。

(5)打开新建方法窗口，设置起始温度、终止温度、升温速率、选择气体、输入气体流速、起方法名称并保存。

(6)切换到实验窗口，输入文件名，样品名称、重量、坩埚位置，开始实验测试。

(7)测试结束后打开数据库，找到测试的文件名调出，分析图形、处理数据并打印图谱、归类保存文件。

(8)仪器冷却至室温后，关制冷机、关气、退出软件系统，关闭计算机。

(9)整理工作台，保持干净整洁。

28.3.3　实验条件的选择

1. 起始温度的确定

在确定测试条件前，首先要对样品的组成部分和分解温度有所了解，要知道样品的分解温度大概在哪个温度段，然后再根据测试目的来确定样品的测试条件，一般情况下起始温度从室温开始(本型号的 DSC 温度范围–60～700℃)，若为了节省时间也可从样品分解前 50～100℃开始，终止温度在样品分解之后延长 50～100℃即可。

若不知道样品的分解温度段，可在允许温度范围内全量程快速测试一遍，而后再确定具体的测试条件；也可以借鉴与被测样品的性质类似或相同的测试方法。

2. 升温速率的确定

随着升温速率的提高，其分解温度也在提高，也就是说升温速率越快，分解温度越向高温段移动，并且分解时在曲线上的峰能明显地表现出来。升温速率慢分辨率相对来说较好些，相邻的两个肩峰能分得开。一般无机材料的升温速率可用 10～20℃/min 或更高(因无机材料传热较好和试样温度较高)。有机材料和高分子材料可用 5～10℃/min。

3. 保护气氛的确定

DSC 的所有测量都要用气体吹扫，气体流量在 50 mL/min 左右，其目的：①避免水分冷凝在 DSC 仪器上，所以炉体和炉盖间必须充入吹扫气体，保护测量池；②使样品在测量过程中始终处于某种气体介质中反应。

一般选择不与样品起反应的惰性气体为宜。若是需要气体参加反应，即可根据样品的反应来选择气体，最常用的是 N_2、Ar。以下是几种气体的适用范围：

氮气：用于无氧(实际上是低氧)条件下的测试。一般用纯度高的氮气(含量 99.99%)。氮气是最常用的惰性气体。氮在高温下，氮气与某些金属也会生成氮化物。

氩气：作为惰性气体较常用。

空气：在 300℃范围内，对于大部分无机样品来说空气是惰性的，但对于聚乙烯塑料材料则是活性的。

氧气：用于氧化和燃烧行为的测定。通常对氧的纯度要求并不高。

氦气：比上述气体的导热性要好得多。可用于 DSC 测量以降低信号时间常数。是一种无凝结倾向的气体，常用于低温测量，可低至–180℃。

二氧化碳：可用于羧化反应。

一氧化碳：不仅可燃，而且有毒并有爆炸危险，若作吹扫气体必须经过特殊处理。此种气体不常用。

4. 坩埚的确定

其原则是坩埚材料不可影响试样的反应。500℃之内用 40 μL 标准的卷边铝坩埚。

陶瓷坩埚(Al_2O_3)，在温度高于 500℃时用，若是加热后极易膨胀溢出的样品可加盖。

密封坩埚用于挥发性较强的样品，可选择铝中压坩埚(耐压 2 MPa)或不锈钢高压密封坩埚(耐压 10 MPa)。

铂金坩埚的优点是导热性好但不常用。

蓝宝石坩埚更耐高温，不适合低温型的 DSC 用。

5. 试样量的确定

试样对整个样品要具有代表性，否则测出的结果无意义。称取试样量的多少取决于试样的性质，若是含能材料，如火炸药、起爆药类，反应剧烈的样品量一定要少，直至 0.1 mg 左右，否则样品的图谱会扭曲变形且仪器也易损坏。若是金属或稳定性很好的样品，量可至几十毫克甚至几百毫克。

28.3.4 实验影响因素及其排除方法

1. 升温速率的影响

升温速率是影响测试结果的一个重要因素，升温速率越快，分解温度越高，升温速率越慢，分解温度越低，图 28-10 是其他测试条件相同，但升温速率不同

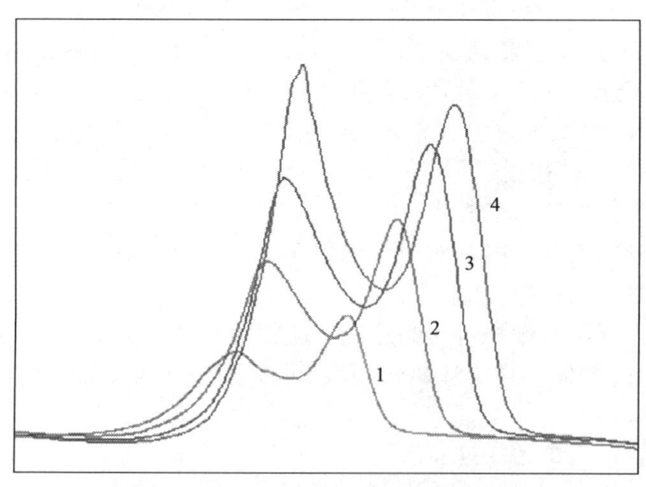

图 28-10　升温速率不同，其他测试条件相同测得 DSC 的曲线

图形 1，2，3，4 分别对应于以 5℃/min、10℃/min、15℃/min、20℃/min 的升温速率

测得 DSC 曲线。如果升温速率不当，则反应可能重叠而无法测量，一般较高的升温速率，分解温度和峰顶温度也较高，并且紧相邻的峰不易分开，因为升温速率快，所以试样在加热时没有时间改变结构，如果想分离重叠反应或肩峰，最好的办法是控制升温速率，慢的升温速率分辨率比较好。分解越快的样品升温速率要越慢，如起爆药、火炸药等。

2. 坩埚的影响

不同材质、不同形状的坩埚对测试结果有着不同的影响：

铂金坩埚导热性要好于陶瓷坩埚，分解温度相对来说较低；使用浅盘坩埚，分解温度要比深盘坩埚分解温度低；直径大的坩埚要比直径小的坩埚分解温度低；铝坩埚要比陶瓷坩埚传热性好些，且分解温度低。

另外坩埚的材质、大小与形状对测试结果的影响，与试样填装量也有关，较多的试样量使用深而大的坩埚，反应气体的扩散受阻，也阻碍了气氛进入试样内部，故造成终止温度偏高。所以在填装样品时，要防止样品堆积在一起，尽量把样品均匀地铺平坩埚底部，减少温度梯度，可受热均匀。一般情况下均用铝坩埚，传热好极易达到平衡。

3. 样品形态的影响

无论样品的形态是固体、液体、粉状、块状，还是纤维、薄膜都会对测试结果造成影响。颗粒的大小对测试结果也有明显影响：固体试样的分解温度要高于粉末状和液体，因在样品内产生一定的温度梯度，特别是金属物；大颗粒试样要高于小颗粒试样；固体样品最好制作成平坦的圆片，和坩埚底部有个良好的接触。细粉末状的样品最理想。

4. 样品量的影响

样品量大，气体的扩散受阻，传热受阻，内部产生一定的温度梯度，反应时间延长，分解温度偏高。试样量小，分辨率较好，肩峰能分得开。样品量取多少为宜，由样品的性质而定，反应惰性的样品可量大，若量小测得曲线不好，峰不明显；反应剧烈的样品量要少，若多测得的曲线会扭曲变形，并易损坏仪器。

5. 气体流速的影响

通入气体的作用是保护样品在某种中反应，与环境气氛隔绝，并移去炉腔内的挥发性产物，气体流速越大，分解温度越低。大流速可迅速带走反应产出的气体，并有利于传热与扩散，加速了分解。另外气体浮力和气流效应也能造成基线漂移，可通过空白曲线扣除来降低或消除。

28.3.5　仪器操作注意事项及维护

(1)定期用标准物质校正仪器温度、热量(每月一次)。

(2)被测物质一定具有代表性。

(3)含能材料试样量一定要少，否则不但达不到试样分解的正常曲线，反而还会损伤仪器。

(4)做动力学实验时，一组样品量尽量一致，之间的误差最好不要超过 0.02 mg，可减少人为因素所引起的不规律性。

(5)在测试前先开气后开制冷机，测试结束先关制冷机后关气。

28.4　应　　用

用差示扫描量热法研究草酸钴残渣催化高氯酸铵的热分解反应。

打开数据库，找到测试的文件名，调出图谱，若基线不平，用手动的方法加以校正，而后再作数据处理，求出其热量，起始分解温度和峰温等相关数据，并转换成文本文件加以保存，打印数据处理结果及图谱；如图 28-11。

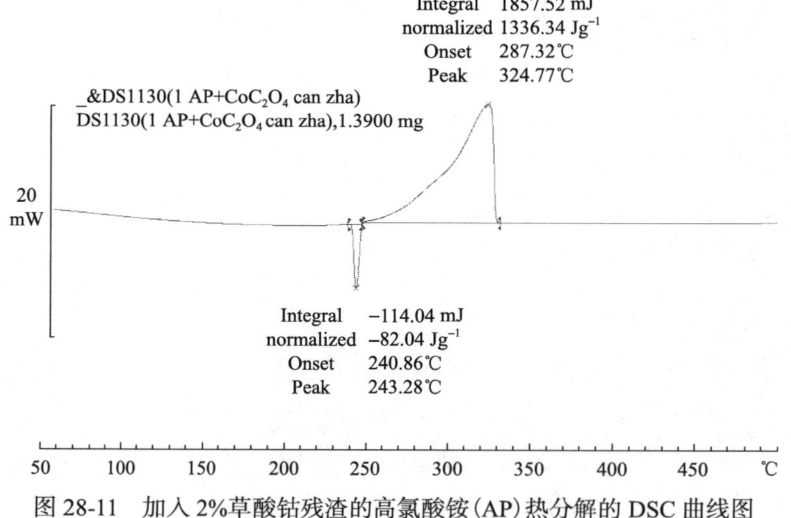

图 28-11　加入 2%草酸钴残渣的高氯酸铵(AP)热分解的 DSC 曲线图

$$NH_4ClO_4(AP) \longrightarrow CO_2+NH_3+N_2+N_2O+NO+NO_2+HCl+Cl_2+ClO_2+H_2O+O_2+\cdots$$

图 28-11 是加入 2%草酸钴残渣的高氯酸铵(AP)热分解的 DSC 曲线图。由图谱和数据处理结果可看出，催化热分解反应一步完成，243℃左右为 AP 的晶型转化温度，AP 由正交晶型转变为立方晶型，加入草酸钴残渣后对 AP 晶型转变过程没有影响。在草酸钴残渣的催化作用下，纯高氯酸铵在 331℃的低温放热峰和在

434℃的高温放热峰消失，在 324℃左右只出现一个放热峰，这说明催化热分解反应速度较快且放热比较集中。草酸钴残渣还使 AP 的总表观分解热明显增加，高氯酸铵的分解放热量从 655 J/g 升高到 1336 J/g，增加了两倍。高氯酸铵的热分解得到很好的催化效果。与草酸钴催化 AP 相比，分解温度相差不大，但总表观分解热由 1100 J/g 左右至 1336 J/g，大约增加了 200 J/g。

28.5 思　考　题

(1) 差示扫描量热仪在哪些方面可得到应用?

(2) 怎样确定差示扫描量热仪的温度准确性?

(3) DSC 在测试时通入某种气体的主要原因是什么?

(4) 以纤维、固体和粉末状的样品为例，若样品量一样多，分别解释并比较分解温度。

第 29 章　低温物理吸附分析

29.1　概　　述

低温物理吸附仪是测量颗粒材料比表面积(specific area)的仪器设备。比表面积是指固体物质表面积的大小，具体定义是单位质量的固体的总表面积，国标单位是 m^2/g。比表面积包含了颗粒外表面以及所有与表面相通的孔的内表面积(不包括封闭孔的表面积)。理想的非孔材料只具有外表面积，如硅酸盐水泥、一些黏土矿物粉粒等；有孔和多孔物料具有外表面积和内表面积，如石棉纤维、岩(矿)棉、硅藻土等。对于粉体材料而言，比表面积与颗粒度相关，颗粒越细，比表面积越大；与颗粒表面的粗糙度相关，表面越粗糙，比表面积越大；此外还与颗粒表面的空隙关系极大，多孔粉体的比表面积较大，微孔发达的粉体材料的比表面积甚至可以高达每克几千平方米。

比表面积对于粉体材料，特别是微米或纳米粉体材料具有特别重要的意义，其比表面积的大小与粉体的物理性能直接相关，例如吸附性能、催化性能、保温性能等，因此比表面积是评价催化剂、吸附剂以及其他多孔物质如石棉、矿棉、硅藻土及黏土类矿物等性能的重要指标之一。

低温物理吸附仪测试颗粒材料的比表面积之外，还可用于测量颗粒材料的孔径和孔容分布。孔结构的测定一般有气体吸附法和压汞法等，气体的物理吸附应用于直径小于 50 nm 的孔，而压汞法可应用于直径大于约 3.5 nm 的孔分布。对于分子不能进入的封闭孔可用小角 X 射线散射或小角中子散射等方法测定。注意不要用气体吸脱附实验测试孔径大于 50 nm 的样品。

29.1.1　比表面积测量方法

如何测量材料的比表面积呢？若固体有规则的几何外形，借助通常的仪器(如激光粒度仪、电子显微镜等)测量颗粒的大小，即可计算求得其表面积。但粉末或多孔性物质表面积的测定则比较困难，它们不仅具有不规则的外表面，还有复杂的内表面。一般比表面积大、活性强的多孔物，吸附能力大。因此测定比表面积方法可用吸附的方法来测量，通常有气体吸附法和溶液吸附法两类。其中以氮气吸附法为最通用。

气体吸附法方法测试比表面积测试方法主要分连续流动法(即动态法)和静态容量法。连续流动法是将待测粉体样品装在 U 型样品管内，使含有一定比例吸附质的混合气体(如氮和氦的混合气体)流过样品，根据吸附前后气体浓度变化来确定被测样品对吸附质分子(N_2)的吸附量；连续流动法仪器中常用的有直接对比法和多点 BET 法。直接对比法，这种方法的仪器叫做直读比表面仪，该方法测试的原理是用已知比表面的标准样品作为参照，来确定未知待测样品相对于标准样品的吸附量，通过比例运算从而求得待测样品比表面积。多点 BET 法为国标比表面测试方法，其原理是求出不同分压下待测样品对氮气的绝对吸附量，通过 BET 理论计算出单层吸附量，从而求出比表面积；其理论认可度相对直接对比法高，但实际使用中，由于测试过程相对复杂，耗时长，使得测试结果重复性、稳定性、测试效率相对直接对比法都不具有优势。

静态法根据确定吸附量方法的不同分为重量法和容量法。重量法是根据吸附前后样品重量变化来确定被测样品对吸附质分子(N_2)的吸附量，由于分辨率低、准确度差、对设备要求高等缺陷已很少使用。

容量法是将待测粉体样品装在一定体积的一端封闭的试管状样品管内，向样品管内注入一定压力的吸附质气体，根据吸附前后的压力变化来确定被测样品对吸附质分子(N_2)的吸附量；在低温(如液氮浴)条件下，向样品管内通入一定量的吸附质气体(N_2)，通过控制样品管中的平衡压力直接测得吸附分压，通过气体状态方程得到该分压点的吸附量；通过逐渐投入吸附质气体增大吸附平衡压力，得到吸附等温线；通过逐渐抽出吸附质气体降低吸附平衡压力，得到脱附等温线；与动态法相比，静态法无须载气(He)，无须液氮杯反复升降；由于待测样品是在固定容积的样品管中，吸附质相对动态法不流动，故叫静态容量法。

动态法和静态法的目的都是确定吸附质的气体吸附量。吸附质气体的吸附量确定后，就可以由该吸附质分子的吸附量来计算待测粉体的比表面积了。

动态法和静态容量法是常用的主要的比表面测试方法。两种方法比较而言，动态法比较适合快速测试比表面积和中小吸附量的小比表面积样品(对于中大吸附量样品，静态法和动态法都可以定量得很准确)，静态容量法比较适合比表面积及孔径测试。虽然静态法具有比表面积测试和孔径测试的功能，但静态法样品真空处理耗时较长，吸附平衡过程较慢、易受外界环境影响等，使得测试效率相对动态法的快速直读法低，对小比表面积样品测试结果稳定性也较动态法低，所以静态法在比表面测试的效率、分辨率、稳定性方面，相对动态法并没有优势；静态法无须液氮杯升降来吸附脱附，所以相对动态法省时；静态法相对于动态法由于氮气分压可以很容易地控制到接近 1，所以比较适合做孔径分析。而动态法由于是通过浓度变化来测试吸附量，当浓度为 1 时的情况下吸附前后将没有浓度变化，使得孔径测试受限。

静态容量法的误差：以比表面积 1 m^2/g 的样品为例，该样品 0.5 g 对氮气的吸附量在符合 BET 方程的分压范围内，在标准状况下约 0.1 mL，在测试过程中的吸附温度下(77 K，液氮)的体积约 0.03 mL；样品管装样部分的剩余体积(也就是背景体积)约在 3～5 mL 左右，要在 3～5 mL 的样品管体积中准确定量出 0.03 mL 的总吸附量，且保证精度达到 2%以内，可以算出要求压力传感器的精度要达到 0.02%以上；但目前进口最好的压力传感器的精度只有 0.1%，而且通常比表面及孔径分析仪用的压力传感器精度为 0.15%，也就是说目前最高精度的压力传感器，即使温度场理想稳定，液氮面理想恒定，环境温度理想准确条件下，对吸附量确定量的不确定度也只能达到 0.003 mL，即不确定度达到 10%；若对于比表面再小，或堆积密度小也就是装样量也难以很大的样品，其准确度就可想而知了。但对于中大比表面样品，一般吸附量不会那么微小，静态法的精度很容易保证在 2%甚至 1%以内便不是问题。

所以在小比表面样品的测试方面，静态法仪器测试的误差相对于高精度的动态法仪器的误差大；静态法只能通过增加装样量来降低误差，常见的是静态一般都会为小比表面积样品配备大容量样品管，但由于背景体积(吸附腔体积)也随之增大，所以准确度提高也是有限的；这点是采用静态法仪器测试比表面积应考虑的因素。

29.1.2 吸附现象

1. 物理吸附与化学吸附

广义来说，分子、原子或者离子等在物质界面附近的富集都可以叫做吸附(严格区分的话，包括吸附和吸收)。吸附可以分为物理吸附和化学吸附，两者最主要的区别是有没有形成化学键(严格的鉴定比较麻烦，有兴趣的读者请看相关资料)，表现出来的特征差异见表 29-1。

表 29-1 物理吸附与化学吸附的基本区别

性质	物理吸附	化学吸附
吸附力	分子间作用力(范德华力)	化学键
吸附热	较小(与液化热相近)	较大(与反应热相近)
吸附速率	较快(一般不受温度影响，不需活化能)	较慢(随温度变化，需要活化能)
吸附层	单分子层或多分子层	单分子层
吸附温度	沸点以下或低于临界温度	无限制
吸附可逆性	可逆，通常可完全脱附	不可逆
吸附选择性	无	有

物理吸附也称范德华吸附，它是由吸附质和吸附剂分子间作用力所引起，此

力也称作范德华力。由于范德华力存在于任何两分子之间，所以物理吸附可以发生在任何固体表面上。

吸附剂表面的分子由于作用力没有平衡而保留有自由的力场来吸引吸附质，由于它是分子间的吸力所引起的吸附，所以结合力较弱，吸附热较小，吸附和解吸速率也都较快。被吸附物质也较容易解吸出来，所以物理吸附在一定程度上是可逆的。例如，活性炭对许多气体的吸附，被吸附的气体很容易解脱出来而不发生性质上的变化。吸附于固体表面的气体分子，不与固体产生化学反应，这种吸附称为物理吸附，物理吸附的特点是：吸附热小，吸附速度快，无选择性，可逆，通常是发生在接近气体液化点的温度，一般是多层吸附。

物理吸附在化学工业、石油加工工业、农业、医药工业、环境保护等部门和领域都有广泛的应用，最常用的是从气体和液体介质中回收有用物质或去除杂质，如气体的分离、气体或液体的干燥、油的脱色等。物理吸附在多相催化中有特殊的意义，它不仅是多相催化反应的先决条件，而且利用物理吸附原理可以测定催化剂的表面积和孔结构，而这些宏观性质对于制备优良催化剂，比较催化活性，改进反应物和产物的扩散条件，选择催化剂的载体以及催化剂的再生等方面都有重要作用。

2. 微孔填充(micropore filling)与毛细凝聚(capillary condensation)

根据 IUPAC 分类，可将多孔材料分为三类：尺寸小于 2 nm 的叫微孔(micropore)材料，尺寸大于 50 nm 的叫大孔(macropore)材料，介于 2 nm 和 50 nm 之间的多孔材料叫做中孔或者介孔(mesopore)材料。在有些文献中会提及纳孔(nanopore)这个概念，这其实不是根据孔分类标准采用的称呼，可以包括以上三种孔，但孔径不超过 100 nm。

气体在多孔材料表面的吸附，根据其机理可分为微孔填充(micropore filling)和毛细凝聚(capillary condensation)两种。由于微孔内孔壁吸附势的重叠，引起其内表面吸附势的增强，在气体相对压力(p/p_0)较低情况下，固体表面对吸附质分子就具有相当强的捕捉能力。这种在气体相对压力较低时，由于微孔内孔壁吸附势的重叠，促进固体表面对吸附质分子的吸附，称之为微孔充填。

在多孔性吸附剂中，若能在吸附初期形成凹液面，根据 Kelvin 公式，凹液面上的平衡蒸汽压总小于平液面上的饱和蒸汽压，在小于吸附质饱和蒸汽压时，凹液面上已达饱和而发生蒸汽的凝结，称为毛细凝聚。毛细凝聚总是从小孔开始向大孔发展，随着气体压力的增加，发生气体凝结的毛细孔越来越大；而脱附时，由于发生毛细凝聚后的液面曲率半径变化，故在相同吸附量时脱附压力总小于吸附压力。

微孔充填与毛细凝聚在孔被填满的现象上相似，但本质上是不同的(表 29-2)。微孔充填是取决于吸附分子与表面之间增强的势能作用的微观现象，在相对压力很低的情况，发生在微孔内；而毛细凝聚则是取决于吸附液体弯液面特性的宏观现象，毛细凝聚的必要条件是孔内能至少容纳下两层粒子，发生在中孔内和中等相对压力下。

表 29-2　微孔填充与毛细凝聚现象的基本区别

项目	微孔填充	毛细凝聚
产生原因	微孔内孔壁吸附势的重叠	吸附液体弯液面特性
孔径	微孔	中孔
吸附质相对压力	压力很低时就发生	中等及中等以上压力

3. 吸附等温线的类型及其特征

吸附等温线：对于给定的固体-气体体系，在温度一定时，可以认为吸附作用势一定，这时候，吸附量是压力的函数，这个关系叫做吸附等温线。

气体在固体表面的吸附状态多种多样，IUPAC 将吸附等温线分为六类，实际中吸附等温线大多是这六类等温线的不同组合(图 29-1)。

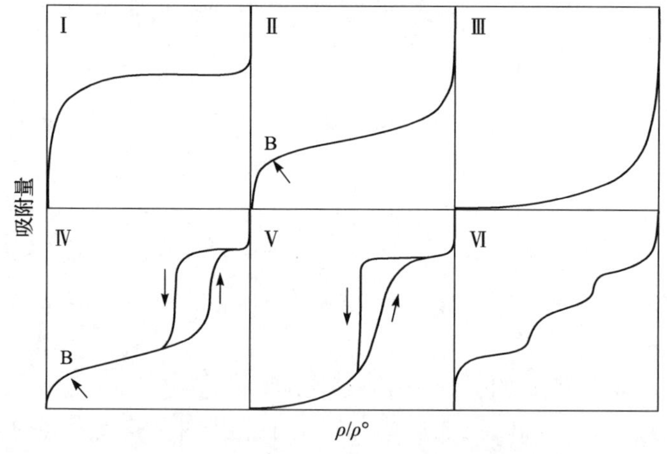

图 29-1　IUPAC 分类的六种吸附等温线

Ⅰ型等温线(或称 Langmuir 吸附等温线)在较低的相对压力下吸附量迅速上升，达到一定相对压力后吸附出现饱和值。一般，Ⅰ型等温线往往反映的是微孔吸附剂(分子筛、微孔活性炭)上的微孔填充现象，饱和吸附量等于微孔的填充体积。

Ⅱ型等温线(S 型吸附等温线)反映的是非孔或者大孔吸附剂上典型的物理吸附过程。吸附质与表面存在较强的相互作用，在较低的相对压力下吸附量迅速上升，曲线上凸。等温线拐点通常出现于单层吸附附近，随着相对压力的继续增加，多层吸附逐步形成，达到饱和蒸汽压时，吸附层无穷多，导致试验难以准确测定吸附平衡极限值。

Ⅲ型等温线下凹，且没有拐点。吸附气体量随组分分压增加而上升。曲线下凹是因为吸附质分子间的相互作用比吸附质与吸附剂之间的强，第一层的吸附热比吸附质的液化热小，以致吸附初期吸附质较难以吸附，而随吸附过程的进行，吸附出现自加速现象，吸附层数也不受限制。

Ⅳ型等温线与Ⅱ型等温线类似，但曲线后一段再次凸起，且曲线中段可能出现吸附回滞环，其对应的是多孔吸附剂出现毛细凝聚的体系。在中等的相对压力下，由于毛细凝聚的发生，Ⅳ型等温线较Ⅱ型等温线上升得更快。中孔毛细凝聚填满后，如果吸附剂还有大孔径的孔或者与吸附质分子相互作用强，可能继续吸附形成多分子层，吸附等温线继续上升。但在大多数情况下毛细凝聚结束后，出现吸附终止平台，并不发生进一步的多分子层吸附。

Ⅴ型等温线与Ⅲ型等温线类似，但达到饱和蒸汽压时吸附层数有限，吸附量趋于极限值。同时由于毛细凝聚的发生，在中等的相对压力下，等温线上升较快，并伴有回滞环。

Ⅵ型等温线是一种特殊类型的等温线，反映的是无孔均匀固体表面多层吸附的结果(如洁净的金属或石墨表面)。实际固体表面大都是不均匀的，因此很难遇到这种情况。

4. 回滞环(hysteresis loops)类型及特征

回滞环常见于Ⅳ型吸附等温线，指吸附量随着平衡压力增加时测得的吸附分支和压力减小时所测得的脱附分支，在一定的相对压力范围不重合，分离形成环状。在相同的相对压力时脱附分支的吸附量大于吸附分支的吸附量。解释的理论主要是毛细凝聚理论。根据最新的 IUPAC 的分类，回滞环有图 29-2 所示六种(1985 年的标准主要是 H1，H2a，H3，H4 四种)。

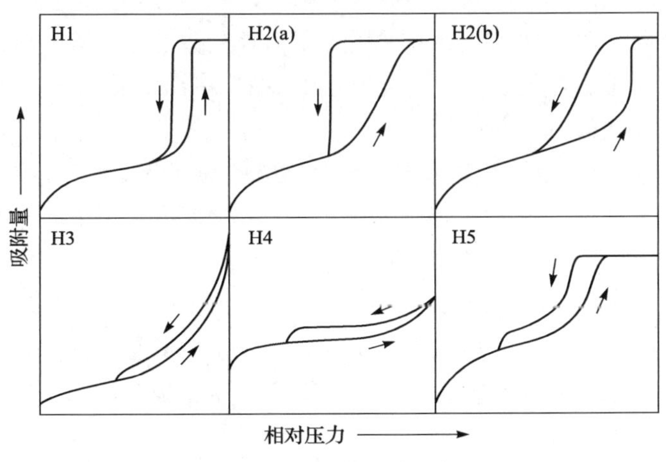

图 29-2　回滞环的分类

H1 型反映的是两端开口的管径分布均匀的圆筒状孔，H1 型回滞环出现在孔径分布相对较窄的介孔材料上，在尺寸较均匀的球形颗粒聚集体中也可观察到，如 MCM-41，MCM-48，SBA-15 等。

而 H2 型反映的孔结构复杂，可能包括典型的“墨水瓶”孔、孔径分布不均的管形孔和密堆积球形颗粒间隙孔等。其中孔径分布和孔形状可能不好确定，孔径分布比 H1 型更宽。H2a 型中脱附支很陡峭，主要是由于窄孔颈处的孔堵塞/渗，或者空穴效应引发的挥发，H2a 型回滞环常见于硅凝胶以及一些有序三维介孔材料，比如说 SBA-16，KIT-5。H2b 型相对于 H2a 型来说，孔颈宽度(neck width)的尺寸分布要宽得多，常见于介孔泡沫硅(MCFs)和一些经过水热处理后的有序介孔硅材料(比如 FDU-12 等)。

H1 和 H2 型回滞环吸附等温线上有饱和吸附平台，反映孔径分布较均匀。H3 和 H4 型回滞环等温线没有明显的饱和吸附平台，表明孔结构很不规整。

H3 型回滞环的吸附支和Ⅱ型吸附等温线类似，H3 型反映的孔包括：平板狭缝结构、裂缝和楔形结构等。H3 型回滞环由片状颗粒材料，如黏土，或由裂隙孔材料给出，在较高相对压力区域没有表现出吸附饱和。

H4 型回滞环相对于是Ⅰ型和Ⅱ型吸附等温线的复合。H4 型出现在微孔和中孔混合的吸附剂上，以及含有狭窄的裂隙孔的固体中，如活性炭、分子筛中。

H5 型回滞环较为少见，一般同时包含两端开口和一端堵塞的孔。

5. 吸附理论

气体吸附理论主要有朗缪尔单分子层吸附理论、波拉尼吸附势能理论、BET 多层吸附理论(多分子层吸附)、二维吸附膜理论和极化理论等，前三种理论应用最广。这些吸附理论都从不同的物理模型出发，综合考察大量的实验结果，经过一定的数学处理，对某种(或几种)类型的吸附等温线的限定部分做出解释，并给出描述吸附等温线的方程式。下面简单介绍最常用的 BET 吸附理论。

BET 吸附模型的基本假设为：

(1)吸附位点在热力学和动力学意义上均匀的(吸附剂表面性质均匀)，吸附热与表面覆盖度无关；

(2)吸附质分子间没有横向相互作用；

(3)吸附可以是多分子层的，且不一定完全铺满单层后再铺其他层；

(4)第一层吸附是气体分子与固体表面直接作用，其吸附热(E_1)与以后各层吸附热不同；而第二层以后各层则是相同气体分子间的相互作用，各层吸附热都相同，为吸附质的液化热(E_L)。

通过推到得 BET 方程(这里只介绍二常数 BET 公式)：

$$\theta = \frac{V}{V_m} = \frac{C \times p}{(p_0 - p)\left[1 + (C-1)\dfrac{p}{p_0}\right]}$$

式中，θ 为分子层数；V 为气体吸附量；p 为气体吸附平衡压力；p_0 为气体在吸附温度下的饱和蒸气压。常数 V_m 表示固体表面铺满单分子层时的吸附量；C 是与吸附热 E_1 和 E_L 有关的常数。方程变形后为

$$\frac{p}{V(p_0 - p)} = \frac{C-1}{V_m C} \times \frac{p}{p_0} + \frac{1}{V_m C}$$

如果以 $\frac{p}{V(p_0 - p)}$ 对 $\frac{p}{p_0}$ 作图可以得到一条直线，直线的斜率 $\frac{C-1}{V_m C}$，截距为 $\frac{1}{V_m C}$，由此可以求出常数 V_m 和 C。

可以采用 BET 公式求取 V_m 和 C。而从 V_m 可以算出固体表面铺满单分子层时所需的分子数。若已知每个分子的截面积，就可以求出吸附剂的总表面积和比表面积。

$$S = \frac{V_m}{22400} N_A \sigma_m$$

式中，S 为吸附剂的总表面积；σ_m 为吸附质分子的截面积(表 29-3)；N_A 为阿伏伽德罗常量。

表 29-3　不同方法得到的吸附质分子的截面积(nm^2)

吸附质	液体密度法	范德华常数法	吸附参比法
N_2	0.162(77 K)	0.153	0.162(标准)
Ar	0.138(77 K)	0.136	0.147
Kr	0.195(77 K)	—	0.202
O_2	0.141(77 K)	0.135	0.136
CO_2	0.170(195 K)	0.164	0.218
H_2O	0.105(298 K)	0.130	0.125
CH_4	0.158(77 K)	0.165	1.178

通常情况下，BET 公式只适用于处理相对压力(p/p_0)约为 0.05～0.35 的吸附数据。这是 BET 理论的多层物理吸附模型限制所致。当相对压力小于 0.05 时，

不能形成多层物理吸附，甚至连单分子物理吸附层也远未建立，表面的不均匀性就显得突出；而当相对压力大于 0.35 时，毛细凝聚现象的出现又破坏了多层物理吸附。

BET 公式中常数 C 是与吸附热 E_1 和 E_L 有关的常数。

$$C = C_0\exp\left(\frac{E_1 - E_L}{RT}\right) \approx \exp\left(\frac{E_1 - E_L}{RT}\right)$$

BET 公式中有(C–1)这一项，因此 C 的值会决定吸附等温线的形状。

(1) $C<1$ 时，$E_1 \ll E_L$，在等温线起始段，等温线凸向相对压力 p/p_0 轴，对应 IUPAC 吸附等温线分类中的Ⅲ型和Ⅴ型。

(2) $C>2$ 时，等温线起始段(p/p_0 不大时)凸向吸附量 V 轴，出现明显的拐点，C 值越大($E_1 \gg E_L$)，等温线起始段越向 V 轴凸出，对应 IUPAC 吸附等温线分类中的Ⅱ和Ⅳ型(指 p/p_0 在 0.05～0.35 这一部分)。

(3) 当 C=2 时，等温线起始段近似为直线，拐点消失。

在 BET 公式适用的范围内($0.05<p/p_0<0.35$)，C 值在 3～1000 之间。因此，Ⅱ，Ⅳ型吸附等温线是理想的测试平台。

一般地，以氮气为吸附质，在金属、聚合物和有机物上，C 值在 2～50；氧化物和二氧化硅上，C 值约 50～200；在活性炭和分子筛等强吸附剂上，C 值大于 200。

6. 气体吸附法测试样品的孔容积和孔径部分——中孔 BJH 计算法

孔容积(pore volume)和孔径分布(pore size distribution)：孔结构的测定一般有气体吸附法和压汞法等，气体的物理吸附应用于直径小于 50 nm 的孔，而压汞法可应用于直径大于约 3.5 nm 的孔系统。

基于毛细凝结现象，Kelvin 公式是中孔体积和孔径分布的基本计算模型。Kelvin 公式用于描述弯曲液面上饱和蒸气压与液面曲率半径的关系，假设液态吸附质与吸附剂完全浸润，液固间接触角为 0°，管内凹液面为球面，则有

$$\ln\frac{p}{p_0} = -\frac{2\gamma M}{RT\rho} \times \frac{1}{r}$$

式中，γ 为吸附质液体表面张力；M 为吸附质摩尔质量；ρ 为吸附质液体密度；r 为与 $\frac{p}{p_0}$ 对应的毛细管孔隙半径。

通过 Kelvin 公式求出 $\frac{p}{p_0}$ 所对应发生毛细凝聚的毛细管半径 r_k。在此 p/p_0 条

件下，所有比 r_k 值小的孔全部被毛细凝聚的吸附质充满，因此，吸附等温线上与此相对压力 p/p_0 对应的吸附体积 V_r，即为半径小于或等于此 r_k 全部孔的总容积。作 V_r-r_k 关系曲线，即孔容积对孔半径的积分分布曲线。在积分分布曲线上用作图法求取当孔半径增加 Δ_r 时吸附量增加的体积 ΔV_r，求出 $\Delta V_r/\Delta r$（或者采用数值方法求出 dV_r/dr），以 $\Delta V_r/\Delta r$ 对 r_k 作图，即孔半径的微分分布曲线。微分分布曲线最高峰对应的半径成为最可几半径。

BJH 计算公式在 Kelvin 公式上的进步：Kelvin 公式所算得的 r_k 不是真实的孔径 r_p，因为吸附过程当毛细凝聚现象在孔半径为 r_p 的孔中发生时，孔壁上已近覆盖了厚度为 t 的吸附层，毛细凝聚实际是在吸附膜所围成的“孔心”发生，$r_p=r_k+t$。BJH 法将这一点考虑在内，算出来的孔容积和孔径分布更加准确（具体过程太复杂，不详述）。

Ⅳ型等温线上有回滞环，表明中孔的存在。孔径分布可以根据等温线的吸附支或者脱附支数据计算。数据的下限取回滞环的闭合点（p/p_0= 0.42～0.50），对应的孔半径在 1.7～2 nm。数据的上限是Ⅳ型等温线在高相对压力一侧回滞环闭合后的平台；但若此平台不易分辨，通常 p/p_0 上限可取 0.95，相应的孔径为 20 nm。相对压力上限不宜取得太高，因为当 p/p_0 接近 1 时，相对压力变化 1%，孔径变化近 100%，压力测量微小的误差就会导致孔径计算的巨大误差。

BJH 孔径分布的应用条件：

(1) 孔隙是刚性的，不能用于软孔样品；

(2) 样品不存在微孔；

(3) 适用于筒形孔或圆柱孔条件，即活性炭样品绝对不能用 BJH 处理；

(4) 4 nm 以上孔径分析误差较小；4 nm 以下孔径分析误差可达 20%（偏小）；

(5) 只有Ⅳ类等温线 H1 迟滞环可以用脱附曲线计算孔径分布；

(6) 用吸附曲线计算目前普遍研究的样品比较保险；

(7) H2 型迟滞环绝对不能用脱附曲线计算孔径分布。

一般情况下，孔径计算应该采用脱附支数据。因为：

(1) 对于理想的两端开口的圆筒形孔，吸附支和脱附支重合。

(2) 对于两端开口的圆柱形孔，吸附支对应的弯液面曲率是圆柱面，而脱附支对应的才是在孔口处形成的球形弯液面。

(3) 平板孔和由片状粒子形成的狭缝形孔，吸附时不发生毛细凝聚，而脱附支数据才反映真实的孔隙。

(4) 对于口小腹大的“墨水瓶”孔等带有咽喉孔口的孔（喉部尺寸小于空腔尺寸），吸附是一个孔空腔内逐渐填满的过程，根据吸附支数据可得到空腔内的孔径分布，但是脱附支能反映喉部的孔径（这里为 FDU-12 等三维介孔材料的窗口与孔径的计算提供了理论依据）。而多孔催化剂的内扩散速率恰恰是被孔道最窄的喉部尺寸限制，而不是扩展的空腔尺寸。因此脱附支是孔大小更好的度量。特别是当交织的孔结构具有几条平行的喉管时，脱附支反映的是其中最粗的喉管尺寸，而这恰好又能正确地反映孔结构对催化剂内扩散的限制作用。

(5)吸附时，在毛细凝聚前可能需要一定程度的过饱和，Kelvin 公式所假定的热力学平衡可能达不到。还有脱附时毛细孔内的凝聚液与液体本体性质接近，而吸附时，物理吸附作用力(特别是第一层)与液体本体分子间力不一样，这时 Kelvin 公式使用液体本体表面张力与液体的摩尔体积比较勉强。

29.2　仪器构成及原理

29.2.1　仪器基本构成

低温物理吸附仪主要由脱气装置和测试装置两部分组成。

脱气装置用于样品预处理，脱除样品表面吸附的气体、水、有机溶剂等杂质。样品在加热且抽真空的情况下，进行脱除表面吸附的杂质。该装置主要有加热部分和真空脱气部分组成，另外还有用于气体回填的装置。

测试装置用于在低温情况下，测试固体颗粒表面吸附气体的能力。通常在液氮温度，不同的相对压力下的测试样品的吸附量，得到样品的吸附脱附曲线。该装置主要有样品管、杜瓦瓶、真空泵、压力检测器、控制系统和数据系统处理组成。

29.2.2　工作原理

首先仪器要进行抽真空操作，在高真空状态下，通过仪器内置的传感器，实时检测注入进样器内的压力，改变进样器内的氮气气体分压，实现测定不同吸附压力下的氮气吸附量，从而得出相应数据，把得出的数据带入 BET 公式，BET 方程是建立在多层吸附的理论基础之上，与物质实际吸附过程更接近，因此测试结果更准确。依据多层吸附理论，通过 BET 方程求出被测样品单层饱和吸附量，进而求得比表面积。当 p/p_0 取点在 0.05～0.30 范围内时，BET 方程与实际吸附过程相吻合，图形线性也很好，因此实际测试过程中选点在此范围内。

BET 法是目前世界上采用最多的氮吸附比表面积测试方法，通过测被测样品在不同氮气分压下多层吸附量，以 p/p_0 为 X 轴，$\dfrac{p}{V(p_0-p)}$ 为 Y 轴，由 BET 方程作图进行线性拟合，得到直线的斜率和截距，从而求得 V_m 值计算出被测样品比表面积。

用氮吸附法测定孔径分布是比较成熟而广泛采用的方法，它是用氮吸附法测定 BET 比表面积的一种延伸，都是利用氮气的等温吸附特性曲线：在液氮温度下，氮气在固体表面的吸附量取决于氮气的相对压力(p/p_0)；当 p/p_0 在 0.05～0.35 范围内时，样品吸附特性符合 BET 方程；当 $p/p_0 \geqslant 0.4$ 时，由于产生毛细凝聚现象，即氮气开始在颗粒孔隙中发生凝聚，通过实验和理论分析，可以测定孔容、孔径分布，等效为孔的体积。由毛细凝聚现象可知，在不同的 p/p_0 下，能够发生毛细凝聚现象的孔径范围是不一样的。当 p/p_0 值增大时，能发生凝聚现象的孔半径也随之越大，对应于一定的 p/p_0 值，存在一临界孔半径 r_k，半径小于 r_k 的所有孔皆发生毛细凝聚，液氮在其中填充，大于 r_k 的孔皆不会发生毛细凝聚，液氮不会在其中填充。临界半径可由凯尔文方程给出：

$$r_K = -0.414\lg(p / p_0)$$

式中，r_K 为凯尔文半径，它完全取决于相对压力 p/p_0，即在某一 p/p_0 下，开始产生凝聚现象的孔半径为一确定值，同时可以理解为当压力低于这一值时，半径大于 r_K 的孔中的凝聚液将气化并脱附出来。实际过程中，凝聚发生前在孔内表面已吸附上一定厚度的氮吸附层，该层厚也随 p/p_0 值而变化，因此在计算孔径分布时需进行适当的修正。利用氮吸附法测定孔径分布，采用的是体积等效代换的原理，即以孔中充满的液氮量代替孔体积。

换句话说就是，在已知容积的密闭系统中，放入吸附物质，在一系列氮气的压力下，根据气态方程，即气体质量和温度、压力及容积之间关系，计算出氮气的被吸附量，知道了被测样品的吸附量，然后代入 BET 公式和 BJH 计算模型，就可得出被测样品的比表面积、孔容和孔径等结果。

29.3　实 验 步 骤

29.3.1　样品制备

样品为充分干燥的固体小颗粒。若样品颗粒过小，还需要进行压块，以防小颗粒粉尘到处飞扬。样品比表面积＞10 m^2/g，适合氮气吸附分析。样品质量不小于 0.2 g，表 29-4 为建议用量。

表 29-4　比表面积测试样品推荐用量

比表面积/(m^2/g)	称样量/g
＞100	～0.1
10～100	0.1～0.5
1～10	＞1

29.3.2 测试操作

称量样品管+转移塞 W_0，加入样品后称量 W_1，样品重量 $W=W_1-W_0$ 应该在合适的范围内。根据需要决定是否使用填充棒。

填充棒可以减少自由空间体积，来提高测试低表面积样品的精度。当样品管内总比表面积小于 100 m^2 时，推荐使用填充棒；当样品管内总比表面积大于 100 m^2 时，没有必要使用填充棒；由于使用填充棒会干扰热传输校正，所以在测试微孔时，要避免使用填充棒。

将样品管连同样品放到脱气装置上进行脱气。根据样品性质确定脱气温度。以确保在脱气过程中样品的结构不发生变化。根据脱气温度确定脱气时间。一般来说，脱气温度越高脱气时间越短，脱气温度越低，脱气时间越长。通常，120℃脱气 8 小时。样品脱气，充分冷却后，用氮气回填，再次进行称重。

将样品管连同脱气后的样品，安装测试装置的接口上。向杜瓦瓶中填充入液氮。

打开机器电源，打开计算机，双击图标打开操作软件。点击分析图标“TriStar 3020”。填入样品重量。开始测试。

29.3.3 仪器操作注意事项及维护

使用一段时间之后，要更换脱气装置中的干燥分子筛。更换真空泵中的硅油。用标准样品，进行设备的校验。样品管要进行充分的清洗，烘干。

29.4 应　　用

下图为某样品经过测试获得的吸附脱附曲线。

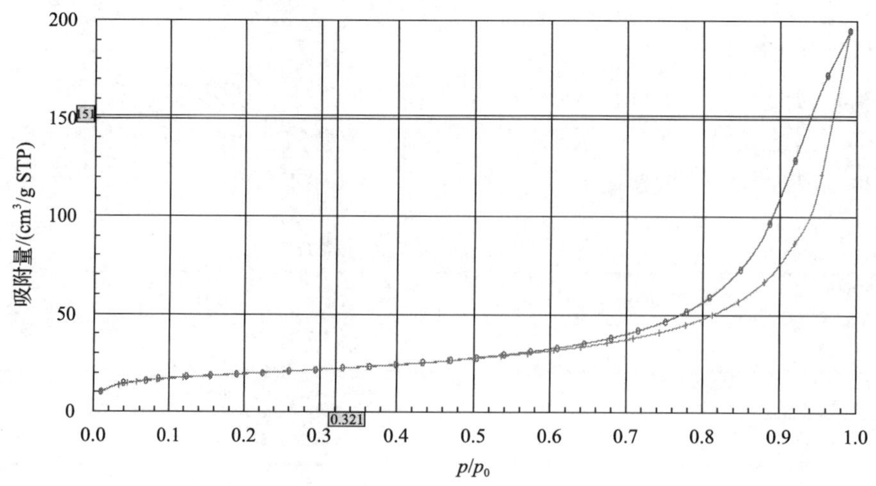

数据经处理后，绘出的 BET 图和孔体积分布图。

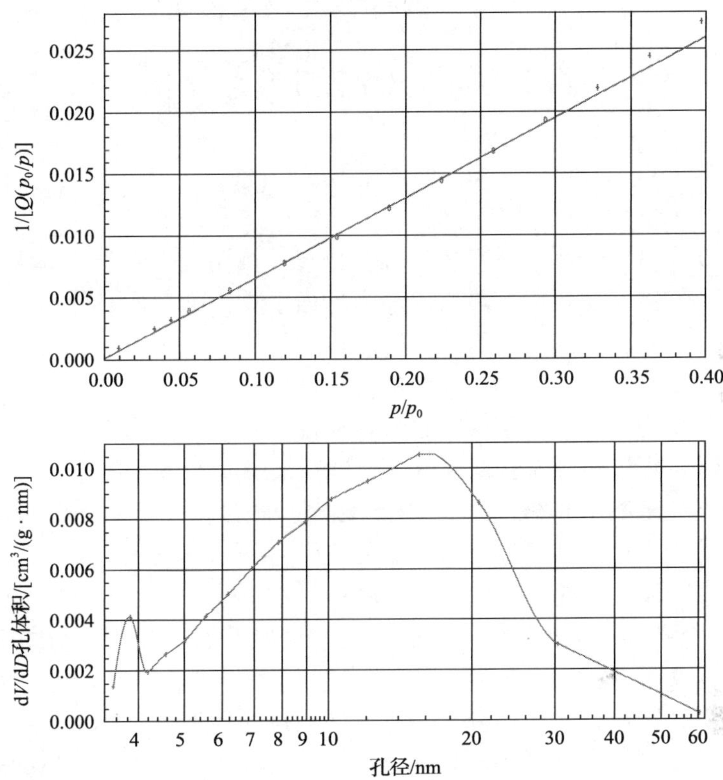

第 30 章　激光粒度分析

30.1　概　　述

激光粒度仪可用于测量颗粒物的粒度分布。颗粒是指处于分割状态下的微小固体、液体和气体，也可以是具有生命力的微生物、细菌病毒等，多数情况下，颗粒是指固体颗粒，而液体颗粒和气体颗粒则相应地称为液滴和气泡。随着科学技术的日益进展和发展，在国民经济的许多部门中出现了越来越多地与细微颗粒密切相关的技术问题，有待解决，颗粒粒径的测量就是其中最基本也是最重要的一个方面。超高速智能激光粒度仪可以测试 0.1～3500 μm 的颗粒。颗粒太小，不适宜激光粒度仪来测试其颗粒大小。纳米颗粒一般是指小于 100 nm 的颗粒，由于纳米颗粒的特殊性质，得到越来越广泛的应用，纳米颗粒的粒度可以用纳米粒度仪来进行测量，而不能用激光粒度仪来测量。

激光粒度仪是通过测量颗粒群的衍射光谱经计算机处理来分析其颗粒分布的。它可用来测量各种固态颗粒、雾滴、气泡及任何两相悬浮颗粒状物质的粒度分布、测量运动颗粒群的粒径分布。它不受颗粒的物理化学性质的限制。该类仪器因具有超声、搅拌、循环的样品分散系统，所以测量范围广、自动化程度高、操作方便、测试速度快；测量结果准确、可靠、重复性好。

30.1.1　颗粒粒度的等效粒径

颗粒的粒度定义为颗粒所占据空间大小的尺寸。它的范围变化很大，可以从零点几纳米到几千微米。表面光滑的球形颗粒的粒径，就是它的直径。但非球体或不光滑表面颗粒的粒度，表征就复杂得多，通常用等效粒径来表示。表 30-1 是几种表征不规则颗粒粒度的方法。

表 30-1　不规则颗粒粒度表征的几种方法

等效粒径	物理意义
等效体积直径	与颗粒体积相同的球的直径
等效表面积直径	与颗粒表面积相同的球的直径
等效体积表面积直径	与颗粒体积与表面积比相同的球的直径
等效阻力直径	与颗粒在同种黏度介质中，以相同速度，运动时受到相同阻力的球的直径

续表

等效粒径	物理意义
等效自由沉降直径	与颗粒密度相同，在同样密度和黏度的介质中，具有相同自由沉降速度的球的直径
等效斯托克斯直径	在层流区的自由沉降直径
投影面积直径	与静止颗粒有相同投影面积的圆的直径
等效筛分直径	颗粒刚能通过的最小方孔的宽度

当然还有其他表征方法。激光粒度仪所测粒度为等效体积直径。

30.1.2　颗粒群的粒径分布

颗粒群或颗粒系是由许多颗粒组成的，如果组成颗粒群的所有颗粒均具有相同或近似的粒度则称该颗粒群为单分散的，当颗粒群由大小不一的颗粒组成时，称为多分散，颗粒群尺寸或粒径分布，是指组成颗粒群的所有颗粒尺寸大小的规律。

实际颗粒群的颗粒粒度分布，严格讲是不连续的，但当测量的数目很大时，可以认为是连续的，由不同大小的颗粒组成的多分散颗粒的尺寸分布有单峰分布和多峰分布等形式。

表达颗粒群粒度分布的方法有多种，根据物理意义分有颗粒数量分布和颗粒体积分布两种。由于颗粒体积是直径的三次方，即使在样品中只存在极少量的大颗粒，其体积分布与数量分布也有很大差异。因此在表示尺寸分布时，很重要的一点是要说明该分布是尺寸分布，是体积分布还是数量分布。

30.2　仪器构成及原理

30.2.1　仪器基本构成

激光粒度仪主要包括激光光源、样品池、激光检测器、数据采集与处理系统（图 30-1）。

30.2.2　工作原理

激光粒度仪是根据颗粒能使激光产生散射这一物理现象测试粒度分布的。由于激光具有很好的单色性和极强的方向性，所以在没有阻碍的无限空间中激光将会照射到无穷远的地方，并且在传播过程中很少有发散的现象。当光束遇到颗粒阻挡时，一部分光将发生散射现象。散射光的传播方向将与主光束的传播方向形成一个夹角 θ。散射理论和结果证明，散射角 θ 的大小与颗粒的大小有关，颗粒

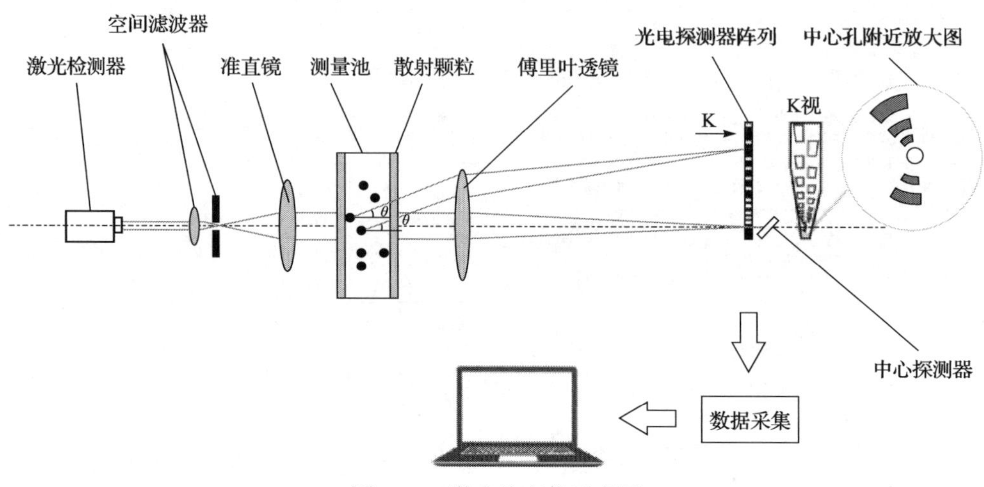

图 30-1　激光粒度仪示意图

越大，产生的散射光的 θ 角就越小；颗粒越小，产生的散射光的 θ 角就越大。进一步研究表明，散射光的强度代表该粒径颗粒的数量。这样，测量不同角度上的散射光的强度，就可以得到样品的粒度分布了。

根据散射光谱是否稳定分为静态光散射和动态光散射。静态光散射能谱是稳定的空间分布。主要适用于微米级颗粒的测试，经过改进也可将测量下限扩展到几十纳米。而动态光散射是根据颗粒布朗运动的快慢，通过检测某一个或两个散射角的动态光散射信号分析纳米颗粒大小，其能谱随时间高速变化。动态光散射原理的粒度仪仅适用于纳米级颗粒的测试。本章介绍静态光散射，以马尔文公司的 Master 3000 为例。

颗粒粒径的测试方法主要分湿法和干法两种。主要是样品池体系不一样。所谓湿法测试主要有液体样品池、分散剂、排液系统。干法测试，实际上是用空气对样品进行分散。它包括干法样品池、空气压缩机、抽气系统。

通常情况下粒度测试采用湿法分散技术，机械搅拌使样品均匀散开，超声波振荡可以使团聚的颗粒充分分散，电动搅拌和电动泵使大小颗粒在整个循环系统中均匀分布，从而在根本上保证了宽分布样品测试的准确重复。

湿法测试时分散剂的选择遵循的一个重要原则就是，样品在分散剂中不能发生溶解。如果样品溶解，对样品进行分析并观察遮光度，可以发现遮光度降低。另外，如果分散介质中气泡，计算结果也会产生误差，因此使用前要考虑排气。一般采用超声或者煮沸的方法(对于可挥发性分散介质不能通过加热分散剂来去除气体)。

超声不仅能除去分散介质中的气泡，而且也可以帮助样品在分散介质中分散。如果盛放样品的容器底部有大量颗粒结块，容器放入超声波槽里分散两分钟，效果会非常明显。注意对易碎颗粒使用超声波时要小心，因为超声波可能会使颗粒破碎。如果对使用超声波前后的效果有疑义，则可用显微镜进行观测。

添加表面活化剂有助于样品分散，添加少量表面活化剂可以使样品易于分散在分散剂中，而不至于浮于表面或结成团。标准是每升一滴。如果过量，会产生气泡，对测量结果造成影响。

一个样品一般重复测量 3 次，取平均值作为测量结果，如重现性差则要剔除不正常的结果或重新取样测量。

一些样品易和湿分散剂起反应，比如可能溶解或和液体接触时膨胀，所以只能在干燥状态下测量。若样品结块只需要在烘箱中干燥一下即可。但精细的物质在烘箱中干燥时，样品会受到破坏，为了去潮，应将烘箱调到最高温度，但不能高于样品熔点。如果烘箱对样品有明显影响，可用干燥器来干燥样品。

30.3 实 验 步 骤

30.3.1 样品制备

在针对颗粒样品进行粒度测试时，无论使用的是哪一种测试仪器，其对样品的制备与数据分析均是保证正确测试的首要条件。样品制备是正式进行粒度测试前样品及测试条件的预备过程，包括样品的采集、缩分、分析样品用量的确定、分散剂的选择、分散剂用量的确定及分散效果检查等。

30.3.2 测试操作

(1)开机。首先打开仪器主机电源和计算机，在桌面上双击打开 MS3000 软件。软件打开后，首先检查联机情况，正常软件的右下角会出现 MS3000 主机序列号和所连接的附件种类。如果所连接的附件超过 1 个，可以点击 CAN1 位置，软件会显示可供选择的附件类型。根据需要选择相应要使用的附件类型即可。

(2)新建测试文件，设置文件存放的路径、文件的名称等，用于存放测试数据结果。

(3)点击菜单 Measure-Manual，进行手动测试。根据软件提示，填入相应的数据参数，完成后点击 OK，出现测试界面。

(4)点击绿色箭头，机器开始自动对光，检查背景，自动完成测试。数据自动保存。

(5)打开某一个测试结果，剪切图片，复制数据到一个 Excel 表格中，即完成数据的转移。

(6)测试完成之后，关闭软件，再关闭仪器和计算机。

30.3.3　仪器操作注意事项及维护

粒度仪器的维护主要集中在样品窗口,使用一段时间之后玻璃窗口沾上污垢、油脂、粉尘等影响测试。使用一段时间后，要清理玻璃窗口，用擦镜纸擦拭，用乙醇清洗。杜绝用金属器具等坚硬工具清理玻璃窗口，以免损坏。

30.4　应　　用

下图是某样品测试的数据结果。

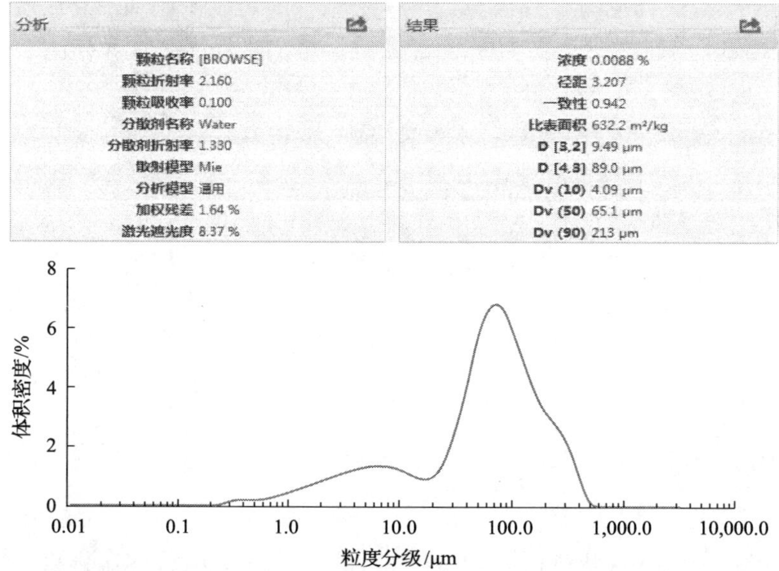

这是粒径的体积分布图。图中 $D_V(50)$是指有 50%的颗粒粒径小于 $D_V(50)$，$D_V(90)$是指有 90%的颗粒粒径小于 $D_V(90)$。加权残差是指测试数据加权后拟合得到粒度的分布与测试数据之间的误差，残差越小表示测量结果越准确，通常相差小于 3%数据可用。残差大于 10%数据必须重新测量。

第 31 章　纳米粒度及 Zeta 电位分析

31.1　概　　述

31.1.1　纳米粒度

由瑞利散射理论可知，当颗粒粒度小于光波波长时，散射光相对强度的角分布与粒子大小无关，所以不能够通过对散射光强度的空间分布（即静态光散射法 SLS）来确定颗粒粒度，而动态光散射（DLS）正好弥补了在这一粒度范围内其他光散射测量手段的不足。

液体中粒子由于周围溶剂分子的撞击所致的随机热运动称为布朗运动。小粒子在液体中运动速度较快，而大颗粒运动相对缓慢。相同时间内，如果位移比较小，粒子位置接近，则样品中粒子较大；同样，如果位移较大，粒子位置变化很大，则样品中粒子较小。运用扩散速度与粒径之间的关系，可以测定粒子的大小。简而言之只要测量出粒子的布朗运动速度，就可得到粒子的大小。

DLS 理论说的是当光束通过产生运动的颗粒时，会散射出一定频移（Δf）的散射光（多普勒效应），其散射光在空间某点形成干涉，该点光强的时间相关函数的衰减与颗粒布朗运动速度有一一对应的关系。通过检测散射光的光强随时间变化，并进行相关运算可以得出颗粒粒度大小。动态光散射法适于测定亚微米级颗粒。DLS 仪器中所测量的粒子粒径，是假设被测量粒子以相同速度扩散的球体直径。纳米粒度仪仪器系统使用动态光散射（DLS）技术测量样品中粒子的布朗运动，然后使用已建立的理论拟合实验原始数据从而得到粒子的粒径和分布。

31.1.2　Zeta 电位

在溶液中带负电粒子会从液体中吸引阳离子；相反，带正电粒子会从液体中吸引阴离子。接近粒子表面的离子将会被牢固地吸附，而较远的则松散结合，形成所谓的扩散层。在扩散层内，有一个概念性边界；当粒子在液体中运动时，在此边界内的离子将与粒子一起运动；但此边界外的离子将停留在原处，这个边界称为滑动平面（slipping plane）。

在粒子表面和分散溶液本体之间存在电位，此电位随粒子表面的距离而变化，在滑动平面上的电位叫做 Zeta 电位(图 31-1)。

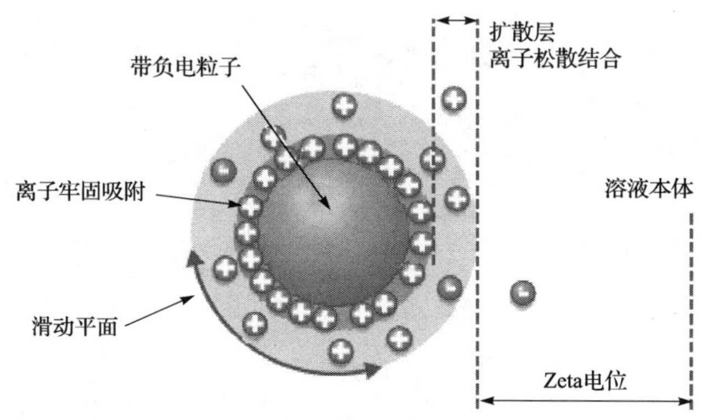

图 31-1　溶液中的带电粒子及 Zeta 电位示意图

应用电泳法和激光多普勒测速法(有时称为激光多普勒电泳法)相结合的测量技术，可测量 Zeta 电位。这种方法测量粒子在所施加电场的液体中的运动速度。一旦我们知道粒子的电泳速度和所应用的电场强度，通过使用另外两个已知的样品参数：黏度(viscosity)和介电常数(dielectric constant)，我们可以计算出 Zeta 电位。

31.2　仪器构成及原理

31.2.1　仪器基本构成

纳米粒度仪包括 DLS 系统、安装有测试操作软件的计算机和样品池组成。典型的 DLS 系统由 6 个主要部件组成。首先是激光器①，用于提供照射样品池②内样品粒子的光源。大多数激光束直接穿过样品，但有一些被样品中的粒子所散射。检测器③用于测量散射光的强度。由于粒子向所有方向散射光，将检测器置于任何位置都是(理论上)可能的，都可以监测到散射。对于 Zetasizer Nano 系列，依赖于仪器的型号，检测器位置将置于 173°或 90°。散射光强必须在检测器的特定范围，以便成功进行测量。如果监测到太多的光，那么检测器可能会过载。为克服这个问题，使用衰减器④，降低激光强并因此降低散射光的光强。对散射光较弱的样品(例如极小粒子或较低浓度样品)，必须增加散射光量。在这种情况下，衰减器允许更多激光穿过样品。对散射较强的样品(例如大颗粒或较高浓度样品)，必须降低散射光量。这是通过使用衰减器降低穿过样品的激光量实现的。在测量过程中，Zetasizer 自动确定衰减器的适当位置。将检测器的散射光强信号传递至数字信号处理板，此板称为相关器⑤。相关器在连续时间间隔内比较散射光强，得到光强变化的速率。然后将相关器信息传递至计算机⑥，此处 Zetasizer 软件将分析数据并得到粒径信息。

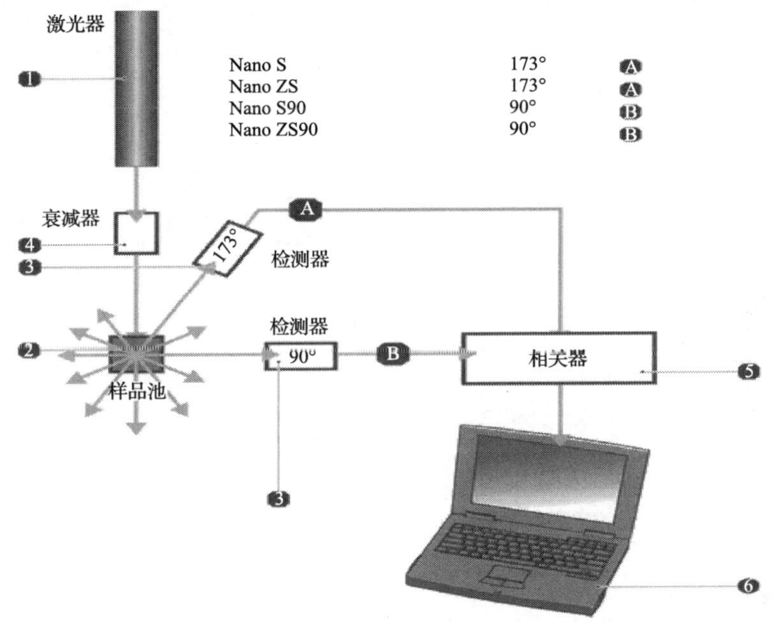

图 31-2　DLS 系统示意图

31.2.2　工作原理

1. 粒径测量原理

如果单个小粒子被光源如激光照射，粒子将在各个方向散射，如果将屏幕靠近粒子，屏幕即被散射光照亮。现在考虑以千万个粒子代替单个粒子，屏幕将出现散射光斑。散射光斑由明亮和黑暗的区域组成，在黑暗区域不能监测到光。什么引起这些明亮区域和黑暗区域？光的明亮区域是：粒子散射光以同一相位到达屏幕，相互叠加相干形成亮斑；黑暗区域是：粒子散射光以不同相位达到屏幕互相消减。在上例中，粒子是不运动的。在这种情况下，散射光斑也将是静止的，即散射光斑位置和散射光斑大小都是不变的(图 31-3)。

实际上，悬浮于液体中的粒子从来不是静止的。由于布朗运动，粒子不停地运动。布朗运动是由于与环绕粒子的分子随机碰撞引起的粒子运动。对 DLS 来说，布朗运动的一个重要特点是：小粒子运动快速，大颗粒运动缓慢。在 Stokes-Einstein 方程中，指出了粒径与其布朗运动速度之间的关系。由于粒子在不停地运动，散射光斑也将出现移动。由于粒子四处运动，散射光的光强也在不断变化。Zetasizer Nano 测量了光强波动的速度，然后用于计算粒径。

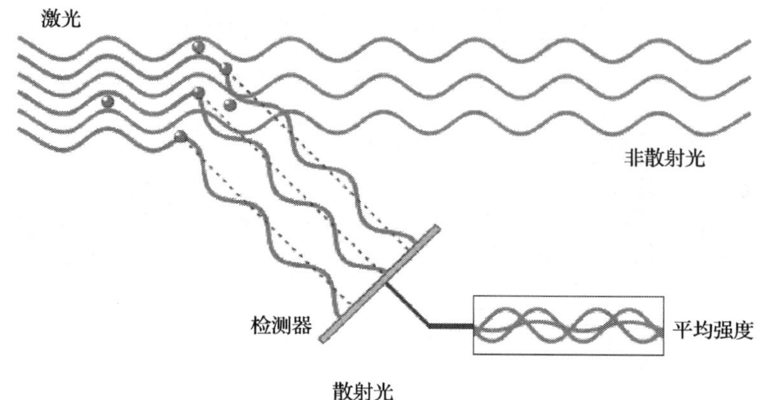

图 31-3　散射光斑产生示意图

在仪器中有一个部件叫数字相关器。在一段时间，一个相关器基本上测量了两个信号之间的相似程度。如果我们将在某一时间点(比如说时间 t)将散射光斑特定部分的光强信号，与极短时间后($t+\delta t$)的光强信号相比较，我们将发现，两个信号是非常相似的，是强烈相关的。然后，如果我们比较时间稍后点($t+2\delta t$)的信号，这两个信号之间仍然存在相对良好的比较，但它不如($t+\delta t$)时良好。因此，这种相关性是随时间减少的。

现在考虑在"t"时的光强信号与随后更多时间的光强信号。当两个信号将互相没有相似，在这种情况下，可以说这两个信号没有任何相关。使用 DLS，我们可处理非常短的时间标度。在典型的散射光斑模式中，使相关关系降至 0 的时间长度，处于 1～10 ms 级。"稍后短时"(δt)将在纳秒或微秒级。

如果我们将"t"时的信号强度与它本身比较，那么我们得到完美的相关关系，因为信号是同一个。完美的相关关系为 1，没有任何相关关系为 0。如果我们继续测量在($t+3\delta t$)，($t+4\delta t$)，($t+5\delta t$)，($t+6\delta t$)时的相关关系，相关关系将最终减至 0。相关关系对照时间的典型相关关系函数如图 31-4 所示。

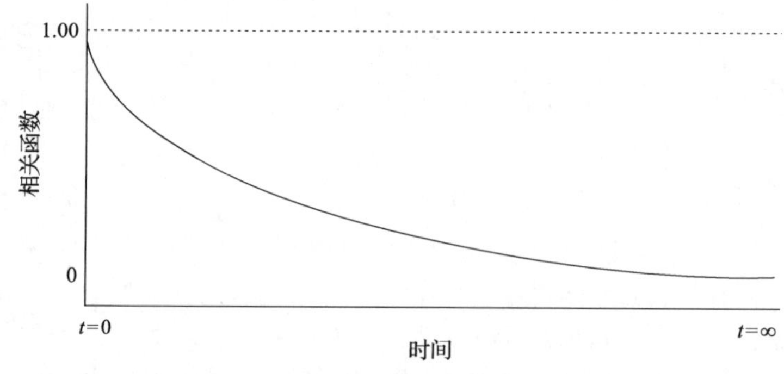

图 31-4　相关函数与时间的关系图

正在做布朗运动的粒子速度，与粒径(粒子大小)相关(Stokes-Einstein 方程)。大颗粒运动缓慢，小粒子运动快速。如果测量大颗粒，那么由于它们运动缓慢，散射光斑的强度也将缓慢波动。类似地，如果测量小粒子，那么由于它们运动快速，散射光斑的密度也将快速波动。图 31-5 显示了大颗粒和小粒子的相关关系函数。可以看到，相关关系函数衰减的速度与粒径相关，小粒子的衰减速度大大快于大颗粒的。

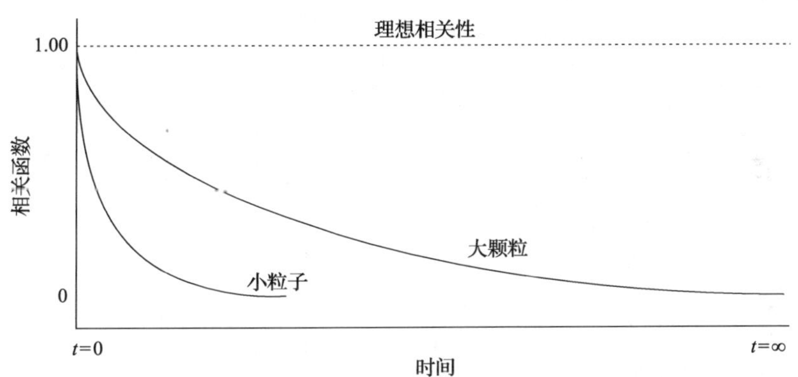

图 31-5　颗粒粒径与相关函数的示意图

在测量相关函数后，可以使用这个信息计算粒径分布。典型粒径分布图如图 31-6 所示。*X* 轴显示粒径类别分布，而 *Y* 轴显示散射光的相对强度。因此，这称为光强度分布。

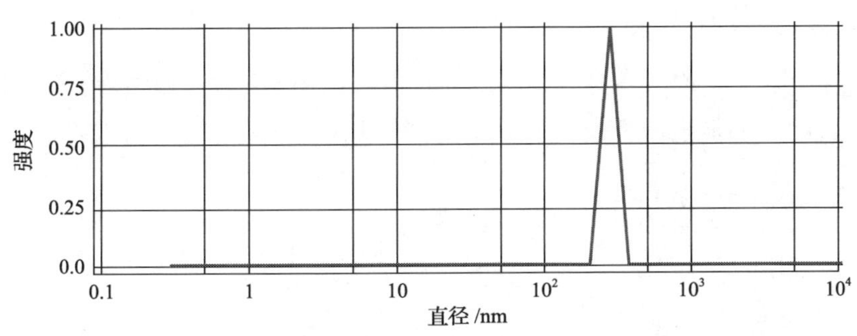

图 31-6　光强分布图

虽然由 DLS 生成的基础粒径分布是光强度分布，但使用米氏理论，可将其转化为体积分布(volume distribution)。也可进一步将这种体积分布转化为数量分布(number distribution)。但是，数量分布的运用有限，因为相关方程采集数据中的小错误将导致数量分布的巨大误差。

光强、体积和数量分布之间有什么差别？为了说明光强、体积和数量分布之间差异的简单方式，是考虑只含两种粒径(5 nm 和 10 nm)，但每种粒子数量相等的样品。图 31-7(a)显示了数量分布结果。可以预期有两个同样粒径(1∶1)的峰，因为有相等数量的粒子。图 31-7(b)显示体积分布的结果。50 nm 粒子的峰区比 5 nm(1∶1000 比值)的峰区大 1000 倍。这是因为，50 nm 粒子的体积比 5 nm 粒子的体积(球体的体积等于 4/3π(r)3)大 1000 倍。图 31-7(c)显示光强度分布的结果。50 nm 粒子的峰区比 5 nm(1∶1000 比值)的峰区大 1000000 倍(比值 1∶1000000)。这是因为大颗粒比小粒子散射更多的光(粒子散射光强与其直径的 6 次方成正比，由瑞利近似得到)。

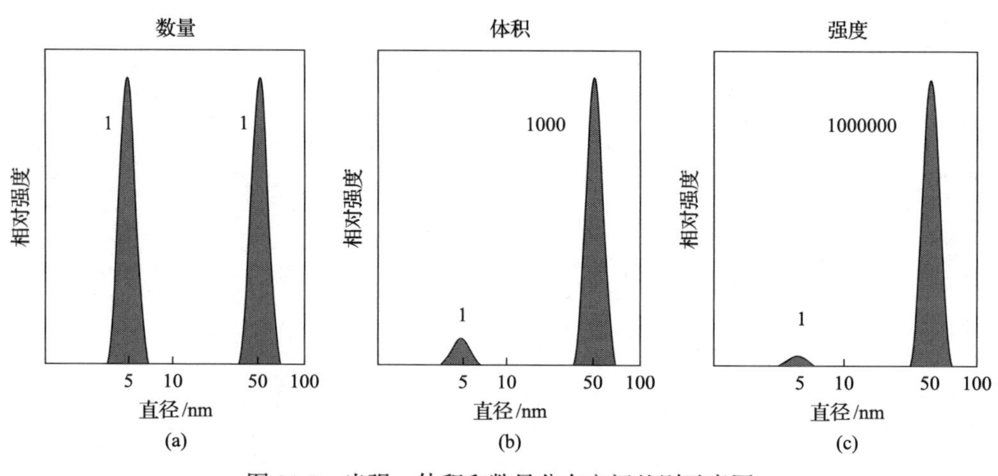

图 31-7　光强、体积和数量分布之间差别示意图

2. Zeta 电位测量原理

Zetasizer Nano 系列通过测量电泳迁移率并运用 Henry 方程计算 Zeta 电位。通过使用激光多普勒测速法(LDV)对样品进行电泳迁移率实验，得到带电粒子电泳迁移率。

$$U_{\mathrm{E}}=\frac{2\varepsilon z f(Ka)}{3\eta}$$

式中，z 为 Zeta 电位；U_{E} 为电泳迁移率；ε 为介电常数；η 为黏度；$f(Ka)$ 为 Henry 函数。

有两个值通常用于 $f(Ka)$ 测定的近似，即 1.5 或 1.0。通常在水性介质和中等电解质浓度下进行 Zeta 电位的电泳测定法。在这种情况下 $f(Ka)$ 是 1.5，即 Smoluchowski 近似。因此，对适合 Smoluchowski 模型的系统，即大于 0.2 μm 的粒子分散在含大于 10^{-3} 摩尔盐的电解质溶液中，可由此种算法直接从迁移率计算 Zeta 电位。Smoluchowski 近似用于弯曲式毛细管样品池和通用插入式样品池的水相样品。对较低介电常数介质中的小粒子，$f(Ka)$为 1.0，允许同样的简单计算。这通常指 Huckel 近似。非水相测量通常使用 Huckel 近似。

电泳体系的主要组成是带电极的样品池，在其两端为电极并且都施加了电势。粒子朝着相反电荷的电极运动，测量其速度并以单位场强表示，即其迁移率。

31.3　实 验 步 骤

31.3.1　样品制备

在样品池放入仪器之前，需要制备样品。为保证可靠和准确的测量，正确的样品制备是极为重要的。

应根据样品的物理性质，如粒径来确定样品浓度。每个类型的样品材料，有最佳的样品浓度测量范围。如果样品浓度太低，可能会没有足够的散射光进行测量。如果样品太浓，那么一个粒子散射光也会被其他粒子所散射(这称为多重散射)。浓度的上限也要考虑到：在某一浓度以上，由于粒子间相互作用，粒子不再进行自由扩散。在确定能够测量样品的最大浓度时，粒径(粒子大小)是一个重要因素。可以使用表 31-1 作近似指导，以决定不同粒径的最大和最小浓度。

表 31-1　同粒径样品的推荐浓度

粒径	最小浓度(推荐)	最大浓度(推荐)
＜10 nm	0.5 g/L	仅由样品材料相互作用、聚集、胶凝作用等限制
10～100 nm	0.1 mg/L	5%质量(假定密度 1 g/cm^3)
100 nm～1 μm	0.01 g/L(10^{-3}%质量)	1%质量(假定密度 1 g/cm^3)
＞1 μm	0.1 g/L(10^{-2}%质量)	1%质量(假定密度 1 g/cm^3)

只要有可能，应选择这样的样品浓度，即样品出现轻微乳状外观，或以更专业的术语表示，样品具有轻微浊度。

小颗粒需要考虑的事项：

最小浓度：对小于 10 nm 的粒子，决定最小浓度的主要因素是样品生成的散射光强。从实用的角度来说，这种浓度应生成最低光强为 10000 cp/s(10 kcps)，这样才能超过分散剂的散射。作为一个指导，水的散射光强应超过 10 kcps 的，甲苯的应超过 100 kcps。

最大浓度：对小粒径的样品，最大浓度实际上不存在(以进行动态光散射(DLS)测量的术语来说)。但实际，样品的性质本身会决定此最大值。例如，样品可能有以下性质：胶凝作用，凝胶不适合采用 Zetasizer 进行测量(这对所有基于动态光散射原理仪器都是事实)；粒子相互作用，如果粒子之间存在相互作用，那么粒子的扩散常数通常会改变，导致不正确的结果。应选择某一浓度避免粒子相互作用。

大颗粒需要考虑的事项：

最小浓度：即使对大颗粒，知道最小浓度仍然是得到有效散射光强的保障，虽然我们还必须考虑“数量波动”(粒子浓度太低导致在光路中的粒子数量随时间较大波动)的附加效应。

例如，如果在低浓度(比如说 0.001 g/L)下测量一个大颗粒(比如说 500 nm)样品，生成的散射光大于进行测量的所需量。但是，散射体积中粒子数太小(小于10)，在散射体积中会发生严重的粒子数量随时间波动。这些波动与所用计算方法中假设的类型不符，通常会被错误诠释为样品中的大颗粒。必须避免此类波动，这决定了所要求浓度的下限和粒子数的下限。光路中至少应存在 500 个粒子，但推荐最小量为 1000 个粒子。

最大浓度：较大颗粒的样品浓度上限，由其引起多重散射的趋势决定。虽然 Zetasizer 对多重散射不是十分敏感，但随着浓度增加，多重散射效应越来越占优势，在达到某一浓度时，生成过多的多重散射，会影响测量结果。通用规则是，在多重散射和粒子相互作用影响结果之前，以可能的最高浓度进行测量。可以假定样品中的灰尘污染对高浓度和低浓度是相同的，因此样品浓度增加，从样品得到的散射光强相对灰尘散射光强有所增加。

过滤：用于稀释样品(分散剂和溶剂)的所有液体，应于使用前过滤，避免污染样品。过滤器的粒径应由样品的估算粒径决定。如果样品是 10 nm，那么 50 nm 灰尘将是分散剂中的重要污染物。水相分散剂可被 0.2 μm 孔径膜过滤，而非极性分散剂可被 10 nm 或 20 nm 孔径膜过滤。

尽可能不过滤样品。过滤膜能通过吸附以及物理过滤消耗样品。只有在溶液中有较大粒径粒子如聚集物时，且它们不是所关心的成分，或可能引起结果改变，才过滤样品。

31.3.2 Zeta 电位测试的样品制备

Zeta 电位测量的样品应该光学透明。最高和最低样品浓度可依赖于以下因素：粒子的光学性质、粒子粒径、粒子的分散度。

Zeta 电位测试中的最低浓度：在 Zeta 电位测试过程中所需的最小光强为 20 kcps。因此最低浓度取决于相对折光指数差(粒子和溶剂间的折光指数差值)和粒子尺寸。粒子的尺寸越大所产生的散射光越强，所需的浓度也就越低。举例来说，氧化钛粒子的水性悬浮液。氧化钛的折光指数为 2.5，与水的折光指数差较大，因此有较强的散射能力。因此对于 300 nm 的氧化钛粒子，最小浓度可以为 10^{-6} w/v%。对于折光指数差很小的样品，比如蛋白质溶液，最低浓度会高很多。通常最低浓度需要在 0.1^{-1} w/v%之内才能有足够的散射光强进行 Zeta 电位测量。最终，对于特定样品进行一个成功的 Zeta 电位测量的最低浓度，应该由试验实际测量得到。

Zeta 电位测试中的最高浓度：对于在本仪器的 Zeta 电位测量的最高浓度虽然没有一个明确的答案。但粒子的粒径、分散度、样品的光学性质等都应考虑。

Zeta 电位测量过程中的散射光在向前的角度收集，因此激光应该能够穿过样品。如果样品的浓度过高，则激光将会由于样品的散射衰减很多，相应地降低检测到的散射光光强。为了补偿此影响，衰减器会让更多的激光通过。

最终，样品的浓度范围必须由测定不同浓度下的 Zeta 电位的试验决定，由此来得到浓度对 Zeta 电位的影响。多数样品要求稀释，这个步骤在确定最终测量值中是至关重要的。对有意义的测量，稀释介质也是非常重要的。所给出的测量结果，如没有提及所分散的介质，则是没有意义的。

Zeta 电位依赖于分散相的组成，因为它决定了粒子表面的特性。介电常数大于 20 的分散剂被定义为极性分散剂，如乙醇和水；介电常数小于 20 的分散剂被定义为非极性或低极性分散剂，如碳氢化合物类、高级醇类。

水相/极性系统：制备样品的目标，是在稀释过程中，保留表面的现存状态。只有一种方式保证这种情况。即通过过滤或离心原始样品，得到清澈的分散剂，使用这种分散剂稀释原有浓度样品。以这种方式，完美地维持了表面与液体之间的平衡。

如果提取上清液是不可能的，那么需让样品自然沉淀，使用上清液中留下的小粒子是比较好的方法。使用 Smoluchowski 理论近似，Zeta 电位不是粒径依赖性参数。

另一种方法是尽可能接近地模拟原始介质。需考虑下述条件：pH、系统的总离子浓度、存在的任何表面活性剂或聚合物的浓度。

非极性系统：在绝缘介质如正己烷、异链烷烃中，测量样品是极为不易。它要求使用通用插入式样品池。因为此样品池较好的化学兼容性以及电极间的狭窄空间，这对于不使用高电压时，生成较高磁场强度是必需的。这种系统的样品制备，将遵照与极性系统相同样的规则。由于在非极性分散剂中，通常很少有离子以抑制 Zeta 电位，所测量的实际值似乎是非常高的，如 200 mV 或 250 mV。在这样的非极性系统中，稀释后样品的平衡呈时间依赖性，平衡时间可超过 24 小时。

31.4 测试操作

在桌面上启动 Zetasizer 程序。如果没有桌面图标，选择 Start-Programs-Malvern Instruments-DTS-DTS 启动程序。启动程序后。新建或打开一个测试文件，从菜单条上选择 File-New 或 File-Open，用于存放实验数据。

有两种基本测量法：手动测量和标准操作程序(SOP)测量。进行测试之前，理解这些方法非常重要。

1. SOP 测量

SOP 测量使用预置参数(以前已经定义的)，保证对同一类型样品所做的测量以一致方式进行，这在质量控制中非常有用。如果以稍有不同的方式测量相同样品，SOP 也是理想的，因为进行测量时，每次敲入大部分相同参数，非常单调乏味，且在设置时可能出错。如果修改已有的 SOP，只需改变所要求的参数，SOP 可按要求创建或修正。进行 SOP 测量时，选择 Measure -SOP，并从中选择使用一个 SOP。选择一个 SOP 后，测量显示窗口(Measurement Display)将显示如下。按下 Start(▶)按钮，测量即开始。

2. 手动测量

手动测量基本上是单次性测量，在进行测量之前，即时设置所有测量参数。这对于测量多种不同类型的样品，或以实验参数进行实验是非常理想。要进行手动测量，从菜单条上选择 Measure-Manual。手动测量对话框窗口将出现，其中可选择测量设置，且必要时可保存为 SOP。在选择设置和参数后，按下 Measurement Display 上的 Start(▶)按钮，即可开始测量。

31.5 应　　用

31.5.1 粒度测试

调色液和液体油墨：粒径影响了成像质量、黏度和聚集趋势及其对磁头油墨喷嘴的堵塞。控制油墨和调色液产品颗粒，大小会直接影响成像性质、油墨耐久性和黏性。

颜料：在配制颜料的稳定配方中，对粒径的了解非常重要。颜料颜色和色度与粒径高度相关，这些都应用于测定颜色特性。

31.5.2　Zeta 电位测试

样品的 Zeta 电位大小决定液体中的粒子是稳定存在还是趋向于絮凝(粘连在一起)。因此，Zeta 电位应用于许多工业行业，例如制陶业，对于浆料颗粒要求较高 Zeta 电位，保证陶瓷粒子可以紧密堆积。这将给予最终成品额外的附加力。又如废水处理，废水的絮凝状态与 pH，加入的化学絮凝剂如带电聚合物，加入氯化铝或其他高电荷盐类相关。在水处理规程的优化和开发过程中，Zeta 电位测量与这些参数结合是十分重要的。再如乳液，Zeta 电位的研究决定了乳状液在其所应用环境中是否维持稳定。

参考文献

白春礼. 1992. 扫描隧道显微术及其应用. 上海: 上海科学技术出版社.

蔡晓舒, 苏明旭, 沈建琪, 等. 2010. 颗粒粒度测量技术及应用. 北京: 化学工业出版社.

蔡正千. 1990. 热分析. 北京: 高等教育出版社.

常庆瑞, 等. 2004. 遥感技术导论. 北京: 科学出版社.

常铁军. 1999. 材料近代分析测试方法. 哈尔滨: 哈尔滨工业大学出版社.

陈国珍, 等. 1983. 紫外-可见光分光光度法. 上册. 北京: 原子能出版社.

陈国珍, 等. 1990. 荧光分析法. 第 2 版. 北京: 科学出版社.

陈镜泓, 李传儒. 1985. 热分析及其应用. 北京: 科学出版社.

杜会静. 2005. 纳米材料检测中透射电镜样品的制备. 理化检验: 物理分册. 秦皇岛: 燕山大学.

付洪兰. 2004. 实用电子显微镜技术. 北京: 高等教育出版社.

高鸿. 慈云祥, 等. 1991. 生命科学中的荧光光谱分析//分析化学前沿. 北京: 科学出版社.

赫兹堡 G. 1986. 双原子分子的红外光谱与拉曼光谱. 分子光谱与分子结构. 第一卷. 北京: 科学出版社.

黄惠忠, 等. 2007. 表面化学分析. 上海: 华东理工大学出版社.

金彦任, 黄振兴. 2015. 吸附与孔径分布. 北京: 国防工业出版社.

进藤大辅, 及川哲夫. 2001. 材料评价的分析电子显微方法. 刘安生, 译. 北京: 冶金工业出版社.

李燕. 2003. 分析化学在时空上的延伸. 南京: 南京理工大学博士学位论文.

李余增. 1987. 热分析. 北京: 清华大学出版社.

林栤, 吴平平, 周文敏, 等. 实用傅里叶变换红外光谱学. 北京: 中国环境科学出版社.

刘世宏. 1988. X 射线光电子能谱分析. 北京: 科学出版社.

刘振海, 徐国华, 张洪林. 2006. 热分析仪器. 北京: 化学工业出版社.

刘振海. 1991. 热分析导论. 北京: 化学工业出版社.

陆同兴, 路铁群. 2006. 激光光谱技术原理及应用. 合肥: 中国科学技术大学出版社.

秦善. 2004. 晶体学基础. 北京: 北京大学出版社.

神户博太郎. 1982. 热分析. 刘振海, 等译. 北京: 化学工业出版社.

汪信, 刘孝恒. 2010. 纳米材料学简明教程. 北京: 化学工业出版社.

王建祺, 等. 1992. 电子能谱学(XPS/XAES/UPS)引论. 北京: 国防工业出版社.

王俊德. 1994. 遥感技术在傅里叶变换红外光谱学中的应用//吴谨光. 近代傅里叶变换红外光谱技术及应用. 上册. 北京: 科学技术文献出版社.

吴正龙. 2008. 表面分析(XPS 和 AES)引论. 上海: 华东理工大学出版社.

杨序纲, 吴琪琳. 2008. 拉曼光谱的分析与应用. 北京: 国防工业出版社.

张建奇, 方小平. 2004. 红外物理. 西安: 西安电子科技大学出版社.

周贵恩. 1989. 聚合物 X 射线衍射. 合肥: 中国科学技术大学出版社.

朱明华. 2000. 仪器分析. 北京: 高等教育出版社.

朱永法. 2006. 纳米材料的表征与测试技术. 北京: 化学工业出版社.

Griffiths P R, de Haseth J A. 1986. Fourier Transform Infrared Spectroscopy. New York: John Wiley & Sons, Inc: 202-203.

Wagner M. 2011. 热分析应用基础. 陆立明, 编著. 上海: 东华大学出版社.